西南山地玉米机械化
高产高效生产理论与技术

刘永红 等 著

科学出版社

北京

内 容 简 介

本书是一部反映西南山地玉米机械化理论、技术及产品等阶段性成果的综合性学术专著。全书共 14 章：第一章介绍了西南山地玉米生态、生产特征，并系统阐述了宜机产区的区划原则、标准和结论；第二章在介绍国外山地农机研发动态的基础上，重点介绍了西南山地玉米农机研发路径，以及全程机械化农机的选型配套原则；第三章深入阐述了西南山地玉米生产机械化高产高效协同理论；第四章至第十章系统介绍了山地玉米种植制度与培肥耕作、播前耕整、品种鉴选、精量播种、肥水高效管理、病虫草害绿色防控、收获与秸秆还田等关键环节的机械化高产高效技术、标准与装备；第十一章和第十二章阐述了西南山地青贮玉米、鲜食甜糯玉米机械化高产高效生产技术与装备；第十三章总结了西南山地玉米全程机械化高产高效生产技术模式及实务；第十四章分析并提出了西南山地玉米科技发展战略。

本书对我国西南山地玉米高产高效理论研究、技术推广及发展对策制定具有一定的参考价值，可供农业科研、推广及生产管理部门的工作者及大专院校农学相关专业的师生阅读。

图书在版编目（CIP）数据

西南山地玉米机械化高产高效生产理论与技术/刘永红等著. —北京：科学出版社，2022.9

ISBN 978-7-03-068738-8

Ⅰ.①西… Ⅱ.①刘… Ⅲ.①玉米–机械化栽培 Ⅳ.① S233.73

中国版本图书馆 CIP 数据核字（2021）第 080203 号

责任编辑：陈 新 薛 丽/责任校对：郑金红
责任印制：吴兆东/封面设计：无极书装

科 学 出 版 社 出版
北京东黄城根北街 16 号
邮政编码：100717
http://www.sciencep.com

北京建宏印刷有限公司 印刷
科学出版社发行 各地新华书店经销

*

2022 年 9 月第 一 版 开本：787×1092 1/16
2022 年 9 月第一次印刷 印张：23 1/2
字数：555 000

定价：318.00 元
（如有印装质量问题，我社负责调换）

《西南山地玉米机械化高产高效生产理论与技术》
著者名单

主要著者　刘永红

其他著者（以姓名汉语拼音为序）

毕世敏	陈尚洪	陈　岩	陈志辉	程伟东
崔　涛	高世斌	韩丹丹	胡建广	黄吉美
孔凡磊	李朝苏	李芦江	李仕伟	李　晓
李　卓	李自卫	梁南山	刘小谭	刘禹池
龙永昌	卢庭启	倪留双	彭国照	祁喜涛
乔善宝	任　洪	石达金	汤　彬	汤　玲
王桂跃	王黎明	王小春	王秀全	吴元奇
肖卫华	杨　华	杨　勤	袁继超	岳丽杰
张黎骅	张务帅	赵福成	赵晓燕	郑祖平
朱祥芬	邹成佳			

前　言

　　西南地区，一般指我国南方地区（不含青藏高原）西部的广大腹地，主要包括四川盆地、云贵高原、秦巴山地等地形单元，大致包括四川、重庆、陕西南部、云南大部、贵州、湖北西部、湖南西部、广西西北部，以山地、丘陵、高原为主，谷地、盆地镶嵌其中，山地、丘陵、高原约占总面积的92%，谷地、盆地仅占总面积的8%左右。西南地区耕地资源0.2亿 hm² 左右，以红壤、黄壤、紫色土为主，农作物常年播种面积约0.25亿 hm²，是我国主要的粮食功能区之一和重要的特色农产品保护区。西南山地玉米常年种植面积如下：籽粒玉米约600万 hm²、鲜食玉米约50万 hm²、青贮玉米30万 hm² 以上，分别占全国籽粒、鲜食、青贮玉米种植面积的16%、25%、16%，是我国籽粒玉米和鲜食玉米的优势产区、青贮玉米发展的潜力区。西南山地玉米单位面积产量如下：籽粒玉米平均5130kg/hm²、鲜食玉米平均15 000kg/hm²、青贮玉米普遍在37.5～45t/hm²，产量与全国平均水平及本区高产创建产量均有较大差距。西南山地玉米生产成本如下：籽粒玉米平均10 650.00 元/hm²、鲜食玉米平均18 607.50 元/hm²、青贮玉米平均23 700.00 元/hm²，每生产1kg 籽粒的生产成本是2.03 元，较全国平均（1.68 元）多0.35 元，较美国2016 年农场平均生产成本（0.85 元）高出1.4 倍，降低生产成本空间很大。西南山地玉米的综合机械化水平如下：各省份机耕水平6.5%～70.3%（平均31.1%）、机播水平0%～6.9%（平均0.76%），机收以示范为主，机耕、机播较全国平均水平分别低45 个百分点、47 个百分点。农业从业人员40 岁以上的比例为50%～79%，平均为60%，农业从业人员的老龄化远高于全国平均水平（55.6%）。因此，西南山地玉米转方式、降成本、提单产、增效益，推进机械化高产高效发展十分重要而又迫切。

　　在玉米产业"一机两改一保障"工作方针的指引下，广大科研人员针对西南山地玉米的自然地理、田间生产及经营消费特点，坚持不懈地攻关研究，获得了以下3 个方面的成效。第一，启动了山地玉米田间管理机械化生产。四川、广西、云南等省份20 世纪80 年代末至90 年代中期引进并消化国外技术，研发出一系列新型微耕机，不但满足了联产承包责任制下西南山地土壤耕整的需求，而且推动了南方农机产业高速发展，催生了合盛、刚毅、惠农、川农等知名企业品牌，开启了微耕机耕作时代，这是西南山地农田机械化作业的良好开端和成功典范。近年，农机和农艺专业技术人员紧密合作，已研发形成适合西南山地玉米的机播、机械水肥管理、机摘穗、机收粒和秸秆粉碎还田的轻便型农机农艺融合技术及装备，申报且获得专利成果20 余项，并广泛应用于籽粒玉米、鲜食玉米、青贮玉米，为适度规模经营和专业化服务提供了技术支撑，也为具备精密化、专业化、智能化、舒适性、方便性特征的西南山地玉米机械化2.0 发展奠定了基础。第二，产量潜力不断得到突破。耐密、多抗、高产玉米新品种产量不断提高，以四川玉米新品种区域试验结果为例，2016 年平丘春玉米组平均产量为9058.5kg/hm²、山区春玉米组平均产量为 8973kg/hm²，较 2002 年同组产量 7659kg/hm²、7081.5kg/hm² 分别增加了 1399.5kg/hm²、1891.5kg/hm²。各类科技创新成果组装集成应用，支撑单块田、示范方的产量不断刷新。单块田每公顷平均产量，2008 年在宣汉实现 17 724kg/hm²、2011 年在盐源达到 18 270kg/hm²、2015 年在丹巴突破 19 230kg/hm²。2008 年以来，在各生态区建立的 680 个万亩（1 亩≈666.7m²，后文同）高产创建示范片，平均产量达到 9132kg/hm²。"十二五"以来，以提高产量为目标的创新成果如下：新品种 98 个，新技术和新模式 16 项，列入农业部（现为农业农村部）主导品种 6 个、主推技术 3 项，获得国家级、省部级科技成果奖励 28 项。第三，生产效益提高的技术路径和关键技术已见实效。在化肥农药减量减次施用技术方面，将传统的氮、磷、钾化肥改为玉米控释专用肥，化肥用量调减 20%～30% 的同时，添加微生物菌剂等高新产品，改 3 次施肥为一次性施用，生长期基本不再防治病害，玉米籽粒单产增加 2.7%～4.0%，"一减一增"省工、减肥、减药，可节省成本 2502～2560.5 元/hm²；适合山地的机械化生产技术模式在简阳、三台、中江、西充、盐亭等地示范，直接省工节本 3000 元/hm² 以上；山区玉米秸秆"过腹还田"还可增收 1500～3000 元/hm²；根据养殖和市场需要，调整粒用玉米为青贮玉米和鲜食甜糯玉米，一般单位面积净收益可增加 30%～50%，高的可达 2 倍以上。这些示范效果充分展现了西南山地玉米高产高效的良好前景。

　　本书在分析西南山地玉米生态、生产特征，并在按照机械化生产目标提出产区划分原则与结果的基础上，重点阐述山地农机研发路径与选型配套原则、玉米机械化高产高效生产协同理论，系统探讨山地玉米种植制度与培肥耕作、播前耕整、品种鉴选、精量播种、肥水高效管理、病虫草害绿色防控、收获与秸秆还田等关键环节的机械化高产高效技术、标准与装备，以及区域玉米全程机械化集成技术模式与典型案例。同时增设青贮玉米、鲜食甜糯玉米章节，探讨其机械化高产高效生产路径。最后，从经济学、农业科学发展角度，提出西南山地玉米未来的科技发展战略，旨在加强农业科学技术交流，促进现代玉米产业发展。全书共 14 章：第一章介绍了西南山地玉米生态、生产特征，并系统阐述了宜机产区的区划原则、标准和结论，由刘永红、彭国照、杨勤撰稿；第二章在介绍国外山地农机研发动态的基础上，重点介绍了西南山地玉米农机研发路径，以及全程机械化农机的选型配套原则，由崔涛、张黎骅、韩丹丹撰稿；第三章深入阐述了西南山地玉米生产机械化高产高效协同理论，由刘永红、王小春、彭国照、杨勤、岳丽杰、孔凡磊撰稿；第四章介绍了宜机高效种植制度与土壤培肥耕作技术，由袁继超、杨勤、李卓、李朝苏撰稿；第五章在介绍国内外宜机品种选育技术的基础上，重点介绍了西南山地宜机高产高效玉米品种特征、鉴选指标与方法，由高世斌、王秀全、郑祖平、杨勤、崔涛、李芦江、卢庭启、李仕伟撰稿；第六章根据西南山地春玉米、夏玉米、秋冬玉米的生产特点和需求，推荐玉米机械化高产高效耕整地技术与装备，由刘小谭、张黎骅、程伟东、石达金撰稿；第七章介绍了西南山地玉米机械化高产高效精量播种技术与装备，由杨勤、王小春、程伟东、石达金撰稿；第八章在介绍国内外研究动态基础上，重点介绍西南山地玉米机械化高产高效肥水管理技术与装备，由张务帅、陈尚洪、李卓撰稿；第九章推介西南山地玉米机械化高产高效绿色防控技术与装备，由李晓、邹成佳等撰稿；第十章按小台地、缓坡地分类介绍了适宜西南山地的玉米机械化收获技术与装备，由刘永红、崔涛撰稿；第十一章论述了西南山地青贮玉米机械化高产高效生产技术与装备，由杨华、吴元奇、汤玲撰稿；第十二章论述了鲜食甜糯玉米机械化高产高效生产技术与装备，由胡建广、王桂跃、肖卫华、祁喜涛、赵福成、李自卫等撰稿；第十三章总结了西南山地玉米全程机械化高产高效生产技术模式及实务，由刘永红、王秀全、郑祖平、黄吉美、程伟东、任洪、王黎明、陈志辉、毕世敏、龙永昌、卢庭启、李仕伟、倪留双、石达金、赵晓燕、朱祥芬、汤彬等撰稿；第十四章分析并提出了西南玉米科技发展战略，由刘永红、杨勤、乔善宝、梁南山、刘禹池撰稿。附录收集了西南山地及南方玉米主产省份 1949～2018 年玉米种植面积、单产、总产，由岳丽杰、陈岩等完成。

　　在本书撰写过程中，承蒙中国农业科学院作物科学研究所张世煌研究员、李新海研究员、李少昆研究员，中国农业大学陈新平教授、张东兴教授、王璞教授，四川农业大学荣廷昭院士、潘光堂教授，四川省农业科学院滕耀聪研究员的指导和帮助，在此向先后参加该项工作的全体人员和给予指导、支持的领导专家，表示衷心的感谢！本书相关研究工作得到国家玉米产业技术体系、"十三五"国家重点研发计划项目"南方山地玉米化肥农药减施增效技术集成研究与示范（2018YFD0200700）"和"川东北玉米多元复合丰产增效栽培技术集成与示范（2018YFD0301205）"、四川省重点实验室等基金或项目资助，在此一并致谢。

　　由于著者水平有限，加上该主题仍是现在和未来的科技攻关重点，书中不妥之处在所难免，敬请读者批评指正。

刘永红

2021 年 7 月 7 日

于四川成都

目　　录

第一章　玉米生态、生产特征及宜机产区区划

第一节　西南地貌与生态特征

一、地貌特征概述

西南地区包括四川、云南、贵州和重庆等地，西北部与青藏高原相连，东北紧邻秦岭山地，东面是长江中下游平原，东南接两广丘陵区，西南边缘与中南半岛的缅甸等国接壤。区域内地形复杂，属于我国地形最复杂的区域之一，高原、山地、丘陵、盆地、平原5种大陆地形齐备，除平原面积较小外，其他几种类型的面积都相当广泛。

川西高山高原区位于西南地区西北部，是青藏高原向东南突出的一块边缘地带，大致包括四川岷山—大渡河一线以西地区。偏北部高原地貌清晰、地势平缓，平均海拔3500～4000m，南部被横断山经向河流切割，岭谷高度悬殊，谷地海拔大多在2500～4000m，北高南低，两侧高山对峙，海拔多在5000m以上，有现代冰川分布。

四川盆地自川西高山高原区往东，地势陡降，本区东北部出现四周大、小山脉环绕，中部低陷的典型盆地（四川盆地）。四川盆地北缘是米仓山、大巴山，山脊海拔一般在1500～2500m；东缘巫山海拔1000～2000m；南缘自东向西有七曜山、大娄山，山脊海拔由东向西逐渐下降，从1000～2000m降至800～1800m；西缘自西北向南依次为龙门山、邛崃山、夹金山、大相岭，这些山脉处于盆地到高原的过渡带，靠近盆地一侧为低山，往西逐渐升高直到高山，海拔为1000～4000m，且有不少山峰海拔超过5000m；南缘有大凉山、小凉山、小相岭等，海拔多在1500～4000m。盆地内海拔一般在275～750m，长江紧靠南缘山麓，自西往东在巫山的三峡地区出境。盆地西部有成都平原，面积约为9500km²，也是本区内最大平原。

云贵高原居四川盆地之南，位于本区东部，主要包括云南哀牢山以东和贵州大部，是我国四大高原之一，也是纬度最低的高原。地势为西北高东南低，平均海拔1000～2000m。西北部（滇中至黔北）尚保存较好的高原面貌，高原外围已被元江、南盘江、北盘江、乌江等外向河流切割，呈现山原地貌。

横断山区位于本区西部，由一系列南北走向的岭谷相间的山地组成。广义范围的横断山区，东起四川盆地西侧的邛崃山脉，西至云南西缘的高黎贡山，北段插入川西高原，南段伸至云南哀牢山以西。自东北往西南主要山川依次为邛崃山、大渡河、大雪山、雅砻江、沙鲁里山、金沙江、云岭、澜沧江、怒山、怒江、高黎贡山。山势由南向北降低，北段、中段岭脊海拔多在3500～5000m，谷地向南加深，相对高差一般在1000～2500m，金沙江虎跳峡谷深达3000m，南段山岭在滇西呈扇形展开，形成中山、宽谷盆地地貌。

二、光热水土资源与分布特征

1. 温度及其分布特征

西南地区年平均温度总体上呈现西北低、东南高的特点，受地理位置、海拔的影响很大，区域分布很复杂。据历年温度资料统计（表1-1），西南地区年平均温度在-1.0～20.3℃，区域平均温度为15.2℃。川西北高原温度最低，若尔盖、红原、炉霍、甘孜、德格一线以北地

区年平均温度都在6℃以下,稻城、理塘也在6℃以下;四川盆地、贵州大部、云南东北部年平均气温在12~16℃;四川盆地中部、东北部,重庆大部及云南部分地区在16~18℃;云南南部、四川盆地东南部、四川西南部的攀枝花在18℃以上,个别地区超过20℃。

表 1-1 西南地区部分站点季、年平均温度 （单位：℃）

地区	站点	春季均温	夏季均温	秋季均温	冬季均温	年平均温度
四川	绵阳	16.9	25.3	16.9	6.6	16.5
	广元	16.6	25.2	16.3	6.4	16.2
	达州	16.9	26.2	17.7	7.3	17.1
	南充	17.7	26.6	17.9	7.7	17.5
	遂宁	17.7	26.4	17.8	7.8	17.5
	宜宾	18.5	26.1	18.4	8.9	18.0
	泸州	17.9	25.7	17.9	8.6	17.6
	西昌	18.9	22.1	16.6	10.5	17.1
	米易	22.0	24.2	18.5	12.4	19.3
	乐山	17.8	25.3	17.8	8.2	17.3
	雅安	16.6	24.6	16.7	7.3	16.4
	石渠	-0.6	7.6	-1.0	-10.8	-1.0
	康定	7.3	14.4	7.5	-1.0	7.1
	马尔康	9.8	15.7	8.6	0.5	8.7
重庆	涪陵	17.5	26.4	18.5	8.3	17.7
	垫江	16.7	25.8	17.5	7.1	16.8
	石柱	16.2	25.5	17.1	6.8	16.5
	北碚	18.2	27.2	18.6	8.7	18.2
	合川	18.0	26.9	18.3	8.3	17.9
	黔江	14.9	24.8	16.2	5.4	15.4
	秀山	16.2	26.0	17.4	6.4	16.5
	永川	17.6	25.6	18.1	8.2	17.4
贵州	贵阳	15.5	22.9	16.1	6.1	15.2
	遵义	14.8	23.5	15.7	5.1	14.8
	凯里	15.8	24.6	16.7	6.0	15.8
	毕节	13.2	20.7	13.5	3.9	12.9
	习水	13.2	21.7	13.8	3.8	13.1
	铜仁	16.7	26.7	18.1	6.8	17.1
	黔西	14.3	22.1	14.8	4.8	14.0
云南	保山	14.9	19.0	15.0	8.6	14.4
	大理	14.5	17.9	13.6	8.1	13.5
	景洪	21.8	23.3	20.4	15.7	20.3
	昆明	14.9	18.0	13.6	8.1	13.7

西南地区春季平均温度在-0.6～23.7℃，区域平均为15.8℃；秋季平均温度在-1.0～21.6℃，区域平均为15.5℃。区域分布与年平均温度分布特征相近。

西南地区夏季平均温度在7.6～27.8℃，区域平均为22.2℃。川西北高原最低，在15℃以下；四川中部、东北部，重庆、贵州东部、南部及四川攀枝花为24～27℃，重庆的云阳、北碚等部分地区在27℃以上；云南大部分地区在18～21℃，仅勐腊、景谷等少数地区在21℃以上。

西南地区冬季平均温度在-10.8～15.9℃，区域平均为7.0℃。川西北高原大部分地区在0℃以下；四川盆地、重庆、贵州、云南中北部为5～10℃，贵州的毕节、习水等地在5℃以下，云南的南部普遍在10～15℃，而金沙江干热河谷地区（包括攀枝花、永仁等地）在15℃以上。

2. 日照时数及其分布特征

根据日照时数资料统计（表1-2），西南地区年日照时数在770～2645h，云南、川西高原在1800h以上，川西高原西部、云南西北部在2000h以上，日照最多的甘孜、炉霍、稻城、盐源、仁和、永仁、宾川等地在2400h以上。四川盆地和贵州日照时数偏少，普遍在1400h以下，四川盆地的西部不到1000h。

表1-2　西南地区部分站点日照时数统计　　　　　　　（单位：h）

地区	站点	春季日照时数	夏季日照时数	秋季日照时数	冬季日照时数	年日照时数
四川	绵阳	334.0	433.1	221.1	191.3	1179.5
	广元	365.0	448.9	255.3	219.4	1288.6
	达州	332.7	505.7	247.2	127.3	1212.9
	南充	343.8	481.1	224.0	120.4	1169.3
	遂宁	341.0	472.6	221.3	128.6	1163.5
	泸州	316.6	478.2	206.2	116.8	1117.8
	西昌	705.9	492.0	482.2	647.9	2328.0
	米易	733.7	483.4	484.3	630.0	2331.4
	乐山	314.3	407.0	180.1	133.8	1035.2
	雅安	279.1	364.2	162.8	147.7	953.8
	石渠	636.6	571.9	597.7	601.7	2407.9
	康定	463.5	407.0	365.4	409.3	1645.2
	马尔康	555.0	498.3	507.8	559.4	2120.5
重庆	涪陵	289.7	516.7	235.9	98.1	1138.7
	城口	352.0	504.2	297.9	238.0	1389.1
	垫江	298.2	523.3	242.2	107.5	1169.4
	石柱	298.4	546.0	279.6	146.5	1268.2
	北碚	318.3	531.5	227.9	120.0	1196.0
	合川	346.6	545.5	226.7	113.8	1230.5
	开州	339.0	548.2	292.1	151.7	1328.6
	黔江	253.2	498.9	264.1	133.2	1147.1
	秀山	253.7	476.5	282.5	141.6	1154.5
	永川	352.6	544.3	241.8	137.5	1273.9

续表

地区	站点	春季日照时数	夏季日照时数	秋季日照时数	冬季日照时数	年日照时数
贵州	贵阳	311.1	424.0	281.9	154.1	1170.2
	遵义	267.0	459.6	249.6	115.7	1090.9
	凯里	283.7	462.4	315.2	157.7	1217.3
	毕节	345.2	463.3	274.9	172.5	1254.9
	习水	275.9	462.6	231.2	120.3	1088.3
	铜仁	237.5	468.9	279.8	138.2	1124.1
	黔西	317.6	466.0	271.9	147.3	1201.4
云南	保山	630.2	379.3	513.6	661.0	2180.5
	大理	575.9	411.6	457.6	598.7	2044.7
	景洪	612.8	403.4	443.1	526.1	1982.3

西南地区春季日照时数在 206～810h，区域平均为 425h。川西高原、云南在 500h 以上，多数地区在 600～700h，其中，稻城、金沙江干热河谷在 700h 以上。四川盆地、重庆、贵州普遍在 500h 以下，特别是四川盆地的西部、重庆的东南部和贵州的东部只有 200～300h，平均一天不到 3h。

夏季是西南地区日照时数最多的季节，区域平均 430h。川西高原西北部 500～600h、川西高原南部和攀西地区 400～500h；云南大部分地区 300～400h，只有少数区域为 400～500h。四川盆地 300～600h，东北部日照时数偏多，为 500～600h，西部偏少，只有 300～400h；贵州普遍在 400～500h。

西南地区秋季日照时数最多 630h，最少不到 150h，区域平均 320h，区域之间差异较大。川西高原西北部 500～600h，甘孜、稻城等地在 600h 以上；川西高原东部和云南的西部及南部大部分地区在 400～500h，云南东南部、贵州的南部地区在 300～400h，四川盆地普遍在 200～300h，四川盆地的西部、南部普遍偏少，都在 200h 以下。

西南地区冬季日照时数最少不到 100h，最多 770h，区域平均 310h。川西高原和云南是日照时数最多的区域，在 400h 以上，具有由东向西逐渐增多的趋势，稻城、乡城、丽江、木里、盐源、仁和、永仁、宾川在 700h 以上，四川盆地和贵州普遍在 200h 以下，有个别地方不到 100h。

3. 降水量及其分布特征

据降水资料统计（表 1-3），西南地区年降水量在 320～2390mm，区域平均 1045mm，在地域分布上极不均匀。川西高原西北部最少，大部分在 800mm 以下，特别是最西边的石渠、巴塘、得荣一线都在 600mm 以下；云南中北部、贵州西北部、四川盆地中部为 800～1000mm，四川盆地东部、四川盆地西部、川西南山地的安宁河流域、贵州东南部、云南西南部在 1000mm 以上，其中部分地区在 1200mm 以上。

表 1-3　西南地区部分站点降水量统计 （单位：mm）

地区	站点	春季降水量	夏季降水量	秋季降水量	冬季降水量	年降水量
四川	绵阳	147.3	539.9	197.5	23.0	907.7
	广元	160.2	536.4	226.8	15.1	938.5
	达州	296.8	523.1	306.6	54.0	1180.5
	南充	225.7	467.6	263.8	49.6	1006.7
	遂宁	194.8	487.4	231.0	44.3	957.5
	泸州	239.8	510.9	260.2	82.0	1092.9
	西昌	127.8	614.8	258.1	16.1	1016.8
	米易	96.5	653.1	313.0	16.8	1079.4
	乐山	238.4	751.6	254.8	53.0	1297.8
	雅安	281.7	994.2	364.5	71.3	1711.7
	石渠	90.5	320.9	130.1	17.0	558.5
	康定	195.0	392.7	201.9	23.9	813.5
	马尔康	176.7	381.0	199.2	12.2	769.1
重庆	涪陵	305.4	420.8	273.0	59.1	1056.2
	城口	312.0	524.1	371.2	60.0	1266.5
	垫江	322.0	465.8	316.6	70.6	1172.9
	石柱	326.6	442.6	277.8	53.4	1098.8
	北碚	284.2	507.5	277.1	62.6	1129.5
	合川	271.8	487.6	302.4	68.6	1127.9
	开州	313.8	522.2	336.1	54.4	1225.9
	黔江	326.8	499.3	293.2	64.4	1182.9
	永川	242.5	464.1	254.3	58.4	1018.4
贵州	贵阳	298.0	521.6	232.1	61.9	1113.4
	遵义	277.6	439.3	237.0	72.6	1026.6
	凯里	372.3	523.2	231.7	92.7	1219.4
	毕节	193.8	459.9	195.0	47.2	896.0
	习水	280.1	504.6	242.0	83.5	1110.4
	铜仁	401.7	515.1	243.6	110.4	1270.1
	黔西	246.1	477.0	212.3	51.3	986.6
云南	保山	146.4	427.0	272.5	52.7	899.8
	大理	127.5	526.9	267.2	50.5	972.9
	景洪	197.0	546.2	258.3	41.9	1043.5
	昆明	124.7	544.1	221.5	38.5	929.3

西南地区春季降水量最多 530mm，最少不到 100mm，区域平均 214mm，春季降水量占全年的 20% 左右。川西高原西南部、云南中北部春季属于干季，降水量很少，占全年的 15%以下。一些区域，如米易、盐边、永仁、稻城、得荣、丽江、宾川占全年的 10% 以下；四川

盆地东北部、贵州东部春雨早，春季降水量在 300 ～ 400mm，约占全年的 20%；四川盆地中西部、贵州西部、云南的东部和南部春季降水量在 200 ～ 300mm，占全年的 15% ～ 20%。

西南地区夏季是降水最多的季节，最多达 1500mm，最少为 230mm，区域平均 540mm。夏季降水量约占全年的 52%。川西高原西部、北部在 400mm 以下，占全年的 55% ～ 65%；川西高原的中部和南部、四川盆地的大部、贵州的中部和北部、云南的中部和东北部夏季降水量在 400 ～ 600mm，贵州的西部、云南的南部、四川盆地的西部（雅安、乐山）及北部的北川等地在 600mm 以上。

秋季区域内最大降水量 530mm，最小不到 100mm，区域平均 240mm，约占全年的 23%。川西北高原大部、四川盆地的什邡—仁寿—荣县一线、贵州的西北部、云南小部分地区在 200mm 以下，四川盆地的东北部、云南的南部和贵州的小部（普安、六枝特区等地）在 300mm 以上。其余区域都在 200 ～ 300mm。

冬季降水量都比较少，普遍只有几十毫米，区域平均不到 50mm，仅占全年降水量的 5% 左右。

三、主要气象灾害特征及成因浅析

西南地区主要气象灾害有干旱、暴雨洪涝、低温连阴雨等，对农业生产都有很大影响。

（一）干旱

1. 干旱的区域分布及变化

干旱是西南地区最主要的气象灾害。虽然西南地区降水量总体上不算少，绝大多数地方都能满足玉米生产的要求，但是，由于季节性分配不均，常常出现季节性干旱，如春旱、夏旱、伏旱、秋旱和冬干，对玉米生产影响最大的有春旱、夏旱和伏旱。特别是有些年份出现春夏连旱、夏伏连旱、伏秋连旱的两连旱，有些严重的年份会出现三连旱，对玉米生产造成极为严重的影响。但不同区域出现干旱的种类有所不同，差异较大。川西高原一直到云南的西部都是冬春干旱区；四川盆地西部，云南的大理、昆明及贵州的毕节以西为冬春夏旱区或春夏旱区；四川盆地的中部、贵州的中东部为春夏伏旱区；四川的东北部、重庆东部、贵州东南部为伏旱区。

春旱（3 ～ 4 月）：主要制约小春作物的生长发育，也对春玉米的播种、育苗造成影响，往往因春旱严重而不得不推迟玉米的播种时间造成玉米减产。

据有关研究，西南地区春旱的频发区主要在云南的大部分地区、川西北高原、川西南山地、四川盆地的西部、贵州的西北部等地。云南除西北怒江、迪庆的部分地区春季雨量较多，春旱不突出外，其余各地春旱频率在 70% 以上，其中大约有 60% 的县市春旱频率在 90% 以上。以云南全省 80 个县发生春旱为严重春旱年进行统计，1949 ～ 1990 年出现严重春旱的有 1950 年、1951 年、1954 年、1955 年、1958 年、1960 年、1963 年、1965 年、1966 年、1969 年、1975 年、1978 年、1979 年、1980 年、1984 年、1986 年共 16 个年份，频率达到 39%（徐裕华，1991）。

贵州在毕节—安顺—望谟一线以西地区春旱较多，其中威宁、盘州、兴义等地以西的几个县最为严重，几乎每年都有不同程度的春旱发生，春旱时长超过两旬，威宁最长，达到 3 旬。此区以东至金沙—平坝—罗甸一线，年平均春旱时长在 1.5 ～ 2 旬，年平均春旱发生次数在 0.8 ～ 1.0 次。1951 ～ 1980 年，贵州发生大的春旱有 4 年，分别是 1951 年、1963 年、1969 年和 1978 年，大旱年有半数以上地区都达到中旱标准。

四川盆地大部分地区春旱发生频率为 7.9% ～ 82.3%。岷江以东、嘉陵江以西、长江以北的大部分地区，以及雅安、乐山、宜宾等地共 54 个县（市）春旱发生频率在 50% 以上。其中，岷江以东、涪江以西、简阳以北的大部分地方，以及朝天、石棉、汉源、古蔺，共 18 个县（市、区）春旱发生频率在 70% 以上；春旱发生最为频繁的地区为汉源、平武、简阳等地，频率为 80% ～ 83%，如表 1-4 所示。春旱集中出现于 3 月中旬至 4 月上旬，持续 30 ～ 40d，少数春旱可持续发展为夏旱，连续期可达 100 余天。四川盆地每年平均有 47 个县（市）发生春旱，20 世纪 80 年代初较严重，80 年代中期到 90 年代初期较轻，90 年代中后期开始偏重，如图 1-1 所示。

表 1-4　四川盆地部分站点干旱发生频率（%）统计

站点	春旱发生频率	夏旱发生频率	伏旱发生频率
温江	65.5	85.5	38.2
平武	80.6	75.8	53.2
绵阳	76.7	90.0	55.0
德阳	74.1	87.0	61.1
雅安	7.9	17.5	7.9
简阳	80.3	82.0	55.7
金堂	77.8	87.0	42.6
仁寿	66.1	73.2	39.3
资阳	67.9	73.2	55.4
汉源	82.3	75.8	22.6
乐山	23.8	58.7	20.6
眉山	55.6	64.8	25.9
资中	57.4	68.5	50.0
自贡	60.3	63.8	51.7
沐川	14.8	46.3	13.0
翠屏	55.6	68.5	51.9
广元	77.4	87.1	53.2
剑阁	66.1	85.7	46.4
万源	43.5	64.5	48.4
阆中	50.0	80.4	67.9
盐亭	66.7	87.0	57.4
巴中	40.3	72.6	62.9
通江	35.2	63.0	55.6
达州	12.9	45.2	58.1
遂宁	54.0	69.8	55.6
南充	38.1	61.9	76.2
广安	29.6	37.0	74.1
东兴	54.0	68.3	52.4
泸州	33.3	42.6	61.1

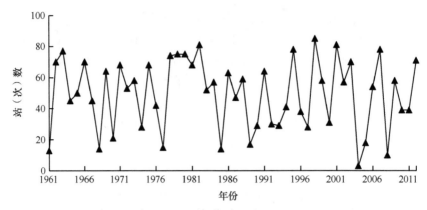

图 1-1 四川盆地春旱发生站（次）数的历年变化

夏季干旱（5～8月）：王东等（2013）采用标准化降水指数（standardized precipitation index，SPI）对西南地区夏季干旱的空间分布分析表明，主要受欧亚中高纬度位势异常的影响，西南地区夏季降水出现异常，干旱频率较高，横断山脉北部、若尔盖高原和四川盆地南部、云南高原中部地区，夏季干旱发生频率都在 20%～30%，甚至更高。

四川地区则常常将夏季干旱按发生时间段分为夏旱和伏旱。下面详细分析四川盆地夏旱和伏旱的时空分布特征。

夏旱（5～6月）：四川盆地夏旱的分布形势与春旱相似，常现区东扩北移，范围较春旱小，但中心区则比春旱稍大。如表 1-4 所示，除四川盆地东北部和南部的部分地区外，盆地大部夏旱发生频率为 30%～80%；成都、广元、绵阳、遂宁、德阳、资阳 6 市，内江、南充、自贡 3 市的大部分地方，眉山、乐山、雅安、宜宾 4 市的部分地方及岳池等，共计 60 个县（市）在 60% 或以上；绵阳、德阳两市大部分地方，成都部分地方及西充、元坝两县（市），共计 15 个县（市）高达 80%～93%。夏旱集中出现于 5 月上旬至 6 月中旬，夏旱常现区盆地西南部较盆地东北部稍早出现。持续期 20～40d，最长的可达两个月以上。四川盆地年平均有 60 县（市）发生夏旱。夏旱发生站（次）数较多的年份主要出现在 20 世纪 60 年代和 90 年代中后期、70 年代后期至 80 年代初期，如图 1-2 所示。

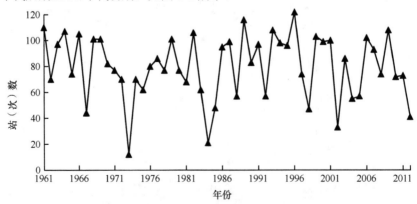

图 1-2 四川盆地夏旱发生站（次）数的历年变化

伏旱（7～8月）：常现区西界沱江流域，北抵龙门山南麓，范围包括盆东和盆中的偏东地区。伏旱中心区位于盆东及嘉陵江流域南充段，出现频率达 70% 左右，如表 1-4 所示。伏旱集中出现于 7 月中旬至 8 月中旬，开始期南早于北，持续期以 20～40d 最多，最长可达两个月以上。伏旱发生年平均涉及 39 县（市）。伏旱有明显的年际变化特征，发生站（次）较多的年份主要出现在 20 世纪 70 年代，60 年代和 80 年代均较少。

20 世纪 60 年代平均 47 站（次）/年，70 年代平均 67 站（次）/年，80 年代平均 36 站（次）/年，90 年代平均 45 站（次）/年，进入 21 世纪后，伏旱发生站（次）明显增加，每年平均达到 71 站（次），如图 1-3 所示。首先，伏旱发生的站（次）增加表明伏旱的范围在扩大，一些非伏旱区，在 90 年代之前，偶有伏旱发生，如盆地西部的名山，1961～2007 年仅发生伏旱 5 次，但其中 3 次都是在 2001 年以后发生的。其次，伏旱强度增强，以武胜为例，1961～2007 年，发生伏旱的有 31 年，频率为 66%，旱期平均天数为 31d，2001 年后的 7 年间发生伏旱 5 年（次），旱期平均天数达 37d，旱期平均降水量不到 0.9mm；2004 年和 2006 年的旱期天数都在 50d 以上，尤其是 2006 年，旱期之长、旱期日均降水量之少都是有气象记录以来之最；更为严重的是，在 2006 年的大旱之后，2007 年接着又是大旱。

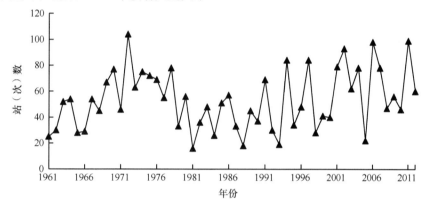

图 1-3　四川盆地伏旱发生站（次）数的历年变化

2. 季节性干旱的特点

四川盆地降水量的季节变化具有冬干夏雨的特点。区域分布特点是盆地东部春雨早，盛夏有较长的少雨时段；盆地西部雨季迟，降水特别集中在盛夏；盆地中部大雨始期虽然较盆地西部略早，但初夏少雨持续时间最长，盛夏又有明显的少雨时段。夏半年（5～10 月）降水量占全年降水量的 80%～90%，但由于时空分布不均，也常有干旱发生。大雨（日降雨量≥25mm）的初期、终期是直接关系到春旱、夏旱轻重程度的大问题，盆地东部 80% 的大雨初期始于 5 月中下旬，终于 9 月中旬，大雨期约 4 个月；盆地中部始于 6 月上中旬，终于 9 月上旬，大雨期约 3 个月；盆地西部大雨期最短，仅 60～70d，始于 6 月下旬，终于 8 月下旬或 9 月上旬。各地历年大雨初、终期出现最早与最晚的年份，一般相差三四个月，以盆地西北部和盆地中部丘陵区的年际变动最大。与降水特点相对应，归纳总结四川盆地干旱发生具有以下几方面的特点。

（1）频率高

四川盆地因降水时空分布不均，年际变化大，以致干旱发生频繁，危害甚巨。春旱、夏旱频率自东向西增高，伏旱频率自东向西降低。盆地西部春旱、夏旱频率在 60% 以上，伏旱频率低于 30%；盆地中部春旱、夏旱、伏旱频率均在 50% 左右，干旱最为频繁；盆地东北部伏旱频率则在 50% 以上。而一年中其他时段仍然有干旱发生，如冬干、秋旱等。由于四川盆地每年至少有一种或一种以上干旱发生，如果将发生任何一种干旱定义为旱年，那么几乎每年都是旱年。

（2）分布广

从地域来说，四川盆地任何地方都可能发生干旱，就连被誉为"雨城"的雅安，尽管年降水量在 1600mm 以上，但发生过干旱，甚至出现特大干旱，这反映了四川盆地干旱区域的广泛性。

（3）周期准

四川的干旱，主要是由于季风气候周期变化及降水量分布不均，根源是大气环流运行的异常，因此有一定的规律性。20 世纪下半叶，就干旱的影响而言，20 世纪 50 年代、80 年代相对少旱，60 年代、90 年代相对多旱，70 年代干旱最为严重。此外，大范围、长时间的干旱，每 5 ～ 10 年就会出现一次。

（4）局地性

一般来说，各种干旱的分布规律是平原、丘陵高于山地和高原，谷底重于山上，阳坡重于阴坡。东部盆地干旱灾害重于西部高原；盆底丘陵重于盆周山区；盆地东部重于盆地西部，常常表现为"东旱西涝"。重旱区分布在盆地底部，以丘陵为主，平原、低山次之。不同旱型的区域分布特点十分明显。

（5）多叠加

四川旱灾既受单种之苦，更遭叠加之害。嘉陵江、涪江、沱江三江流域是干旱叠加区，其中沱江以西为盆西春旱、夏旱重复常现区，南充、遂宁、内江三市和宜宾东部为夏旱、伏旱重复常现区，盆地中部为春旱、夏旱、伏旱交错地带，其中苍溪、阆中、盐亭、射洪、蓬溪、乐至、简阳、雁江等县（市、区），春旱、夏旱、伏旱的出现频率均在 40% 以上，各类干旱兼有，范围广、强度大、旱情严重，是四川盆地有名的老旱区。

3. 干旱的成因

（1）大气环流

干旱总是以降水偏少为主要形成因素，而降水的多寡与大气环流的影响密切相关。大气环流是指大范围的大气运动，它直接影响到大范围的天气变化，对四川的干旱形成起着主导作用。冬季在蒙古高压与阿留申低压的影响下，空气寒冷且干燥，因而降水稀少，常有冬干发生。春季当欧亚乌拉尔东部高压和西藏高原的高压与太平洋的暖流交锋时，前者强，易出现春干。夏季受太平洋高压和印度洋低压影响，如果东亚夏季季风来得迟而弱，大雨来得晚，夏旱则严重。7 ～ 8 月，太平洋暖流往往出现西伸之势加强，副热带高压跃至北纬 30° 附近，致使四川盆地东部及长江上游流域在西伸的太平洋副热带高压控制下，受下沉气流的影响降水少、气温高、蒸发大，从而构成伏旱天气。

（2）降水时空分布不均

四川盆地年降水量地区之间差异较大，大体上是盆地四周多于盆地内部，山区多于平原，与农田分布的密度刚好相反。根据年降水量在地区分布上的特点，将四川盆地分为丰水区和少水区。四川盆地年内各季节的降水量也有较大的变化，总的状况是冬春少雨，夏季多暴雨，秋季多绵雨。盛夏季节常常出现西涝东旱的灾害性天气。据多年资料统计，冬季降水量约占全年总降水量的 5%，春季占 15% ～ 20%，夏季占 50% ～ 60%，秋季占 20% ～ 30%。由此形成了四川盆地虽然雨量充沛，但还常常发生干旱的格局。

（3）地形条件差异悬殊

四川盆地位于西藏高原东麓，北有秦岭，南有云贵高原，大巴山、华蓥山耸立于盆地东部，四周群山怀抱，盆周与腹地相对高差悬殊。因此，盆地的天气变化，直接受到高原大地形的动力和热力作用影响。5～6月，盆地西北部、北部处在一个中尺度反气旋控制之下，这种反气旋流场是青藏高原边界层摩擦作用的结果，气流通过侧向摩擦和地球曲率效应形成特殊的动力小高压，是四川盆地西北部及中部初夏多旱的一个根本原因。由于四川盆地特殊的地形条件，7～8月盛行夏季风时，低层气流常沿山地滑到盆地中部和东部，每每产生焚风效应。此时，若遇到太平洋副热带高压控制下的下沉气流，两种因素叠加影响，使盆地东部干旱程度加重。

另外，森林覆盖率低也是干旱出现概率比过去高的一个原因。森林是维持大自然生态平衡的重要支柱，具有调节气候、涵养水源、抑制旱洪灾害的功能。四川森林覆盖率虽在全国居中上位置，但森林资源的分布极不平衡，与人口的比例也很不协调。盆地中部的森林覆盖面积最少，加上乱砍滥伐、伐多种少，致使水土流失严重，土层变得越来越薄，蒸发损耗多而快，雨后连续放晴几天就会发生干旱。

（二）暴雨洪涝

暴雨洪涝是西南地区发生频率较高的一种自然灾害。主要是长时间淫雨为患，低洼、平坝积雨成涝，或是大范围暴雨，降水强度过大，导致山洪暴发，江河水位陡涨，河堤决口，水库溃坝而造成洪灾。从区域上看，川西高原属于少洪涝区，四川盆地西部和东北部，云南西部、南部，贵州南部属于多暴雨洪涝区，重庆、攀枝花、昆明、毕节等大片区域属于次多暴雨洪涝区。就区域性而言，四川盆地多区域性暴雨洪涝，每年有3次左右。1485年以来的500多年间，有文字记载的洪涝灾害有132次，4年左右出现一次；较大的洪涝灾害出现了17次，30年左右出现1次，如1981年7月的特大暴雨洪涝灾害。在140多年间，长江干流就出现过6次，分别是1840年、1860年、1870年、1892年、1905年及1945年，其中1840年的暴雨横跨岷江、沱江、涪江、嘉陵江、渠江等流域，几乎遍及全川。西南其他区域则以局地性暴雨洪涝为主。下面重点分析四川盆地暴雨的分布特征及其变化规律。

四川盆地暴雨（日降雨量≥50mm）一般为2～4次（天）/年，最多有7～8次（天）/年，最少为2次（天）/年。遂宁、广安西部、绵阳南部、德阳、成都中东部、自贡、宜宾北部、泸州北部等为2～3次（天）/年，广元西部、南充、达州南部、广安东南部、内江中南部、宜宾北部、乐山东部和眉山等地3～4次（天）/年，四川盆地东北部的巴中、达州东北部、绵阳的北川、雅安及乐山的西部等地在5次（天）/年或以上。其中，雅安、北川等暴雨集中区域每年平均出现大暴雨（日降雨量≥100mm）的次（天）数在1～2次（天）/年。从暴雨发生的月份来看，7～8月出现最多。7月的暴雨次（天）数除沱江下游以东，嘉陵江、渠江两江的中下游流域不到1次（天）外，其余地区都可以达到1次（天）以上。8月暴雨次（天）数最多的区域主要分布在沱江以西的盆地西部，以及涪江上游以西的盆地西北边缘地区，平均暴雨次（天）数在1次（天）以上，峨眉山市可达3～4次（天）。

从暴雨发生站点数的年际变化（图1-4）来看，1961～2010年，出现暴雨站点数（只统计出现站点数，不管次数和天数）最多的年份有103个站点，最少的年份仅有86个站点，平均每年有97个站点；在20世纪90年代之前，站点数略多，90年代之后略偏少。

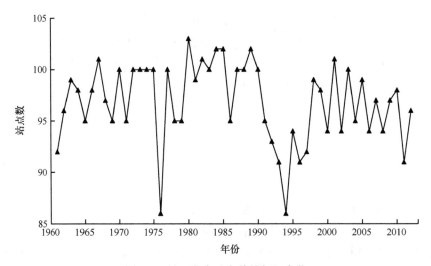

图 1-4 暴雨发生站点数的年际变化

暴雨发生站（次）数的年际变化特征明显（图 1-5）：20 世纪 60 年代前期在 360 站（次）/年左右，最多的 1961 年达到 464 站（次）；70 年代平均在 325 站（次）/年；80 年代最多，平均 389 站（次）/年，1981 年、1983 年和 1984 年都在 450 站（次）/年以上；90 年代最少，平均 300 站（次）/年，特别是 1997 年，不到 200 站（次）；21 世纪头 10 年与 20 世纪 70 年代相近，平均 325.4 站（次）/年。

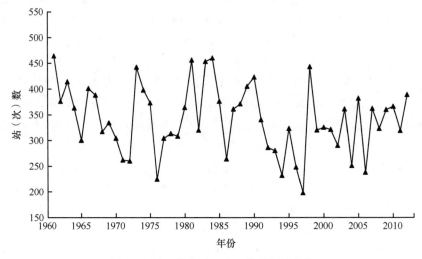

图 1-5 暴雨发生站（次）数的年际变化

（三）高温

根据中国气象局规定，日最高气温 ≥ 35℃ 的为高温日，连续 3d 以上的高温天气称为高温热浪或一段持续高温。西南地区出现高温日的天数：四川盆地中部、南部、东北部的达州等地 10 ~ 30d，重庆的北碚、綦江、云阳一带及攀枝花、元谋等地 30 ~ 50d，云南的元江等地在 80d 以上。连续 3d 以上的高温热浪频率：频率较高的区域主要在四川盆地东部、南部（包括重庆）、贵州东北部、金沙江干热河谷等地，这些区域的高温日年频率都在 60% 以上，特别是云南元江，高温日年频率都达到 100%。高温热浪频次在高发区一般每年平均为 2 ~ 3 次，四川的米易每年平均 3 ～ 4 次,最多 7 次(2010 年);云南的元江每年平均达到 11 次之多,2006 年和 2009 年都在 20 次以上。高温热浪持续时间最长的达到 10d 以上。

以米易、泸州、沙坪坝、广安、奉节、元江为代表,持续高温过程次数的年际变化如图 1-6 所示。从图中看出,各代表点持续高温过程次数在年际有很大差异。米易从 1961 年以来,呈现增加的趋势;20 世纪 80 年代之前,平均每年 2 ～ 4 次;1980 ～ 1990 年平均 3 次,多的有 6 ～ 7 次;1995 ～ 2005 年平均每年 3 次或以下,2006 年以后平均每年 6 次,多的 7 ～ 8 次。泸州、广安平均每年 3 次,20 世纪 80 年代最少(仅 1.7 次),20 世纪 60 年代、20 世纪 70 年代、21 世纪头 10 年都在 3 次左右。沙坪坝平均每年 3.7 次,除 20 世纪 80 年代偏少外,其余年代都在 3 次以上。奉节平均每年 2.4 次,2000 年以前每年 2 ～ 3 次,21 世纪头 10 年呈现明显增加趋势(平均 4.7 次),2005 年、2006 年、2008 年、2009 年、2011 年最多,均达 7 次。元江平均每年 11.5 次,最多的 2006 年和 2009 年分别为 20 次和 22 次。

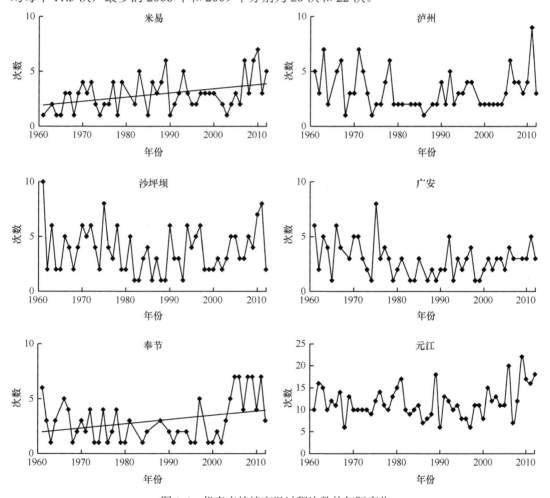

图 1-6 代表点持续高温过程次数的年际变化

持续高温过程总次数的月际分布如图 1-7 所示。云南的元江几乎各月都有出现,但较多出现在 4 ～ 8 月,以 6 月出现次数最多。米易出现次数最多的月份是 5 月,广安、泸州、沙坪坝、奉节出现次数最多的月份是 7 ～ 8 月。

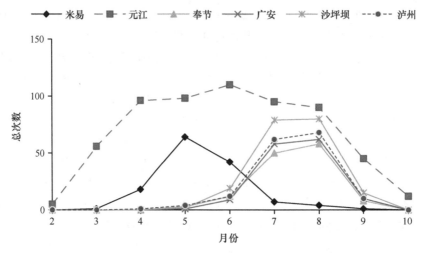

图 1-7　代表点持续高温过程总次数的月变化

（四）低温连阴雨

气温比多年同期偏低、日照偏少、雨日偏多的一段时间称为低温连阴雨。它在一年中任何季节发生，具有影响范围广、持续时间长的特点。低温连阴雨灾害一般分为春季低温、初夏连阴雨和秋季绵雨。根据有关规定，春季低温的标准：3 月 11 日至 4 月 10 日，连续 4d及以上平均温度 ≤ 10℃ ；初夏连阴雨的标准：5 月 1 ～ 31 日，连续 5d 及以上日降雨量 ≥ 0.1mm、日照时数 ≤ 0.1h；秋季绵雨的标准各省份有所不同，四川定义为 9 ～ 11 月连续 7d 日降雨量 ≥ 0.1mm，贵州定义为 9 ～ 11 月连续 5d 日降雨量 ≥ 0.1mm。如果在秋季绵雨期间日照时数 ≤ 0.1h，则称为秋季连阴雨。

西南地区春季低温发生频率的空间分布具有明显的区域性：除川西高原（一般不考虑这个区域）以外，云南及四川攀西地区在 10% 以下；四川盆地为 20% ～ 40%；重庆为10% ～ 20%；贵州南部在 20% 以下，贵州其余部分为 60% ～ 80%，习水、毕节等个别站点在 90% 以上。

初夏连阴雨主要发生在四川盆地和贵州大部分地区，四川盆地东南部（包括重庆）及贵州西南部发生频率为 10% ～ 20%，最高的是贵州的中东部（20% ～ 30%），四川盆地西部和云南部分地区为 5% ～ 10%。

秋季绵雨发生的区域比较大，整个西南地区都有发生，但区域之间差异比较大。四川盆地中部、东北部，重庆东北部，云南中东部发生频率为 20% ～ 40%；四川盆地西南部、重庆西部、攀西地区、贵州大部发生频率为 40% ～ 60%；贵州西部和北部发生频率在 60% 以上。9 月连阴雨主要发生在四川盆地和贵州，发生频率普遍在 10% ～ 30%，个别地方可达 40%，如贵州的习水。罗喜平和林易（2000）利用贵州 1951 ～ 1998 年 14 个站点逐年资料统计分析，各站点秋季绵雨平均日数自西向东逐渐减少，毕节、六盘水地区每年有 26 ～ 31d，其中以威宁（31d）最重；铜仁地区北部，黔南、黔东南两自治州南部最轻，每年只有 13 ～ 15d；省内其余地区中等，为 16 ～ 25d。

四、主要自然灾害对玉米生长发育的致灾特征

在干旱、暴雨洪涝、高温和低温连阴雨等自然灾害中，对玉米生产影响较大的灾害主要

有干旱、低温连阴雨和高温。

（一）高温的影响

高温对玉米的影响主要表现在光合强度下降，呼吸强度增加，干物质积累减少，对雄穗和花粉及雌穗与花丝的伤害，加速生育进程，缩短生育期等方面。

在高温条件下，光合蛋白酶的活性降低，叶绿体结构遭到破坏，引起气孔关闭，从而使光合作用减弱。另外，在高温条件下呼吸作用增强，呼吸消耗明显增多，使干物质积累量明显下降。有试验表明，当田间 CO_2 浓度为 200 ～ 300mg/kg、气温为 30℃时玉米光合强度为 50mg/(dm²·h)，当气温上升到 40℃时光合强度减弱至 35 ～ 40mg/(dm²·h)，即高温比适温条件下的光合强度降低 20% ～ 30%（张福锁，1993）。

据有关研究，玉米受 38 ～ 39℃胁迫 3h 之后，光合效率下降 70%，高温胁迫停止 1h 以后，光合效率仍然下降 40%，即使在 20℃的环境中保持 6h，光合效率仅能恢复至 65%。这说明 38 ～ 39℃的高温胁迫下，植株受害严重，难恢复。胁迫强度越高，能够恢复的程度就越低，恢复所用的时间也越长（郭庆发等，2004）。

在孕穗至散粉的整个过程中，高温都可能对玉米雄穗产生伤害。当气温持续高于 35 ～ 36℃时不利于花粉形成，开花散粉受阻，表现在雄穗分枝变小、数量减少，小花退化，花药瘦瘪，花粉活力降低，受害的程度随温度升高和持续时间延长而加剧。当温度超过 38℃时雄穗不能开花，散粉受阻。散粉期间的雄穗在 38℃下胁迫 3d 后便完全停止散粉。另据观察，通常能够正常散粉的植株在 38℃以上高温胁迫下不散粉，但是在适温环境中可以恢复散粉，但恢复所用的时间因品种而异。研究还发现，在散粉结束后仍然有相当一部分花粉留在花药中没有散出，这可能是高温胁迫使雄穗小花、花药甚至花粉完全脱水不能恢复正常功能所致。在高温胁迫玉米雄穗发育至开花散粉的过程中，对某些玉米品种来说，部分不育过程是不可恢复的，这就使玉米生产特别是种子生产过程中的结实率大幅度下降，对生产造成巨大影响，严重的会造成绝产（杨国虎，2005）。

高温对花粉的影响：通常在田间气候条件下，花粉粒活力只能保持 5 ～ 6h，8h 以后活力显著下降，24h 以后活力完全丧失。同时，玉米花粉粒含水量只有 60%，且保水力弱，在高温干燥环境下容易失水干瘪，一般散粉后 1 ～ 2h 花粉粒迅速失水，丧失活力而不能授粉（杨国虎，2005）。

高温影响玉米雌穗的发育，使雌穗各部位分化异常、吐丝困难，延缓雌穗吐丝或造成雌雄不协调，授粉结实不良。自然条件下，抽丝后 2 ～ 4d 内接收花粉的能力最强，没有接收到花粉的花丝在抽丝 6d 后活力开始下降，12d 后停止生长，逐渐枯萎。在高温条件下，雌穗吐出花丝后生长速率减慢，花丝容易失水枯萎，表面黏液减少，花丝寿命缩短，甚至丧失生活力，造成花粉在柱头上萌发困难，引起玉米授粉不良；或萌发后花丝不能供给充足的水分，导致花粉管到达子房的速度减慢，授粉后仅有少量受精，或受精后发育不良，最后结实率不高或籽粒瘦瘪（肖运成和艾厚煜，1999）。

高温迫使玉米生育进程中各种生理生化反应加速，使各个生育阶段加快。在雌穗分化期，高温能够缩短分化时间，使雌穗分化数量明显减少，果穗明显变小；在生育后期，高温使玉米植株过早衰亡，或结束生育进程提前成熟，使籽粒灌浆时间缩短，大大减少干物质积累量，使千粒重、容重、品质和产量大幅下降（张福锁，1993）。

（二）干旱的影响

玉米全生育期需水较多且对水分较为敏感，不同时期、不同程度干旱胁迫均可能对产量造成不同程度的影响。Caki（2004）认为 10 叶期前后是玉米植株快速、稳定生长的时期，对水分需求量较大，同时对水分亏缺较为敏感，干旱首先会使植株营养生长受阻，水分、营养物质等供应不上，导致植株发育延迟；吐丝期前后干旱导致籽粒败育，产生秃尖；灌浆期水分不足导致籽粒灌浆受阻，粒重降低。其中，玉米植株在抽雄吐丝期间及吐丝后 2 周左右对水分亏缺较为敏感，在此期间发生干旱极易造成玉米吐丝延迟和籽粒败育，大幅度降低产量。Bolanos 和 Edmeades（1993，1996）认为干旱条件下吐丝延迟和籽粒败育是限制产量的重要因素。玉米雌雄穗的发育对玉米产量的形成起着关键性作用，因此，越来越多的研究焦点集中在玉米幼穗分化与产量之间的关系上。

1. 干旱对玉米产量及产量构成因素的影响

水分胁迫对玉米产量的影响因玉米品种、干旱发生时期、干旱胁迫程度及干旱持续时间而异。Caki（2004）进行田间试验的结果表明，玉米营养生长期间水分胁迫对玉米产量影响不大，但生殖生长阶段中任何一个敏感时期遭遇干旱均会导致产量降低。玉米整个生育期内对水分最敏感的时期集中在吐丝及吐丝后 2 周内，其间水分亏缺使产量损失达 66% ～ 93%，且干旱胁迫程度越大、持续时间越长，产量降低幅度就越大。Robins 和 Domingo（1953）通过盆栽试验验证了以上结果，抽雄期 2d 和 7d 的水分胁迫分别使籽粒产量降低了 22% 和 50%。玉米产量构成因素包括单位面积有效穗数、穗粒数和粒重。正常水分供应下三者相互协调是最终产量的保障。玉米遭遇旱灾后，三者之间的协调关系被打破，限制了产量提高。玉米拔节期前进行水分胁迫，对后期产量构成因素的影响较小，其间若适度干旱，后期会产生一定的补偿效应；拔节至吐丝期间水分亏缺，通过影响植株营养器官根、茎、叶的生长，降低叶片的光合能力，延迟植株发育，延缓生殖器官生长，推迟后期玉米抽雄、散粉及吐丝，导致花粉持续时间缩短、开花吐丝间隔期拉长、花粉及花丝质量下降，受精、结实率降低，穗粒数降低；玉米籽粒建成期遭遇干旱，会增加籽粒败育率，减少最终穗粒数；籽粒灌浆期遭遇干旱，会降低玉米籽粒灌浆速率，导致粒重降低。但有研究表明，后期水分亏缺不仅不会使粒重降低，反而会使粒重增加，这可能是穗粒数的降低导致玉米籽粒库相对减少，此时源大于库，库就充分调动源中的同化物向籽粒中运输，使得每个籽粒都能得到较为充分的灌浆。

2. 干旱对玉米开花吐丝间隔期的影响

玉米吐丝前后对干旱最为敏感的时期是开花吐丝间隔期，即玉米雄穗散粉和雌穗吐丝之间的时间间隔，也有学者把这种现象称为"吐丝延迟""同步性丧失""雄穗先熟"等。玉米植株种植密度过大，生育期遭遇高温、氮素缺乏、阴雨寡照、水分亏缺等逆境均会导致开花吐丝间隔期拉长，其中水分亏缺是导致玉米开花吐丝间隔期拉长的重要非生物因素之一。在大田尺度下和基因水平下，开花吐丝间隔期均与产量存在紧密的联系，而且缩短玉米的开花吐丝间隔期能够有效减少产量损失，显著提高玉米抗旱能力。因此，开花吐丝间隔期常常被作为衡量作物抗旱性的重要指标之一。

玉米植株吐丝期前后遭遇干旱胁迫，开花吐丝间隔期的拉长主要是由于干旱延迟了玉米雌穗吐丝的时间，且干旱胁迫越严重，吐丝期延迟就越严重。干旱主要延迟雌穗上部花丝的抽出，而对中下部花丝抽出的时间影响不大。Hassan 等（2008）根据花丝表皮细胞分裂和花丝的伸长情况把花丝的生长过程细分为以下 4 个阶段：第 1 阶段，花丝细胞的分裂和花丝的伸长均呈指数增长，细胞分裂相对速率及花丝伸长相对速率均为定值；第 2 阶段，花丝伸长相对速率为定值，而细胞分裂相对速率从花丝顶部向基部逐渐下降；第 3 阶段，整个花丝细胞分裂停止后，花丝伸长相对速率仍保持定值；第 4 阶段，花丝表皮细胞分裂相对速率从花丝顶部向花丝基部逐渐下降，直到最后花丝不再伸长，花丝生长结束。一般来讲，花丝表皮细胞分裂结束的时间，即花丝发育第 3 阶段开始的时间与雄穗散粉的时间基本一致；花丝伸长相对速率开始下降的时间，即花丝发育第 3 阶段结束的时间与雌穗吐丝的时间基本一致。可见，开花吐丝间隔期与花丝发育的第 3 阶段所持续的时间基本吻合。玉米遭遇干旱后，开花吐丝间隔期与花丝发育阶段的对应关系依然存在。但是，干旱胁迫使花丝表皮细胞分裂和花丝伸长呈指数增长的时间均有所延长，而对花丝表皮细胞分裂和花丝伸长所持续的总时间影响不大，即干旱延迟了雌穗吐丝的时间而对雄穗散粉的时间影响不大。也就是说，玉米遭遇干旱后，导致花丝发育迟缓，延迟了花丝衰老开始的时间，同时加速了后期花丝的衰亡。

干旱胁迫发生后，玉米雌雄穗发育不协调是导致开花吐丝间隔期拉长的主要原因。玉米吐丝期前后遭遇干旱，对玉米雄穗散粉影响不大，但导致雌穗花丝生长速率变慢、吐丝延迟，从而拉长玉米的开花吐丝间隔期，导致玉米雌穗花丝错过最佳授粉时间，尤其雌穗顶部花丝授粉困难，形成秃尖，降低玉米穗粒数，是影响玉米旱灾年份稳产的重要因素之一。

3. 干旱对玉米雄穗发育的影响

玉米雄穗发育始于拔节期前后，结束于花粉完全散落。雄穗发育的过程包括雄穗分化、伸长及衰老。玉米雄穗的分化过程按照梁秀兰和张振宏（1995）的方法可以细分为生长锥未伸长期、生长锥伸长期、小穗分化期（小穗原基时期、双小穗时期）、小花分化期（小花原基时期、药隔形成时期）、性器官形成期（花粉母细胞形成时期、四分体时期、花粉粒形成时期、花粉粒成熟时期、散粉时期）。雄穗的分化发育并不是一个独立过程，它与雌穗的分化发育及叶片生长之间存在密切的同伸关系。以晚熟玉米为例，正常条件下，雄穗生长锥伸长期展开叶 6 ～ 6.8 片，叶龄指数 30% ～ 33%；雄穗小穗分化期展开叶 7 ～ 9 片，叶龄指数 37% ～ 43.5%；雄穗小花原基时期与雌穗生长锥伸长期同步，该阶段展开叶为 9 ～ 10 片，叶龄指数 47% ～ 49%；雄穗药隔形成时期与雌穗小穗原基时期相对应，其展开叶为 10 ～ 11.6 片，叶龄指数 53.5% ～ 55.5%；雄穗四分体时期和雌穗小花原基时期具有同伸关系，其间展开叶 11.9 ～ 13.9 片，叶龄指数 63% ～ 66%；玉米雄穗抽雄期和雌穗花丝伸长时期同步，其间展开叶片 14.8 ～ 17.3 片，叶龄指数 78% ～ 82.5%；玉米雄穗散粉和雌穗吐丝的时间基本保持一致，此时玉米叶片已全部展开。雄穗玉米遭遇干旱胁迫后，这种关系能否维持尚不是很明确，但干旱胁迫对玉米雌雄穗的发育进程会产生一定程度的影响。Saini 等（1999）认为，任何植物在生殖生长期间对水分均非常敏感。

有研究表明，干旱能加速雄穗的分化与发育。但是，也有相反的观点认为玉米雄穗的抽出是由植株上部节间和雄穗的伸长驱动的，玉米生殖生长前期遭遇干旱后，植株变矮、上部节间缩短、雄穗变短，进而导致雄穗抽出困难，严重时造成花药在顶部叶片形成的封闭筒内进行散粉，开花延迟甚至被完全抑制。干旱同样影响雄穗的穗部特征，干旱胁迫后雄穗分化的分枝数减少，分化的总小穗数减少，导致有效花粉数量减少，且花粉的质量受到一定程度的影响，花粉粒重量下降、密度减小、直径变小、花粉粒也由饱和含水条件下的乳白色饱满圆球形变成了金黄色不饱满的棱柱形，花粉活力下降、寿命变短。花粉活力与花粉粒自身水分含量之间存在密切关系，花粉从花药中散落时的自身水分含量基本不受外界环境影响，维持在 57% 左右，此时花粉的活力最大，随着时间推移，花粉与大气接触的时间越长，不断失水，导致花粉活力不断下降，花粉活力的下降速率与外界环境存在直接关系，空气中水分含量越低，花粉活力下降越快，寿命越短，不利于授粉和受精作用。玉米抽雄前进行水分胁迫，使花粉表面超微结构和内部微观结构发生了一系列改变，轻度水分胁迫使花粉外壳出现网纹状凸起；重度胁迫下网纹状凸起的高度超过了花粉的萌发孔，同时内壳呈现明显的泡状凸起，导致花粉的形态发生巨大变化，同时内部磷脂膜及细胞器受到不同程度的损伤，从而导致花粉功能部分丧失。玉米植株遭遇干旱后，雄穗穗部性状发生改变的同时，有效花粉数量减少，花粉外部形态、内部结构及活性也受到严重影响。玉米早期遭遇干旱，延缓雄穗发育进程、减少花粉数量，但对花粉质量影响较小；抽雄期前后干旱影响花粉质量，花粉活力下降较快，活力持续时间短，缩短了雌穗花丝有效授粉时间，影响授粉过程，减少穗粒数。

4. 干旱对玉米雌穗发育的影响

玉米雌穗的发育包括雌穗的分化、受精作用及籽粒的发育。玉米植株在不同时期遭遇不同程度干旱后，均会对雌穗发育产生一定程度的影响。干旱发生后，雌穗发育迟缓、小花受精率降低、籽粒败育率增加，严重影响玉米穗粒的形成。玉米遭遇干旱后主要是限制了玉米雌穗的发育，从而减少了穗粒数。Westgate 和 Boyer（1986）给水分胁迫后的玉米雌穗花丝人工授以新鲜的花粉，发现子房虽能够形成但几天后停止发育，与受旱后植株自然授粉相比，穗粒数并没有明显改善。由此可见，干旱胁迫下，决定玉米穗粒数的并不是花粉数量和质量，关键是玉米雌穗的发育。穗粒数的降低很有可能是花丝生长和结构的改变、花丝与花粉的结合受阻、受精失败、后期籽粒败育等，尤其是顶部籽粒的败育，导致秃尖变长。

玉米植株在吐丝期间发生水分胁迫后，雌穗发育延缓，穗长变短，导致雌穗在包裹的叶鞘内进行吐丝，且吐丝显著后延，主要延迟了雌穗上部花丝的抽出，不利于接受花粉，严重时会导致雌雄穗花期不遇，花丝接受不到花粉，不能正常进行受精结实，形成空秆，导致产量大幅度下降。开花前进行水分胁迫，同样导致雌穗发育延迟，重点表现在花丝上。花丝生长符合"S"形曲线，即花丝抽出后先呈指数伸长，之后花丝长度趋于定值，不再发生改变，这与上面提到的花丝生长过程基本吻合。干旱胁迫后，花丝生长的趋势不变，但花丝伸长相对速率及花丝表皮细胞分裂相对速率均有所降低，且干旱程度越重，下降的幅度就越大。干旱虽然延长了花丝指数增长的时间，但是加速了后期花丝的衰老，而花丝生长的时间基本不受影响。这可能是玉米受到干旱后，自身做出了一些调节以减少干旱所产生的伤害。然而，花丝指数增长持续时间虽有所增加，但仍无法弥补干旱所造成的伤害。

干旱同样使花丝表面超微结构和内部结构发生了一系列改变。花丝表面通过花丝表皮细胞特化形成了大量的毛状体，毛状体的数量和形态与花丝接受花粉的能力极其相关。正常水分条件下，花丝表面光滑，毛状体膨胀挺立，利于接收花粉。干旱发生以后，花丝表面横向收缩，出现坍塌，花丝上毛状体数量减少，且倒伏于花丝表面，不仅不利于花丝对花粉的接收，同时阻碍了花粉管进入花丝维管束鞘细胞，从而导致籽粒败育。干旱发生后，玉米雌穗通过调整尽量减少干旱对自身的伤害，主要表现在花丝表皮着生的毛状体上。干旱胁迫后花丝表皮细胞的长度变短，但是花丝表面单位长度上毛状体的数目增多，能够在一定程度上保持花丝接收花粉的能力。孕穗期水分胁迫使雌穗小穗细胞的细胞壁受损，细胞双层膜结构破坏，大部分发生断裂，细胞间胞间连丝发生断裂，同时细胞内线粒体等细胞器发生了变形。细胞结构的剧烈变化导致了花丝功能的部分丧失，细胞膜的通透性增强，活性氧清除系统的平衡机制受到挑战，细胞膜膜脂过氧化增强，对生物膜系统产生直接伤害。干旱条件下，花丝伸长相对速率减慢、吐丝延迟、花丝表面超微结构及内部结构改变等使结实率大大降低。干旱胁迫后，花丝发育减缓，导致顶部花丝抽出困难，错过了花粉散落的最佳时期，顶部花丝不能及时受精，不能形成籽粒，发生败育，形成秃尖。接收花粉的花丝，由于干旱加速花丝的衰老，可能出现花粉管未伸长至子房，花丝基部就开始出现坍塌，逐渐衰老，生理功能退化阻止了花粉管向子房的渗入，受精失败；而受精成功的玉米雌穗小花在干旱条件下易发生籽粒败育，同样不能形成最后的籽粒。因此，干旱导致籽粒最终不能结实的形态及生理原因可能有以下几点：①顶部花丝抽丝较晚，接收不到花粉；②花丝衰老加快，基部出现坍塌，阻止花粉管进入子房；③干旱易导致受精后的受精卵发生败育；④激素分配不协调，导致籽粒库不能调动源同化物的转移；⑤连接源与库之间的输导组织受到损伤，运输同化物困难或者不能运输；⑥干旱导致叶片光合作用受到一定影响，同化物积累不足，导致源库不协调，同化物的分配优先供应雌穗上生长较强的小穗，同化物向顶部籽粒转移受到一定限制，顶部籽粒败育。

（三）低温、阴雨、洪涝的影响

1. 低温对玉米生长发育的影响

（1）低温对玉米营养生长的影响

玉米种子发芽下限温度为 6～7℃，最适温度为 20℃，在一定温度范围内，温度越高，发芽出苗速度越快。低温降低了玉米种子的发芽势和发芽率，且发芽势降低的幅度大于发芽率。在平均 10℃ 低温情况下，发芽势降低 9.4%～18.0%，发芽率降低 5.3%～6.7%。玉米种子发芽后受到比常温低 4℃、持续 10～20d 的低温，显著抑制植株营养体的生长和发育进程，抑制程度随低温持续时间的延长而加重。如果玉米播种至出苗期间温度低就会使出苗推迟，影响苗全苗齐苗壮，使玉米生长发育受影响。玉米出苗至吐丝期受低温影响，营养生长受抑制，主要表现在干物质积累减少，株高降低及各叶片生长受限，其主要原因是低温下光合强度减小，即光合速率下降，同时植株功能叶片有效叶面积增加缓慢也是一个限制因素（王连敏等，1999）。

（2）低温对玉米生殖生长的影响

低温对玉米生殖生长的影响主要是在玉米的生育后期。在生育后期遇低温时，玉米生殖生长就会受阻，最终引起减产。灌浆期低温使玉米干物质积累速度减缓，即灌浆速度下降，这是玉米上部叶片光合能力降低而导致干物质积累速度降低（宋立泉，1997）。据报道，灌浆期温度低于 16℃，玉米灌浆过程基本停止（张毅等，1995）。同时低温对玉米籽粒产生直接伤害，并且玉米籽粒比叶片受害程度严重，这是玉米生育受阻的主要原因（王书裕，1995）。

（3）低温对玉米产量的影响

低温不仅影响玉米生长发育，而且影响最终的产量。王书裕（1995）的研究表明：在生长季如积温较常年少 5℃·d，玉米会发生一般冷害，减产 5%～15%；如少于 100℃·d 以上，则导致严重冷害，减产 25% 以上。低温对产量的影响还与冷害出现的时期有关，在玉米各生育期进行低温处理，以孕穗期减产最多，是玉米生理上低温冷害的关键期。刘惠芝（1993）用 16 个期次的分期播种试验资料得到产量与温度的关系：$y'=-1285.98+10.60x_1+76.63x_2$，式中，$y'$ 为产量的回归估计值；x_1 为播种到出苗的平均气温；x_2 为吐丝到成熟的平均气温。

2. 阴雨寡照对玉米生产的影响

（1）阴雨寡照对玉米生长发育的影响

通过人工遮阴模拟太阳辐射量减少发现，太阳辐射不足导致玉米干物质积累速率降低、生育进程延迟、叶片的生长速度减慢，其影响程度随着遮阴程度的增加而加剧。在太阳辐射较弱的情况下，玉米叶片的功能期延长，但弱光下生长的植株在恢复较强的太阳辐射后，玉米叶片的功能期反而比一直在较强光照下生长的叶片功能期短；不同时期遮光对玉米叶面积指数（LAI）的影响不同，苗遮和穗遮均使 LAI 降低，但粒遮处理则使 LAI 有所增加。苗期和穗期光辐射不足造成植株高度增加，但恢复正常光照后，株高却逐渐低于对照（张吉旺等，2006；李潮海等，2005）。弱光条件下保持较高的干物质积累总量、籽粒干物质分配率及相对稳定的穗数和穗粒数是玉米高产的关键（李冬梅等，2013）。花期弱光胁迫会导致玉米地上部总干物质日增重量降低，干物质分配到雌穗的比例减少，雌穗生长变慢，受精结实率降低，影响程度随遮光率的增加而增大；花期弱光胁迫还会使玉米最大灌浆速率、平均灌浆速率和籽粒终极生长量降低。玉米在花期遭受连阴雨天气时雌雄穗花期不遇现象出现较多。人工遮阴研究结果也发现，穗分化期太阳辐射量减少 50% 导致穗分化进程显著变慢，雌穗所受影响大于雄穗所受影响，致使玉米抽雄吐丝日期推迟，吐丝散粉间隔期（ASI）加大，造成花期不遇。同时，花丝数和雄穗分枝数显著降低，部分雄花退化（赫忠友等，1998；李苗苗等，2013；陈传永等，2014；王秀萍等，2014）。

（2）阴雨寡照对玉米光合生理及碳氮代谢的影响

弱光胁迫会影响玉米叶片的光合特性，阴雨天气下，可见光波段中蓝紫光的减少使玉米叶片光系统的性能显著下降，造成两个光系统间的协调性下降，从而降低了光合电子传递链的性能，最终导致净光合速率的下降（张善平等，2014；Zhong et al.，2014）；弱光条件下叶片的光合速率、蒸腾速率、气孔导度、叶绿体色素含量显著降低，胞间 CO_2 浓度较同期对照先降低后升高，遮阴时光合电子传递量子效率降低，原初光能转换效率和非光化学猝灭显著升高，叶黄素循环库［A（花药黄质）+Z（玉米黄质）+V（紫黄质）］和脱环化状态（A+Z）/（A+Z+V）升高（崔海岩等，2013）。为了适应较低的光强环境，玉米叶片的磷酸烯醇丙酮酸羧化酶（PEPCase）和核酮糖二磷酸羧化酶（RuBPCase）活性显著降低，并改变了 C_3 和 C_4 循环的平衡以提高光能利用效率来保证相对较高的光合速率（张吉旺等，2007；贾士芳等，2010；Sharwood，2014）。

太阳辐射减弱导致玉米叶片光饱和点和二氧化碳饱和点降低，且遮光对净光合速率-光量子通量密度（P_n-PFD）响应曲线的影响大于对 P_n-CO_2 浓度响应曲线的影响（李潮海等，2007）。太阳辐射减弱使光合速率日变化的峰值下降，出现时间提前；光系统Ⅱ（PSⅡ）最大量子产量降低，电子传递速率在中午出现下降，表现出双峰日变化曲线（栾利敏，2003）。太阳辐射减弱对叶片叶绿素含量的影响在不同品种间的差异较大，但叶绿素 a/b 值均表现为下降（付景等，2009；史振声等，2013）。太阳辐射减弱还改变了玉米叶片的显微和亚显微结构及光合作用过程中关键酶的活性，导致单位叶面积叶绿体数目减少，基粒数、基粒厚度和片层数增加（杜成凤等，2011）。遮阴后夏玉米产量、干物质积累量及氮吸收量均显著降低（史建国等，2015），遮阴对干物质积累的影响大于其对植株氮吸收量的影响，植株体内氮养分含量有所上升，干物质和氮向籽粒的分配比例降低，最终玉米籽粒粗蛋白及其各组分含量升高，粗淀粉含量降低（贾士芳等，2007；张吉旺等，2009）。弱光条件下，果穗顶部籽粒可溶性糖、蔗糖含量和全氮含量升高,淀粉含量和碳氮比降低,淀粉合成能力和碳氮比的下降可能是弱光胁迫条件下籽粒发育不良及败育的主要原因(周卫霞等,2013)。

（3）阴雨寡照对玉米产量和产量构成因素的影响

通过人工遮阴模拟太阳辐射减弱研究发现,太阳辐射减弱导致玉米生物产量和籽粒产量下降,且以花期前后太阳辐射不足对籽粒产量的影响最大。从产量构成因素来看,遮阴后玉米结穗率、穗长、行数、行粒数和穗粒数均呈明显的降低趋势,且粒期遮阴胁迫反应敏感。孕穗期遮阴,生育进程加快,干物质日积累量减少;粒期遮阴,结穗率降低。生育前期的太阳辐射不足主要通过减少穗粒数造成籽粒产量的降低,生育中后期太阳辐射不足造成籽粒产量降低是穗粒数和千粒重共同作用的结果(赵久然等,1990)。

遮阴后玉米穗部激素含量及比值发生显著改变,果穗的脱落酸(ABA)和玉米素核苷(ZR)含量均升高,而赤霉素(GA)含量和 GA/ABA 值均降低。遮阴后籽粒的吲哚乙酸(IAA)、GA 和 ZR 含量较对照略有降低,ABA 含量升高。败育籽粒 IAA 含量的峰值提前且积累少、下降快;GA 和 ZR 含量均显著降低(周卫霞等,2013),而 ABA 含量在开花后 20d 内始终保持较高水平。籽粒内激素含量的变化可能是遮阴引起籽粒败育进而降低产量的重要原因之一(崔海岩等,2014)。遮阴还影响玉米的灌浆速率,开花至灌浆期的连阴雨天气使灌浆高峰期出现晚、灌浆速率变小,玉米在花期遭受连阴雨天气时籽粒达到最大灌浆速率的时间最晚,最大灌浆速率及平均灌浆速率最小(陈传永等,2014;李苗苗,2014)。Andrade 等(1993,2000)通过遮阴和增加种植密度的方法研究发现,穗粒数和吐丝前后植株截获的光合有效辐射总量存在显著相关性,通过分期播种试验和对应发育阶段的气象因子相关分析也证实了这一结果,且穗粒数和产量等对光合有效辐射减弱的响应敏感度存在基因型差异。因此,在连阴雨灾害高发区种植耐弱光能力强的品种,可降低连阴雨灾害造成的产量损失。

3. 洪涝灾害对玉米生产的影响

在玉米生长过程中,洪涝灾害时有发生,为了有效地应对洪涝灾害,降低灾害引起的损失,有必要探讨洪涝灾害对玉米生长、产量、品质等的影响。赵素琴和王成业(2009)通过人工模拟拔节期和抽雄期田间洪涝灾害对夏玉米生长状况、产量构成因素和最终产量的影响试验,研究了洪涝灾害对夏玉米生长发育及产量的影响,结果发现,洪涝灾害对夏玉米成株密度、果穗长、果穗粗、粒重和单株籽粒产量的影响较明显,最终使产量降低;而对秃尖长、秃尖率和百粒重的影响不明显;对株高的影响在拔节期较明显。赵素琴和王成业(2009)还探讨了洪涝灾害对夏玉米生长发育、产量构成因素和最终产量的影响,发现洪涝灾害对玉米的果穗长、果穗粗及单株籽粒产量影响明显,最终严重影响产量与品质,积水时间越长影响越明显。总体上,洪涝发生越早,对玉米最终产量影响越重,因此,早期田间积水,更应该及早排水,以减少产量损失。洪涝灾害发生时,玉米田间长时间积水,影响玉米植株呼吸,导致玉米植株生长受到影响。积水增加了田间湿度,高湿环境是多种病害发生的有利条件,而生长受到影响的玉米植株抗病能力又有所减弱,从而引起病害暴发,影响玉米的产量与品质。

第二节 玉米生产特征

一、玉米产区土壤类型及分布

西南山地处于我国中亚热带红壤、黄壤地带西段。红壤主要分布在桂北、黔南、滇北和川西南地区，黄壤以贵州为主，川、鄂、湘、桂、滇等省份也有分布，紫色土以四川盆地为主（荣廷昭等，2003）。玉米栽培土壤，除红壤、黄壤和紫色土外，还有部分石灰（岩）土和干暖河谷的褐土等初育土壤。

1. 红壤

红壤是在湿热气候条件下形成的具有高度风化淋溶特征的土壤，根据红壤成土条件、附加成土过程、属性及利用特点划分为红壤、黄红壤、棕红壤、山原红壤、红壤性土5个亚类。一般土层深厚，心土层以红色为主。土壤质地黏重，结构性差，结构紧实，通气透水性差。土壤盐基饱和度低，酸性强，pH在4.5～5.5。由于土壤中游离氧化铁多，在酸性条件下活性高，致使有效磷缺乏。因此，生产上常用"黏、酸、瘦、缺磷"来概括红壤的肥力特征，这与其所处的优越气候条件形成巨大反差。

2. 黄壤

黄壤与红壤同处于中亚热带常绿阔叶林带，但黄壤分布区温度偏低，雨水则更充沛，云雾多，空气湿度大，光照弱。心土层呈黄色或棕黄色，土壤交换性盐基大量淋失，土壤呈酸性或强酸性，pH为4.5～5.5。一般黄壤的保肥力高于红壤。黄壤区气候较红壤区冷、湿，有利于土壤有机质积累，因而黄壤的有机质和氮素含量高于红壤，但有机质的矿化率较低，供氮水平并不高。土壤无机磷仍以闭蓄态磷和铁磷为主，有效磷普遍缺乏。因此，大部分黄壤也存在"黏、酸、瘦、缺磷"的问题。

3. 紫色土

紫色土是湿润热带、亚热带地区由紫色岩层发育而成的幼年岩性土。由于所处地形为丘陵、山地，以坡地为主，土壤侵蚀严重，因此，在坡地中上部往往形成土层薄、粗骨性强（夹有较多泥岩风化碎屑，当地居民称之为"石骨子"）、有效养分缺乏、保水耐旱性弱的生产问题。紫色土的保肥力较强，缓效钾和速效钾大多较丰富。但紫色土的生物积累作用弱，有机质和氮素含量较低，尤其是坡地中上部的粗骨性紫色土，往往成为作物营养缺乏的主要原因。紫色土可分为石灰性紫色土、中性紫色土和酸性紫色土三种类型，pH为5.5～7.5。紫色土自然肥力优于黄壤、红壤，因而紫色土成为西南最宝贵的土壤类型之一。

4. 石灰（岩）土

石灰（岩）土是热带、亚热带湿热条件下由石灰岩溶蚀风化残积物形成的钙饱和岩性土。主要有分布于红壤、砖红壤区的红色石灰土和黄壤区的黄色石灰土。这类土壤一般含有残余碳酸钙，盐基饱和度在90%以上，pH为6.5～8.5，普遍存在"薄（土层）、黏（质地）、瘦（矿物养分缺乏）和干（普遍贮水量小和母岩溶蚀漏水）"的问题。

二、玉米生产现状及重要问题

西南地区浅丘、深丘、四川盆地周边山区、高寒山区均有玉米种植。虽然近年来，大力推广杂交良种和先进实用技术，使玉米单产得到一定提高。但是与东北、黄淮海等地区比较，单产和综合生产能力均有较大的差距。

（一）玉米生产现状

从国家统计局公布的2010年以来的数据可以看出（表1-5），2010～2017年西南及南方区玉米的总播种面积和总产量分别占粮食作物的18.7%、17.7%左右，玉米是主要的粮食作物之一。从主要省（区、市）2010～2017年的玉米种植面积和产量动态变化（表1-6）看出，西南及南方9个省（区、市）的玉米总产量，四川排在第一、云南第二、贵州第三。近年来，四川玉米对粮食增长总额的贡献率为54.5%、广西为47.3%、云南为39.5%，排在前三位。充分体现了近年农业保护政策、科技进步等综合措施对玉米生产发展的推动作用。

表1-5　西南及南方区玉米及粮食作物面积、产量动态变化

类别	2017年	2016年	2015年	2014年	2013年	2012年	2011年	2010年
玉米种植面积/万hm²	700.61	599.87	606.06	597.81	587.36	582.19	567.36	556.98
玉米产量/万t	3 579.80	2 825.50	3 008.20	2 920.66	2 882.90	2 839.20	2 603.44	2 671.10
玉米单产/（kg/hm²）	5 125.35	5 049.60	4 988.10	4 885.65	4 908.15	4 876.80	4 588.80	4 795.65
粮食种植面积/万hm²	3 137.66	3 241.45	3 254.37	3 254.35	3 237.40	3 213.07	3 194.15	3 171.81
粮食产量/万t	16 733.50	16 885.80	16 995.40	16 753.25	16 387.85	16 381.43	15 869.35	15 685.07

表1-6　西南及南方主要省（区、市）玉米及粮食作物面积、产量动态变化

省（区、市）	类别	2017年	2016年	2015年	2014年	2013年	2012年	2011年	2010年
四川	粮食种植面积/万hm²	629.20	645.39	645.39	646.74	646.99	646.82	644.05	640.20
	粮食产量/万t	3488.90	3483.50	3442.80	3374.90	3387.10	3315.00	3291.60	3222.90
	粮食单产/（kg/hm²）	5545.05	5397.45	5334.45	5218.35	5235.15	5125.05	5110.80	5034.00
	玉米种植面积/万hm²	186.39	139.90	140.20	138.12	137.80	137.11	136.31	135.54
	玉米产量/万t	1068.00	793.20	765.70	751.90	762.40	701.30	701.60	669.00
	玉米单产/（kg/hm²）	5729.85	5669.70	5461.50	5443.80	5532.60	5114.85	5147.10	4935.75
重庆	粮食种植面积/万hm²	203.07	225.01	223.40	224.25	225.39	225.96	225.94	224.39
	粮食产量/万t	1079.90	1166.00	1154.90	1144.50	1148.10	1138.50	1126.90	1156.10
	粮食单产/（kg/hm²）	5313.45	5182.05	5169.60	5103.75	5093.85	5038.50	4987.65	5152.20
	玉米种植面积/万hm²	44.73	47.53	47.08	46.79	46.67	46.84	46.69	46.19
	玉米产量/万t	252.60	264.70	259.70	256.00	258.10	256.30	257.00	251.60
	玉米单产/（kg/hm²）	5647.20	5569.05	5516.10	5471.25	5529.90	5471.70	5504.10	5447.40
云南	粮食种植面积/万hm²	416.92	448.12	448.73	450.82	449.94	439.96	432.69	427.44
	粮食产量/万t	1843.40	1902.90	1876.40	1860.70	1824.00	1749.10	1673.60	1531.00
	粮食单产/（kg/hm²）	4421.40	4246.35	4181.55	4127.40	4053.90	3975.60	3867.90	3581.85
	玉米种植面积/万hm²	176.38	151.32	151.73	152.57	150.51	145.69	140.90	141.78
	玉米产量/万t	912.90	756.50	747.30	743.30	734.20	700.00	598.20	613.00
	玉米单产/（kg/hm²）	5175.75	4999.35	4925.25	4871.85	4878.15	4804.80	4245.60	4323.60
贵州	粮食种植面积/万hm²	305.28	311.33	311.49	313.84	311.84	305.43	305.56	303.95
	粮食产量/万t	1242.40	1192.40	1180.00	1138.50	1030.00	1079.50	876.90	1112.30
	粮食单产/（kg/hm²）	4069.65	3829.95	3788.25	3627.60	3303.00	3534.30	2869.80	3659.40
	玉米种植面积/万hm²	100.64	74.03	76.32	78.75	77.84	77.52	78.78	78.11
	玉米产量/万t	441.20	324.40	324.10	313.80	298.00	342.30	243.70	415.40
	玉米单产/（kg/hm²）	4383.90	4381.95	4246.65	3976.95	3828.30	4415.70	3093.45	5317.80

续表

省（区、市）	类别	2017 年	2016 年	2015 年	2014 年	2013 年	2012 年	2011 年	2010 年
广西	粮食种植面积/万 hm²	285.31	302.36	305.93	306.77	307.60	306.91	307.28	306.11
	粮食产量/万 t	1370.50	1521.30	1524.80	1534.40	1521.80	1484.90	1429.90	1412.30
	粮食单产/（kg/hm²）	4803.60	5031.45	4984.20	5001.90	4947.30	4838.25	4653.45	4613.70
	玉米种植面积/万 hm²	59.12	60.93	62.26	58.40	58.76	58.05	56.59	53.86
	玉米产量/万 t	271.60	278.60	280.70	266.40	266.00	250.60	244.70	208.70
	玉米单产/（kg/hm²）	4594.05	4572.45	4508.55	4561.65	4526.85	4317.00	4324.05	3874.80
湖北	粮食种植面积/万 hm²	485.30	443.69	446.60	437.04	425.84	418.01	412.21	406.84
	粮食产量/万 t	2846.10	2554.10	2703.30	2584.20	2501.30	2441.80	2388.50	2315.80
	粮食单产/（kg/hm²）	5864.55	5756.55	6053.10	5913.00	5873.85	5841.45	5794.50	5692.20
	玉米种植面积/万 hm²	79.48	66.17	68.78	64.24	57.35	59.33	54.97	53.24
	玉米产量/万 t	356.70	296.60	332.90	293.70	270.80	282.60	276.20	261.00
	玉米单产/（kg/hm²）	4487.85	4482.30	4840.05	4572.00	4721.85	4763.25	5024.55	4902.30
湖南	粮食种植面积/万 hm²	497.89	489.06	494.47	497.51	493.66	490.81	487.96	480.91
	粮食产量/万 t	3073.60	2953.20	3002.50	3001.30	2925.70	3006.50	2939.40	2847.50
	粮食单产/（kg/hm²）	6173.25	6038.55	6072.90	6032.70	5926.50	6125.55	6023.85	5921.10
	玉米种植面积/万 hm²	36.58	34.95	34.84	34.57	34.42	34.20	32.71	29.30
	玉米产量/万 t	199.20	188.70	188.80	188.60	185.00	197.30	188.50	168.10
	玉米单产/（kg/hm²）	5445.60	5399.10	5419.05	5455.65	5374.80	5769.00	5762.70	5737.20
广东	粮食种植面积/万 hm²	216.97	250.93	250.58	250.70	250.76	254.02	253.04	254.39
	粮食产量/万 t	1208.60	1360.20	1358.10	1357.34	1315.90	1396.33	1360.95	1316.50
	粮食单产/（kg/hm²）	5570.40	5420.70	5419.80	5414.25	5247.60	5496.90	5378.40	5175.15
	玉米种植面积/万 hm²	12.10	18.09	17.90	17.72	17.67	17.25	17.31	16.23
	玉米产量/万 t	54.60	81.00	77.90	76.86	81.60	79.70	78.94	72.10
	玉米单产/（kg/hm²）	4512.45	4477.65	4351.95	4338.00	4618.05	4620.30	4559.55	4442.40
浙江	粮食种植面积/万 hm²	97.72	125.54	127.78	126.68	125.37	125.16	125.41	127.58
	粮食产量/万 t	580.10	752.20	752.20	757.41	733.95	769.80	781.60	770.67
	粮食单产/（kg/hm²）	5936.40	5991.75	5886.75	5978.85	5854.05	6150.75	6232.20	6040.50
	玉米种植面积/万 hm²	5.19	6.95	6.95	6.65	6.34	6.20	3.09	2.73
	玉米产量/万 t	23.00	30.50	31.10	30.10	26.80	29.10	14.60	12.20
	玉米单产/（kg/hm²）	4431.60	4388.55	4474.80	4526.25	4227.15	4693.50	4724.85	4468.80

注：以上数据来源于《中国农业统计资料》

（二）制约玉米生产的重要因素

1. 季节性缺水是西南山地玉米生产第一限制因素

据新中国成立以来统计资料，玉米主产区季节性干旱频繁。川渝地区春旱、夏旱、伏旱发生频率分别高达 89%、92%、62%，其中，1987 年和 2006 年旱灾玉米生产损失达 20 亿 kg以上。广西西部山区春旱发生频率为 60%～90%，东部地区秋旱发生频率为 50%～70%。云南旱灾面积占受灾面积的 51%。玉米因缺水产量低而不稳的主要原因：春玉米和夏玉米的生长发育处在春旱、夏旱、伏旱发生期，缺水影响玉米播种出苗和授粉灌浆；加之，水稻与之争夺灌溉水，小麦、马铃薯、豆类等旱地作物与之争夺土壤水，玉米生长发育因缺水而受到极大限制。四川省农业科学院作物研究所对威远、雁江、简阳三地玉米日需水量和近 20 年平均日降水量比较分析，结果表明：玉米苗期和孕穗期降水量无法满足玉米正常需水，若平均每公顷增加灌溉用水 300m³，可使玉米单产增长 15%～50%。

2. 土壤瘠薄，气候多样，玉米单产低且品质差

西南山地玉米产区由红壤、黄壤和紫色土等构成区域性土壤组合，由河谷到山顶形成一系列热量带，坡耕地比重大，土层薄瘦。据对川中丘陵区玉米农田典型调查，土层厚度在 20cm 以下占 28.6%，20～40cm 占 42.8%，40cm 以上占 28.6%。四川省农业科学院模拟试验的结果表明：以土层厚度 20cm 时产量为 100，土层厚度 60cm 时玉米产量可达 174。根据对 86 个玉米农田土壤的测定分析，玉米土壤有机质、速效氮（碱解氮）、有效磷、速效钾平均分别为 18.8g/kg、117.0mg/kg、14.9mg/kg、99.1mg/kg。因此，土层瘠薄、土壤库容小、保水保肥力差是玉米单产低、品质差的重要原因。四川农业大学对国内外 76 个玉米新品种的籽粒测定结果显示，籽粒容重等级的次数分布：一级（≥710g/L）占 26.4%，二级（685～710g/L）占 29.2%，三级（660～685g/L）占 12.5%，等外级（＜660g/L）占 31.9%。玉米品质的主要差距体现在籽粒容重和一致性。

3. 间套种植，限制玉米增产潜力发挥

西南山地多数玉米以中带、窄带（带距为 1～2m）间套，或者以接茬复种种植为主。目前，种植制度规范实施的不足 30%，由于带距定型而带比和茬口衔接不规范，间套和复种作物之间矛盾十分突出。加上前后茬口的限制，玉米增产潜力难以发挥。据试验研究，规范的间套玉米比生产上的不规范间套种植（对照）增产 6.9%～14.9%。因此，规范的间套和复种轮作种植对西南山地玉米增产潜力的发挥具有重要作用。

4. 生产管理粗放，技术集成度不高

西南山地玉米主产区农业基础条件差，经营较粗放。目前，西南山地玉米主产区平均有效灌溉面积不足 10%，旱地多数无法灌溉，玉米多靠雨养。化肥施用以氮肥为主，加上地表撒施、行间丢施等施肥方式，化肥利用率和土地生产效率均不高。化学农药使用随意性强，时间和用量不精准，病虫草为害损失与农药浪费并存。节水、节肥、节药的先进实用技术推广覆盖度低，集成配套性差。机械化生产技术应用刚起步，以人畜耕作为主。玉米生产中出现了播种质量差、种植密度低、施肥盲目、肥料利用率低、中后期肥水管理和病虫草害管理不到位等现象，严重制约了玉米产量的提高。

（三）主推技术现状与问题

目前玉米生产主推技术的应用现状及问题如下。

1. 种植密度

据生产调查，玉米种植密度普遍偏低，绝大多数西南山地玉米区玉米种植密度在 45 000 株/hm² 以下。限制密度提高的主要原因：①品种耐密抗倒性差，近年育成的玉米品种仍以长生育期、高秆大穗为主，忽视了耐密性，加上气候变化引起的强降雨和风灾频发，易

发生倒伏危害；②间套种植，为了实现季季平衡增产，行距普遍在 0.85 ～ 1.0m；③耕作栽培粗放加之整地质量差和季节性干旱频繁，农民粗放的"挖窝点播""打塘点播"方式，缺窝断垄严重。

2. 地膜覆盖栽培

由于季节性干旱的日益频繁和山区玉米的发展需求，从 1985 年开始地膜覆盖栽培面积逐年增加，目前该技术应用面积约 40%，但是真正按照地膜覆盖技术规范实施的不到 60%。一是农膜价格上涨，每亩投入成本升高，加上玉米产区多是贫困地区，投入生产的能力有限，导致生产上没有严格按照地膜宽度和厚度选择应用，降低了地膜的保墒、保温、除草效果；二是在浅丘区，玉米生产后期高温干旱严重，土壤温度和湿度调节困难，近年研发的膜侧栽培技术可解决地膜玉米根系早衰的问题，但是对配套技术掌握不到位，影响了该技术作用的发挥。

3. 育苗移栽技术

玉米育苗移栽技术是西南山地玉米推广最成功的栽培技术之一。1986 年开始大面积应用，到 1997 年推广面积占到玉米种植面积的 60% 以上，但是 2000 年以后逐年下降，主要原因是随着农村劳动力的锐减，传统的育苗移栽技术比较费工、费时，难以将育苗移栽各项关键环节落实到位。

4. 间套种植技术

西南山地玉米间套种植技术最高年占玉米播种面积的 70% 左右，近年由于农村劳动力的锐减，部分山区产量低、品质差的小麦和栽收费工的甘薯面积被调减，玉米间套种植面积已呈急剧下降趋势，使产量高、潜力大的玉米地位日益突出。

5. 水肥管理技术

水肥耦合，"以肥调水，以水调肥"是玉米高产水肥管理的关键。但是，季节性干旱、山区水利条件落后等诸多因素影响水肥的同步实施，降低了肥料和水分的利用效率。加上农村劳动力减少，有机肥的施入量大量减少，更使水肥的作用受到极大限制。

三、农作制度演变及分布

西南山地热量资源相对优越，≥ 10℃年积温 5000 ～ 8000℃·d，无霜期 300 ～ 365d，有利于多熟农作制度的发展。根据光热资源、市场需求，发展形成了独具西南山地特色的农作制度，为各区域、各时期充分利用光、温、水资源，提高农业资源利用效率提供了科技支撑。以"小麦/玉米/甘薯"为代表的旱三熟分带轮作制，从 20 世纪 90 年代开始在四川盆地、重庆和云贵高原低山河谷等地得到广泛应用，近年发展形成的"小麦/玉米/大豆"新三熟分带轮作制在四川、广西等地示范推广。以黑麦草-玉米/甘薯为主体的适雨粮草轮作多熟制，在养殖业比较集中的农区和农牧交错区得到推广应用。以蔬菜/玉米/大豆（花生）为主体的旱地粮经复合型多熟制，在城郊地区得到推广应用。以小麦-玉米、油菜-玉米为主体的旱地新两熟制，在夏、秋旱发生频率低的地区得到快速推广。以玉米和马铃薯（或烟草）轮作为主的一熟制，在高寒山区得到普及应用。

（一）旱三熟分带轮作制

20 世纪 80 年代，随着人口的增长和生产力的解放（实行联产承包责任制），加上小麦-甘薯、小麦-玉米种植模式中,甘薯和玉米均容易遭受日益频繁发生的高温伏旱影响,产量低而不稳,南充市农业科学研究所率先在南充市嘉陵区龙蟠镇开展旱三熟间套作的试验示范,研究提出了1.67m带距的"小麦/玉米/甘薯"间套作分带轮作种植模式。在四川省农业科学院和四川省农业技术推广总站的主持下,该模式在四川各区域形成了品种搭配和配套栽培技术方案,1985年列入农业部十大主推技术,在西南地区推广应用,最终建立独具西南特色的旱三熟分带轮作制度。之后,随着各地需求的变化,研究形成了宽厢带植、中厢带植和窄厢带植3种类型的旱三熟模式(表1-7)。其中,宽厢带植有"双六〇"(小麦玉米带各占2m,玉米带内种4行玉米)、"双五〇"(小麦玉米带各占1.67m,玉米带内种4行玉米)带距,该种植方式适宜于浅丘及平坝三熟制地区,配置中熟紧凑型玉米品种,利用玉米播前的冬春空闲地和收后的秋闲地种植大麦、豆科、青饲料等作物,发展粮经饲三元结构;中厢带植有"双三〇"(小麦玉米带各占1m,玉米带内种2行玉米)、"双二五"(小麦玉米带各占0.83m,玉米带内种2行玉米)、"三五二五"(小麦带宽1.17m,玉米带宽0.83m 种2行玉米)带距,适宜深丘麦(油、洋芋)套玉米及低山区发展粮饲高产模式,选择中熟、中熟偏晚的大穗型玉米品种春播;窄厢带植有"双一八"(小麦玉米带各占0.6m,玉米带内种1行玉米)、"双二〇"(小麦玉米带各占0.67m,玉米带内种1~2行玉米)带距,该种植方式共生期争光、争肥、争水矛盾突出,只适宜"迟中争早",迟春播、早夏播地区和盆周山区1200m以上一熟有余两熟不足地区,选择中早熟玉米品种,实行马铃薯、玉米套作。

表1-7 不同带距旱三熟模式产量比较结果(资阳,1996~1998年)

带距	夏玉米区/(kg/hm²)				春玉米区/(kg/hm²)			
	玉米	小麦	甘薯	年产	玉米	小麦	甘薯	年产
窄厢带(1.17m)	5 669.25	3 842.25	1 528.65	11 040.15	—	—	—	—
中厢带(1.67~2m)	6 577.50	2 613.00	2 062.35	11 252.85	4 862.40	2 739.75	4 948.35	12 550.50
宽厢带(3.34~4m)	6 540.45	2 313.00	2 449.80	11 303.25	5 024.25	2 865.60	5 106.90	12 996.75

注:"—"表示不适宜早春播,因此无产量数据。甘薯(鲜薯)按照5∶1折为原粮,下同

近年,由四川农业大学主持研发提出"小麦/玉米/大豆"新三熟制,提倡少免耕,发展轻型简化栽培,在改良培肥土壤方面优势明显,在四川资阳、内江、遂宁、眉山及广西等地推广,凸显了该模式良好的抗旱减灾效应。

(二)适雨粮草轮作多熟制

为满足山区草食动物发展的饲料饲草需求,提高降水资源利用率,保护生态环境,建立旱地绿色种植制度,在"十一五"国家科技支撑计划"旱作农业关键技术研究与示范"重点项目课题资助下,四川省农业科学院主持研究提出了适雨粮草轮作多熟种植制度。该模式是在旱三熟分带轮作制基础上,根据雨热资源匹配情况,调整小麦、玉米为饲草作物,或者利用预留空行增种一季饲草作物,形成以收获饲草饲料作物为主的种植制度,秋冬季节进行粮草轮作,实现"粮改饲"。研究表明(表1-8),粮草轮作制度能显著提高周年干物质产量和降水利用效率,其中小麦/光叶紫花苕-墨西哥饲草玉米/甘薯模式周年干物质产量增幅最大,小麦/黑麦草-玉米/甘薯模式在干物质产量增加的同时,粮食产量保持相对稳定,降水利用效率也显著提高。这些模式已在西南山地示范推广。

表 1-8　适雨粮草轮作制度的试验研究结果（简阳，2006～2008年）

种植模式	干物质产量/（kg/hm²）	降水利用效率/[kg/(hm²·mm)]	粮食产量/（kg/hm²）
小麦/玉米/甘薯（对照）	10 234c	12.32	9 221a
小麦/黑麦草-玉米/甘薯	12 019b	14.47	8 651a
燕麦/黑麦草-玉米/甘薯	13 739ab	16.54	6 387b
小麦/光叶紫花苕-墨西哥饲草玉米/甘薯	16 131a	19.42	4 481c
小麦/光叶紫花苕-苏丹草/菊苣	13 429b	16.17	2 590d

注：同列不含有相同小写字母的表示种植模式之间在 0.05 水平差异显著，下同

（三）旱地粮经复合型多熟制

农户对生活富裕的追求，需要发展蔬菜、道地中药材等经济作物，"十二五"期间在有关项目的资助下，各地研究提出了旱地粮经复合型多熟制。该模式以分带轮作理论为指导，更换普通籽粒玉米为鲜食玉米，根据各季节的光、热、水资源，搭配相应的粮食作物、经济作物，大幅度提高周年经济收益，实现了"千斤粮、万元钱"。粮经复合多熟制的典型模式如下。一是以甜、糯玉米为主的多熟制，包括"菜玉菜、菜玉稻、菜玉玉"等高产高效种植模式，周年产值超过 75 000 元/hm²，较传统的油菜/水稻两熟模式增加效益 129.3%～195.2%，其中甜糯玉米单季鲜产 11 865～14 055kg/hm²、两季产量 24 615kg/hm²（表 1-9）。二是麦冬/玉米/蔬菜（大蒜、莴苣、萝卜等）间套作多熟制：该模式采用"双三〇"规范开厢，麦冬和玉米间作，玉米收获后种植蔬菜，麦冬平均产量 4500kg/hm²，产值 225 000 元/hm²；玉米平均产量 8250kg/hm²，产值 19 800 元/hm²；蔬菜平均产量 45 000kg/hm²，产值 45 000 元/hm²；周年粮食产量 8250kg/hm²，增收 289 800 元/hm²。三是川明参/小麦/玉米/蔬菜间套作模式："双六〇"规范开厢，川明参和小麦间作，小麦收获后种植蔬菜；川明参于 7 月下旬至 8 月上旬移栽，翌年 4 月采收；小麦于 10 月 28 日至 11 月 8 日播种，翌年 5 月收获；玉米于川明参收获后抢时播栽，8 月收获；小麦收后种植一季蔬菜，两个月后蔬菜收后再种川明参，实现周年轮作。该模式川明参（干品）平均产量 3000kg/hm²、产值 150 000 元/hm²，小麦平均产量 3750kg/hm²、玉米平均产量 5250kg/hm²，小麦和玉米产值 19 500 元/hm²；蔬菜平均产量 7500kg/hm²、产值 15 000 元/hm²，实现年产粮食 9000kg/hm²、产值 150 000 元/hm² 以上。

表 1-9　甜、糯玉米为主的种植模式产量和效益比较结果（崇州，2009～2012年）

种植模式	第一季作物		第二季作物		第三季作物		第四季作物		周年产出	
	产量/（kg/hm²）	产值/（元/hm²）	产量/（kg/hm²）	产值/（元/hm²）	产量/（kg/hm²）	产值/（元/hm²）	产量/（kg/hm²）	产值/（元/hm²）	产值/（元/hm²）	增效/%
莲花白/马铃薯/春甜糯玉米/中稻（菜玉稻模式）	46 875	29 460	20 100	21 420	12 855	22 500	6 030	9 630	83 010	149.7
莲花白/春甜糯玉米/豇豆（菜玉菜模式）	63 750	37 500	12 000	20 250	22 500	37 500			95 250	186.6
莲花白/春甜糯玉米/秋甜糯玉米（菜玉玉模式）	58 740	34 995	12 750	21 240	11 865	19 995			76 230	129.3
春甜玉米/鱼腥草（玉菜模式）	14 055	21 870	23 115	76 245					98 115	195.2
油菜/中稻（对照）	2 550	12 240	7 500	21 000					33 240	

（四）旱地新两熟制

近年来，西南生态区在农村劳动力输出转移加剧、机械化生产技术快速发展、山区观光农业积极推进的背景下，传统的旱地一年三熟三作、三熟四作、三熟五作间套作多熟制悄然向两熟净作发展，四川省农业科学院主持研究提出了油菜-玉米、小麦-玉米为主体的旱地新两熟制。该模式是根据西南旱地特殊的生产条件，研发形成的粮油作物增产增效技术模式，更适合机械化的小麦、油菜、玉米新品种，改进耕作栽培技术，建立新两熟制。新技术模式最大的特点，就是克服了西南地区粮油作物机械化生产的难点，实现了周年全程机械化生产。根据 2009～2013 年定位监测试验（表 1-10），油菜-玉米、小麦-玉米周年纯收益分别为11 781.0 元/hm²、9538.5 元/hm²，较小麦/玉米/甘薯模式分别增收99.64%、61.64%。

表 1-10　种植模式定位试验产量与效益比较结果（简阳，2009～2013 年）

种植模式	周年产值/（元/hm²）	生产成本/（元/hm²）					纯收益/（元/hm²）	较 CK 纯收益增长率/%
		种子	农资（肥料+农药）	劳动力	机械	合计		
油菜-玉米	28 581.0	1 500	3 600	4 500	7 200	16 800	11 781.0	99.64
小麦-玉米	28 363.5	1 950	4 575	4 500	7 800	18 825	9 538.5	61.64
小麦/玉米/甘薯（CK）	29 976.0	1 800	4 275	16 200	1 800	24 075	5 901.0	
小麦/玉米/大豆	28 947.0	1 800	4 275	13 800	1 800	21 675	7 272.0	23.23

四、主导品种演变及分布

品种是玉米生产中最活跃、最有效的要素。在 1511 年前后，玉米经印度—西藏—四川，进入西南地区，在相当长的时期玉米作为填闲作物和救灾作物栽培，以引进品种及选留适宜当地的优良种子形成主导品种种植。直至 20 世纪，特别是新中国成立以来，玉米品种的自主选育及更新换代才进入有序演变过程。荣廷昭、李少昆等将 20 世纪以来玉米品种的创新与发展归纳为 4 个阶段（荣廷昭等，2003；李少昆和王崇桃，2010），结合 21 世纪的第一个 20 年实际情况和未来新需求，根据当时生产应用品种的主导类型，著者将 20 世纪以来西南玉米的主导品种演变划分为农家种→杂交种→紧凑型玉米杂交种→抗逆、优质、宜机玉米杂交种4 个发展阶段。

（一）农家种应用阶段（1900～1958 年）

以 1902 年保定农事试验场从日本引进第一批玉米良种为标志，开始了我国玉米品种的研究。1914～1916 年进行了全国第一个玉米品种比较试验，1917～1920 年进行了全国第二次品种试验（佟屏亚，2001）。西南是引种玉米最早的地区，嘉靖四十二年（1563 年）《大理府志》记述有玉麦。玉米育种创始于杨允奎先生，1933 年他受聘于河北保定省立农学院，从事玉米杂交育种，1935 年应聘国立四川大学农学院教授，1937 年受命创办四川稻麦试验场，1938 年经过大规模的地方品种资源普查，杨允奎教授和助手张连桂撰写了《玉蜀黍农家品种改良及推广纲要之刍议》，确定早熟、硬粒和抗倒伏的农家种是适应四川玉米间、套、复种的优良品种。广西在清末民初，经不断引进和农民选择，形成了大量地方品种。贵州省农事试验场曾于 1938 年派员赴湘西、湖南采集玉米农家种，通过品种评比，形成了适合当地的农家主导种。1950 年 2 月中央人民政府农业部组织召开了新中国第一次"全国玉米工作座谈会"，提出以推广品种间杂交种先行，同时发展综合品种，以满足当时生产需要，通过评选地方优良品种，就地繁殖、就地推广。从众多农家种中评选出'金皇后''英粒子''金顶子''白马牙''白鹤''旅大红骨''辽东白''四平头''小粒红''大粒红''安东黄马牙11号''黄县二马牙'等优良品种，逐步替换低劣品种，比一般品种增产10%以上。'金皇后''金顶子'的种植面积最大，是当时主导品种的代表。西南地区响应全国玉米工作会的精神，引进'金皇后''辽东白''白马牙'，加上鉴定出的'二金黄''什邡大二黄''南充秋子'地方优良品种，成为推广面积较大的区域主导品种。

（二）杂交种应用阶段（1959～1990年）

1949年陈启文主持育成品种间杂交种'坊杂2号'（'小粒红'בˊ金皇后'），先后在全国11个省份推广。之后，各地相继选育出'春杂2号'（'东陵白马牙'×'197'）、'夏杂1号'（'华农2号'ב英粒子'）、'公交82号'（'大金顶'ב铁岭黄马牙'）、'晋杂1号'（'昔阳大黄玉米'ב金皇后'）、'百杂6号'（'干白顶'ב安东黄马牙11号'）等，较农家种增产10%～30%，据1958年统计，这些杂交种基本取代了'金皇后''小粒红''白马牙''金顶子'等农家品种，开启了杂交种应用时代，1978年占全国玉米种植面积的73.1%。此间，西南各省相继进行了品种间杂交种选育工作，先后选育出'491''万杂2号''川农561''金可''门可''品杂3号''品杂4号'等综合种、顶交种，较农家种增产20%～28%。1958年，由四川省农业科学研究所牵头，组织云、贵、川三省及陕西安康、湖北恩施首次开展了玉米优良杂交种区域性鉴定试验。20世纪50年代末、60年代初，育成了'成双1号''川农双交1号''万双711''火箭3号''云双1号''云双2号'等双交种和三交种，在生产中有较大种植面积。

单交种的使用始于1959年，广西首先将单交种'小英雄'直接应用于生产。1963年河南新乡农科所组配出的'新单1号'（'矮金525'ב混517'），标志着我国玉米育种从以选育双交种为主转向培育单交种为主的新阶段。此后，在生产中成为主导品种的单交种有'中单2号''丹玉6号''郑单2号''烟单14号''四单8号''鲁原单14号''吉单101''丹玉13号'等。西南地区同期选育出'成单1号''成单2号''成单3号''成单4号''桂单2号''桂单12号''南校1号'等。1990年全国玉米杂交种种植面积基本稳定在85%左右，其中单交种占杂交种的98.6%。

（三）紧凑型玉米杂交种应用阶段（1991～2010年）

紧凑型玉米的应用始于1975年，以'黄早四'选育成功并组配出'京早7号''烟单14号''掖单2号'等紧凑型玉米杂交种为标志，面向全国推广应用以1996年8月国家科委、农业部在山东烟台召开的"全国紧凑型玉米及其配套技术推广会"为标志，1998年种植面积达1.29亿亩，占到全国杂交玉米面积的42.4%。进入21世纪以来，'郑单958''浚单20''鲁单981''农大108''掖单13'等成为大面积应用的紧凑型玉米主导品种。西南地区引进'郑32''5003''48-2''材11-8''200B''3237'等一批株型紧凑、高配合力自交系，育成'成单11''成单14''川单9号''川单13''雅玉2号''黔单16''桂单106'等紧凑型、半紧凑型玉米杂交种并大面积生产应用，至1994年，占到杂交种种植面积的63.2%。进入21世纪，'成单30''正红505''川单418''渝单30''云瑞68''荃玉9号''仲玉3号''贵单8号''黔兴201''会单4号''凉单10号'等紧凑、半紧凑型玉米杂交种成为西南地区主导品种，应用面积超过70%。

（四）抗逆、优质、宜机玉米杂交种应用阶段（2011年至今）

随着我国城镇化的快速推进，2011年中国城镇化率首次超过50%（当年统计数为51.27%），标志着我国基本经济国情已从农业大国转变为工业大国和消费大国，农村人口和劳动力急剧下降，我国从事农业生产的劳动力占劳动力总量的比例由1991年的60%下降到2011年的28.3%。加上国家政策的扶持和推动，土地流转和规模生产得以快速增长，拉动农业机械化生产实现新的突破，2010年我国农作物耕种收综合机械化水平超过50%。以机械化为主的生产方式变化，对玉米生产技术特别是宜机品种提出了新的要求，近年，'先玉335''京科968''京农科728'等籽粒脱水快、耐密、高产的玉米新品种深受欢迎。西南山地玉米生产规模化、机械化虽然受到多种条件制约，但是劳动力成本的上升使其发展势头不可阻挡，玉米品种在保持多抗、高产、广适特性基础上，宜机、密度弹性大、优质、绿色（融合节水节肥特性）成为新的育种目标，已育成'仲玉3号''中单901''协玉901''成单90'等基本适合机械化的新品种。

五、主要种植技术演变及分布

中国农耕技术历史源远流长，以作物栽培学和植物保护学为基础的玉米种植技术研究与应用，开始于20世纪50年代。西南地区最早进行玉米种植技术的研究与推广，源于国民党政府搬迁至重庆，提出的"战时粮食增产的八项措施"，其中之一就是扩大玉米种植面积，选育和推广优良品种，改进栽培方法（佟屏亚，2000）。广西农事试验场为推广玉米杂交种，范福仁及其助手进行了玉米栽培试验，研究拟定玉米良种良法配套栽培技术。新中国成立后，西南山地玉米种植技术研究事业得到快速发展，大致经历了农民积累丰产经验、引进消化创新和独具特色的自主创新三个发展阶段。通过技术研发和实践经验总结，形成了以抓苗攻穗为重点的"促壮高"理论、以提高抗逆能力为目标的"生理调控"栽培理论、以挖掘产量潜力为目标的"高产创建"栽培理论，编著了《玉米高粱高产栽培技术》《西南玉米耐旱生理与抗逆栽培》《四川季节性干旱与农业防控节水技术研究》《四川玉米高产创建理论与技术》等代表性专著。以栽培理论为支撑，研发形成的代表性的种植技术有育苗移栽技术、地膜覆盖栽培技术、增密增肥增产调控技术（简称"三增"）、抗旱节水增效技术、病虫草害综合防控技术。

（一）育苗移栽技术

育苗移栽在西南地区的首次报道，是1933～1945年的广西农事试验场工作报告，但是成为一项大面积推广的技术体系，始于20世纪80年代。为解决西南地区"酸、黏、瘦、薄"土壤条件下，玉米直播深浅不一、出苗不整齐，田间管理"一步跟不上、步步跟不上"，难以壮苗健株夺高产的问题，以育苗移栽为主的全苗技术一经在西南地区试验示范，立即得到各级生产部门的高度重视。原因在于育苗移栽对玉米尽早封行、形成冠层，利用生长前期光、热、水资源，避开高温伏旱和秋雨早霜危害具有重要的作用。研究和实践应用进一步表明，育苗移栽具有缓解玉米与其他作物共生的矛盾，缩短共生期，培育"三苗"、降低株高和穗高、防倒的功能。通过育苗，将玉米的播种、出苗和幼苗期管理在苗床中进行，操作方便，可控性强，避免干旱、低温冰冻对苗期的危害，有利于保全苗、争齐苗、育壮苗。

西南地区由于生态生产条件差异大，各地科研和生产部门结合实际，探索形成了各具特色的育苗移栽技术。育苗方式有带土的肥球育苗、方格育苗和不带土的水培育苗、撒播育苗分苗移栽、子弹育苗、玉米穗轴育苗，以及软盘育苗、塑料营养杯和秸秆营养杯育苗方式。实践证明：带土的育苗移栽，具有容易培育适龄壮苗、移栽期弹性大、移栽伤根少、成活率高、缓苗期短、底肥施用方便等优点，但是肥球育苗和方格育苗手工操作费工、移栽费力，配套肥团制作机械，在一定程度上降低了劳动效率。刘永红（2009）以育苗移栽为载体，研究形成了以促根、壮苗为中心的"促壮高"栽培理论。该栽培理论强调，"坐水坐肥"移栽和根据秧苗大小分类、分级、分段定向移栽，可促进种子根生长发育和 1～6 叶根叶组健康出叶生长，缩短出叶间隔时间，结合中耕松土措施促其快返苗、早发苗，既为高产保障了基本密度，又为在穗分化之前尽快形成合理的营养体奠定了基础。

（二）地膜覆盖栽培技术

玉米地膜覆盖栽培具有明显的增温、保墒、改善土壤物理性状、抑制草害等作用，以及促进玉米生长发育与提早成熟等效果，在低海拔河谷地区一般增产 10% 左右、高海拔地区一般增产 30% 左右。1979 年，当时的农业部组织全国 14 个省（区、市）48 个单位组成农膜覆盖栽培技术应用协作组，将从日本引进的塑料薄膜在多种农作物上覆膜栽培试验（佟屏亚，2000）。西南地区四川、云南、湖北等省积极参与覆膜试验示范工作，结果显示：在玉米、马铃薯等山区作物上增产增效明显，并在推广机制和组织方式上走在全国前列。1986 年 8 月全国农业技术推广总站在湖北恩施召开"全国玉米覆膜栽培现场会"，组织交流湖北及全国玉米覆膜试验示范经验，并推荐该技术作为贫困地区脱贫致富的一项"温饱工程"。20 世纪 90 年代，四川、贵州、云南、湖北等省份的玉米地膜覆盖栽培技术均超过 100 万亩，在西南玉米生态区的应用面积达到播种面积的 40% 以上。

西南玉米种植区域海拔落差大、气候和生产条件迥异，广大农业科技人员和农民群众因地制宜地创造了多种玉米覆膜栽培方式：垄作和平作覆膜、宽膜和窄膜覆盖、"W"形和"瓦沟"形覆膜、先播种后覆膜、先覆膜后播种等。覆盖生产有人畜、半机械化和全程机械化作业三种方式。使用的农膜有塑料膜、生物降解膜或光降解膜，近年还研发出双降解膜。以宽膜全覆盖栽培和窄膜膜侧栽培为载体，优化创立了以提高抗逆能力为目标的"生理调控"栽培理论（刘永红和李茂松，2011）。宽膜全覆盖栽培主要用于高海拔高山高原玉米区，盖膜后玉米种植带的土壤温度和水分增加，活土层更加疏松。据测定，盖膜玉米种子发芽和出苗植株中的玉米素核苷（ZR）含量明显增加，植株生长健壮，抵御山区低温、寒潮等逆境的能力明显增强。窄膜膜侧栽培主要用于低海拔丘陵玉米区，虽然盖膜前期的增温、保墒效果较宽膜全覆盖栽培差，但是形成的膜内外干湿交替环境，促进了根系及植株中脯氨酸、超氧化物歧化酶（SOD）等含量增加，植株抗旱能力明显增强，而且减少了用膜成本，提高了雨水利用效率和产量（表 1-11）。

表 1-11　不同处理对玉米产量及产量构成因素的影响（简阳，2004～2005 年）

处理	秃尖率/%	穗粒数	千粒重/g	产量/（kg/hm²)	产量比 CK/%
窄膜覆盖+膜侧移栽	8.0	499.7	353.3	8331.0	17.67
宽膜全覆盖+打孔栽苗	10.1	448.0	324.4	7711.5	8.92
裸地移栽（CK）	15.3	443.5	325.1	7080.0	
宽膜全覆盖+直播	14.2	439.6	324.1	6661.5	−5.91
裸地直播	14.3	439.0	315.8	6246.0	−11.78

（三）增密增肥增产调控技术

种植密度是使玉米的个体和群体、生育前期和生育后期能够协调发展可控性最强的栽培技术手段之一，也是玉米能否充分利用外在有利条件形成高额产量的重要环节。研究认为，玉米单位面积产量=有效穗数×穗粒数×千粒重。早在20世纪50年代科技人员通过总结农民丰产经验，提出根据土壤肥力、品种特性等条件增加种植密度促进增产。90年代，随着紧凑型玉米的育成与推广，玉米种植密度得到大幅度提升，生产上玉米种植密度普遍增加50%以上。西南各地结合种植制度，提出了宽行密株、缩行增密，配合育苗移栽或适墒精播的增密增产栽培技术。

毋庸置疑，玉米增密增产与增加化肥的投入密不可分。"收多收少，在于肥"，肥料是决定玉米产量的一个重要因素，施肥是玉米增产的关键技术。施肥量、方法、施用时间关系到充分发挥肥效，避免有效养分的流失和浪费。以红壤、黄壤和紫色土为主的西南山地玉米区，土壤养分含量的总趋势是普遍缺氮和磷，部分土壤缺钾和微量元素。据研究，当土壤中速效养分含量中的碱解氮低于20mg/kg、速效磷低于10mg/kg、速效钾低于50mg/kg时，玉米生长发育将受到严重影响，增施氮、磷、钾肥料有显著的增产效果。通过多年的研究与实践，西南山地建立了玉米有机、无机肥配合，氮、磷、钾配合，以肥促水、以水促肥的"一底两追"施肥技术体系，在生产中得到普遍应用。近年，结合控释肥等新型肥料的研发应用，初步建立起一次性施肥技术。

在增加密度、增加化肥投入的实践和研究过程中，以协调种植密度、植株整齐度、穗子均匀度、籽粒成熟度（简称"四度"）为重点，以挖掘产量潜力为目标的"高产创建"栽培理论逐步创立（刘永红，2015）。该理论的基础是，单位面积产量可以解析为：籽粒产量=光合势（绿叶面积×光合时间）×净光合生产率（干物质/光合势）×经济系数。通过合理密植、科学肥水运筹，使公式中的光合生理三要素较为协调，其乘积最大，产量也最高。其主要内容如下。一是科学增加种植密度。就是直接增加绿叶面积，加上有效田间管理措施促玉米苗早发封行和防止后期早衰，延长光合时间，提高群体光合势及干物质量。据研究，密度增加1.5万株/hm²，较对照光合叶面积增长31%，群体干物质产量增加42%，而单株干物质产量仅下降7.7%。结合K值法、叶向值法、叶面积指数法等研究成果，抗倒性指标测定结果，创立了7项群体质量指标组成的密植高产指标体系3套（表1-12），以此确定高产创建的密度及生理调控的参数。二是稳定净光合生产率。随密度的增加，净光合生产率降低，通过肥水调控可以增强净光合生产率。密植高产群体的生理特征是花后氮积累比例从5%提高到27%左右，保障花粒期的养分供给是维持较高净光合生产率的关键。三是密植群体的"四度"调控。以单株干物质、株高、穗位高整齐度为指标的"植株整齐度"调控，品种之间存在显著差异，要因种调控；以穗长、穗行、行粒数、秃尖整齐度为指标的"穗子均匀度"，受基因和密度等栽培措施共同调控；粒叶比、籽粒灌浆速率、脱水成熟度受基因和区域环境影响，适当晚收，可提高粒重、粒叶比和产量。概而言之，协调好密植群体中个体的平衡是提高植株整齐度、穗子均匀度、籽粒成熟度及产量的基础，最终实现"增密调叶源增粒数、调优花后增粒重"的高产创建目标。

表 1-12 高产创建不同产量水平的群体质量指标体系

种植密度/ （万株/hm²）	生育期/d	最大叶面积 指数	粒叶比/ （粒/cm²）	穗子均 匀度	抗倒性－茎秆穿刺 强度/（N/mm²）	品种抗病性 （病情指数）	产量水平/ （kg/hm²）
9.0～10.5	150～160	6.5～7	0.08	＞6.5	＞65	＜5级	15 000
6.0～6.75	125～140	5.0～6	0.07	＞6.5	＞60	＜7级	12 000
5.25～6.0	120～135	3.5～5	0.07	＞7.0	＞55	≤7级	9 000

（四）抗旱节水增效技术

玉米的需水规律表现为苗期耐旱、拔节到花粒期需水量最多，占全生育期总需水量的43%～53%，抽雄吐丝期遭遇干旱对产量的影响最大，俗称"卡脖子旱"。西南山地玉米生产的发展过程，一直没有离开过抗御干旱的技术探索，广大科技人员创造了独具西南山地特色的耐旱品种及播期熟期配搭，就地蓄积降水的"三沟三池配套"微水工程，"蓄住天上水、保住土中墒"的坡改梯，经济植物篱土壤扩蓄增容及地表覆盖技术等。西南地区玉米降水利用效率仅 12～15kg/(hm²·mm)、水分利用效率 0.70～0.85kg/m³，显著低于发达国家和地区的主要原因是土层浅薄，保水保肥的能力弱。据四川省农业科学院定位试验结果（张建华等，1998），20～40cm 厚的土壤，玉米一生吸收的水量仅 250mm，而土壤厚度达 80cm 以上的土壤，玉米吸水量可达到 400mm。在西南山地玉米生产上应用较普遍的抗旱节水增效技术有就地集雨补灌技术、经济植物篱增墒增效技术、垄播沟覆秸秆还田耕作技术等。

1. 就地集雨补灌技术

就地利用降雨是西南山地解决旱地季节性和区域性干旱的首要途径。20 世纪 80 年代，"三沟三池"微水工程逐步完善并纳入土地整治项目建设内容。主要的技术内容：每公顷坡耕地在径流汇集点建设 180m³ 的微型蓄水池，在引水入池口建设 0.5～1m³ "沉沙池"，配套建设 1～2m³ "蓄粪（有机肥）池"，雨季将玉米农田背沟、排水沟、引水沟梳理通畅相连，形成"三沟三池"微水工程，玉米季可复蓄 2～3 次，提供 375m³ 以上的灌溉水，有条件的地区通过"U"形渠或封闭的 PVC 低压管道方式，将山头上的蓄水池相连，加上"提水、引水工程"，实现蓄水、供水、用水相互调剂，在玉米关键期或遭遇干旱时补灌，保证玉米播种、抗旱保苗、植株健康用水。结合各地生产条件，形成了人工浇灌、轻型喷灌机组微喷灌、喷水带或采用软管点穴浇灌、与沼液结合种养复合水肥一体化灌溉等用水方式。

2. 经济植物篱增墒增效技术

20 世纪 90 年代中后期，由四川省农业科学院牵头在总结农民经验的基础上，研究提出了经济植物篱增墒增效技术，该技术被农业部遴选为西南山区推广的水土保持主推技术。其核心是选择多年生、根系发达、适应性强、萌生性好、低耗水、高经济价值的植物作篱建埂，利用强大的植物根系网来护坡护埂，达到增强土埂的抗蚀强度和拦蓄降雨就地入渗的目的。高坡度耕地沿等高线每隔 4～8m 呈带状种植木本、草本植物或混合植物，控制幅宽 1m以内。主要选择耐旱耐瘠的植物，如多变小冠花、紫花苜蓿、蓑草等作为建设植物篱的材料，该模式与传统模式比较，水土流失减少 60% 以上，每公顷平均增加产值 1711.5～2541.0 元（表 1-13）。在植物篱带间种植玉米，实现玉米单季增产，耕地综合产出效益明显增加。低坡耕地在地边和土埂上种植扁穗牛鞭草、桑树等多年生植物，拦截水土流失，提高雨水就地入渗率和土地产出率。

表 1-13 高坡地植物篱模式水土流失监测

处理	年径流		年土壤侵蚀		年经济效益/（元/hm²）
	m³/hm²	减少/%	t/hm²	减少/%	
多变小冠花	637.05	62.9	13.05	70.5	2541.0
紫花苜蓿	601.05	65.0	12.75	71.2	1711.5
对照	1717.05		44.40		0

3. 耐旱品种

玉米品种的耐旱性是西南地区育种者一直关注的育种目标之一。著者 1993～1994 年对四川 6 个大面积应用的玉米品种进行了抗旱性研究（何国亚等，1995），干旱胁迫时，玉米品种的生理指标及产量差异很大，细胞膜电导率高的品种是'成单 13'，稳产性好、植株水分状况维持最佳的品种为'成单 11'，其籽粒产量也最高（表 1-14），可见玉米品种产量与抗旱力密切相关。

表 1-14 玉米细胞生物学特性和产量效应关联分析（资阳，1993～1994 年）

品种	细胞膜相对电导率	稳产系数	植株水分系数	产量/（kg/hm²）
成单 13	0.6862	0.5983	0.6234	4095.75
成单 11	0.4888	0.6516	0.7334	4105.50
成单 14	0.1707	0.5622	0.6113	3677.85
川单 9 号	0.3061	0.4972	0.4960	3700.50
掖单 13	0.1511	0.4917	0.4302	3645.60
农大 65	0.2982	0.4944	0.5024	3627.45

4. 垄播沟覆秸秆还田耕作技术

西南旱坡地秸秆还田的研究重点需要破解秸秆还田后坡地土壤湿度小、秸秆难以腐熟，下茬作物播种必须移开前茬秸秆，田间操作困难、成本高的"瓶颈"问题，而且甘薯栽前作垄正与雨季相遇，人工扰动土壤，加剧坡耕地水土流失。四川省农业科学院作物研究所在"十一五"期间，研究提出了垄播沟覆秸秆还田耕作技术，结合垄作机械的应用，较好地解决了上述问题。该技术抗旱增产的原因：一是通过垄作增厚了小麦和甘薯种植区的土层，提高了抗旱能力；二是增大了垄沟容积，能最大限度地把自然降水集蓄于玉米种植垄沟内；三是秸秆覆盖减少了水土流失，抑制了土壤蒸发，保住了土壤水分；四是通过轮作填埋促进了旱坡地秸秆还田腐熟。多年定位监测结果显示，该技术的地表径流比对照（传统翻耕）平均减少 67%，降水利用效率提高 2.4%～10.9%，每公顷玉米较传统技术平均增产 1.9%，平均全年增收粮食653.9kg，平均新增纯收益 1245 元。不同土层厚度的增产抗旱作用均较明显（表 1-15）。

表 1-15 不同土层秸秆还田耕作技术对周年产量及降水利用的影响结果（简阳，2003～2008 年）

土层	模式	耕作技术	小麦/（kg/hm²）	玉米/（kg/hm²）	甘薯/大豆/（kg/hm²）	周年产量/（kg/hm²）	降水利用效率/[kg/(hm²·mm)]
70cm	麦/玉/薯	传统翻耕	2 233.81	5 112.33	3 773.13	11 119.26	13.39
		垄播沟覆	2 252.16	5 493.53	4 215.90	11 961.59	14.40
		免耕覆盖	2 316.35	5 280.28	3 026.30	10 622.92	12.79

续表

土层	模式	耕作技术	小麦/ （kg/hm²）	玉米/ （kg/hm²）	甘薯/大豆/ （kg/hm²）	周年产量/ （kg/hm²）	降水利用效率/ [kg/(hm²·mm)]
70cm	麦/玉/豆	传统翻耕	2 188.79	5 206.83	1 474.75	8 870.36	10.68
		垄播沟覆	2 422.22	5 059.60	1 601.90	9 083.72	10.94
		免耕覆盖	2 250.49	5 557.03	1 326.23	9 133.74	11.00
100cm	麦/玉/薯	传统翻耕	2 535.59	6 463.45	3 256.48	12 255.52	14.75
		垄播沟覆	2 532.23	6 563.68	4 494.35	13 590.25	16.36
		免耕覆盖	2 646.48	6 235.60	3 087.43	11 969.50	14.41
	麦/玉/豆	传统翻耕	2 713.96	6 422.73	1 598.38	10 735.06	12.92
		垄播沟覆	2 478.91	6 505.20	1 976.05	10 960.16	13.19
		免耕覆盖	2 653.99	6 910.05	1 564.58	11 128.62	13.40

（五）病虫草害综合防控技术

西南植保技术研究一直走在全国的前列。1938～1940年，中央农业实验所的邱式邦在广西柳州沙塘农业试验场对玉米螟的发育规律、生活习性、寄生天敌，特别是与赤眼蜂寄生的关系等进行了系统研究，提出了销毁寄主残株、适期早播、合理轮作、培育壮株等农业综合防治措施（佟屏亚，2000）。在1974年召开的"全国农作物病虫害综合防治学术讨论会"上，科学家首次提出"预防为主，综合防治"的植物保护工作方针。在该方针指导下，西南地区广大植保工作者，对玉米螟、大螟、小地老虎、蚜虫、玉米叶螨等虫害，玉米纹枯病、丝黑穗病、青枯病、叶斑病、病毒病、灰斑病、穗腐病、锈病等病害，玉米农田看麦娘、马唐、旱稗、牛膝菊、狗尾草、空心莲子草、猪殃殃等草害发生规律与防治策略进行了深入研究，建立了化学防治、生物防治与保健栽培、抗病（虫）性品种相结合的玉米植保技术体系，引进应用了赤眼蜂、白僵菌、苏云金芽孢杆菌等生物防治技术。

在西南山地玉米生产中应用比较普遍的植保技术：以满适金等为主要成分防治烂种的包衣技术，利用70%噻虫嗪种衣剂和70%吡虫啉可湿性粉剂拌种防治地下害虫（蛴螬、金针虫、耕葵粉蚧等），利用莠去津类胶悬剂和乙草胺乳油（或异丙甲草胺）混合封闭除草，利用90%敌百虫防治小地老虎，利用50%多菌灵可湿性粉剂或50%退菌特可湿性粉剂800倍液防治叶斑病，利用1%井冈霉素防治纹枯病，喷施25%粉锈宁可湿性粉剂或乳油1500～2000倍液防治锈病，利用2.5%功夫乳油或20%速灭杀丁乳油防治黏虫，利用白僵菌和赤眼蜂防治玉米螟，利用辛硫磷或毒死蜱颗粒剂点心防治玉米螟，使用吡虫啉（或抗蚜威、啶虫脒、吡蚜酮、高效氯氟氰菊酯等）防治玉米蚜虫，选用阿维菌素（炔螨特、哒螨灵、噻螨酮）防治玉米叶螨，使用甲维盐等防治草地贪夜蛾，利用杀虫灯诱虫，利用玉米螟性信息素诱捕器诱杀等。

第三节　玉米机械化生产区域规划

一、基本思路

机械化生产的最终目的是玉米高产高效。区域规划的基本思路是以玉米优势产区规划为基础，以光温生产力和主要灾害风险程度为依据，以机械作业要求为标准，基于西南山地地理、地形、地貌特征，打破行政区划，集中成片与区域点状分布相结合，耕地坡度与种植制度相结合，按照最适、适宜、次适、插花式分布区 4 个等级，规划形成西南山地玉米机械化高产高效的区域分布。

二、遵循原则

（一）因地制宜的原则

西南山地生态区包括川、渝、黔、滇、桂、湘、鄂、陕、甘 9 省（区、市）700 万 hm² 以上的玉米生产区，从地貌来讲，有平原、丘陵、高山高原，立体差异大。从地形来讲，有山间坝地、高山高原平地、丘陵梯台地及缓坡耕地。从种植制度来讲，玉米有接茬净作、间套作、水旱轮作。从农业机械动力配置来讲，有大马力、中小型、微型，可根据地貌、地形、种植制度，因地制宜开展宜机种植区域规划。

（二）多目标协同的原则

机械化生产是推进玉米高产高效的重要手段。实现了机械化作业，但是产量不高不稳、效率和效益不高不优，这样的机械化生产不配套、不成熟，也不适宜推广应用。必须坚持农机农艺融合，宜机与高产高效目标协同。

（三）分步推进的原则

机械化作业需要机耕道、下地道、作业直径，以及品种、种植制度与栽培技术全面融合配套，受到农田基础设施、科研进展等多方面制约，必须坚持"成熟一片、推广一片"的分步推进原则，逐步解决西南山地玉米机械化生产问题。

（四）多规合一的原则

当前西南山地玉米种植结构处于剧烈变动的时期，在品种结构方面，鲜食玉米、青贮饲料玉米面积不断增长，采摘品鉴活动层出不穷。酿酒、优质蛋白、高叶酸等专用特色玉米与地理标志产品有机融合。加上传统的优势产区受经济作物扩面增收影响，比较效益下降，面积萎缩，这些使得产区规划、品种分布、机械化生产都需要重新研究规划，可多规合一，统筹推进西南山地玉米转型发展、创新发展。

三、分区指标

（一）耕地坡度

充分考虑作业质量和效率，兼顾西南山地土壤黏重、阻抗大的特点，当前机械化作业的耕地坡度不超过 15°。划分为 3 个标准：地块坡度 5° 以下为最适、5° ～ 10° 为适宜、10° ～ 15° 为次适。

（二）复种指数

充分考虑西南山地立体条件差异大、热量资源丰富、多熟种植历史悠久，机械化作业的复种指数不超过 3.0。划分为 3 个标准：复种指数 ≤ 2.0 为最适、2.0 ～ 2.5 为适宜、2.5 ～ 3.0 为次适。

（三）平均单产

西南山地玉米平均单产 5250kg/hm²，目前采用机械化管理的投入产出平衡点在 6600kg/hm²，低于该产量水平，种植玉米没有效益。考虑西南玉米"产不足需"的消费现状，划分为 3 个层次：单产 8250kg/hm² 以上为最适、7500～8250kg/hm² 为适宜、6000～7500kg/hm² 为次适。

四、分区结论及区域特征

（一）平原最适区

成都平原、广西平原、江汉平原及其他流域冲积平原，大多地块坡度低于 5°、复种指数≤2.0，加上土壤容重低、有机质含量高、宜耕性好，玉米产量高，属于西南山地玉米区最适合发展机械化生产的区域，该区域玉米面积约 66.67 万 hm²。加上春早、秋延后，又属于特大城市、大城市郊区，可规划发展一定面积的鲜食玉米。

（二）丘陵适宜区

四川盆地丘陵区，江汉、洞庭湖等平原至山区过渡的低丘和平缓岗地，大多耕地坡度在 5°～10°、复种指数 2.0～2.5，土壤以紫色土为主，玉米产量较高、多熟种植，属于西南山地玉米区发展机械化生产的适宜区，该区域玉米面积约 133.33 万 hm²。

（三）高原缓坡耕地次适区

云南中北部、贵州东南部、四川南部低纬度高海拔区域，耕地坡度 10° 以上，大缓坡面积大，复种指数≤2.0，土壤以红壤为主，玉米产量较高，间套作种植，属于西南山地玉米区发展机械化生产的次适区，该区域玉米面积约 100 万 hm²。近年来，规模养殖场发展多，根据养殖业规模，可规划发展相应的青贮玉米。

（四）西南岩溶插花式分布区

贵州、云南、广西喀斯特地质区域，地形起伏、岩溶发育强烈、土层浅薄、渗透严重、保水性差，土壤以石灰（岩）土和红壤为主，玉米产量较低，但是部分山间坝地、低山丘陵耕地坡度小于 10°、复种指数≤2.0，适合机械化生产管理，可归纳为插花式分布区，该区域玉米面积约 33.33 万 hm²。近年，该区域调减玉米，大力发展经济作物，可将适合机械化管理的玉米产区作为工作重点，通过提升单产和效益稳定玉米生产。

参 考 文 献

陈传永, 王荣焕, 赵久然, 等. 2014. 不同生育时期遮光对玉米籽粒灌浆特性及产量的影响 [J]. 作物学报, 40(9): 1650-1657.

陈家金, 王加义, 李丽纯, 等. 2012. 影响福建省龙眼产量的多灾种综合风险评估 [J]. 应用生态学报, 23(3): 819-826.

崔海岩, 靳立斌, 李波, 等. 2013. 大田遮阴对夏玉米光合特性和叶黄素循环的影响 [J]. 作物学报, 39(3): 478-485.

崔海岩, 靳立斌, 李波, 等. 2014. 大田遮阴对夏玉米籽粒形成过程中内源激素作用的影响 [J]. 应用生态学报, 25(5): 1373-1379.

戴彤, 王靖, 赫迪, 等. 2016. 基于 APSIM 模型的气候变化对西南春玉米产量影响研究 [J]. 资源科学, 38(1): 155-165.

杜成凤, 李潮海, 刘天学, 等. 2011. 遮荫对两个基因型玉米叶片解剖结构及光合特性的影响 [J]. 生态学报, 31(21): 6633-6640.

范兰, 吕昌河, 于伯华, 等. 2016. 华北平原小麦-玉米两作生产潜力与产量差 [J]. 中国农学通报, 32(9): 33-40.

付景, 李潮海, 赵久然, 等. 2009. 弱光胁迫对不同基因型玉米光合色素的影响 [J]. 河南农业科学, 38(6): 31-34.

郭庆发, 王庆成, 汪黎明. 2004. 中国玉米栽培学 [M]. 上海: 科学技术出版社.

国家统计局农村社会经济调查司. 2020. 中国农业统计资料（1949—2019）[M]. 北京: 中国统计出版社.

何国亚, 刘永红, 李本国, 等. 1995. 6 个玉米品种抗旱性研究 [J]. 西南农业大学学报, (2): 138-140.

何永坤, 唐余学, 范莉, 等. 2016. 近 50 年西南地区玉米干旱变化规律研究 [J]. 西南大学学报, 38(1): 34-42.

赫忠友, 谭树义. 1998. 不同光照强度和光质对玉米雄花育性的影响 [J]. 中国农学通报, 14(4): 6-8.

黄晚华, 杨晓光, 李茂松, 等. 2010. 基于标准化降水指数的中国南方季节性干旱近 58a 演变特征 [J]. 农业工程学报, 26(7): 50-59.

贾士芳, 董树亭, 王空军, 等. 2007. 玉米花粒期不同阶段遮光对籽粒品质的影响 [J]. 作物学报, 33(12): 1960-1967.

贾士芳, 李从锋, 董树亭, 等. 2010. 弱光胁迫影响夏玉米光合效率的生理机制初探 [J]. 植物生态学报, 34(12): 1439-1447.

李潮海, 栾丽敏, 尹飞, 等. 2005. 弱光胁迫对不同基因型玉米生长发育和产量的影响 [J]. 生态学报, 25(4): 824-830.

李潮海, 赵亚丽, 杨国航, 等. 2007. 遮光对不同基因型玉米光合特性的影响 [J]. 应用生态学报, 18(6): 1259-1264.

李冬梅, 张春玲, 吴亚男, 等. 2013. 不同耐密性玉米品种干物质积累及产量对弱光响应的差异 [J]. 玉米科学, 21(6): 54-58.

李苗苗, 张艳玲. 2014. 夏玉米开花至灌浆期连阴雨天气对植株性状及产量结构的影响 [J]. 气象与环境科学, 37(1): 88-92.

李娜, 霍治国, 贺楠, 等. 2010. 华南地区香蕉、荔枝寒害的气候风险区划 [J]. 应用生态学报, 21(5): 1244-1251.

李少昆, 王崇桃. 2010. 玉米生产技术创新·扩散 [M]. 北京: 科学出版社.

梁秀兰, 张振宏. 1995. 玉米穗分化与叶龄关系的研究 [J]. 华南农业大学学报, (3): 83-87.

刘定辉, 赵燮京, 曹均城. 2007. 紫色丘陵区莎草植物篱的减流减沙效应及机理 [J]. 西南农业学报, 20(3): 439-442.

刘惠芝. 1993. 低温对玉米及产量的影响 [J]. 辽宁农业科学, (2): 42-43.

刘巽浩. 2005. 农作学 [M]. 北京: 中国农业大学出版社.

刘巽浩, 陈阜. 2005. 中国农作制 [M]. 北京: 中国农业出版社.

刘永红. 2009. 西南玉米耐旱生理与抗逆栽培 [M]. 北京: 中国农业科学技术出版社.

刘永红. 2015. 四川玉米高产创建理论与技术 [M]. 北京: 中国农业科学技术出版社.

刘永红, 李茂松. 2011. 四川季节性干旱与农业防控节水技术研究 [M]. 北京: 科学出版社.

刘永红, 杨勤, 梁远发, 等. 2007. 四川盆地 2.5 熟产粮 22.5t/hm² 种植技术研究 [J]. 耕作与栽培, (4): 12-13.

刘宗元, 张建平, 罗红霞, 等. 2014. 基于农业干旱参考指数的西南地区玉米干旱时空变化分析 [J]. 农业工程学报, 30(2): 105-115.

栾利敏. 2003. 遮光对不同基因型玉米生长发育和光合效率的影响 [D]. 郑州: 河南农业大学硕士学位论文.

罗俊, 王克林, 陈洪松. 2007. 西南喀斯特区域农业生态系统评价研究: 以广西河池地区为例 [J]. 中国生态农业学报, 15(3): 165-168.

罗喜平, 林易. 2000. 贵州秋绵雨天气的气候及环流特征分析 [J]. 贵州气象, (1): 8-9.

毛昆明, 赵燕. 2002. 我国西南岩溶石山地区的生态恢复与实现农业可持续发展对策的探讨 [J]. 经济问题探索, 4: 114-119.

彭国照, 王素艳. 2009. 川东北季节性干旱区玉米的气候优势分区 [J]. 中国农业气象, 30(3): 401-406.

荣廷昭, 李晚忱, 杨克诚, 等. 2003. 西南生态区玉米育种 [M]. 北京: 中国农业出版社.

沈浒英, 陈瑜彬. 2011. 2009—2010 年长江上游地区旱情成因分析 [J]. 人民长江, 42(9): 12-14.

石承苍, 刘定辉. 2013. 四川省自然地理环境与农业分区 [M]. 成都: 四川省科学技术出版社.

史建国, 朱昆仑, 曹慧英, 等. 2015. 花粒期光照对夏玉米干物质积累和养分吸收的影响 [J]. 应用生态学报, 26(1): 46-52.

史振声, 钟雪梅, 黄海皎, 等. 2013. 遮荫胁迫对不同耐阴性玉米叶绿素含量的影响 [J]. 玉米科学, 21(4): 55-58, 63.

宋立泉. 1997. 低温对玉米生长发育的影响 [J]. 玉米科学, 5(3): 58-60.

佟屏亚. 2000. 中国玉米科技史 [M]. 北京: 中国农业科学技术出版社.

王东, 张勃, 张调风, 等. 2013. 1960—2011 年西南地区干旱时空格局分析 [J]. 水土保持通报, 33(6): 152-158.

王立祥, 王龙昌. 2009. 中国旱区农业 [M]. 南京: 江苏科学技术出版社.

王连敏, 王立志, 张国民, 等. 1999. 苗期低温对玉米体内脯氨酸、电导率及光合作用的影响 [J]. 中国农业气象, 20(2): 28-30.

王龙昌, 马林, 赵惠青. 2004. 旱区农作制度研究现状与发展趋势 [J]. 干旱地区农业研究, 22(2): 188-193.

王龙昌, 谢小玉, 张臻, 等. 2010. 论西南季节性干旱区节水型农作制度的构建 [J]. 西南大学学报（自然科学版）, 32(2): 1-5.

王明田, 张玉芳, 马均, 等. 2012. 四川省盆地区玉米干旱灾害风险评估及区划 [J]. 应用生态学报, 23(10): 2803-2811.

王明珠. 1997. 我国南方季节性干旱研究 [J]. 农村生态环境, 13(2): 6-10.

王书裕. 1995. 作物低温冷害研究 [M]. 北京: 气象出版社: 116-120.

王小春, 杨文钰, 雍太文. 2009. 西南丘陵旱地农作制现状及旱地新三熟"麦/玉/豆"发展优势分析 [J]. 安徽农业科学, 37(9): 3962-3963, 3982.

王秀萍, 成林, 刘荣花. 2014. 花期弱光胁迫对玉米穗粒数的影响 [J]. 江西农业学报, 26(8): 4-8.

夏建国, 邓良基, 张丽萍, 等. 2002. 四川土壤系统分类初步研究 [J]. 四川农业大学学报, 20(2): 117-122.

肖运成, 艾厚煜. 1999. 浅析逆温对玉米雌穗分化的影响 [J]. 种子, 100(1): 70-73.

徐祥明, 覃灵华. 2011. 西南地区水耕人为土分形特征及与土壤属性的关系 [J]. 西南农业学报, 24(5): 1838-1843.

徐裕华. 1981. 西南气候 [M]. 北京: 气象出版社.

许玲燕, 王慧敏, 段琪彩, 等. 2013. 基于 SPEI 的云南省夏玉米生长季干旱时空特征分析 [J]. 资源科学, 35(5): 1024-1034.

杨国虎. 2005. 玉米花粉花丝耐热性研究进展 [J]. 种子, 24(2): 47-51.

尹晗, 李耀辉. 2013. 我国西南干旱研究最新进展综述 [J]. 干旱气象, 31(1): 182-193.

於忠祥. 1994. 从现行土壤分类制存在的问题论我国土壤分类的发展趋势 [J]. 安徽农业科学, 22(2): 115-118.

张福锁. 1993. 环境胁迫与植物育种 [M]. 北京: 中国农业出版社.

张吉旺, 董树亭, 王空军, 等. 2006. 遮荫对夏玉米产量及生长发育的影响 [J]. 应用生态学报, 17(4): 657-662.

张吉旺, 董树亭, 王空军, 等. 2007. 大田遮荫对夏玉米光合特性的影响 [J]. 作物学报, 33(2): 216-222.

张吉旺, 吴宏霞, 董树亭, 等. 2009. 遮荫对夏玉米产量和品质的影响 [J]. 玉米科学, 17(5): 124-129.

张建华, 杨文元, 赵燮京. 1998. 川中丘陵玉米干旱成因与避旱减灾措施 [J]. 耕作与栽培, (3): 18, 63-65.

张善平, 冯海娟, 马存金, 等. 2014. 光质对玉米叶片光合及光系统性能的影响 [J]. 中国农业科学, 47(20): 3973-3981.

张毅, 戴俊英, 苏正淑. 1995. 灌浆期低温对玉米籽粒的伤害作用 [J]. 作物学报, 21(1): 71-75.

赵久然, 陈国平. 1990. 不同时期遮光对玉米籽粒生产能力的影响及籽粒败育过程的观察 [J]. 中国农业科学, 23(4): 28-34.

赵素琴, 王成业. 2009. 洪涝灾害对夏玉米生长的影响 [J]. 农技服务, 26(12): 115, 120.

郑元红, 潘国元, 毛国军, 等. 2009. 不同绿肥间套作方式对培肥地力的影响 [J]. 贵州农业科学, 37(1): 79-81.

周卫霞, 董朋飞, 王秀萍, 等. 2013. 弱光胁迫对不同基因型玉米籽粒发育和碳氮代谢的影响 [J]. 作物学报, 39(10): 1826-1834.

周卫霞, 李潮海, 刘天学, 等. 2013. 弱光胁迫对不同耐荫型玉米果穗发育及内源激素含量的影响 [J]. 生态学报, 33(14): 4315-4323.

朱钟麟, 陈建康, 刘晓军, 等. 2007. 四川丘陵区节水农业效益综合评价指标体系与评价模型 [J]. 山地学报, 25(4): 483-489.

朱钟麟, 赵燮京. 2001. 西南地区节水农业的特点和技术模式 [J]. 西南农业学报, 14(增): 108-112.

朱钟麟, 赵燮京, 王昌桃, 等. 2006. 西南地区干旱规律与节水农业发展问题 [J]. 生态环境, 15(4): 876-880.

Andrade F H, Otegui M E, Claudia V. 2000. Intercepted radiation at flowering and kernel number in maize[J]. Agronomy Journal, 92(1): 92-97.

Andrade F H, Uhart S A, Frugone M I. 1993. Intercepted radiation at flowering and kernel number in maize: shade versus plant density effects[J]. Crop Science, 33(3): 482-485.

Bolanos J, Edmeades G O. 1993. Eight cycles of selection for drought tolerance in lowland tropical maize. Ⅱ . Responses in reproductive behavior[J]. Field Crops Research, 31(3/4): 253-268.

Bolanos J, Edmeades G O. 1996. The importance of the anthesis-silking interval in breeding for drought tolerance in tropical maize[J]. Field Crops Research, 48(1): 65-80.

Caki R. 2004. Effect of water stress at different development stages on vegetative and reproductive growth of corn[J]. Field Crops Research, 89(1): 1-16.

Hassan A F, Tardieu F C, Turc O. 2008. Drought-induced changes in anthesis-silking interval are related to silk expansion: Aspatio-temporal growth analysis in maize plants subjected to soil water deficit[J]. Plant, Cell and Environment, 31: 1349-1360.

Robins J S, Domingo C E. 1953. Some effects of severe soil moisture deficits at specific growth stages in corn[J]. Agronomy Journal, 45: 618-621.

Saini H S, Westgate M E. 1999. Reproductive development in grain crops during drought[J]. Advances in Agronomy, 68(1): 59-96.

Sharwood R E, Sonawane B V, Ghannoum O. 2014. Photosynthetic flexibility in maize exposed to salinity and shade[J]. Journal of Experimental Botany, 65(13): 3715-3724.

Westgate M E, Boyer J S. 1986. Reproduction at low silk and pollen water potentials in maize[J]. Crop Science, 26(5): 951-956.

Zhong X M, Shi Z S, Li F H, et al. 2014. Photosynthesis and chlorophyll fluorescence of infertile and fertile stalks of paired near-isogenic lines in maize (*Zea mays* L.) under shade conditions[J]. Photosynthetica, 52(4): 597-603.

第二章　玉米农机研发路径及选型配套原则

第一节　山地农机研发动态

西南丘陵山地玉米区山地和丘陵占总面积的 90% 以上，平原面积不足 10%。玉米生产机械化水平比较低，2016 年综合机械化水平只有 26%，远远低于全国的平均水平 65.2%。这一方面是由于山地丘陵多、地块小、水田多、雨水多等，另一方面与经济发展水平低、资源开发利用不够、产业结构未能合理调整有很大关系。

从世界范围来看，发达国家在丘陵山区通过农业基础设施建设工程对土地进行改良和规划整理，实现耕地宜机化，利于机械化作业后，进行相应机械的研发或对平地作业机型进行改进以适应山地作业，促进了山地农业机械化的快速发展，实现了山地农业机械化，目前研究多集中于山地机械自动化、智能化技术。而我国受限于山地区域经济技术条件和经营规模，目前研究多针对一家一户式经营方式和小地块开发相应的技术与机具，发展较慢，且以微小型机械装备为主。

一、国外山地农机

在机械化程度较高的欧洲和美洲一些国家，玉米机械化作业已经有几十年的发展历史，欧美等发达国家地块比较大，多为平原地区，耕、种、管、收机型多为自动化程度高的大型机械。国外从事丘陵山地农业机械的研究机构和生产企业相对较少，欧美起步较早，对小型机研发不多，大多数偏向大型机型，在技术和使用效果上都处于领先水平。比较典型的产品有瑞士 AEBI 公司生产的 TT281 型（图 2-1a）和奥地利 REFORM 公司生产的 Mounty110V 山地多用途型拖拉机（图 2-1b）。具有较好的牵引附着性能和越野性能，但缺乏丘陵山地农业生产所必需的稳定性、地形适应性，而且机型偏大，难以适应我国丘陵山地道路窄、地块小的农业自然条件。

a. 瑞士AEBI公司TT281型山地拖拉机

b. 奥地利REFORM公司Mounty110V山地多用途型拖拉机

图 2-1　国外典型山地拖拉机

为适应丘陵山区的大坡度条件，国外少数企业和研究机构也对拖拉机的姿态调控能力和行走机构进行了研究。伊朗科技大学对山地拖拉机稳定性控制器及行走机构进行了研究，使该拖拉机在 24.2°的坡地具有较好的稳定性和地形适应性。但该机牵引附着性能、越野性能欠缺，价格昂贵（邓亚兵，2008）。

综上，国外的山地拖拉机，虽然技术先进，但体积太大、价格昂贵，不适合我国丘陵山区道路窄、地块小的农业自然条件和山区农民购买力低的经济条件。

二、国内山地农机

（一）动力机械研发动态

国内丘陵山地拖拉机的研制处于起步阶段，主要产品有常州东风农机集团有限公司、陕西宝鸡大通农业装备科技有限责任公司等研发的山地手扶拖拉机（图 2-2）和重庆合盛工业有限公司、日照市立盈机械制造有限公司等生产的山地微耕机（图 2-3）。这些产品的最大特点是体积小、价格低，被我国许多丘陵山区农民所使用，但存在动力小、操作难度大、功能单一等缺点。

图 2-2　山地手扶拖拉机

图 2-3　山地微耕机

近年来，北京理工大学、中国农业大学设计了一种仿形山地农业机械动力底盘（图 2-4，图 2-5），具有良好的地形适应性和通过性（王亚等，2012）。

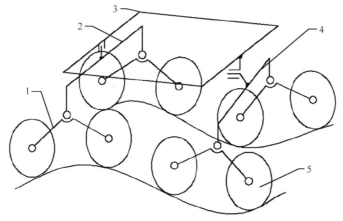

图 2-4　底盘机构原理图

1—悬架；2—前车架；3—中车架；4—后车架；5—车轮

a. 高频地面仿形

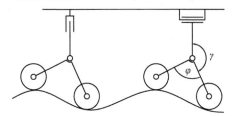

b. 低频凹地面仿形

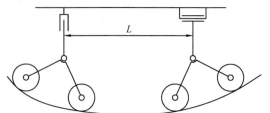

c. 低频凸地面仿形

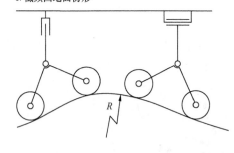

d. 横向斜坡地面仿形

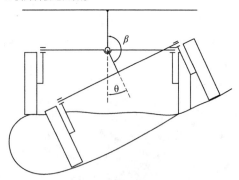

图 2-5　底盘地面仿形原理图（王亚等，2012）

西北农林科技大学研发了一种微型遥控履带山地拖拉机。该机采用液压差高装置（图 2-6，图 2-7），保证拖拉机在 15°～23° 的坡地上通过姿态调整，实现机身水平，提高了抗倾翻、抗侧滑能力（刘虹玉，2014；王涛，2014；潘冠廷，2015；于龙飞，2015；张奇巍，2015；张艳杰，2018）。

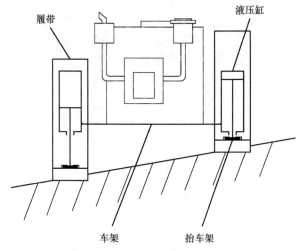

图 2-6　液压差高装置示意图

图2-7　遥控履带山地拖拉机

北京航空航天大学和山东五征集团有限公司研发了一种拖拉机用平衡摇臂悬架机构，具有适应复杂地面的仿形能力和姿态调整功能，样机如图2-8所示（高巧明等，2013，2014）。

图2-8　平衡摇臂悬架拖拉机（高巧明等，2013）

现如今我国山地丘陵的农业机械多以手扶式微耕机、履带式微耕机、小型田间管理机等机械为主，作业中普遍存在作业质量差、作业效率低、劳动强度大等问题，同时还存在机械爬坡性能差、易倾翻等安全隐患。研发适合我国山地丘陵地区先进适用、价格合理的丘陵山地拖拉机，对解决农业机械化发展问题具有至关重要的作用。

（二）玉米播种机械研发动态

西南丘陵山地玉米区是我国玉米的第三大产区，是国家主要的粮食产区，但是该区地形复杂多样，用于玉米种植的土地地形多是丘陵、山地，地块面积小、坡度大、机耕道少，再加上种植方式复杂多样，间作、套种、覆膜播种等多种种植方式并存，导致该区玉米生产机械化发展缓慢。大部分地区仍然采用人工播种，玉米机播水平不足10%，与全国平均水平相差极大。

鉴于西南丘陵山地玉米区特殊的地形条件，"十二五"期间我国对山地丘陵玉米作业机械展开了大量研究，研发了多种适合该地区作业的玉米播种机械，机型多以中小型、轻便型为主。

1. 小型玉米播种机

主要分为以人畜为动力的小型播种机、小型机械式播种机，其中以人畜为动力的小型播种机主要包括：①扎枪式播种器（图2-9），该播种器排种过程分夹种、清种、推种和导种四部分，可以同时施肥、播种。工作时，一个人持一台机器，直接将化肥和种子一次性注入土壤。②手推式单行玉米点播机（图2-10）、双行玉米点播机，该小型勺轮式玉米单粒精播机，可一人操作，前面是播种仓，后面是肥料仓，可以同时进行施肥、播种。该设备每台售价100元左右。③滚动式播种器（图2-11），包括箱体、种肥轴、拨动杆和入土器，其中入土器为鸭嘴状，播种和施肥可同步进行，适应平原、丘陵、山地等不同地质、地形的耕作。

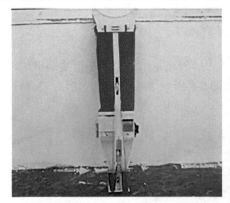

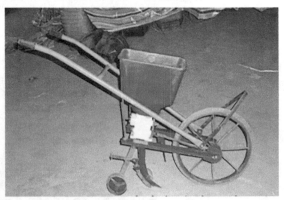

图 2-9　扎枪式播种器　　　　　图 2-10　手推式单行玉米点播机

图 2-11　滚动式播种器

小型机械式播种机主要包括：①轮式播种机（图2-12），通过更换不同排种轮，可适用于小麦收获后免耕播种玉米；更换不同配件还可完成施肥、松土、除草、开沟、扶垄、培土等作业，实现一机多用。施肥播种时，行距和株距可调，配套动力为7.5马力（1马力=0.735kW，后同），工作效率为 $0.067 \sim 0.2\text{hm}^2/\text{h}$。②链轨式播种机（图2-13），与轮式播种机相比，具有对土壤的单位面积压力小、对土壤的附着性能好（不易打滑）等优点，在土壤潮湿及松软地带有较好的通过性能。

图 2-12　轮式播种机　　　　　　　　　图 2-13　链轨式播种机

对适合西南丘陵山区使用的手扶式小型玉米播种机，西南大学的邓莹等设计了一种由电机驱动，能调节株距满足玉米不同种植密度要求的手扶式玉米精量播种机，主要由行走车轮、传动轴、铲式穴播器、塔型链轮、变速轴、调速手把、操作面板、种箱、电机、电机驱动装置等组成。传动轴的两端分别安装有行走车轮和链条齿轮，在变速轴上固定有塔型链轮和铲式穴播器，电机输出轴上的链轮与传动轴一端的链轮采用链条传动，传动轴另一端的链轮与塔型链轮之间也采用链条传动。工作时玉米精量播种机由电机驱动，经链条传动到传动轴的一端，使固定在传动轴两端的车轮旋转，同时也经固定在传动轴另一端的链轮，通过链条传动将动力传至塔型链轮，使变速轴开始旋转，带动铲式穴播器工作，完成播种作业。该播种机缓解了山区玉米人工播种效率低、劳动强度大的问题，提高了山区玉米播种的生产效率（邓莹等，2016）。

西南林业大学的王应彪等研制出一款适合西南山地丘陵使用的小型玉米播种机，如图 2-14 所示。该播种机主要由种肥箱、种肥定量分离装置、排种装置、覆土装置及开沟器等部分组成，其结构简单、操作方便、性能可靠、生产效率高。该播种机由人力推动，行走机构由前方行走轮及后方覆土轮构成，前轮较大，适合行走于各类山坡地形，后轮较宽，同时具备覆土、支撑机身及维持机身平衡的作用，前后轮的骨架均较轻，适合播种机的搬运和播种。作业时

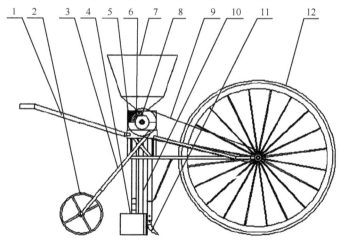

图 2-14　小型玉米播种机结构示意图（王应彪等，2016）

1—扶手；2—覆土轮；3—覆土轮支撑；4—覆土挡板；5—排种装置；6—排种轮；7—种肥箱；
8—大链轮；9—链条链轮机构；10—排种管；11—开沟犁；12—行走轮

用双手推动机身前进，扶手高度按照正常人推动工作时手的最佳施力位置设计，以便推动机器时省力。播种机的开沟器为可调式结构，能够方便地调节开沟深度。播种机在作业过程中利用前轮控制播种方向，通过链传动机构将前轮的动力传递给播种装置及施肥装置，可一次完成播种和施肥作业（王应彪等，2016）。

2. 2BFQ-2 型山地小型玉米播种机

为了加快推进我国丘陵山地农业机械化，针对丘陵山区玉米种植模式，贵州省山地农业机械研究所徐良应用勺式精密排种器和单体仿形机构，首次研制了 2BFQ-2 型山地小型玉米播种机，实现了精确播量、稳定耕深和均匀投种，并可一次完成开沟、施肥、播种、覆土、镇压等作业，非常适合丘陵山地作业。2BFQ-2 型山地小型玉米播种机结构如图 2-15 所示，其主要由履带、动力机头、六自由度铰接装置、施肥开沟器、施肥装置、肥箱、机架、播种开沟器、播种单体、种子箱、覆土装置和镇压装置等组成。该播种机由双履带驱动，对地面附着力好，运行平稳，具有稳态播种的特点。播种机与动力机头用六自由度铰接装置悬挂连接，配套动力为重庆立德隆 170F 微型汽油机。作业时在动力机头牵引下，带动安装在机架上的施肥开沟器和播种开沟器同时开沟，开沟深度可根据农艺要求进行调整，用平行四杆的仿形来确保播深的准确性；地轮作为行走轮和驱动轮挂接在机架上，随播种机整体运动，地轮旋转通过传动链驱动施肥器，施肥器传动轴与勺式精密排种器通过传动链串联；为控制播种机施肥和播种，在施肥器传动轴上设计了一个手动离合器；播种单体旋转的排种盘均布 12 个种勺，种勺随排种盘旋转进入取种区，玉米种子进入种勺内，由于种勺为仿形，其尺寸和形状比种子略大，因此多余的种子会随旋转方向无支撑回落到取种区；排种盘旋转到清种区时有一个塑料小刷，把种子刷落入排种器，既不伤种又保证了播量的精确；种子从排种器经过旋转排出，在滑靴式护种板间设计了一个落种均匀器，种子经过落种均匀器均匀落入播种沟内，然后经过半圆形覆土器覆土和"V"形镇压装置镇压后埋入土壤，完成整个播种过程。施肥装置是通过行走地轮中间轴上的链轮传动带动外槽轮式排肥器，肥料经过圆形导肥管排入施肥沟内，然后经覆土器覆土（徐良等，2015）。

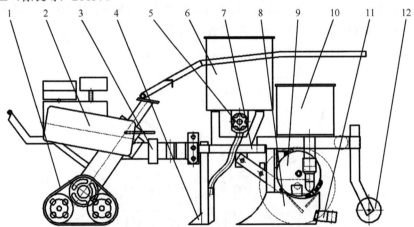

图 2-15　2BFQ-2 型山地小型玉米播种机结构简图（徐良等，2015）

1—履带；2—动力机头；3—六自由度铰接装置；4—施肥开沟器；5—施肥装置；
6—肥箱；7—机架；8—播种开沟器；9—播种单体；10—种子箱；11—覆土装置；12—镇压装置

3. 2BJDQ-2型电子气吸式精密播种机

2BJDQ-2型电子气吸式精密播种机（图2-16）的核心排种部件采用电动气吸排种器，该排种器与其他气吸排种器的不同之处在于，风机动力是电动机直联传动，由拖拉机发电机和电瓶供电，不靠拖拉机动力输出轴提供，避免了吸种真空度随拖拉机行车状况波动，使排种器有一个相对稳定的负压环境，即使在地头和地尾，以及转弯时丢籽和漏播的情况也大大减少。通过更换排种盘，还可进行高粱、谷子、甜菜、向日葵等作物的播种作业。该播种机适用于山地、丘陵地形坡度较缓、有一定规模地块的玉米精量播种，与中马力拖拉机配套使用，可一次完成开沟、分层深施或侧施肥、播种、覆土和镇压等工序。主要技术参数：配套动力40kW拖拉机，播种行数2行，播种行距500～700mm，播种深度20～70mm，作业速度5～8km/h。

图2-16 2BJDQ-2型电子气吸式精密播种机

4. 2BYF-2型玉米精量施肥播种机

2BYF-2型玉米精量施肥播种机（图2-17）适用于山地、丘陵地形坡度较缓、有一定规模地块的玉米精量播种，与小四轮拖拉机配套使用，可一次完成开沟、分层深施或侧施肥、播种、覆土和镇压等工序。其核心排种部件为勺轮式排种器，能实现单粒精播。排肥器采用外槽轮式，排肥量可根据需要进行调整。开沟器为锄铲式，入土性能好。该播种机具有播种均匀、行距稳定、覆土良好、节省种子等特点。主要技术参数：配套动力8.8～14.7kW小四轮拖拉机，播种行数2行，播种行距550～800mm，工作幅宽800mm，播种深度30～50mm，施肥深度60～80mm，播种效率0.16～0.26hm²/h。

图2-17 2BYF-2型玉米精量施肥播种机

5. 2BJQ-3 型气吸式玉米精量播种机

2BJQ-3 型气吸式玉米精量播种机（图 2-18）适用于平坝地区地势平坦、面积较大地块的玉米精量播种，与拖拉机配套使用，可一次完成深松、分层施肥、播种、覆土和镇压等多种作业。其核心排种部件为气吸式排种器，能实现单粒精播。通过更换不同孔数、孔径的排种盘还可适用于大豆、红豆、甜菜、高粱等作物的播种作业。排肥器采用外槽轮式，排肥量可根据需要进行调整。开沟器为锄铲式，入土性能好。该播种机具有播种均匀、伤种率低、节约种子等特点。主要技术参数：配套动力 18.4kW 以上小四轮拖拉机，播种行数 3 行，播种行距 500 ～ 800mm，播种深度 30 ～ 50mm，工作速度 4 ～ 5km/h。

图 2-18　2BJQ-3 型气吸式玉米精量播种机

6. 2BYJMFQC-4 型气吹式玉米精量播种机

2BYJMFQC-4 型气吹式玉米精量播种机（图 2-19）适用于平坝地区地势平坦、面积较大地块的玉米精量播种。采用气吹式玉米精量排种器，能有效保证排种质量，实现单粒精播；播种单体组件采用平行四杆机构，单体浮动仿形，保证各行播深一致；采用尖角式施肥开沟器，保证良好的入土性能；采用双圆盘播种开沟器，能有效防止土壤黏重时产生的堵塞现象。主要技术参数：配套动力 40kW 轮式拖拉机，播种行数 4 行，播种行距 600 ～ 700mm，株距 210 ～ 380mm 可调，工作幅宽 2.4m，播种深度 30 ～ 70mm，作业速度 4 ～ 6km/h，播种效率 0.96hm^2/h。

图 2-19　2BYJMFQC-4 型气吹式玉米精量播种机

（三）植保机械研发动态

植保机械是将化学药剂喷洒于植物表面，用于防治病虫害的机械。按照施药方法不同可分为喷雾机、弥雾机、喷烟机和喷粉机。按照动力不同可分为手动式和机动式。手动式喷雾机已逐渐被淘汰，背负式动力喷雾机射程远，可进行低量、超低量喷粉喷雾作业，作业灵活。国外玉米种植区多为地势平坦的平原地区，且地块偏大，采用规模化生产方式，机型多为大型机械，地面仿形能力良好，并配有现代化喷雾技术，可适应小坡地作业环境（陈雨，2017）。我国西南丘陵地区多为坡度较大的山地，加上小地块种植模式，大型机械很难进入地块进行植保作业，导致该地区植保机械仍较落后，多数采用背负式动力喷雾机械，随着植保无人机的兴起，可适用于西南山地丘陵地区复杂的地形。

1. 国外植保机械

（1）高地隙自走式喷雾机

国外植保机械主要以高地隙自走式喷雾机为主，具有效率高、智能化程度高、通过性好等优点，知名农业装备公司凯斯纽荷兰（CNH）、爱科（AGCO）、约翰迪尔（John Deere）、海吉（HAGIE）等一直将高地隙自走式喷雾机作为企业研发的重要产品并设计生产了系列机型，如图2-20所示。

a. CNH的PATRIOT系列喷雾机

b. AGCO的Challenger系列喷雾机

c. John Deere的4000系列喷雾机

d. HAGIE的STS系列喷雾机

图2-20 国外高地隙自走式喷雾机

发达国家的高地隙自走式喷雾机多为大、中型。具有造型美观、技术先进、稳定性高、安全性好及高效性等特点，同时满足越发严苛的环保要求，可实现低喷量、精喷洒、少污染和高防效。其技术特点和发展趋势主要体现在以下几个方面。

A. 大部分机型采用全液驱动形式并配防滑控制、多轮转向，轮距调整系统，不仅结构简单，而且机动性大大增加。规模化的大农场经营模式使得喷雾机喷药幅宽和药箱容量越来越大，运行速度越来越高，其最高运行速度可达 60km/h，药箱容量可达 12 000L，最大幅宽在 50m 左右（刘丰乐等，2010）。

B. 配套使用真空子午线中耕作业轮胎，在改善通过性的同时，减少了对土壤的压实与破坏。离地间隙 0.75 ～ 2m，可满足绝大部分农作物的喷药需求。近年来，可调地隙喷雾机的研发愈受重视。由于加装地隙调整装置，喷雾机可同时满足低秆、高秆作物的作业需求，一机多用，大大降低了成本。此外，还可获得良好的仿形能力，在斜坡行驶时，可始终保持车架水平，提高了行驶安全性和整机牵引力，并保护作物免受机器破坏，如图 2-21 所示。

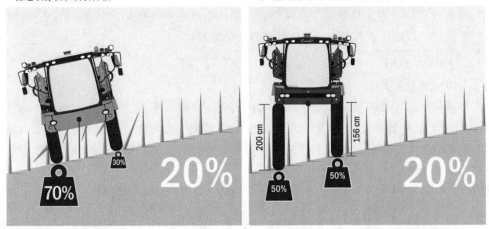

图 2-21　带地隙调节装置的喷雾机在斜坡行驶时对作物的影响（荷兰 Agrifac）

基于此，越来越多的喷雾机厂商，包括 Agrifac、AGCO、Herbert Dammann GmbH Pflanzenschutztechnik 等公司均推出了带机械式或液压式地隙调整装置的喷雾机产品。如 Agrifac 公司在其 Condor Clearance 系列喷雾机上配备了液压式地隙调整装置（图 2-22），通过液压缸活塞杆的伸缩可实现离地间隙的无级调整，调节范围可达 600mm。

图 2-22　Condor Clearance 系列喷雾机地隙调整装置（荷兰 Agrifac）

C. 底盘高性能悬架系统的普遍使用。随着行驶和作业速度越来越高，国外大型高地隙自走式喷雾机底盘大多配备了空气悬架或油气悬架等非线性悬架系统，如 John Deere 和 HAGIE 公司配备的独立式立轴空气悬架和车身调平系统，可有效缓冲不平地面的冲击，并降低喷雾机在通过不平地面时喷杆的振颤及摆动，在提升喷雾机的舒适性和安全性的同时，保证喷雾质量与精度。

D. 终端显示和电子控制的智能化作业管理系统已成为标配。如 John Deere 的 SprayStar 系统以 GPS 为基础，包括导航、自主驾驶、喷杆位置调整和喷药自动控制等功能，并通过终端显示屏进行智能化控制，实现精准、精量喷药，AGCO 的 Spray Display Control 系统可通过控制器控制喷雾速率、施药量、系统压力、喷雾速度和避免重复喷雾，并通过虚拟终端实时显示。

（2）国外现代植保技术研发动态

从 20 世纪 90 年代开始，欧美发达国家已经开始了农林生产的农药精准喷施技术的系统研究和测试，随着机电液一体化、信息和自动控制技术的发展，已有商品化的精准植保机械，美国的 John Deere、CASE（凯斯）及丹麦的 HARDI 公司生产的一些大中型喷药机上已配备 GPS 自动导航驾驶、变量喷药等系统，美国 50% 以上的大农场已经开始使用这些设备。国外应用广泛的典型精准喷施系统与装置有以下 4 种类型。

A. 精准对靶传感系统与装置。国外已经开发了基于光电的杂草传感器和基于机器视觉的作物行传感器，配备这些传感器的 John Deere、CASE、科乐收（CLAAS）等公司的喷雾机和除草机实现了精准对靶喷雾及机械除草。典型的靶标传感器有美国 Trimble 公司的 WeedSeeker 2 喷雾系统（图 2-23），适用于实时对靶喷药，用于行间、沟旁、道路两侧喷洒除草剂，可节省农药 60% ~ 80%。该系统由智能光学传感器、控制电路和阀体组成，传感器发射 770nm 近红外光和 656nm 红光检测土壤背景中的杂草，阀体内含有喷头和电磁阀，当智能光学传感器检测到杂草存在时，即控制喷头对准目标喷洒除草剂。

图 2-23 Trimble 公司的 WeedSeeker 2 喷雾系统

加拿大诺瑞克（NORAC）公司生产的 UC5™ 喷杆高度控制系统（图 2-24），能识别土壤、直立作物和田间残渣，无需光照就能监测喷杆的高度，由超声波传感器、摆动传感器、交互

图 2-24 加拿大 NORAC 公司的 UC5™ 喷杆高度控制系统

电缆、比例阀套件、虚拟终端、显示器等组成。应用在 John Deere、CASE 等公司生产的喷雾机上，可更有效地施用农药、减轻驾驶员的压力和疲劳、避免喷杆损坏和控制停机时间、进行精准和平稳喷雾。

B. 变量控制系统。John Deere、农业领航者（Ag Leader）等公司开发了基于处方图的变量喷雾控制系统，主要包括 DGPS 接收器、VRT 控制器和软件、反馈控制回路等，如图 2-25 所示。

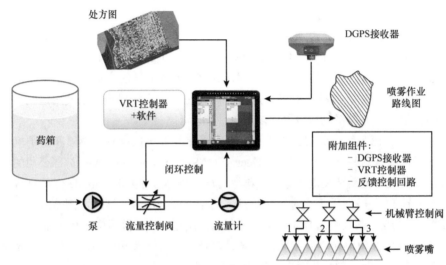

图 2-25　变量喷雾控制系统原理图

美国 Trimble 公司的 Field-IQ™ 作物输入控制系统是一个组件式的区域控制和变量控制系统，喷洒量可以人工输入也可以由处方图给定，能精准监控喷雾作业，避免重喷，如图 2-26 所示。

图 2-26　Trimble 公司的 Field-IQ™ 作物输入控制系统和变量喷雾机

Ag Leader 公司的 DirectCommand 变量控制系统（图 2-27），基于流量计信号，结合测速雷达或 GPS 给出的速度信息，能根据人工设定或者变量处方图给定的施药量连续控制、调节和记录液体或颗粒固体的施用量，配备在喷雾机上进行基于处方图的变量喷雾，还能避免重喷、漏喷。

法姆思科（Farmscan Ag）公司的 74V1 喷雾控制系统（图 2-28），具有自动喷杆开关和双喷雾线，与 74V1 导航系统及自动驾驶系统一起进行变量喷雾控制。

美国 Topcon Positioning System 精准农业公司的通用喷洒控制系统 ASC-10（图 2-29），配备 10 组喷雾器或撒布机控制装置，可以满足点行或三角形田地的作业。当穿过先前已作业的区域、田间边界之外或禁区时，ASC-10 会自动关闭。当车速不同，可通过控制液体喷洒速率来保证单位面积喷洒量均匀。ASC-10可以叠加连接喷洒装置，最多可以控制30个喷洒装置。

图 2-27 Ag Leader 公司的 DirectCommand 变量控制系统

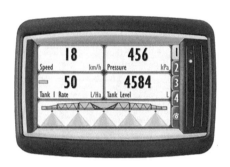

图 2-28 74V1 喷雾控制系统（Farmscan Ag）　　图 2-29 ASC-10 喷洒控制系统（Topcon）

　　C. 防飘移喷雾装置。欧美国家在雾滴防飘移方面采用了少飘或防飘喷头、风幕、静电喷雾及雾滴回收技术等。美国的有关研究数据表明，使用静电喷雾技术可减少药液损失达65%以上，但该项技术应用到产品上尚未完全成熟且成本过高，目前只在少量的植保机械上使用。风幕式气流防飘移技术于20世纪90年代初在欧洲兴起，目前的发展趋势是使用新技术和新材料使风幕系统在不降低性能的情况下更加轻型化。由于风幕式气流防飘移技术造成机具的成本较高，喷杆的悬挂和折叠机构更加复杂，欧美植保机械厂家又开发了空气射流喷头等新型防飘移喷头。另外还有在喷头外面增加防风罩的方法，阻止作业时雾滴飘移。隧道式循环喷雾机的研制开始于20世纪70年代，主要集中于欧美等发达国家，隧道式循环喷雾机研究的重点主要集中在雾滴沉积特性、药液损失、药液回收率和生物防治效果等方面。HARDI公司的 TWIN FORCE 或 TWIN STREAM 风幕装置已广泛应用于牵引式和自走式喷雾机上，COMMANDER 牵引风幕式喷雾机采用轴流式风机提供风力，液力调控风帘和喷嘴角度，在向前30°和向后40°的范围内无级变换，最大限度地减少飘移使雾滴中靶，当前进速度提高时，风幕风速可随之提高以保证雾滴均匀分布在目标表面上，喷雾量可减少50%以上，如图2-30所示。

　　D. 航空喷雾技术与装置。国外的航空喷雾普遍采用 GPS 定位系统，可以按照处方图进行精准喷雾。航空喷雾机主要有固定翼和旋翼型两种飞机机型，欧美国家的种植规模较大，主要用固定翼型飞机，日本等国家的种植规模较小，主要以旋翼型飞机为主。美国 Air Tractor

图 2-30　HARDI 公司的 TWIN FORCE 风幕装置及 COMMANDER 牵引风幕式喷雾机

公司 AT 系列航空喷雾机，药箱容量 1514 ～ 3028L，采用变量喷雾技术，配备 GPS 导航系统、流量控制系统，可进行基于处方图的变量喷药，如图 2-31 所示。

图 2-31　Air Tractor 公司的航空喷雾机

装配有变量控制系统、三段式喷杆、Trim Flight 3 GPS 的美国北极星直升机（NorthStar Helicopters）公司的 OH-58 系列航空喷雾机（图 2-32），能负载 100 加仑（1 加仑≈3.785L）以上的药液，进行基于处方图的变量喷雾作业。

图 2-32　NorthStar Helicopters 公司的 OH-58 航空喷雾机

2.国内山地植保机械

（1）背负式植保机械

国内山地植保机械主要以背负式喷雾机为主，主要有背负式机动喷雾喷粉机（图2-33）、背负式静电喷雾机（图2-34）。其中静电喷雾技术是应用高压静电，在喷头与喷雾目标间建立一个静电场，而农药液体流经喷头雾化后，通过不同的充电方式被充上电荷，形成群体荷电雾滴，然后在静电场力作用下，雾滴按静电场轨迹作定向运动并吸附在目标的各个部位，达到沉积效率高、雾滴飘移散失少、改善生态环境等良好效果，具有工作效率高、省药省水、药效时间长、减少污染、体积小、易操作等优点。

图2-33 背负式机动喷雾喷粉机

图2-34 背负式静电喷雾机

（2）农用无人植保机

农用无人植保机主要有农用无人直升机（图2-35）和多旋翼农用无人机（图2-36），旋翼可折叠，机体重量轻，方便转场、运输；集成卫星定位与惯性测量系统，定位精确，飞行姿态平稳可靠；起降灵活且具有自动增稳控制，操作简便；具有手动驾驶和全自动驾驶两种模式，

图2-35 农用无人直升机

可进行航点设定、自主航线飞行和断点续航。农用无人直升机可采用汽油发动机或锂电池提供动力，以汽油发动机为动力续航时间长，以锂电池为动力则续航时间短。多旋翼农用无人机采用锂电池作为动力源，维护简单，空气动力均匀，抗风性强，飞行姿态平稳可靠。两种无人机适用于水田、旱田和高秆作物生长全程进行防治病虫草害的施药作业，可进行超视距地理信息遥感和农作物长势与病虫害实时监测。作业效率高，劳动强度低，可适用于西南丘陵山地。

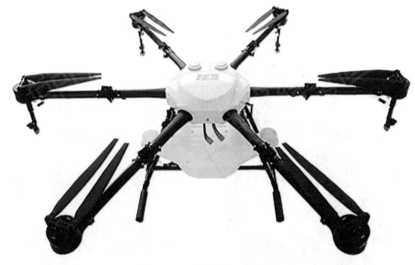

图 2-36　多旋翼农用无人机

（四）中耕机械研发动态

1. 国外中耕机械

欧美国家从 20 世纪 50 年代就开展了除草机械的研究，经过多年的研究改进，目前已经形成了一整套成熟的农机具。这些机具经过多年的生产运用，能较好地满足作业要求。目前国外的中耕机具机械、液压、气动技术联合，机电一体化程度高，机具复合作业水平高，部分机具已经实现自动化，代表性机型有 John Deere 2210 型松土除草机、John Deere 4730 型自走式液体施肥喷药机、Case New Holland 3230 液体施肥喷药机等。

目前行间除草机械已发展得比较成熟，有大量机型被推广使用。由于幼苗之间的杂草接近作物，因此作物苗间除草技术难度更大。随着现代农业技术的发展，苗（株）间除草机械逐渐得到发展，国外对苗间除草机械的研发以智能除草机械为主。英国嘉福德（Garford）公司的 Robocrop 视觉导航系统能高速、精准地识别行间杂草（inter-row weed）和行内杂草（intra-row weed），该系统由 Robocrop 控制器、液压侧移装置、三点连接架、成像摄像机、轮速传感器、工作传感器等组成。其研发的智能除草机在顶部配备了两个数码摄像头和转向系统，通过机器视觉识别杂草和作物，对图像进行分析并找到单个植株的位置，然后将这些信息传递给除草执行机构，同时计算机不断调整除草圆盘的转速，使得其与株距变化相适应，以去除苗间杂草。该系统应用在 Robocrop InRow 精准对靶机械除草机上（图 2-37）。

图 2-37　应用 Robocrop 视觉导航系统的 Robocrop InRow 除草机（Garford）

2. 国内山地中耕施肥机械

　　由于我国山地丘陵地区地势坡度较大，大型机械难以进入作业，中耕施肥机械还以半机械半人力为主，主要有小型追肥机械 FR-1 型带脚助力施肥器（图 2-38），适用于丘陵山区，尤其是用于地膜覆盖玉米的追肥。小型施肥耧（图 2-39），主要用于行距 45 ～ 60cm、苗高不超过 1m 的玉米追肥。TS-668 型中耕培土机如图 2-40 所示，1G5.80D 型培土机如图 2-41 所示，具有转弯灵巧、爬坡能力强等优点，可用于山地丘陵地区的苗期中耕作业。

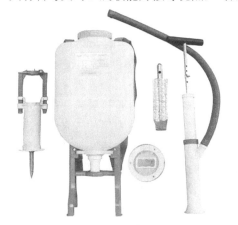

图 2-38　FR-1 型带脚助力施肥器　　　　　　　图 2-39　小型施肥耧

图 2-40　TS-668 型中耕培土机

图 2-41   1G5.80D 型培土机

（五）山地玉米收获机械研究动态

1. 国外山地玉米收获机械研究动态

国外玉米收获机械研究较早，1885 年美国研制成功场上作业的摘穗、剥皮、切茎机，1908 年美国研制了田间摘穗剥皮机，1921 年澳大利亚人亚伦设计了世界上第一台玉米联合收获机。截至目前，国外玉米收获机已有 100 多年的发展历史，欧美大多经济发达国家早在 20 世纪 50～60 年代就已实现了玉米的机械化收获，比较出名的公司包括美国的 John Deere 公司、CASE 公司，德国的 Mengle 公司、道依茨法尔（Deutz-Fahr）公司等（郝付平和陈志，2007）。从总体结构来看，国外玉米收获机机型主要有两种基本形式：一种是专用于玉米果穗的收获机，俄罗斯和东欧一些国家，由于玉米在收获期籽粒含水率高，不适合直接脱粒，故采用专用的玉米联合收获机收获玉米果穗；另一种是在谷物联合收获机上换装专用的玉米割台，待玉米籽粒含水率降低到一定程度后，采用直接脱粒的收获方式，这种方式适合大地块一年一季的种植模式。近年来，国外大型自走式玉米联合收获机的技术发展方向是逐步迈向完全自动化，以实现高效率、高质量、高智能化，其共同特点是广泛采用液压驱动、电子监测系统、自动化控制系统，实现对收获作物的信息、部件作业状况在线监测，实现工作参数的实时调控。例如，采用谷物质量相机自动评估谷物品质，采用远程数据管理系统通过网络获取机器的全部数据，采用机器视觉导航、GPS 导航、激光导航等巡航导航技术自动调整作业速度等，提高谷物联合收获机的作业质量，实现高效、可靠、精准化作业，使联合收获机的使用效能达到最佳化。国外多为地势平坦的平原田块，玉米收获机械多为大型机械，且配有液压自动调平装置，可适用于小坡地收获。适合山地收获的主要机型包括凯斯纽荷兰（CNH）联合收获机（图 2-42），主要在山地条件下作业，在地势不平路面上作业能迅速保证收获机的水平，使收获机在穿越坡地、爬坡或下坡时获得极佳的收获性能，通过确保牵引轮在陡峭的下坡地面上保持竖直位置，保证了收获机的牵引力和驾驶安全。传感器探测到收获机的水平面，并控制两个独立的液压系统用于横向校正和纵向校正。YANMAR 履带式玉米收获机（图 2-43），采用履带轮，增加了机器的稳定性，具有结构紧凑、转弯灵活、动力充足、坡度适应性好的优点，十分适合小地块和山地作业。JUMIL 侧悬挂式玉米收获机（图 2-44），将收获割台安装在拖拉机一侧，结构紧凑、转弯灵活、爬坡能力强，适合山地丘陵玉米收获作业。

图 2-42 CNH 联合收获机

图 2-43 YANMAR 履带式玉米收获机

图 2-44 JUMIL 侧悬挂式玉米收获机

早期大型收获机在丘陵作业时容易侧翻，并产生诸多问题，有时候会伤到人或者由于锅炉中煤炭泄漏引发火灾。1891 年，Californian Stockton-based Holt 公司发明的倾斜装置可以让收获机脱粒装置在 30° 倾角内调平，提高了平衡性。这个调平装置是依靠两个独立的木质框架保证行走轮可以独立的上升和下降。包含有这种装置的收获机称为丘陵收获机，这种收获机被认为在提高收获机安全性、降低火灾及减少机器侧翻带来的维修费用方面取得了突破性的进展。

随着时代的进步，国外山地玉米收获机械实现了自动化程度、作业效率高，核心部件可根据作业环境自动调整作业角度。现代化联合收获机割台在坡田收获时可根据地形倾斜一定角度（图 2-45）。没有调平系统的收获机中，脱下的谷物会移动至逐稿器和清选筛较低的一侧，这将导致由风机产生的透过清选筛的风量减少，逐稿器和清选筛的工作效率降低且谷物损失增加。每种调平系统都设计有测量地形相对水平面倾角的最大调平角度。在收获机上应用的调平系统通常有以下几种。

图 2-45　CLAAS 山地玉米联合收获机

底盘与割台坡地横向调平（前进方向的垂向左右摆动）。当收获机行进在起伏的地表上时，底盘和所有工作部件及驾驶室会始终保持在水平方向上（图 2-46），轮胎此时可能垂直于地面也可能不垂直于地面。由于侧向机械式或电动式提升气缸的作用，底盘将绕着轮胎安装架上同轴的两点进行摆动，喂入室机架在双气缸的作用下将绕着安装于喂入室前方或后方的销轴与底盘进行同步摆动。可调倾角的范围在 20° ~ 30°，最大可到 44°。

图 2-46　坡地横向调平（Deutz-Fahr）

坡地纵向调平（前后摆动）。当收获机行进在起伏的地表上时，安装在底盘与后轮安装架之间的两个液压缸将根据地表倾斜角度提升收获机尾部（图 2-47）。这种情形下，当收获机上坡时可调角度可达 35°，下坡时可达 12°。坡地全调平（包括横向与纵向），如图 2-48 所示。

图 2-47　坡地纵向调平（Deutz-Fahr）

图 2-48　坡地全调平（Laverda）

收获机清选筛装置也带有横向调平装置（图 2-49），调平程度可达 20°。尽管收获机调平系统需要复杂的设计，但是从提高机器在丘陵工作的效率及让脱粒清选分离装置正常工作的角度看，调平装置有很多有益之处。因此，逐稿器可以在大喂入量的情况下正常工作，与此同时谷物损失也能维持在较低水平，同时调平装置通过维持机器重心保持在行走轮与土壤接触点区域内提高了收获机在丘陵工作的稳定性。

图 2-49　收获机清选筛横向调平装置（CASE）

在较为陡峭的坡田上工作时，装有调平系统的联合收获机可以防止谷物和谷壳在清选分离装置中从一侧移动到较低的一侧，同时割台可以始终保持与地面平行并收割谷物。联合收获机的调平可以让逐稿轮工作更有效率并让机器的进料速度可以与在平原地区工作时一致。调平分离装置让与机器行走轮有关的机器重心得以复位，这保证了机器的稳定性，不致在丘陵工作时侧翻。最佳的丘陵收获机在横向与纵向均有调平，它的调平参数如下：下坡时可达12%，上坡时能到30%，横向能到42%。这种类型的收获机在逐步减少，装有改进设计的轴流脱粒清选装置的大型收获机可以在横向20%的坡田上工作，除此之外，这种联合收获机在丘陵工作时也更稳定。

2. 国内山地丘陵玉米收获机械研究动态

受地理环境的影响，我国山区地形复杂，大部分土地分布在海拔200～5000m，种植业梯形垂直分布的特点十分明显，造成该地区地块小、坡度大，大的耕地面积在0.2～0.3hm²，小的仅有十几平方米；坡地坡度在3°～20°，耕地条件差。受土地所有制的影响，农村土地是以一家一户的分散经营为主，使得该地区原本的小地块进一步分散化。大功率的玉米收获机外形尺寸大，转弯半径大，不适合小地块作业，导致适合大面积作业的大、中型玉米收获机械在该地区难以使用。而小功率的收获机虽然可以在小地块进行作业，但是收获机转弯掉头不方便，导致玉米机械化收获作业效率低，降低了农机户的经济效益。这些因素都从根本上制约了该地区玉米收获机械化的发展。目前主要以悬挂式玉米收获机和4YZ-2型小型玉米联合收获机为主，有些地区甚至还有单行玉米收获机（杜岳峰，2014）。

（1）4YW-1型玉米收获机

4YW-1型玉米收获机适合于西南地区小面积玉米收获作业，与微耕机底盘配套，主要由扶禾板、摘穗辊、喂入拨禾机构、传动系统、排穗槽、柴油机、驱动轮和操作系统等组成，如图2-50所示。收获机工作时，以微耕机的倒挡为前进挡，对准玉米行前进。在摘穗辊抓取玉米秸秆的同时，喂入拨禾机构将玉米茎秆向后拨送，使其顺利进入摘穗辊。摘穗辊夹持茎秆后，将茎秆同时向摘穗辊的后方和下方输送，当玉米穗碰到摘穗辊时，由于玉米穗直径大，被从玉米茎秆上强行拉断摘下，借助摘穗辊的轴线高差，自动落入排穗槽，滑到行走轮外侧地面，被摘穗辊输送到机器下方的茎秆被直接压倒在地里。

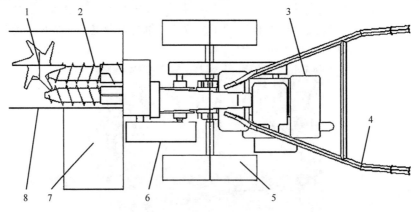

图2-50 4YW-1型玉米收获机结构简图（岳高峰等，2012）

1—喂入拨禾机构；2—摘穗辊；3—柴油机；4—操作系统；5—驱动轮；6—传动系统；7—排穗槽；8—扶禾板

（2）悬挂式玉米联合收获机

悬挂式玉米联合收获机，又叫背负式玉米联合收获机，是利用固定在拖拉机上的专用机架，将模块化后的玉米收获机功能模块挂接在拖拉机上的一种机型，所以称为悬挂式玉米联合收获机。

目前，我国开发的悬挂式玉米联合收获机型号较多，形成规模的产品有20多种，该机型按照作业行数可分为4YW-2型、4YW-3型和4YW-4型等，其中4YW-2型悬挂式玉米联合收获机整机结构如图2-51所示。按照机组作业时前进方向与拖拉机常规行走方向的异同，可分为倒走式、正走式；根据作业时行距是否可调，分为行距可调式、固定式等。它充分利用了拖拉机的动力和行走装置，提高了拖拉机的利用率。虽然该机的型号较多，特点各异，但是其作业流程基本类似，如早期机型主要完成果穗收获，现在的机型在原来的基础上集果穗摘取、输送、剥皮、果穗收集甚至秸秆还田于一身。

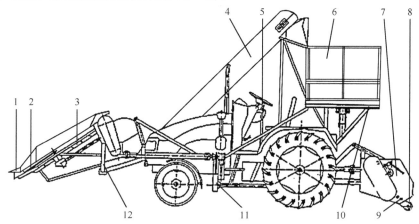

图 2-51　4YW-2 型悬挂式玉米联合收获机整机结构示意图

1—分禾装置；2—喂入装置；3—摘穗装置；4—升运器；5—中悬挂架；6—集穗箱；7—秸秆还田装置；
8—仿形辊；9—限深调节机构；10—集穗箱安装架；11—垂直提升架；12—液压装置

（3）4YZ-2/3 自走式山地丘陵玉米联合收获机

我国丘陵地区广泛种植玉米，迫切需要玉米联合收获机代替人工收获。随着我国农业机械的高速发展，适合山地丘陵地区作业的2/3行玉米收获机（图2-52）也开始生产应用，该机型具有通过性强、转弯半径小、横向稳定性强等特点，适合山地丘陵地区作业。

a. 三行履带式玉米联合收获机　　　　　　　　b. 两行四驱玉米联合收获机

图 2-52　山东巨明 4YZ-2/3 自走式山地丘陵玉米联合收获机

开发自走式山地丘陵玉米联合收获机的难点和重点主要包括两方面：一是玉米收获机整机在丘陵山地地区的通过性问题，二是玉米收获机的作业适应性问题。丘陵地区收获机械的特殊要求，首先是机型要小、通过性要好、转弯半径要小、横向稳定性要高；其次是机器的作业性能合格且稳定，整机在丘陵山地地区的操纵稳定性和通过性能要好。玉米收获机能顺利完成收获作业的前提条件是机器能够进入地块作业，并能够安全地完成作业。因此，如何在满足尺寸和质量要求的条件下，设计出性能良好的关键工作部件，是丘陵山地玉米收获机必须要解决的问题。

第二节　西南山地玉米全程机械化农机选型配套原则

西南山地地区包括四川、云南、贵州的全部，陕西南部，广西、湖南、湖北的西部丘陵山区和甘肃的小部分（岳文龙，2015；勾峰等，2016）。玉米生产过程中耕、种、管、收各环节机械化水平达到85% ～ 90% 及以上就可以称为实现玉米全程机械化（刘永红等，2017）。玉米生产机械化包括耕整地机械化、精量播种机械化、田间管理机械化，以及收获机械化等。西南山地玉米全程机械化农机选型配套必须充分考虑地形地貌、土壤结构、气候条件、种植制度、生产组织等方面的特殊性。

一、选型环节及技术路线

（一）选型环节

农业机器的合理配备是指在不同时期内，根据不同的自然、生产、经济、社会和科技等条件，在合理选项和正确选型的基础上，准确地组合不同类型、规格和数量的农机具。也就是以一定方式和比例将农机具组合起来，使其具有从事农业生产的最佳功能。因此机器的合理配套对机器选型是相当重要的。农机具选型配套环节如图 2-53 所示。

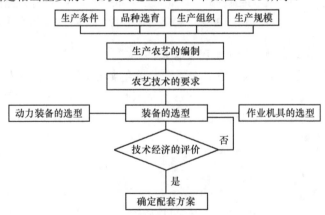

图 2-53　农机具选型配套环节图

实现丘陵山地玉米全程机械化生产，重点要做好机具选配方案。首先是根据生产自然条件、地块大小、种植品种、生产模式及种植规模大小等情况，编制相应的生产农艺规范，根据农艺规范，提出相应的农艺技术要求，根据农业技术要求、农艺作业期和农机具作业速度等因素进行机具装备的选型，机具装备的选型包括机具类型、型号的选择，以及所需装备数量等，最后进行机具装备的技术经济评价，确定所选配套方案在生产上需要、技术上先进、经济上合理。

（二）选型技术路线

玉米生产全程机械化技术路线如图 2-54 所示。实现高产高效机械化，首先必须具备一定的前提条件，也就是宜机化土地、宜机化品种、农艺宜机化，适度规模，4 个条件缺一不可。其次，要充分利用目前农业机械化技术和装备，结合西南及南方丘陵山地玉米的种植特点，通过农机与农艺融合的方法，对农艺各个生产环节进行设备选配。最终形成西南及南方地区玉米全程机械化技术与装备的配套方案。

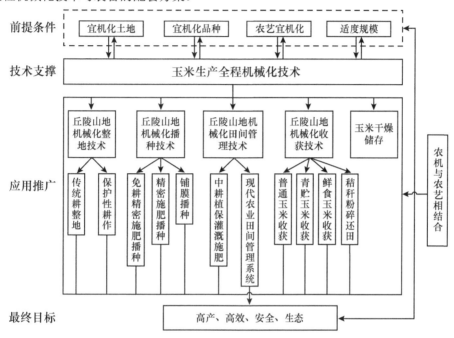

图 2-54　玉米生产全程机械化技术路线

1. 玉米机械耕整地技术

机械耕整地作用是扣埋作物残茬、消灭虫害草害、疏松土壤、提高地温、蓄水保墒，保证玉米苗全、苗齐、苗壮（薛纬奇，2016）。耕整地机械化包括耕地机械化和整地机械化。西南地区玉米耕整地作业方式包括翻地耙地作业、灭茬旋耕作业（刘文慧，2016）。

（1）翻地耙地作业

翻地作业时使用铧式犁将根茬翻到土壤下面，机具主要有牵引犁和悬挂犁两种。目前生产中多数使用双向翻转犁。翻转犁的优点是没有开闭垄，节约了作业时间，提高了作业质量。翻地作业一般深 20～22cm，耕幅误差不超过 10cm。翻地作业要求翻后土要完全翻转，不重不漏，耕幅一致，覆盖严密。为减少水土流失，建立合理耕层结构，每隔 3～4 年翻地一次。

耙地作业是在犁耕或深松后对表层碎土、松土，整平加工的过程。耙地作用是将土垡切碎、耙平，改善耕层结构和地表状态，保蓄地下水分和秋冬降水，预防春旱，机械耙地作业通常使用圆盘耙和"V"形镇压器配合作业，其作用是使机耙后的土壤进一步压实，更好地保持水分并使土壤更细碎。耙地作业一般分为两次进行。收获完，进行翻地耙地作业，来年开春播种时，再进行一次耙地，第二次和第一次采用对角耙地方式，耙后，土壤细碎，地面平坦，耕茬均匀细碎。

（2）灭茬旋耕作业

一般灭茬刀辊转速 300r/min，旋耕刀辊转速 200 ～ 280r/min。灭茬刀辊先将玉米等作物残茬切碎（长度小于 5mm），然后旋耕刀辊切、抛土壤并将已被切碎的根茬均匀混合在土壤中，耕深达 18cm。作业后应保持原有的垄形，疏松土层的厚度应不小于工作部件入土深度的60%。

2. 玉米机械化播种技术

玉米播种包括全株距精密播种、半株距精密播种和半精密播种（郭墅，2015）。全株距精密播种是一个株距一粒玉米种子，对种子要求高，对土壤要求高，优点是节省玉米种子节省成本，无需间苗，节约劳动力。半株距精密播种，为了保证出苗率，在一半的株距进行播种。半精密播种，同样为了保证出苗率，在每个穴进行 1 ～ 2 粒播种，浪费种子，需要间苗。现在精密少量播种机发展已经基本成熟，玉米种子的发芽率也不断提高，有质量保证，所以目前玉米主要采用全株距精密播种。机械播种比传统人工播种，每公顷节省种子 18kg，缩短间苗时间 50%，降低种植成本。

精量播种必须选用适宜当地种植，具有高产、稳产、抗倒、抗病、品质优良等特点的玉米种子。选种要求应对种子进行包衣处理或药剂拌种，种子纯净度为 98%，以此来保证种子发芽率大于 95%，当地温达到并稳定在 8 ～ 12℃，土壤含水量在 13% ～ 20% 时，进行播种作业，播种前要对播种机进行调试，并进行试播，播种机按行距 50cm、株距 30cm 进行播种作业，播种深度 5cm，施肥深度 7cm，种肥间隔 5cm，精播要求单粒率大于 85%、空穴率小于 5%、伤种率小于 1.5%、株距合格率大于 80%。玉米播种的同时喷施化学除草剂进行封闭灭草。

3. 玉米机械化田间管理技术

机械化田间管理分为中耕作业和植保作业。

中耕作业时使用中耕机进行中耕除草、追肥，中耕深度 7cm，苗旁宜浅，行间宜深。根据玉米生长情况及土地情况，决定施肥方式和施肥量。中耕作业要一次性完成开沟、施肥、培土、镇压。中耕追肥作业对植物应该无伤害，伤苗率 ≤ 3%，追肥深度 6 ～ 10cm。

植保作业是喷洒除草剂和农药，同时也可以喷施植物生长调节剂。通过了解玉米生长情况及季节、地方环境因素，准确掌握玉米病虫草害发生的时间特点，并且有针对性地对症下药，严格按照说明用药。目前我国喷洒除草剂和农药的主要是喷杆式喷药机，作业幅宽有15 ～ 30m、8 ～ 16m、6 ～ 8m，分别与大、中、小拖拉机配套。作业速度要匀速，4 级以上风天不能作业。喷洒作业中尽量让喷头离地近些，以免药液损失。有条件的地区可采用农用无人植保机。

中耕机械作业和植保机械作业速度要均匀，中途停车要及时关闭开关，避免药量过大伤害玉米。在田地中转弯掉头时，也要让机械驶出地块并随时关闭开关。

4. 玉米机械化收获技术

玉米收获技术对收获机具、植株情况、地形、驾驶员都有很高的要求。

玉米机械收获前必须要求玉米植株倒伏率小于 5%，果穗下垂率小于 15%，最低结穗高度大于 50cm。

对玉米收获机的基本要求：玉米收获机的机收果穗损失率小于 5%，籽粒损失率小于 2%，籽粒破损率小于1%，苞叶剥净率大于85%，留茬高度小于10cm，秸秆还田粉碎长度小于10cm，还田秸秆粉碎合格率大于85%，还田秸秆抛撒不均匀率小于20%，收获后田间无漏割现象，还田秸秆无堆积，果穗、籽粒无污染（殷江璇，2013）。

玉米收获时，籽粒含水率低于27%，果穗含水率应该在35%～30%，剥皮效果最佳。

玉米收获机械可分为背负式和自走式。背负式玉米收获机是拖拉机挂接收获机，在作业过程中，机身结构紧凑，作业转弯半径小，作业灵活，价格低廉（虞国才，2017）。自走式玉米收获机作业质量好，摘穗、剥皮作业效率高，机具性能完善。背负式和自走式玉米收获机都能一次完成茎秆切割、脱粒、秸秆处理等作业。

二、选型配套集成模式及效果

（一）西南山地玉米全程机械化配套模式

西南地区按照玉米种植规模集成3种配套模式（小规模、中规模、大规模），分别对应玉米的耕、种、管、收等进程所需要的机具。通过选配出适合西南丘陵地区玉米全程机械化生产的一些相关机型，以一定方式和比例将各种机具组合起来，使其具有从事农业生产的最佳功能，从而减少劳动力投入，最终达到节本增效的目的。现将配套集成模式整理如下。

1. 小规模

如表2-1所示，XG210型旋耕机可与功率为14.7kW的拖拉机配套使用，工作过程中传动轴夹角小，传动效率高；作业幅宽为1200mm，结构简单、耕作适应范围较大，作业质量好，碎土覆盖性能好；作业效率达到0.25hm²/h。

表2-1 小规模选配机具

环节名称	耕整地	播种	收获
产品名称	XG210	2BYF-2	4YZP-2C
配套动力	14.7kW	11～15kW	36.8kW
作业幅宽	1200mm	500～800mm	1180mm
作业效率	0.25hm²/h	0.2～0.3hm²/h	0.2～0.5hm²/h

2BYF-2型播种机与功率为11～15kW的拖拉机配套使用，一次作业可完成种带清茬、施肥、精量播种及镇压等多道工序；采用驱动旋转式种带清理装置，可以有效地清除秸秆和残茬；作业幅宽为500～800mm，作业效率达到0.2～0.3hm²/h。

4YZP-2C型玉米收获机采用四轮驱动，适合不同农艺的收割；操作、使用、维系极为方便，小车身转弯灵活，转移速度快，适合丘陵、山地玉米的收割；作业幅宽为1180mm，作业效率达到0.2～0.5hm²/h。

以上机型可搭配小型动力机具，普遍具有结构、操作简单等特点，总体成本相对较低，适宜于西南地区小规模地块的玉米生产，如"农户+农户"、家庭农场等种植模式。

2. 中规模

如表2-2所示，1GKN-200型旋耕机可与功率为40～50kW的拖拉机配套使用，耕耙合一，碎土能力强，作业后土地平整，一次旋耕能达到一般类型的犁几次耕地的作业效果；作业幅宽为2000mm，作业效率达到0.65～0.7hm²/h。

表 2-2　　中规模选配机具

环节名称	耕整地	播种	收获
产品名称	1GKN-200	2BY-3	4YZP-3A
配套动力	40～50kW	33kW	103kW
作业幅宽	2000mm	1300mm	1860mm
作业效率	0.65～0.7hm²/h	0.5hm²/h	0.22～0.45hm²/h

2BY-3 型播种机与功率为 33kW 的拖拉机配套使用，播深精确，播种密度大，漏播情况少；拥有表层清石破土装置，配颗粒状固体施肥装置，适合垄作或平作；作业幅宽为 1300mm，可实现宽、窄行播种，作业效率达到 0.5hm²/h。

4YZP-3A 型玉米收获机可一次完成玉米作物的摘穗、剥皮、秸秆粉碎还田、集粮等作业；作业幅宽为 1860mm，可实现横割、斜割、不对行收割；作业效率达到 0.22～0.45hm²/h。

以上机型可与中型动力机具配套使用，普遍具有性能稳定、可靠性高、动力强等特点，总体成本相对适中，适宜于西南地区中规模地块的玉米生产，如"农户＋企业"、农村经营合作社等种植模式。

3. 大规模

如表 2-3 所示，1G-300 型旋耕机可与功率为 73.8kW 的拖拉机配套使用，一次性作业可达到土碎地平的效果；旋耕刀在刀轴上呈螺旋线形状分布，使机器在工作的时候，比较省力；作业幅宽为 3000mm，作业效率达到 0.8～1.2hm²/h。

表 2-3　　大规模选配机具

环节名称	耕整地	播种	收获
产品名称	1G-300	2BYF-4	4YZB-4
配套动力	73.8kW	73.5kW	128kW
作业幅宽	3000mm	2000mm	2600mm
作业效率	0.8～1.2hm²/h	0.6～0.8hm²/h	0.8～1.6hm²/h

2BYF-4 型播种机与功率为 73.5kW 的拖拉机配套使用，一次作业可完成清茬、精量播种、镇压等多道工序；采用驱动旋转式种带清理装置，可将播种带的秸秆、残茬等有效的进行清理，作业幅宽为 2000mm，作业效率达到 0.6～0.8hm²/h。

4YZB-4 玉米收获机具有作业效率高、可靠性好、收获的玉米秸秆含杂率低等突出特点；作业幅宽为 2600mm，根据各地区不同种植行距可选择 600mm 或 650mm 行距的割台；作业效率达到 0.8～1.6hm²/h。

以上机型可与大型动力机具配套使用，普遍具有性能完善、作业效率高、作业质量好等特点，总体成本相对也较高，适宜于西南地区大规模地块的玉米生产，如大型农场、"企业产业化经营"等种植模式。

（二）玉米全程机械化配套技术集成模式效果

1. 经济效益

玉米全程机械化配套技术的运用能够达到节约成本、增产、增收、增效的目标。在玉米生产的各个环节中引入玉米全程机械化技术，可以使劳动力得到有效解放，将劳动强度减轻，促进作业效率提高，节约生产资料，使生产成本降低，管理水平提高，改善玉米品质，并且使玉米产量增加，提高农民的经济效益（Hu，2015）。现将小、中、大三种配套模式的成本核算如下（表2-4，表2-5）。

表 2-4　机具成本表

| 规模 | 机组 | 作业成本/（元/hm²） | | | | 初始投资/元 |
		油料费	工资	修理费	管理费	
小规模	XG210 型旋耕机	390	750	75	30	2 100
	2BYF-2 型播种机	360	675	60	60	2 000
	4YZP-2C 型收获机	450	600	120	45	46 000
中规模	1GKN-200 型旋耕机	540	630	105	60	6 800
	2BY-3 型播种机	480	555	105	90	2 600
	4YZP-3A 型收获机	600	480	150	75	99 000
大规模	1G-300 型旋耕机	690	570	135	90	11 000
	2BYF-4 型播种机	600	480	120	120	4 800
	4YZB-4 型收获机	750	450	180	105	234 500

表 2-5　小、中、大三种模式机具配套费用表

规模	机组	机具费用（按10年折旧）/元	动力机具费用/元	作业过程费用合计/（元/hm²）	工作量/hm²	每公顷成本/元	成本合计/元
小规模	XG210 型旋耕机	210	1 000	1 245	450	1 849.5	
	2BYF-2 型播种机	200	1 000	1 155	3 240	1 239.0	4 542.0
	4YZP-2C 型收获机	4 600	0	1 215	4 320	1 453.5	
中规模	1GKN-200 型旋耕机	680	2 500	1 335	7 285.5	1 432.5	
	2BY-3 型播种机	260	2 500	1 230	6 477.0	1 326.0	4 321.5
	4YZP-3A 型收获机	9 900	0	1 305	8 635.5	1 563.0	
大规模	1G-300 型旋耕机	1 100	4 000	1 485	9 714.0	1 602.0	
	2BYF-4 型播种机	480	4 000	1 320	9 714.0	1 423.5	4 918.5
	4YZB-4 型收获机	23 450	0	1 485	12 954.0	1 893.0	

注：动力机具费用平均分摊到旋耕机和播种机，作业过程费用合计包括油料费、工资、修理费和管理费

通过对西南地区小、中、大三种模式机具配套的费用进行核算后得出：小规模所需费用为4542.0 元/hm²，中规模费用为4321.5 元/hm²，大规模费用为4918.5 元/hm²；在玉米生产的各个环节引入玉米全程机械化技术后，减轻了劳动强度，提高了作业效率，生产成本得到了降低，在一定程度上提高了农民的经济效益。

2. 生态效益

玉米全程机械化生产技术对改善土壤理化性能，提高抗御自然灾害的能力，使中低产田变高产，改善农业生态环境起到保障作用。机械化深松能打破犁底层，形成良好的土壤水库，达到蓄水保墒的作用，有效地节约用水、防止水土流失、保护耕地（Jiang，2016）；实行秸秆粉碎还田等综合利用，不仅增加了土壤有机质、培肥地力，还可增加收入，同时也减少了环

境污染；实行化肥深施，不仅提高了利用率，同时也减少了因化肥用量大对环境造成的危害。

3. 社会效益

一是可以有效提高农机化水平；二是有效提高农机技术人员、驾驶员、农民及乡村干部的业务素质和技术水平；三是实现了规模经营，进行土地流转，可使富余劳动力从工经商、外出打工或从事养殖业。推广应用玉米全程机械化生产技术有效地减轻了农民的劳动强度，提高了玉米产量，促进了农业发展和新农村建设（沈建辉，2006）。

三、农机农艺融合的基本原则

（一）农机与农艺的关系

农艺指农作物的栽培、选种等技艺，包括品种选育、栽培方式、种植制度等，涉及农作物生长发育等各方面。农机是指用于农业生产及其产品初加工等相关农事活动的机械、设备。农机与农艺相辅相成，相互影响，农机是农艺技术实施的载体，农机与农艺的最终目标是为农作物生长和生产创造优良的环境与条件。一方面，农机适应于农艺的需要进行研发，因为农作物有特定的生长环境和生理需要，农机根据农作物的生物特性、种植环境、种植制度、地形地貌等要求，为达到农艺技术实施效果进行研发，实现农机与农艺的密切配合（左淑珍和迟仁立，2015）；另一方面，农机由于机械或者技术等问题不能有效实现农艺目标，则需要通过培育适合于机械作业的作物品种，优化适合机械作业的栽培模式等方式调整农艺自身来重塑农作物群体特征，达到农机作业的可能性。我国地域广阔，2016年农村居民人均经营耕地面积$0.17hm^2$，耕地经营规模小，同一种作物在不同区域其种植方式、品种选择千差万别，农艺制度的不规范和不统一，标准化程度低，对机械的应用形成了制约（党海英，2014）。因此，我国农机农艺结合应重点考虑统一、改进农艺制度，为农机作业提供可能和方便，提高农机作业的规模化、标准化和专业化程度。农机应改变传统小、乱、散的局面，提高产业集中度和产品技术含量，更好地为农艺服务（秦贵，2013）。

（二）农机与农艺的融合原则

1. 当农艺科学合理及稳定的时候，改进农机具在结构上的性能及提高质量，适应农艺的发展要求

农机要为农艺服务，这是农业对农业机械最本质的要求，是由农机与农艺的关系和农机所处的地位作用决定的（易中懿等，2014）。农机是进行农业生产的工具，是实现一定的农艺要求的重要手段，有什么样的农艺要求，就需要什么样的农业机械来完成。由于历史上农业生产技术发展变化较快，农艺措施变化较大，而农业机械的发展变化较慢，有的机械许多年都没有技术进步、型号没有改变，难以适应新的农艺技术措施的要求。

2. 农艺即使是比较稳定的，但是不利于机械化作业，农艺也要反过来适应农机

若农机不适应农艺要求，则需要进行农机改装，但也有很多农机是无法改的，特别是很多大型、特大型的世界最先进的现代化农业机械，产品比较定型、性能很先进，轻易不改，这就要求农艺尽可能地适应农机（姜心禄等，2016）。比如，在农艺上要尽可能地统一"垄距"，因为拖拉机、收获机的轮距不能总变，即使有的轮距可调，但收获机割台的行距也不可调。从农艺上讲，就要在作物栽培模式和技术措施上尽可能做到规范化、模式化和标准化。

3. 农机更新与装备结构调整融合

农机更新的过程就是推广应用农机新技术、新机具的过程，也是农机不断满足和适应农艺技术进步及提高水平的过程。农机更新，是实现农机与农艺融合的重要载体和切入点，农机的选型配套一定要尽可能地满足当地农艺要求，或者能够促进新的农艺技术和措施的推广应用（罗泽宽，2010）。高性能、先进的农业机械本身就是物化了的农艺技术，本身就是先进农艺技术的载体，应用先进的机械就等于应用先进的农艺技术。

4. 农机作业生产与管理融合

农机为农业生产服务，要在农业生产环节上体现农机与农艺的融合。在农时上，坚持农机与农艺要求的高度统一，农作物生产各环节要求最佳作业时限，如农艺要求农作物播种应播在高产期，农机就必须或尽可能在高产期进行播种作业。农业生产过程中的标准化，主要是通过农机作业标准化来实现的，是农机与农艺结合的最重要、最紧密的环节。

5. 技术推广与培训融合

农机与农艺是相互依赖、相互依存、互为前提的关系，在科技创新上，都必须考虑对方的要求和可能，否则就会出现问题。对农机人员，既要培训农机，也要培训农艺，从事农机的必须懂得一些农艺，反过来也是如此（李安宁，2015）。从事农机的人员，具有农艺方面的知识和业务水平，才能更好地做好农机作业，减少差错和失误，提高工作效率和质量。

参 考 文 献

陈雨. 2017. 高地隙喷雾机独立式立轴空气悬架设计方法与特性研究 [D]. 北京: 中国农业大学博士学位论文.

党海英. 2014. 关于农机与农艺关系问题的探讨 [J]. 农业装备与车辆工程, (2): 23-24.

邓亚兵. 2008. 山地拖拉机仿地形悬挂机构的设计与性能分析 [D]. 北京: 中国农业大学硕士学位论文.

邓莹, 王林凤, 蒋光兵, 等. 2016. 手扶式玉米精量播种机的设计与试验 [J]. 中国农机化学报, 37(7): 23-28.

杜岳峰. 2014. 丘陵山地自走式玉米收获机设计方法与试验研究 [D]. 北京: 中国农业大学博士学位论文.

高巧明, 高峰, 赖永裕, 等. 2014. 具有平衡摇臂悬架的丘陵山区动力平台转向系统 [J]. 农业机械学报, 45(3): 13-19.

高巧明, 高峰, 周文海, 等. 2013. 采用平衡摇臂悬架的移动平台稳定性分析 [J]. 农业机械学报, 44(S2): 288-294.

勾峰, 赵振芳, 王晓峰. 2016. 玉米全程机械化生产新技术研究与推广 [J]. 湖南农机, (8): 20-22.

郭墅. 2015. 玉米保护性耕作及全程机械化种植技术的研究与示范 [D]. 长春: 吉林农业大学硕士学位论文.

郝付平, 陈志. 2007. 国内外玉米收获机械研究现状及思考 [J]. 农机化研究, 10: 206-208.

姜心禄, 池忠志, 李旭毅, 等. 2016. 发展丘陵山地农机化存在的问题与对策 [J]. 中国农机化, 10(1): 47-50.

李安宁. 2015. 推进农机农艺融合要牢牢把握四个着力点 [J]. 中国农机化, 10(5): 3-5.

刘丰乐, 张晓辉, 马伟伟, 等. 2010. 国外大型植保机械及施药技术发展现状 [J]. 农机化研究, 32(3): 246-248.

刘虹玉. 2014. 微型履带山地拖拉机性能分析与仿真 [D]. 杨凌: 西北农林科技大学硕士学位论文.

刘文慧. 2016. 浅谈玉米全程机械化生产关键环节中应把握的一些技术要领 [J]. 农业开发与装备, (1): 36-38.

刘永红, 岳丽杰, 杨勤, 等. 2017. 西南地区玉米农作模式的演变与发展 [J]. 玉米科学, (25): 9-11.

罗泽宽. 2010. 丘陵山区农机化发展的思考与对策 [J]. 农业机械, (14): 16-19.

潘冠廷. 2015. 山地履带拖拉机坡地转向动态稳定性理论研究 [D]. 杨凌: 西北农林科技大学硕士学位论文.

秦贵. 2013. 农机农艺融合问题 [J]. 农业工程, (3): 104-106.

沈建辉. 2006. 加快构建我国完整的农业机械化学科体系: 对农机与农艺问题的深层思考 [J]. 中国农机化, (3): 3-5.

王涛. 2014. 山地拖拉机车身自动调平控制系统的设计与试验 [D]. 杨凌: 西北农林科技大学硕士学位论文.

王亚, 陈思忠, 李海涛, 等. 2012. 高地面仿形性动力底盘的设计与试验 [J]. 农业工程学报, 28(S1): 39-44.

王应彪, 李玮, 王远. 2016. 云贵山区小型玉米播种设备的设计与分析 [J]. 林业机械与木工设备, 44(7): 31-34.

吴清分. 2011. 国外山地型多用途拖拉机产品的技术发展 [J]. 拖拉机与农用运输车, 38(6): 1-5.

徐良, 肖洁, 张佩, 等. 2015. 山地小型玉米播种机粒距变异系数的试验分析 [J]. 农产品加工, (1): 75-77, 81.

薛纬奇. 2016. 玉米生产全程机械化技术与装备研究 [D]. 太原: 山西农业大学硕士学位论文.

易中懿, 曹光乔, 张宗毅. 2014. 我国南方丘陵山区农业机械化宏观影响因素分析 [J]. 农机化研究, (8): 229-233.

殷江璇. 2013. 玉米收获机械化影响因素分析 [D]. 太原: 山西农业大学硕士学位论文.

于龙飞. 2015. 微型履带山地拖拉机坡地通过性研究 [D]. 杨凌: 西北农林科技大学硕士学位论文.

虞国才. 2017. 西南丘陵地区玉米收获机械化发展探究 [J]. 农业科技与信息, (8): 44-46.

岳文龙. 2015. 玉米全程机械化生产技术集成探讨 [J]. 农业技术与装备, (16): 12-13.

张奇巍. 2015. 微型山地拖拉机变速箱的改进设计与优化 [D]. 杨凌: 西北农林科技大学硕士学位论文.

张艳杰. 2018. 山地履带拖拉机姿态调整试验装置的设计与试验 [D]. 杨凌: 西北农林科技大学硕士学位论文.

左淑珍, 迟仁立. 2015. 农机农艺相结合是农业机械化的必由之路 [J]. 农村机械化, (2): 36.

Colbert T B. 2000. Iowa farmers and mechanical corn pickers[J]. Agricultural History, 74(2): 530-544.

Hu L. 2015. Integration of agriculture machinery and agronomy is a profound reform of agriculture in China[J]. The Rural Work Communication, (6): 35-36.

Jiang Y Y. 2016. Combination of agricultural machinery and agronomy in their scientific and technological innovations[J]. Transactions of the Chinese Society of Agricultural Machinery, (3): 179-180.

第三章　玉米生产机械化高产高效协同理论

第一节　玉米高产机理

一、高产潜力

（一）气候生产潜力

气候生产潜力是指作物不受养分限制时，由光、温、水共同决定的生产力，是一个地区作物产量的上限。气候生产潜力的大小能够反映一个地区光、温、水资源的配合效果。气候生产潜力是评估土地资源生产力和制订农业发展战略的重要依据，弄清一个地区作物的气候生产潜力，对评价该地区粮食的生产能力，进而指导粮食生产具有重要的意义。

1. 气候生产潜力的计算方法

关于气候生产潜力的估算，多年来国内外开展了大量分析研究，相继提出了许多有价值的计算模型和方法。常用的比较成熟的模型有 Miami 模型、Thornthwaite Memorial 模型、Wagenigen 模型、农业生态区（agricultural ecology zone，AEZ）模型、作物生长动态统计模型、联合国粮食及农业组织（FAO）推荐的潜力递减法（也称为逐步订正法）等。

（1）AEZ 模型原理方法

AEZ 模型具有相对严谨的推算过程，综合考虑光、温、水等因素，并因为步骤简单，需要的数据量少，在国内外都有广泛的应用。本研究中选择 AEZ 模型估算玉米生产潜力。AEZ 模型通过光合潜力、光温潜力和气候生产潜力逐级计算作物生产潜力，其中逐级增加了光照条件、温度和水分条件对作物产量的影响。下面简要介绍 AEZ 模型的主要原理，具体的光温潜力和气候生产潜力的计算方法请参见相关文献。

1）标准作物光合干物质量

根据 de Wit 公式，日标准作物干物质量为

$$bgm_0 = fro \times bo + (1-fro) \times bc \tag{3-1}$$

式中，bgm_0 为标准作物干物质总产量 $[kg/(hm^2 \cdot d)]$；fro 为一天中阴天小时数所占的比重，$fro = (Ac-0.5Rg)/(0.8Ac)$，Ac 为晴天短波有效辐射量 $[J/(cm^2 \cdot d)]$，Rg 为实测短波有效辐射量 $[J/(cm^2 \cdot d)]$；bo 为一定地点标准作物全阴天干物质总生产率 $[kg/(hm^2 \cdot d)]$；bc 为一定地点标准作物全晴天干物质总生产率 $[kg/(hm^2 \cdot d)]$。

2）温度、呼吸校正系数和光温潜力

干物质总生产率取决于作物品种、温度和 CO_2 浓度。日最大干物质量计算公式为

$$bgm = \begin{cases} fro \times (0.8+0.01Pm) \times bo + (1-fro) \times (0.5+0.025 \times Pm) \times bc & Pm \geqslant 20 \\ fro \times (0.5+0.25 \times Pm) \times bo + (1-fro) \times 0.05 \times Pm \times bc & Pm < 20 \end{cases} \tag{3-2}$$

式中，bgm 为日最大干物质量 $[kg/(hm^2 \cdot d)]$；Pm 为作物最大 CO_2 净交换率 $[kg/(hm^2 \cdot h)]$。作物呼吸校正系数与干物质总生产率和呼吸速率有关。作物在不同生长阶段干物质生产率也不一样。作物生长期和呼吸校正系数 k 的计算公式为

$$k = C_{bna} \times \frac{0.72}{1 + 0.25 \times C_t \times N} \tag{3-3}$$

式中，N 为作物生育期天数（d）；C_t 为与温度有关的系数；C_{bna} 为平均生产率与最大生产率比值。

$$C_t = C_{30} \times (0.0044 + 0.0019 \times T + 0.001 \times T^2) \tag{3-4}$$

式中，C_{30} 为 30℃时 C_t 对应的值，C_{30} 对于豆科作物为 0.0283，而对于非豆科作物为 0.0108；T 为全生育期平均温度（℃）。

光温潜力计算总公式为

$$Bn = Hi \times L \times \frac{0.72}{1 + 0.25 \times C_t \times N} \times C_{bna} \times \sum_{i=1}^{N} bgm_i \tag{3-5}$$

式中，Bn 为作物光温潜力（kg/hm^2）；bgm_i 为日最大干物质量 $[kg/(hm^2 \cdot d)]$；C_{bna} 为平均生产率与最大生产率比值，玉米 C_{bna} 为 0.5（FAO，2009）；N 为作物生育期天数（d）；C_t 为维持呼吸系数；Hi 为收获指数；L 为叶面积指数校正系数，即实际最大叶面积指数生产率与最大叶面积指数为 5 的生产率比率。

3）水量平衡、融雪平衡和气候生产潜力

由于地表是否覆盖积雪将直接影响地表蒸散情况，所以在计算土壤水分和实际蒸散量之前，先判断地表是否有积雪并计算实际积雪量。

雪量平衡总公式为

$$sb_j = sb_{j-1} + snw - snm - subm \tag{3-6}$$

式中，sb_j 为当天地表积雪量（mm）；sb_{j-1} 为前一天地表积雪量（mm）；snw 为日实际降雪量（mm）；snm 为积雪融化成水的含量（mm）；subm 为积雪升华成水蒸气的含量（mm）。其中，积雪融化成水的含量计算如下：

$$snm = min(maxT \times f_{snm}, sb_j) \tag{3-7}$$

式中，$maxT$ 为日最高气温（℃）；f_{snm} 为融雪系数，在一般情况下设置成 5.5。

积雪升华成水蒸气的含量计算公式如下：

$$subm = min(f_{sb} \times ET_0 \times sc, sb - snm) \tag{3-8}$$

式中，ET_0 为日参考蒸散（mm）；f_{sb} 为升华系数；sc 为水分需求系数。土壤含水量和实际蒸散是作物产量主要的水分限制性因素，二者都通过单筒土壤水分平衡模型模拟得到。在单筒土壤水分平衡模型中，土层含水量为土壤含水量与有效土层厚度的乘积。土壤水分平衡总公式为

$$wb_j = min(wb_{j-1} + pre + snm - ETa, w_{max}) \tag{3-9}$$

式中，wb_j 为当日土壤含水量（mm）；wb_{j-1} 为前一天土壤含水量（mm）；pre 为日降雨量（mm）；snm 为日积雪融水量（mm）；ETa 为日实际蒸散量（mm）；w_{max} 为该土壤最大有效含水量（mm/m）。而其中日实际蒸散量（ETa）计算公式如下：

$$\begin{cases} ETa = 0, & \text{当地表面覆盖积雪} \\ ETa = ETm, & \text{当土壤水分充足} \\ ETa = min\left(pre + \frac{wb}{wread} \times ETm, ETm \right) \end{cases} \tag{3-10}$$

式中，wb 为土壤含水量（mm）；wread 为土壤易利用水含量（蒸散无限制）（mm）；ETm 为最大潜在蒸散（mm），为作物栽培系数 kc 与日参考蒸散 ET_0 的乘积。

气候生产潜力计算的总公式为

$$Bw = \min\left\{1-K_0^y\times\left(1-\frac{\sum_i ETa}{\sum_i kc\times ET_0}\right),\ \prod_{k=1}^4\left[1-K_k^y\times\left(1-\frac{\sum_j ETa}{\sum_j kc\times ET_0}\right)\right]\right\}\times Bn \quad (3\text{-}11)$$

式中，Bw 为气候生产潜力（kg/hm²）；K_0^y 为平均水分产量反应系数；K_k^y 为各阶段水分产量系数；生育阶段包括出苗期、营养生长期、生殖生长期和成熟期；ETa 为日实际蒸散量（mm）；ET_0 为日参考蒸散（mm）；kc 为作物栽培系数；j 为不同生长阶段天数（d）；Bn 为作物光温潜力（kg/hm²）。

（2）FAO 推荐的潜力递减法

FAO 推荐的潜力递减法是业界公认的气候生产潜力计算方法。潜力递减法模型描述如下。

$$Y_1 = A\times F(Q) = a\times C\times F(Q) \quad (3\text{-}12)$$

式中，Y_1 为光合生产潜力；$F(Q)$ 为辐射函数；$A=a\times C$，代表折算系数；C 为经济系数，取值 0.4；a 为常数。

$$a = \varepsilon\times(1-R)\times(1-t)\times(1-N_0)\times(1-R_s)\times(1-n)\times E/r\times(1-I)\times(1-J) \quad (3\text{-}13)$$

式中，ε 为 380～710μm 波段的光合有效辐射占投射到作物群体上太阳总辐射的百分比，取值 0.49；R 为作物群体对光合有效辐射的反射率，取值 0.08，t 为作物群体透光率，取值 0.06；n 为植物非光合器官的无效吸收率，取值 0.1；N_0 为光饱和点以上未能利用的部分占可利用部分的百分比，取值 0.01；E 为量子效率，取值 0.22；R_s 为植物呼吸作用消耗的能量占光合作用合成能量的百分率，取值 0.3；I 为植物中无机养分含量，取值 0.08；J 为风干植物的植株含水率，取值 0.15；r 为每形成 1g 干物质平均所需热量，取值 17.2。

$$Y_2 = Y_1\times F(t) \quad (3\text{-}14)$$

式中，Y_1 为光合生产潜力；Y_2 为光温生产潜力；$F(t)$ 为温度订正函数。

$$
\begin{aligned}
F(t) &= 0 & t<6\ \text{或}\ t\geqslant 44 \\
F(t) &= 0.027t-0.162 & 6\leqslant t<21 \\
F(t) &= 0.086t-1.41 & 21\leqslant t<28 \\
F(t) &= 1 & 28\leqslant t<32 \\
F(t) &= -0.083t+3.67 & 32\leqslant t<44
\end{aligned}
\quad (3\text{-}15)
$$

$$Y_3 = Y_2\times F(w) = a\times C\times F(Q)\times F(t)\times F(w) \quad (3\text{-}16)$$

式中，t 为日平均温度；Y_3 为气候生产潜力；$F(w)$ 为水分订正函数。

$$
\begin{aligned}
F(w) &= w/E_0 & w\leqslant E_0 \\
F(w) &= 1 & w>E_0,\ w<4E_0 \\
F(w) &= 0 & w\geqslant 4E_0
\end{aligned}
\quad (3\text{-}17)
$$

式中，w 为降水量；E_0 为农田蒸发量。

2. 西南地区玉米气候生产潜力分布

（1）基于 AEZ 模型的玉米气候生产潜力

钟新科等（2012）在 1981～2010 年日气象数据、玉米生育期数据和土壤数据基础上，采用 GIS 技术和 AEZ 模型结合的方法，模拟了中国春玉米、夏玉米光温生产潜力和气候生产潜力的分布状况。西南地区春玉米的光温生产潜力在 7000～16 000kg/hm²，四川盆地、贵州中东部、云南南部及广西西部为 10 000～12 000kg/hm²，广西东北部为 7000～9700kg/hm²，广西其余大部在 9700 ～ 10 700kg/hm²。西南地区夏玉米光温生产潜力如下：四川盆地西部为 8240 ～ 9600kg/hm²，四川盆地东部（包括重庆大部）和广西大部分地区为 9600 ～ 10 000kg/hm²，云南大部分地区为 10 600 ～ 11 300kg/hm²，贵州的大部分地区为 10 000 ～ 10 600kg/hm²。

本研究结果显示，西南地区春玉米气候生产潜力在 7300 ～ 13 500kg/hm²，其中四川盆地（包括重庆）为 10 600 ～ 11 800kg/hm²，贵州西南部为 7300 ～ 9500kg/hm²，贵州中、东部为 10 600 ～ 11 800kg/hm²，云南大部分地区为 11 800 ～ 13 100kg/hm²，广西大部分地区在 9500 ～ 10 600kg/hm²。西南地区夏玉米的气候生产潜力在 8600 ～ 12 000kg/hm²，其中四川盆地东部为 8600 ～ 9600kg/hm²，重庆、贵州东北部、南部和广西大部为 9600 ～ 10 100kg/hm²，云南大部为 10 600 ～ 12 000kg/hm²。

基于 AEZ 模型的玉米气候生产潜力分析较粗，仅能够获得区域分布的大致趋势，下面我们利用 FAO 潜力递减法对四川玉米气候生产潜力分布进行较为详细的分析。

（2）基于 FAO 潜力递减法的四川玉米气候生产潜力分布

玉米气候生产潜力和玉米生长季时间长短相关，本研究按照 3 种时间长度进行计算分析：一是稳定通过 10℃期间的玉米总生产潜力，这是玉米生产能够利用的最大气候生产潜力；二是稳定通过 10℃初日至稳定通过 16℃终日之间的潜力，这可以称为玉米安全生长季的气候生产潜力；三是从玉米播种至成熟期间的气候生产潜力，也可称之为单季玉米实际气候生产潜力。

为此，利用四川省 154 个气象站在 1961 ～ 2012 年的气象资料，以旬为单位，首先推算出各站的地面总辐射，再根据潜力计算方法，逐步计算出玉米的光合潜力和光温生产潜力。由于水分订正需要计算潜在蒸发，其中的很多参数不易收集，就没有进行水分订正。

1）稳定通过 10℃期间的玉米光温生产潜力分布

四川盆地稳定通过 10℃玉米光温生产潜力的空间分布有明显的阶梯式特征，在盆东北地区的达州、巴中、南充、广安等地及盆中的遂宁、内江、川南的泸州等地光温生产潜力为 25 500 ～ 27 000kg/hm²，西部的乐山等地在 22 500 ～ 25 500kg/hm²，川西高原的金川、小金、理县等地为 15 000kg/hm² 左右，川西高原的其他地区在 15 000kg/hm² 以下，川西南山地为 15 000 ～ 18 000kg/hm²。川西高原、盆周山区到四川盆地的过渡地带光温生产潜力等值线比较密集，说明光温生产潜力在这些过渡地带变化很大，而在盆中、盆东的大部分地区光温生产潜力等值线比较稀疏，说明这些区域气候条件分布相对比较均匀，因此潜力的变化也比较小。

2）玉米安全生长季光温生产潜力分布

据有关研究，玉米灌浆阶段最适宜的温度条件是 22 ～ 24℃，籽粒快速增重期适宜温度为 20 ～ 28℃，低于 16℃灌浆停止。因此，将稳定通过 10℃初日至稳定通过 16℃终日之间称为玉米的安全生长季。

通过统计分析，如表 3-1 所示，川西北高原部分地区玉米安全生长季天数在 190 ～ 230d，光温生产潜力在 14 497 ～ 18 000kg/hm²，区域平均潜力 15 990kg/hm²，光温生产潜力年际标准差达到 1575 ～ 2016kg/hm²，变异系数达到 10.4% ～ 13.6%。盆东北玉米安全生长季天数在 206 ～ 240d，光温生产潜力在 19 900 ～ 26 750kg/hm²，区域平均潜力为 24 255kg/hm²，光温生产潜力年际标准差达到 2398 ～ 3732kg/hm²，变异系数达到 10.3% ～ 14.2%。盆中地区（以遂宁、广安、内江为代表），玉米安全生长季天数在 242 ～ 252d，光温生产潜力为 26 175kg/hm² 左右，光温生产潜力年际标准差达到 3034 ～ 3818kg/hm²，变异系数达到 11.6% ～ 14.8%。盆西地区玉米安全生长季天数在 235 ～ 266d，光温生产潜力在 20 400 ～ 24 900kg/hm² 左右，区域平均潜力 22 515kg/hm² 左右，光温生产潜力年际标准差达到 1929 ～ 2889kg/hm²，变异系数为 9.0% ～ 11.9%。盆南玉米安全生长季天数在 238 ～ 262d，光温生产潜力在 18 645 ～ 26 304kg/hm²，区域平均潜力 23 573kg/hm²，光温生产潜力年际标准差达到 2482 ～ 4454kg/hm²，变异系数达到 10.5% ～ 21.0%。川西南山地玉米气候条件变化很大，木里、盐源玉米安全生长季天数分别为 172d、187d，光温生产潜力分别为 10 215kg/hm²、12 048kg/hm²，光温生产潜力年际标准差分别达到 1933kg/hm²、3728kg/hm²，变异系数分别达到 16.1%、36.5%；西昌玉米安全生长季天数达到 267d，光温生产潜力在 25 104kg/hm²，光温生产潜力年际标准差达到 2685kg/hm²，变异系数为 10.7%；而盐边玉米安全生长季天数在 300d 以上，光温生产潜力达到 37 050kg/hm²，光温生产潜力年际标准差达到 4620kg/hm²，变异系数达到 12.5%。就四川全省来看，盆中、盆东北玉米安全生长季光温生产潜力比较大，且变异系数相对较小。虽然攀枝花市各县玉米安全生长季天数长、光温生产潜力大（如盐边县），但水分的限制很大，实际上玉米产量并不高。

表 3-1 四川玉米安全生长季天数、光温生产潜力的分布及统计特征

区域	站名	安全生长季天数	光温生产潜力/ （kg/hm²）	标准差/ （kg/hm²）	变异系数/%	区域平均光温生产潜力/ （kg/hm²）
川西北高原	巴塘	195	15 630.0	1 992.0	12.7	
	金川	194	14 497.5	1 575.0	10.9	
	得荣	227	17 662.5	1 845.0	10.4	15 990
	汶川	197	15 361.5	1 939.5	12.6	
	九寨沟	190	14 811.0	2 016.0	13.6	
盆东北	南江	224	24 939.0	2 719.5	10.9	
	万源	206	19 921.5	2 535.0	12.7	
	广元	227	23 323.5	2 398.5	10.3	24 255
	达州	240	26 329.5	3 732.0	14.2	
	宣汉	233	26 742.0	2 758.5	10.3	
盆中	遂宁	245	26 178.0	3 034.5	11.6	
	广安	242	25 713.0	3 817.5	14.8	26 175
	南充	252	26 146.5	3 168.0	12.1	
盆西	青神	247	24 048.0	2 152.5	9.0	
	犍为	260	23 728.5	2 482.5	10.5	
	沐川	252	21 645.0	2 569.5	11.9	22 515
	马边	252	20 383.5	1 929.0	9.5	
	雅安	235	20 416.5	1 953.0	9.6	
	汉源	266	24 886.5	2 889.0	11.6	
盆南	南溪	262	24 457.5	3 115.5	12.7	
	翠屏	255	24 810.0	4 453.5	17.9	
	屏山	238	18 645.0	3 922.5	21.0	23 573
	古蔺	251	26 304.0	3 019.5	11.5	
	筠连	249	23 650.5	2 482.5	10.5	

区域	站名	安全生长季天数	光温生产潜力/ (kg/hm²)	标准差/ (kg/hm²)	变异系数/%	区域平均光温生产潜力/ (kg/hm²)
川西南山地	西昌	267	25 104.0	2 685.0	10.7	21 105
	盐源	187	12 048.0	1 933.5	16.1	
	木里	172	10 215.0	3 727.5	36.5	
	盐边	301	37 050.0	4 620.0	12.5	

3）玉米生长期光温生产潜力分布

玉米实际生产潜力和播期、品种属性有关。根据多年试验资料统计，中熟玉米品种从播种期到成熟全生育期约需≥10℃的活动积温2670℃·d，因此，从播种日开始计算，直到≥10℃·d的活动积温达到2670℃·d时结束。不同播期、不同区域的玉米全生育期长度不同。

从3月上旬一直到5月下旬，分为9个播期，分别得到9个播期的光温生产潜力，再将9个播期的光温生产潜力作平均，得到各个播期的平均光温生产潜力。

四川玉米光温生产潜力的分布具有明显的区域特征：盆区内为18 000～22 500kg/hm²；盆东北的达州、巴中有两个小的高值中心，在21 000kg/hm²以上；盆西的乐山、雅安等地在18 000kg/hm²以下，凉山的部分地区也出现了一个高值中心，在21 000kg/hm²左右；川西高原的少部分地区在15 000kg/hm²左右，但大部分都在12 000kg/hm²以下。虽然川西高原的日照时数多，总辐射量大，但是由于温度低，不能满足玉米生长发育的要求，生产能力受到很大限制，因此光温生产潜力很小，特别是甘孜的西部、北部和阿坝的北部，光温生产潜力都在4500kg/hm²以下，因此几乎没有玉米种植。

气候在年际的变化比较大，因此，玉米气候生产潜力年际也有较大差异。统计1961～2012年的最大值，从结果可以看出，大部分地区最大值和平均值之间的差异在3000～4500kg/hm²，多的达到6750kg/hm²；玉米气候生产潜力最大年份可以达到27 000kg/hm²以上，如川东北、川中部分区域。

3. 玉米生长期光温生产潜力随海拔的变化

玉米光温生产潜力的空间分布与海拔密切相关，统计分析结果如图3-1所示。四川省玉米光温生产潜力与海拔具有显著的线性关系，随着海拔的升高，潜力逐渐减小，海拔升

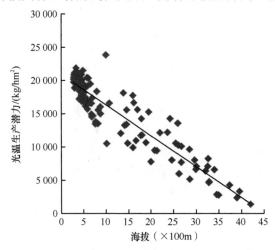

图3-1　玉米生长期光温生产潜力随海拔的变化

高100m，玉米光温生产潜力减少465kg/hm^2。但在海拔1000m以下的区域，由于站点很集中，玉米光温生产潜力随海拔的变化并不明显，海拔每升高100m，玉米光温生产潜力降低约345kg/hm^2，而且海拔1000m以下地区玉米光温生产潜力都在15 000kg/hm^{2}以上，海拔1000～2000m地区玉米光温生产潜力在9000～15 000kg/hm^2，2000m以上地区则低于9000kg/hm^2。海拔1000m以上的高海拔地区（包括盆周山区和高原区）日照多，辐射量大，但温度普遍偏低，影响了玉米的光合作用速率，所以玉米光温生产潜力降低。

4. 玉米生长期光温生产潜力随播期的变化

由于播期的不同，玉米在生长季中的气候条件不同，特别是光温条件不同，因此不同播期之间的光温生产潜力存在较大差异。根据所有统计站点资料分析，四川省平均玉米生长期光温生产潜力随播期的变化具有抛物线特征，统计模式为$y=-88.46D^2+1036D+13\,592$，$R^2=0.98$，$F_{(2,151)}=3699.5$，达到极显著水平。式中，$y$为玉米光温生产潜力（kg/亩）；$D$为播期，以旬为单位，3月上旬为1，3月中旬为2，以此类推。

从图3-2可以看出，4月中旬到4月下旬播种，玉米光温生产潜力最大。在4月中旬前播种，随着播期的推迟，玉米光温生产潜力增长，在4月下旬之后播种，随着播期推迟，玉米光温生产潜力下降。虽然在前期播种，温度相对较低，玉米生育期相对延长，但前期的日照相对较少，辐射弱，玉米光温生产潜力较低。在4月中旬以后播种，日照多，太阳辐射强，但由于温度较高，玉米生育期相对缩短，因此玉米的光温生产潜力下降，说明4月中下旬播种玉米，生长期间光温条件配合良好。若考虑降水的影响，四川玉米产区存在春旱、夏旱、伏旱，且春旱、夏旱、伏旱在各区域的分布不同，因此，各区域可结合避旱需要适度调整播期。

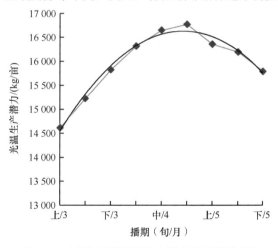

图3-2　玉米生长期光温生产潜力随播期的变化

（二）高产纪录及高产创建案例

世界上许多国家都通过创建高产纪录来带动大面积粮食生产技术的发展。高产纪录是育种、栽培等各项技术综合运用的结果；反过来，又能极大地促进育种和各项栽培技术的研究和开发。最早开始高产创建的是美国。美国主要通过玉米高产竞赛不断创造和刷新玉米高产纪录（赵久然和王荣焕，2009）。1920年，美国最大的玉米生产州衣阿华州在世界上第一次开展了玉米高产竞赛，之后逐渐扩大到美国整个玉米带。我国一直在探索玉米高产中前进，提出高产创建的基本思路是在2007年，之后从单块田高产创建逐步扩大到百亩、千亩、万亩，乃至全县、全市整建制（刘永红，2015）。

目前，我国玉米界比较一致地认为单产 ≥ 1000kg/亩的地块为超高产田。近些年来，在农业农村部和各级地方政府的大力支持下，我国玉米科技工作者通过集成优良品种、采用先进配套技术、挖掘自然资源潜力等，积极探索，不断创造和刷新了几亩、几十亩、百亩、千亩、万亩甚至十万亩等不同规模的玉米高产纪录，创建了大量不同规模的玉米高产典型，对促进各地玉米生产发展、带动区域及我国玉米整体综合生产能力提高发挥了重要的科技支撑作用。

（1）玉米小面积高产纪录的创建与突破

2006 年以来，我国各地涌现出多个单产 1000kg/亩以上的玉米超高产田。据统计，2006～2010 年全国经专家组严格测产验收的玉米超高产田共 159 块（陈国平等，2012），其中 2006 年 15 块、2007 年 21 块、2008 年 40 块、2009 年 45 块、2010 年 38 块。从生态区分布看，东华北春玉米区共 76 块超高产田，占超高产田总数的 47.80%；西北春玉米区共 65 块，占 40.88%；黄淮海夏玉米区共 15 块，占 9.43%；西南玉米区仅 3 块，占 1.89%。从高产田的省份分布看，按田块多少依次是内蒙古、宁夏、新疆、吉林、山东、陕西、北京、甘肃、四川、河南和河北。从种植模式看，春播玉米高产田共 144 块，占高产田总数的 90.57%。夏播玉米高产田共 15 块，仅占 9.43%。

近年来，我国东北、西北、黄淮海和西南玉米主产区的高产纪录不断被突破和刷新。例如，新疆生产建设兵团农六师奇台总场通过采取以"增密增穗、促控两条线，培育高质量抗倒群体，增加花后群体物质生产与高效分配"为核心的玉米高产技术路线，2011～2013 年连续 3 年分别创造了单产 1385.39kg/亩、1410.30kg/亩、1511.74kg/亩的我国春玉米最高单产纪录，实现了我国单季春玉米亩产量"吨半粮"的突破。陕西省澄城县 3.45 亩春玉米高产攻关田 2006～2007 年连续两年创造了单产 1250kg/亩的全国旱地春玉米高产纪录；定边县 4.95 亩旱地春玉米高产攻关田 2012 年单产达到 1253.5kg/亩，实现了旱地春玉米小面积单产超过 1250kg/亩的突破，刷新了我国旱地春玉米高产纪录；定边县 5.85 亩玉米高产攻关田 2008 年单产达到 1326.4kg/亩，刷新了当年我国玉米高产纪录；6.0 亩灌溉春玉米高产攻关田以增强玉米"三度"（密度、整齐度和成熟度）为重点，采用双垄沟播覆膜技术，2012～2014 年单产分别达到 1402.0kg/亩、1409.2kg/亩、1420.0kg/亩，实现了连续 3 年在同一块地单产稳定突破 1400kg/亩的全国玉米高产纪录。内蒙古自治区呼和浩特市 2006 年选用紧凑型耐密新品种'内单 314'及"增密增肥"等综合配套栽培技术，玉米单产 1158.9kg/亩，首次突破了内蒙古自治区玉米单作亩产吨粮的历史高产纪录；2007 年，在 3 大平原灌区 6 个样点，7 个春玉米品种实现了单产 1～1.2t/亩的超高产水平；2008 年，9 个玉米品种在 19 个样点实测亩产超吨粮，其中 6 个样点实测单产达到 1200kg/亩以上，最高亩产达 1250.5kg，再次刷新了东北—内蒙古春玉米高产纪录；2009 年，实现了 20 个样点 15 个品种实测亩单产超吨粮，最高单产达 1342.8kg/亩，刷新了东北—内蒙古春玉米区小面积超高产纪录；2010 年，实现了 4 个样点 4 个品种实测亩产超吨粮；2011～2013 年，实现了 11 个样点 7 个玉米品种实测亩单产超吨粮。2014 年吉林省中部半湿润区的农安县玉米超高产田项目区实收单产达到 1186.08kg/亩，实现了半湿润区雨养条件下亩产超吨粮的历史性突破。河北省 2012～2014 年夏玉米小面积高产纪录平均单产分别达到 812.6kg/亩、903.5kg/亩、973.46kg/亩，连续 3 年刷新了河北省夏玉米高产纪录。安徽省通过选择合适的优良品种，集成土壤深松、增加密度、平衡施肥、保绿防衰、成熟收获等关键技术，2012～2014 年夏玉米小面积高产纪录平均单产分别达到 808.2kg/亩、916.64kg/亩、973.46kg/亩，连续 3 年刷新了安徽省夏玉米高产纪录。

（2）玉米大面积高产创建典型

我国历史上玉米生产每上一个台阶，都与突破性品种和技术直接推动密切相关。面对各项资源要素日益趋紧、种植面积难以大幅提高的严峻形势，增加种粮科技含量，提高单产将成为未来我国粮食生产发展的主要突破口。

近年来，我国各地在技术没有大突破的情况下，以玉米高产创建为主要抓手，通过集成推广成熟技术，大幅度提高了玉米单产水平，辐射带动了全国玉米大面积均衡增产。该路径已被生产实践证明是成功和有效的，对带动不同产区及全国玉米大面积均衡增产发挥了重要作用。通过玉米良种良法配套技术的综合运用，在东北、黄淮海、西南和西北玉米主产区涌现出了较多单产 800kg/亩甚至 1000kg/亩以上的万亩示范片和大面积高产典型。2008～2010年，我国玉米万亩高产创示范片中分别有 61 个、237 个、390 个达到单产 800kg/亩以上；2012 年和 2013 年，全国单产 800kg/亩以上的玉米万亩高产创建示范片的数量均达到 1000 个以上，分别为 1379 个和 1297 个，而且玉米万亩示范片的平均单产水平大幅高于全国玉米平均水平。如 2013 年，全国 3579 个玉米万亩示范片平均单产 729.6kg/亩，比全国平均水平高出 327.8kg/亩。玉米万亩高产典型为提升我国玉米生产整体水平和保障国家粮食安全发挥了重要的示范带动作用。

西南山地在四川、云南等地多次创造了区域高产纪录。在宣汉县通过集成熟化与示范推广优良品种、缩行增密、地膜覆盖、一次性施肥、定距移栽、雨养旱作等超高产技术，连续 5 年共 4 次创建玉米高产纪录：2008 年单个田块 1.35 亩平均单产达 1181.6kg/亩，创西南山地单块田玉米超高产和高效纪录；2009 年 1.5 万亩玉米高产创建示范片平均单产 800.4kg/亩，创南方玉米大面积高产纪录；2010 年虽然遭遇了前期低温寡照、后期部分地区暴雨洪涝灾害等不利天气，但通过依托高产创建等全面推广玉米高产集成技术，整县制 30 万亩玉米平均单产仍达 624.9kg/亩；2011 年全县 27.45 万亩玉米高产创建示范片平均单产 620.3kg/亩；2012 年全县 27 万亩玉米达到平均单产 628.3kg/亩，再次创造了该区玉米大面积高产纪录，2010～2012 年连续 3 年整县制实现平均单产 620kg/亩。宣汉县的高产创建模式在高原区和丘陵区的推广应用同样创建了玉米高产纪录。2011 年，在属于高原区的盐源县，1.8 万亩玉米高产创建示范片平均单产 719.1kg/亩，远远超过了项目预期单产 600kg/亩的目标，3.0 亩超高产攻关田平均单产 1218kg/亩，再次刷新了西南及南方玉米高产纪录；甘孜藏族自治州丹巴县 1.5 亩玉米超高产攻关田平均单产 1158.28kg/亩，百亩玉米高产创建核心示范片平均单产 957.95kg/亩，3000 亩高产示范区平均单产 814.25kg/亩。2012 年，丹巴县 3000 亩玉米高产示范区平均单产仍达到 814.5kg/亩。2014 年，中江县通过采用良种夏播、覆膜直播、增密增肥、重有机肥、化控壮株等技术措施，实现了 20 460 亩玉米平均单产 637.4kg/亩，最高田块单产达到 813.1kg/亩，创四川省丘陵地区夏玉米高产新纪录。

二、高产调控理论及路径

（一）产量结构调控

玉米产量结构由穗粒数、千粒重、单位面积有效穗三个要素组成。调控最直接的栽培措施是种植密度。一般来讲，单株籽粒产量随栽培密度的增大而减小，与千粒重和穗粒数变化一致；而群体产量则随密度增大而增大（申丽霞等，2005）。对两年不同密度下的多个玉米杂交种的产量及其构成因素进行分析（表 3-2）发现，5000 株/亩高密度处理后，穗粒数、千粒重和穗粒重低于 4000 株/亩的低密度处理；但群体粒数和群体粒重高于低密度处理，实际产量也高于低密度处理。说明高密度群体以增加穗数获得的产量可超补偿个体减少的产量，这使得合理密植成为玉米高产的重要原因。对品种进行分析发现，'登海 11'（稀植大穗型）和'成单 30'（半紧凑型）的穗粒数、穗粒重等性状在高密度处理后低于 4000 株/亩的低密度处理，'中单 909'（紧凑型）的上述性状在高密度处理后仅呈现下降趋势，在高、低密度处理间并无显著性差异（2014 年）。说明增加密度对紧凑型品种的影响小于对半紧凑型及稀植型品种的影响，为达到高产而采用增密手段，首先需要注意玉米品种类型的选择，尽量减小密植对个体植株产量构成因素的影响。

表 3-2　不同栽培密度对玉米的产量和产量构成因素的影响（简阳，2013 ～ 2014 年）

年份	品种	密度/ （株/亩）	穗粒数	群体粒数/ （粒/亩）	千粒重/g	穗粒重/ （kg/穗）	群体粒重/ （kg/亩）	产量/ （kg/亩）
2013	成单 30	4 000	553a	2 213 013a	282c	0.156a	624.53a	536.91ab
		5 000	461b	2 305 600a	276c	0.128ab	638.00a	580.74a
	登海 11	4 000	401bc	1 602 613b	320a	0.128ab	513.48a	444.95b
		5 000	330c	1 651 867b	309ab	0.102b	510.73a	485.80ab
	中单 909	4 000	414bc	1 655 173b	315a	0.131ab	522.00a	419.80b
		5 000	398bc	1 990 350ab	290bc	0.115b	573.89a	525.30ab
2014	成单 30	4 000	658a	2 630 800a	291ab	0.191a	764.41a	656.21bc
		5 000	539b	2 693 933a	282b	0.152b	761.49a	756.07a
	登海 11	4 000	531b	2 125 013b	289ab	0.153b	613.76b	586.57c
		5 000	444c	2 219 317b	276b	0.123c	614.14b	607.36c
	中单 909	4 000	559b	2 234 624b	304a	0.170ab	679.22ab	701.01ab
		5 000	508bc	2 539 833b	304a	0.154b	771.40a	760.81a
	平均	4 000	519a	2 076 873b	300a	0.155a	619.57b	557.58b
		5 000	447b	2 233 483a	290b	0.129b	644.94a	619.34a

注：同一年份同列数据后不含有相同小写字母的代表在 5% 水平差异显著，下同

玉米穗部性状是产量结构调控的重点。决定玉米穗部性状均匀程度的主要因素包括田间栽培管理措施、土壤地力、品种遗传性状等（隋存良等，2005），在一定范围内，产量随着密度增大而增加。研究者将栽培密度、整齐度结合多个穗部农艺性状进行相关性分析，结果表明，不同密度下，整齐度与单株籽粒产量、行粒数、穗长呈极显著正相关，整齐度与穗粗、穗行数呈正相关，但相关性不显著；与秃尖长存在极显著负相关，这说明整齐度越高，秃尖越短，果穗结实性越好（边少锋等，2008；王俊生，2008）。对四川简阳不同密度的玉米杂交种穗部性状及整齐度与产量的相关性进行分析发现（表 3-3），随着密度增大，穗长与产量相关性增加，穗长整齐度与产量相关性显著降低；3 个品种在高密度处理下，穗粗整齐度与产量相关性均显著降低；秃尖与产量相关性随密度增加而降低；穗行整齐度与产量的相关性随密度增加显著上升；紧凑品种'中单 909'在高密度处理下，其行粒数整齐度与产量相关性显著下降，半紧凑品种'成单 30'和'荃玉 9 号'则呈现明显上升趋势；随密度增加，不同品种千粒重与产量的相关性均明显增加，'中单 909'呈显著变化。

表 3-3　不同栽培密度玉米穗部性状及整齐度与产量的相关性（简阳，2014 年）

密度/(株/亩)	品种	穗长	穗长整齐度	穗粗	穗粗整齐度	秃尖长	秃尖长整齐度	穗行数	穗行数整齐度	行粒数	行粒数整齐度	千粒重
4000	成单 30	0.99*	0.98*	0.99*	0.95*	−0.88	−0.35	0.36	0.65	1.00**	0.69	0.19
	荃玉 9 号	0.06	0.90	0.68	0.99**	−0.99**	0.14	0.99**	0.86	0.68	0.65	0.65
	中单 909	0.08	0.86	0.52	0.98*	−0.98*	−0.96*	0.78	0.99**	0.75	0.99*	0.45
	平均	0.86**	0.80**	0.53	0.52	0.41	0.65*	0.21	0.04	0.96**	0.84**	0.90**
5000	成单 30	0.83	0.98*	0.74	0.69	0.23	0.11	0.81	0.79	1.00**	0.90	0.66
	荃玉 9 号	0.81	0.99**	0.98*	0.86	−0.72	−0.37	0.90	0.99**	0.91	0.99**	0.70
	中单 909	0.93	0.77	0.95*	0.82	−0.75	−1.00**	0.97*	0.73	0.65	0.35	0.99**
	平均	0.94**	0.57	−0.58	−0.27	0.35	0.28	−0.14	0.81**	0.98**	0.66*	0.57

注：* 和 ** 分别代表在 0.05 和 0.01 水平相关性显著，下同

对玉米产量性状综合调控结果表明（表 3-4），随着密度增大，粒叶比与产量的相关性、穗长/粗/行数整齐度与产量的相关性均表现为升高，干物质/株高/穗位高/行粒数的整齐度与产量的相关性表现为降低。改变施肥措施，分析产量及整齐度、均匀度、成熟度之间的相关性发现（表 3-5），高肥处理（80kg/亩玉米专用复合肥）的产量显著高于低肥处理（40kg/亩玉米专用复合肥），增施肥料明显提高了玉米干物质重量、株高、穗位高、穗行数，显著提高了穗长和行粒数；以上性状的整齐度也呈升高趋势，其中株高、穗位高、穗长、穗行数等性状的整齐度在高肥处理下表现为显著增加。

表 3-4　不同密度下玉米各性状整齐度与产量相关性

密度	粒叶比	干物质整齐度	株高整齐度	穗位高整齐度	穗长整齐度	穗粗整齐度	穗行数整齐度	行粒数整齐度
4000 株/亩	0.32	0.91**	0.92**	0.82*	0.34	0.13	0.31	0.49
5000 株/亩	0.70	0.82*	0.34	0.23	0.52	0.51	0.53	0.24

表 3-5　不同肥料水平对'荃玉 9 号'各性状的影响

处理	干物质重量/g	干物质整齐度	株高高度/cm	株高整齐度	穗位高高度/cm	穗位高整齐度	穗长长度/cm	穗长整齐度	穗行数行数	穗行数整齐度	行粒数粒数	行粒数整齐度	产量/(kg/亩)
高肥	261.5	4.9	273.7	60.8a	116.7	27.9a	15.6a	12.4a	16.3	9.3a	28.1a	6.8	549.6a
低肥	233.1	4.1	263.3	27.9b	107.5	10.0b	14.4b	8.5b	15.4	6.1b	25.4b	5.1	475.8b

（二）光合生理调控

作物生产实质上就是光合生产，而光合生理对环境因子的反应很敏感。有关水分胁迫对光合作用的影响有过大量报道（张正斌和山仑，1997）。其中，Sanchez-diaz（1972）报道了光合速率的下降和水分损失呈同步变化；张维强和沈秀瑛（1994）证明，耐旱性不同的玉米品种或同一品种不同生育时期水分胁迫导致叶片光合速率的变化均存在差异；徐世昌等（1995）的研究表明，玉米暗呼吸速率随胁迫强度增强而逐渐下降，而光呼吸速率则增强；Bassi 等（1990）研究认为，与光系统Ⅱ（photosystem Ⅱ，PSⅡ）反应中心相结合的 PSⅡ捕光叶绿素

a/b 蛋白质复合体（LHCⅡ）很易受环境因子变化的影响，如温度（Xu et al., 1990）、水分（Alberte and Thomber，1977）及光（郝利民等，1999）等，其组分和构象的改变均影响到光合膜上的光合作用过程。

1. 叶面积

玉米吐丝期叶面积是反映调控最终结果的重要光合生理指标之一。从表 3-6 看出，随着土层增厚，单株绿叶面积、穗下绿叶面积均呈增加趋势，品种间叶面积存在极显著差异，水分对叶面积调控作用显著。

表 3-6　不同处理吐丝期单株叶片性状

处理		单株绿叶面积/cm²	穗五绿叶面积/cm²	穗下绿叶面积/cm²	穗下绿叶面积比率/%	穗下绿叶数	衰老叶数权重
土层厚度	0.4m	6143.2a	3827.9a	2271.6a	39.1b	3.5a	0.50a
	0.7m	6500.1a	3717.5a	2635.9a	45.3a	4.2a	0.37a
	1.0m	6654.2a	4123.3a	2740.2a	40.9a	4.3a	0.48a
品种类型	C19	6694.6A	4037.4A	2658.7a	43.2a	4.0a	0.46a
	C202	7074.1A	4307.1A	2827.8a	41.7a	3.8a	0.48a
	C14	5528.8B	3324.2B	2161.2a	40.5a	4.2a	0.41a
干旱胁迫	SD	6044.9b	3815.7a	2295.7a	39.0b	3.1B	0.59A
	LD	6820.1a	3963.4a	2802.8b	44.5a	4.7A	0.31B

注：C19、C202、C14 分别代表玉米品种'成单 19''成单 202''成单 14'，SD、LD 分别代表严重干旱、轻度干旱，表中同列数据后不含有相同小写字母、大写字母的分别代表在 0.05、0.01 水平差异显著。下同

吐丝后，单株绿叶面积的动态变化特征直接反映了光合作用对产量贡献的大小。随土层增厚单株绿叶面积增大；不同品种单株绿叶面积的大小依次为 C19 > C202 > C14；严重干旱胁迫（SD）的绿叶面积低于轻度干旱（LD）处理（图 3-3）。

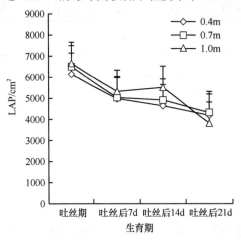
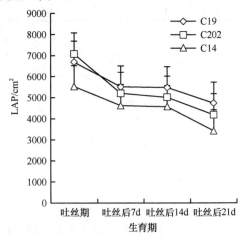

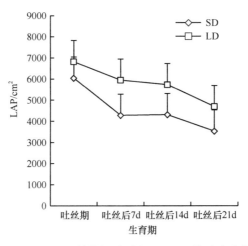

图 3-3　不同处理单株绿叶面积（LAP）的动态变化

2. 叶绿素相对含量

叶绿素相对含量是反映光合作用效果的重要指标。研究表明（表 3-7），不同土层厚度和干旱胁迫下吐丝后 7d 前叶片叶绿素相对含量差异不显著；不同品种的叶片叶绿素相对含量大小关系依次为 C14 ＞ C202 ＞ C19。随着生育进程，土层厚度、品种类型和干旱胁迫对吐丝后 14d 的叶片叶绿素相对含量有显著或极显著影响。因此，要重点做好灌浆期的叶绿素调控。

表 3-7　不同处理叶片叶绿素相对含量的动态变化

处理		吐丝期	吐丝后 7d	吐丝后 14d	吐丝后 21d
土层厚度	0.4m	54.97a	53.32a	50.18b	46.13b
	0.7m	55.69a	54.84a	53.20a	49.62a
	1.0m	54.78a	53.05a	53.34a	50.58a
品种类型	C19	51.04a	50.42b	49.60b	43.39B
	C202	55.30a	53.87a	51.96ab	50.43A
	C14	57.10a	56.92a	56.17b	52.51A
干旱胁迫	SD	52.77a	49.67a	49.09b	44.35B
	LD	56.19a	57.80a	56.06a	53.21A

3. 叶片光合速率

光合速率（photosynthetic rate）是反映叶片净光合效率的重要指标。叶片光合速率对人工调控作用十分敏感，土层厚度和干旱胁迫使叶片光合速率发生明显变化，即严重干旱胁迫和降低土层厚度使叶片光合速率降低，而不同品种的光合速率差异较小（图 3-4）。

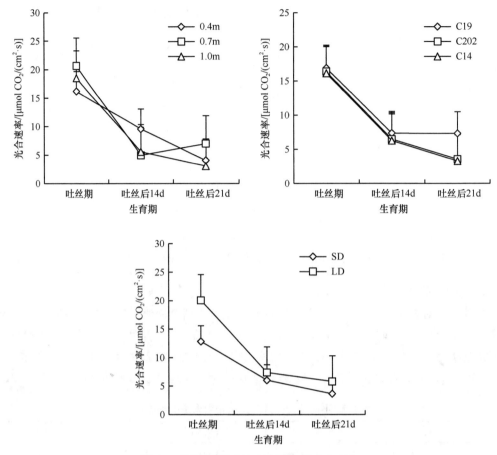

图 3-4 不同处理叶片光合速率的动态变化

4. 胞间 CO_2 浓度

胞间 CO_2 浓度可在一定程度上反映光合作用的强弱。不同土层厚度和干旱胁迫下的细胞间 CO_2 浓度（C_i）存在差异，降低土层厚度和严重干旱处理均导致 C_i 值增大，反映出该胁迫引起细胞膜结构和功能的破坏，促使光合速率降低，胞间 CO_2 因无法被充分利用而在细胞间富集；而品种之间差异不明显（表 3-8）。可见，遗传因素对非气孔限制的影响较小。

表 3-8 不同处理胞间 CO_2 浓度的动态变化 （单位：$\mu mol\ CO_2/mol$）

处理		吐丝期	吐丝后 14d	吐丝后 21d
土层厚度	0.4m	430.80a	428.52a	448.97a
	0.7m	427.09a	354.49b	446.21a
	1.0m	337.08b	332.89b	406.57a
品种类型	C19	410.06a	401.27A	419.66a
	C202	377.78a	330.49B	427.16a
	C14	407.13a	394.14A	414.92a
干旱胁迫	SD	471.56A	388.58a	429.36a
	LD	325.09B	388.69a	411.81a

5. 叶绿素荧光参数

处于第一单线态的叶绿素分子回到基态时所发出的光称为荧光。利用植物效能分析仪（plant efficiency analyzer）在暗处理条件下测定的可变荧光（F_v）、固定荧光（F_o）、最大荧光（F_m），可计算 F_v/F_o 和 F_v/F_m，前者代表光系统 II（PS II）潜在活性，后者代表 PS II 的最大光化学效率，二者的变化可以反映光系统 II 受环境影响的特征。由表 3-9 可知：在干旱胁迫的吐丝期，F_v/F_m 和 F_v/F_o 在不同土层、不同干旱胁迫间均存在一定差异，其中，严重干旱胁迫和降低土层厚度均降低了 PS II 的潜在活性（F_v/F_o）和最大光化学效率（F_v/F_m），而 F_v、F_o、F_m 在不同处理间无显著差异；品种之间也无显著差异。

表 3-9 吐丝期不同处理暗适应绿叶的叶绿素荧光参数

处理		固定荧光（F_o）	最大荧光（F_m）	可变荧光（F_v）	F_v/F_o	F_v/F_m
土层厚度	0.4m	408.44a	1882.32a	1473.88a	3.61b	0.78b
	0.7m	405.17a	1973.95a	1568.77a	3.87ab	0.79ab
	1.0m	400.36a	2029.33a	1628.97a	4.06a	0.80a
品种类型	C19	401.94a	1994.97a	1593.03a	3.97a	0.79a
	C202	400.33a	1932.06a	1531.72a	3.83a	0.79a
	C14	411.69a	1958.57a	1546.88a	3.75a	0.78a
干旱胁迫	SD	409.81a	1912.57a	1502.76a	3.67b	0.78b
	LD	399.50a	2011.16a	1611.66a	4.03a	0.80a

6. 可溶性糖含量

叶细胞中可溶性糖是反映调控作用的重要物质。叶片可溶性糖含量变化最显著的时期在吐丝期，严重干旱胁迫和 0.4m 土层处理促使叶片的可溶性糖含量显著或极显著增加，不同品种的可溶性糖含量依次为 C202 > C14 > C19（表 3-10）。

表 3-10 不同处理叶片可溶性糖含量（%）的动态变化

处理		抽雄期	吐丝期	吐丝后 7d
土层厚度	0.4m	4.03a	1.07a	2.27a
	0.7m	2.45a	0.94ab	1.88a
	1.0m	2.79a	0.70b	1.68a
品种类型	C19	3.64a	0.66b	1.99a
	C202	3.78a	1.09a	2.26a
	C14	2.85a	0.96a	1.57a
干旱胁迫	SD	3.88a	1.16A	2.01a
	LD	2.97a	0.65B	1.87a

7. 脯氨酸含量

叶细胞中脯氨酸也是反映调控作用的重要物质。干旱胁迫下吐丝后 7d 的脯氨酸含量差异显著，严重干旱胁迫和降低土层处理均可增加细胞的脯氨酸含量（表 3-11）。

表 3-11 不同处理叶片脯氨酸含量的动态变化 （单位：μg/g）

处理		抽雄期	吐丝期	吐丝后 7d
土层厚度	0.4m	112.78a	202.45a	61.44a
	0.7m	68.79a	112.27a	37.98ab
	1.0m	88.74a	169.25a	25.21b
品种类型	C19	64.607a	106.28a	32.58a
	C202	116.70a	243.50a	48.16a
	C14	89.01a	134.18a	43.89a
干旱胁迫	SD	114.42a	215.27a	57.25a
	LD	65.78a	107.37a	28.84b

8. 玉米素核苷/脱落酸值

玉米素核苷（ZR）与脱落酸（ABA）的比值是反映叶片生长活力最有效的指标。研究表明（表 3-12）：不同土层厚度 ZR/ABA 值均不显著；干旱胁迫的 ZR/ABA 值在吐丝后 7d 有极显著差异，轻度干旱有利于 ZR/ABA 值的增加；吐丝后 7d 不同品种的 ZR/ABA 值依次为 C19 ＞ C14 ＞ C202。随着胁迫时间的延长，ZR/ABA 值呈先下降后上升趋势。

表 3-12 不同处理玉米素核苷/脱落酸值的动态变化

处理		抽雄期	吐丝期	吐丝后 7d
土层厚度	0.4m	0.39a	0.01a	0.09a
	0.7m	0.61a	0.01a	0.07a
	1.0m	0.68a	0.02a	0.08a
品种类型	C19	0.65a	0.01a	0.11A
	C202	0.57a	0.01a	0.06B
	C14	0.47a	0.01a	0.07AB
干旱胁迫	SD	0.40a	0.01a	0.06B
	LD	0.72a	0.01a	0.10A

9. 丙二醛含量

丙二醛（MDA）含量是反映调控负效应的首选指标。吐丝期严重干旱处理的 MDA 含量显著增加，而其他处理差异均不显著。同时，随着干旱胁迫时间的延长，MDA 含量逐步增加，可见干旱促使叶片衰老（表 3-13）。

表 3-13 不同处理丙二醛含量的动态变化 （单位：μmol/g）

处理		抽雄期	吐丝期	吐丝后 7d
土层厚度	0.4m	32.37a	22.05a	46.79a
	0.7m	31.48a	26.55a	38.05a
	1.0m	32.17a	20.47a	36.01a
品种类型	C19	30.94a	23.89a	39.20a
	C202	30.59a	22.77a	42.38a
	C14	34.49a	22.42a	39.28a

续表

处理		抽雄期	吐丝期	吐丝后 7d
干旱胁迫	SD	32.70a	27.26a	43.00a
	LD	31.31a	18.79b	37.56a

（三）补偿生长正向调控及不利补偿消减路径

抽雄期至吐丝后 7d 间干旱胁迫后进行复水处理，单株补偿生长强度表现为随土层厚度增加而增加（表 3-14）；吐丝后 7d 至成熟不同品种的补偿生长强度大小为 C14（5.34g/d）＞ C19（4.85g/d）＞ C202（4.59g/d），C14 的补偿能力明显优于 C19 和 C202；严重干旱处理的补偿积累强度和单株干物质动态积累量均极显著低于轻度干旱，干旱程度影响补偿强度的发挥。

表 3-14 不同处理玉米花后单株干物质动态变化

处理		抽雄期/g	吐丝/g	吐丝后7d/g	吐丝后14d/g	吐丝后21d/g	成熟期/g	抽雄至吐丝后7d/（g/d）	吐丝后7～21d/（g/d）	吐丝后7d至成熟/（g/d）
土层厚度	0.4m	73.47a	121.7a	128.96a	134.04a	157.24a	240.9a	3.96a	2.02b	4.67b
	0.7m	80.63a	126.5a	128.95a	140.11a	157.63a	244.7a	3.45a	2.05b	4.82ab
	1.0m	75.52a	125.8a	127.68a	142.37a	163.78a	251.9a	3.73a	2.58a	5.18a
品种类型	C19	89.26A	137.0a	142.29a	148.21a	173.40a	258.8a	3.79a	2.22b	4.85ab
	C202	66.02B	120.6ab	121.29ab	142.86a	150.71b	231.5a	3.95a	2.10b	4.59b
	C14	74.33AB	106.8b	109.01b	125.45b	154.54b	237.2a	2.48b	3.25a	5.34a
干旱胁迫	SD	73.25a	103.5B	105.35B	107.58B	125.34B	190.4B	2.29B	1.43B	3.54B
	LD	79.83a	143.6A	146.04A	170.10A	193.76A	301.3A	4.73A	3.41A	6.47A

从器官的干物质分配动态变化（图 3-5）来看，干旱胁迫解除后，在吐丝后 7d 至吐丝后 14d，根系分配率明显增加，茎秆和叶片分配率下降过程变缓，因此，花期干旱后植株补偿生长的典型特征是源器官（叶、根、茎）的衰老减缓；随后，除根系分配率缓慢下降外，茎秆和叶片分配率均快速下降，促使干物质向籽粒转移。

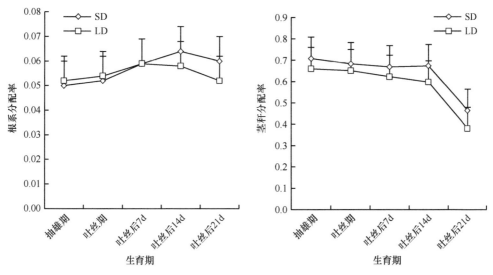

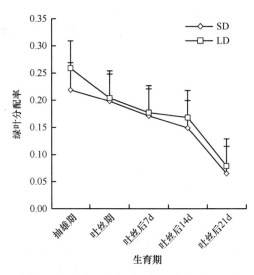

图 3-5　干旱胁迫解除后玉米花后器官干物质分配率的动态变化

源器官（叶、根、茎）的衰老因复水处理有一段短暂的减缓期，不同的干旱胁迫程度显著影响花后光合产物的转移。但是，轻度干旱胁迫的花后光合产物转移至果穗的百分率仅为81.05%，远远低于佟屏亚等（1998）报道的"玉米籽粒产量的88% ～ 92% 来自授粉后叶片光合作用积累的产物"，可见花期干旱使复水的激发效应受到极大限制，只能部分消除干旱的损失（关义新，1996），实际上干物质是否完全转移到果穗中还有待于进一步研究。

干旱期的干物质积累速率反映了抗（耐）旱能力，而复水后的干物质积累速率则反映了补偿生长的能力，选择在干旱时有一定抗（耐）旱性，在复水后有较大补偿生长，特别是以更多补偿生长或补偿时期用于经济产量形成的玉米品种，就是季节性干旱地区的抗旱节水品种。本研究采用的品种可分为抗旱较高补偿类型（'成单C19'）、水分敏感高补偿类型（'成单14'）、抗旱低补偿类型（'成单202'）。

土层厚度对干旱胁迫条件下单株干物质的调节能力十分有限，但随着土层增厚，复水后植株干物质补偿积累的能力增强。因此，丘陵区坡、薄地改造中增厚土层的意义不仅在于增强作物抵御干旱的能力，而且更有利于补偿生长潜力的发挥。

严重干旱胁迫的单株干物质重始终低于轻度干旱，并且其补偿生长强度也显著低于轻度干旱处理，因此，前期的严重干旱限制了后期干物质补偿积累的能力，即干旱缺水对作物的影响有一个从"适应"到"伤害"的过程，不超过适应范围的缺水，往往在复水后，可产生生理和产量形态上的"补偿效应"，但需要进一步研究不同生育阶段干湿交替产生有益补偿生长的土壤水分阈值。

根系和茎秆在花期不同程度的水分亏缺过程中干物质积累量均保持相对稳定，这是植株补偿生长的基础，该结论与沈成国（2001）报道的"不利环境下根衰老对整株植物是有利的"不一致，是胁迫生育阶段不同，还是干旱程度与根系测定范围的差异，均需进一步研究明确。花后光合产物的补偿积累与叶片光合活性的恢复及叶绿素含量密切相关（王伟东等，2001）。叶绿素含量在水分亏缺过程中保持相对稳定、最大光化学效率（F_v/F_m）复水后能迅速恢复是光合产物补偿积累的生理基础。

第二节　玉米生产高效途径

一、气候资源高效利用

适宜的播期调节有利于对气候资源的高效利用。玉米干物质的积累需要适宜的光温条件，播期改变了生育期长短和各个生育时期内光温的分配，玉米干物质的积累也会受到影响，不同品种随播期的改变干物质积累量的变化不同，大量研究（吕新等，2004；吕丽华等，2013；豆攀等，2017）表明，适期早播的玉米由于有着较长的生育期，干物质积累时间长，加之在营养生长时期光照充足，温度相对较低，为籽粒灌浆期打好了物质基础，因此有较高的生物量。但也有研究表明，适时推迟玉米播期有利于玉米产量的形成。李挺等（2005）认为黄淮海平原南部夏玉米推迟播种至6月中旬后，籽粒灌浆期昼夜温差大，有利于碳水化合物的积累。戴明宏等（2009）指出，当播期由4月下旬推迟至5月下旬时，玉米营养生长期和生殖生长期分别缩短了8d和1d，但干物质日增量则分别增加了16.7%和8.3%，全生育期生物量5月下旬比4月下旬增加了4.8%。关于西南地区玉米播期调节对气候资源利用效率的影响，我们于2015年在四川省德阳市中江县开展的试验中发现（表3-15），两个玉米品种（'正红505''成单30'）中，'正红505'随着播期的推迟干物质积累量下降，5月25日播种的玉米比3月26日播种的玉米干物质积累量减少了41.16%。'成单30'的干物质积累量随播期的推迟先增后降。随着播期的推迟（3月26日至5月25日）玉米生育期内太阳有效辐射和>10℃有效积温都呈先增加后减小的趋势，'正红505'随着播期的推迟光能利用效率与温度利用效率都呈下降趋势，3月26日播种的'正红505'光能利用效率分别比其他4个处理高出17.87%、33.17%、51.37%、67.88%，3月26日播种的'正红505'温度利用效率分别比其他4个处理高出21.70%、32.48%、55.79%、66.17%。'成单30'的光能利用效率与温度利用效率都是4月10日最高。

表 3-15　播期对玉米光温利用率的影响

品种	播期	太阳有效辐射/（MJ/m²）	>10℃有效积温/（℃·d）	干物质积累量/（kg/hm²）	光能利用效率/%	温度利用效率/[kg/(hm²·℃)]
	3月26日	1 205.18	2 788.7	18 776.64a	2.77a	6.73a
	4月10日	1 205.24	2 875.1	15 891.38ab	2.35ab	5.53b
正红505	4月25日	1 238.02	2 854.9	14 500.20b	2.08b	5.08bc
	5月10日	1 197.87	2 740.9	11 110.58c	1.83c	4.32c
	5月25日	1 075.25	2 557.4	11 048.43c	1.65c	4.05c
	3月26日	1 205.18	2 788.7	12 495.30b	1.84b	4.48ab
	4月10日	1 205.24	2 875.1	15 761.00a	2.33a	5.48a
成单30	4月25日	1 238.02	2 854.9	12 963.95ab	1.86b	4.54ab
	5月10日	1 197.87	2 740.9	12 720.15b	1.89ab	4.64ab
	5月25日	1 075.25	2 557.4	11 172.28b	1.85b	4.37b

注：光能利用效率 RUE（%）=（$H \times W / \Sigma Q$）×100%；温度利用效率 HUE［kg/(hm²·℃)］=$W/\Sigma T$；式中，W 为玉米地上部干物质积累量（kg/hm²），H 为单位面积上干物质的燃烧热，取 1.779×10⁷J/kg，ΣQ 为生长期间的太阳总辐射（MJ/m²），ΣT 为日平均气温超过 10℃的有效积温

通过调节种植密度、行距、株距等田间配置方式，改变作物种植的空间布局，形成的有利于高产的田间小气候，影响了作物对资源的利用效率。2017 年在眉山市仁寿县进行的田间配置方式对资源利用效率的影响研究中（表 3-16），在相同的密度下设置了不同的玉米大豆带状复合种植带宽（2m、2.4m、2.8m），并在不同的带宽下设置了不同的玉米大豆行比（2m 带宽下玉米大豆行比为 2∶2，2.4m 和 2.8m 带宽下分别都有玉米大豆 2∶3 与 2∶4 两个行比），以玉米净作为对照，研究不同田间配置下玉米对光温等气候资源的利用效率，结果表明不同带宽配置下玉米对光温资源的利用效率差异显著，并且随着带宽的增大光能利用效率与温度利用效率都呈下降趋势，其中 2m（2∶2）、2.4m（2∶3）、2.4m（2∶4）、2.8m（2∶3）、2.8m（2∶4）处理的光能利用效率分别比净作少 1.05%、20%、22.11%、36.84% 和 37.37%，相同带宽不同行比处理下差异不显著。说明相同密度下增大带宽，缩小玉米株距，地上部分通风透光条件差，使玉米不能充分利用光温资源。据此，西南山地玉米区 3 月下旬至 4 月上旬播种，间套作玉米相同密度下，适当缩小带宽，增加株距有利于提高玉米光温利用效率。

表 3-16　不同田间配置对玉米的光温利用效率的影响

种植模式	带宽（玉米大豆行比）	辐射总量/（MJ/m²）	积温/（℃·d）	光能利用效率/%	温度利用效率/［kg/(hm²·℃)］
	2m（2∶2）			1.88a	5.78a
	2.4m（2∶3）			1.52b	4.66b
套作	2.4m（2∶4）	1593.36	2917	1.48b	4.56b
	2.8m（2∶3）			1.20c	3.69c
	2.8m（2∶4）			1.19c	3.67c
净作				1.90a	5.82a

适宜的密度和养分有利于玉米合理群体的构建，协调产量各构成因素，显著增加产量和资源利用效率（徐振峰等，2014；张平良等，2019）。在净作、套作种植模式下，分别设计两个高产密度（60 000 株/hm²、75 000 株/hm²）和氮肥调控措施（0kg N/hm²、225kg N/hm²、300kg N/hm² 和 375kg N/hm²），研究了各处理对资源利用效率的影响（表 3-17），结果表明：在只考虑玉米的情况下，净作玉米光、温、水资源利用效率较套作玉米平均提高 3.96%，密度从每公顷 60 000 株增加到 75 000 株，资源利用效率平均提高 11.9%，施氮量为 300 ～ 375kg N/hm² 时光、温、水资源利用效率较高，较不施肥处理平均提高 15.6%。净作、套作玉米均在 75 000 株/hm²，施氮量为 300 ～ 375kg N/hm² 时有较高的光、温、水资源利用效率。

表 3-17　不同密肥处理对玉米光、温、水资源利用效率的影响

指标	种植模式	密度/（株/hm²）	氮肥用量/（kg N/hm²）			
			0	225	300	375
光能利用效率/%	套作	60 000	1.57c	1.68b	1.79a	1.72a
		75 000	1.78b	1.87b	1.96a	2.03a
	净作	60 000	1.60b	1.89a	1.83a	1.78ab
		75 000	1.69b	2.01a	2.11a	2.06a
温度利用效率/［kg/(hm²·℃)］	套作	60 000	4.63d	4.93c	5.28a	5.07ab
		75 000	5.23b	5.50a	5.76a	5.98a

指标	种植模式	密度/（株/hm²）	氮肥用量/（kg N/hm²）			
			0	225	300	375
温度利用效率/ ［kg/(hm²·℃)］	净作	60 000	4.72b	5.56a	5.37a	5.23a
		75 000	4.99c	5.91ab	6.21a	6.07a
水分利用效率/ ［kg/(hm²·mm)］	套作	60 000	9.27c	9.88b	10.57a	10.16ab
		75 000	10.48b	11.01ab	11.54a	11.98a
	净作	60 000	9.45b	11.14a	10.77a	10.48a
		75 000	9.99c	11.83ab	12.44a	12.15a

二、水土资源高效利用

季节性干旱和土壤瘠薄是制约西南山地玉米区产量提升的两个主要因素。为提高西南玉米的丰产性和稳产性，生产中通过小春作物套作玉米，不同生态区玉米错开季节性干旱适期播种和玉米与大豆套作，第二年分带微区轮作提高玉米养分吸收效率，达到水土资源高效利用的目的，实现玉米的丰产与稳产。

关于间套作栽培对玉米水分利用效率的影响，我们通过相同带宽、不同行距配置的试验研究发现：套作栽培均能显著提高土地利用效率，土地当量比（land equivalent ratio，LER）在1.35以上，从单一作物来看，套作玉米水分利用效率（water use efficiency，WUE）显著低于净作，但适宜的田间配置周年水分利用效率高于净作（表3-18）。同时，我们连续3年在干旱棚开展了净作和套作种植模式下玉米不同的灌水时期和比例对水分利用效率的研究，结果表明：在不考虑大豆的情况下，增加一次抽雄水并将灌浆水的比例适当增加可显著提高套作玉米水分利用效率；净作条件下，在保证玉米出苗情况下，将全生育期的需水量按拔节水和灌浆水平分，能显著提高水分利用效率（表3-19）。

表3-18　不同处理下玉米和大豆产量、土地当量比及水分利用效率

种植模式	玉米窄行+宽行/cm	产量/（kg/hm²）			土地当量比	水分利用效率/［kg/(hm²·mm)］
		玉米	大豆	合计		
套作	20+140	4776.81d	1319.10b	6095.91c	1.38bc	23.03d
	30+130	5473.61c	1272.65b	6746.26b	1.45abc	26.74c
	40+120	6006.89ab	1249.43b	7256.32ab	1.51ab	28.25bc
	50+110	6520.76a	1238.73b	7759.49a	1.57a	29.83a
	60+100	6292.88ab	1167.08b	7459.96ab	1.50abc	28.77b
	70+90	5927.36bc	1117.53b	7044.89ab	1.42abc	28.55b
	80+80	6802.89bc	818.95c	7621.84ab	1.38c	28.19bc
净作	玉米	7387.58a		7387.58b		36.76a
	大豆		1791.99a	1791.99d		9.15e

表 3-19 灌水时期和比例对玉米水分利用效率的影响

处理	2015 年			2016 年				2017 年			
	T1	T2	平均	B1	B2	B3	平均	B1	B2	B3	平均
A1	17.8a	15.1b	16.4a	19.1c	20.5b	21.7a	20.4a	23.5c	25.8b	27.9a	25.7a
A2	15.1a	13.5b	14.3b	16.7b	19.2a	15.2c	17.0b	19.9d	22.4c	18.6d	20.2b
平均	16.4a	14.3b		17.9b	19.8a	18.5b		21.7c	24.1a	23.2b	

注：A 为种植模式，A1：净作，A2：套作；T、B 为玉米各生育时期的不同灌水比例处理，T1：播种水（25%）+大喇叭口水（30%）+灌浆水（抽雄后 15d，45%），T2：播种水（25%）+大喇叭口水（75%），灌溉定额 5000m³/hm²；2016 年、2017 年在前一年基础上进行优化，B1：播种水（25%）+拔节水（25%）+抽雄水（25%）+灌浆水（抽雄后 15d，25%），B2：播种水（25%）+拔节水（25%）+抽雄水（15%）+灌浆水（抽雄后 15d，35%），B3：播种水（25%）+拔节水（35%）+灌浆水（抽雄后 15d，40%）；灌溉定额 4050m³/hm²

间作套种栽培能显著提高土地资源利用效率，但选择不同作物类型与玉米套作对土壤综合生产能力的提升效应差异较大，我们在四川两个生态区经过 3 年种植后对比分析了玉米与甘薯、大豆套作对土壤的培肥效应的影响（表 3-20），结果表明：两种模式对土壤培肥的效应差异较大，与试验前相比，玉/豆模式提高了土壤硝态氮和有机质含量，降低了土壤中铵态氮的积累量，而玉/薯模式除提高了铵态氮的含量外，全磷含量差异不明显，其余各指标均表现为下降趋势；通过对两种模式下玉米养分利用效率比较发现（表 3-21～表 3-23），与大豆套作显著提高了玉米氮素、钾素收获指数和吸收效率，磷素的收获指数和生产效率套作效应优于年际分带轮作效应。

表 3-20 不同种植模式试验前后土壤养分含量比较

地点	处理		铵态氮/(mg/kg)	硝态氮/(mg/kg)	有机质/(g/kg)	全氮/(g/kg)	全磷/(g/kg)	全钾/(g/kg)	速效氮/(mg/kg)	速效磷/(mg/kg)	速效钾/(mg/kg)
	试验前		10.3	10.6	29.9	1.9	0.9	28.9	115.9	36.9	136.6
雅安	玉/豆	试验后	9.3	11.3	30.7	1.8	0.8	28.0	112.8	35.1	129.1
		与试验前比/%	−9.7	6.6	2.7	−5.3	−11.1	−3.1	−2.7	−4.9	−5.5
	玉/薯	试验后	10.9	8.54	28.1	1.8	0.9	27.2	102.3	35.9	119.5
		与试验前比/%	5.8	−19.4	−6.0	−5.3	0	−5.9	−11.7	−2.7	−12.6
	试验前		9.0	8.8	17.3	0.8	0.8	29.9	62.5	32.9	141.3
射洪	玉/豆	试验后	8.5	9.1	17.4	0.7	0.8	30.6	56.8	29.6	132.2
		与试验前比/%	−5.6	3.4	0.6	−12.5	0	2.3	−9.1	−10.0	−6.4
	玉/薯	试验后	9.7	6.3	15.6	0.7	0.8	28.8	52.2	31.3	130.5
		与试验前比/%	7.8	−28.4	−9.8	−12.5	0	−3.7	−16.5	−4.9	−7.6

表 3-21 种植模式对玉米氮素吸收利用的影响

年份	地点	处理	收获指数/%	吸收效率/(kg/kg)	生产效率/(kg/kg)	形成 100kg 籽粒需要量/kg
2008	雅安	玉/豆	55.31a	0.67a	41.57a	2.41a
		玉/薯	54.25a	0.63b	42.82a	2.34b
	射洪	玉/豆	55.16a	0.57a	44.11b	2.27a
		玉/薯	54.23b	0.52b	46.45a	2.15b

续表

年份	地点	处理	收获指数/%	吸收效率/（kg/kg）	生产效率/（kg/kg）	形成100kg籽粒需要量/kg
2009～2010	雅安	玉/豆	57.12a	0.72a	38.89a	2.57a
		玉/薯	56.24b	0.65b	40.09a	2.49a
	射洪	玉/豆	56.20a	0.70a	39.20a	2.55a
		玉/薯	55.24b	0.62b	38.70b	2.58a

表 3-22　种植模式对玉米磷素吸收利用的影响

年份	地点	处理	收获指数/%	吸收效率/（kg/kg）	生产效率/（kg/kg）	形成100kg籽粒需要量/kg
2008	雅安	玉/豆	62.60a	0.53a	147.81b	0.68a
		玉/薯	59.04b	0.48b	158.97a	0.63b
	射洪	玉/豆	65.72a	0.48a	147.04b	0.68a
		玉/薯	64.81b	0.45b	152.73a	0.65a
2009～2010	雅安	玉/豆	67.81a	0.43b	180.54a	0.55b
		玉/薯	63.44b	0.49a	149.09b	0.67a
	射洪	玉/豆	66.24a	0.40b	189.52a	0.53b
		玉/薯	65.22b	0.47a	141.54b	0.71a

表 3-23　种植模式对玉米钾素吸收利用的影响

年份	地点	处理	收获指数/%	吸收效率/（kg/kg）	生产效率/（kg/kg）	形成100kg籽粒需要量/kg
2008	雅安	玉/豆	24.62a	1.25a	57.54b	1.74a
		玉/薯	22.53b	1.14b	61.44a	1.63b
	射洪	玉/豆	24.33a	1.32a	49.41a	2.02b
		玉/薯	23.61b	1.29a	48.82a	2.05b
2009～2010	雅安	玉/豆	24.22a	1.33a	54.30a	1.84a
		玉/薯	24.40a	1.23b	54.70a	1.83a
	射洪	玉/豆	22.94a	1.41a	50.29a	1.99a
		玉/薯	22.03a	1.27b	48.83a	2.05a

合理的养分管理也能显著提高玉米对土壤养分的吸收效率，达到土壤资源高效利用的目的。我们连续三年在两种种植模式的基础上开展了不同氮肥量对玉米氮肥利用率的影响研究，结果表明：玉米与大豆套作施氮量在180kg/hm²，以及玉米与甘薯套作施氮水平在180～270kg/hm²时玉米氮肥利用效率可达到较高水平（表3-24）。另外，通过玉米不同氮肥运筹方式探讨了玉米与大豆和甘薯套作氮肥利用效率的差异，得出两种模式下玉米需氮量在180～270kg/hm²，玉米与大豆套作，减少前期氮肥投入量有利于提高氮肥利用率，而与甘薯套作需要增加前期氮肥投入（表3-25）。适宜的氮磷配施比例也能显著提高土壤养分利用效率，试验结果表明：在玉米与大豆套作模式下，施氮180kg/hm²和施磷70kg/hm²配施能显著提高土壤氮磷的利用效率（表3-26）。

表 3-24　　种植模式和施氮量对玉米氮素收获指数及利用效率的影响

处理		雅安				射洪			
种植模式	施肥量	氮素收获指数/%	氮肥偏生产力/（kg/kg）	氮肥农学效率/（kg/kg）	氮肥利用率/%	氮素收获指数/%	氮肥偏生产力/（kg/kg）	氮肥农学效率/（kg/kg）	氮肥利用率/%
玉/豆	N0	58.18a				61.10a			
	N90	57.07a	72.83a	7.46b	32.22b	58.76ab	75.86a	12.72ab	27.55b
	N180	54.54b	44.23b	11.55a	46.68a	58.48ab	45.39b	13.82a	36.52a
	N270	53.96b	26.38c	4.59c	29.10b	57.69b	30.00c	8.95b	29.40b
	N360	53.89b	18.77d	2.70d	19.52c	57.82b	20.88d	5.09c	15.40c
	平均	55.53a	40.55a	6.57a	31.88a	58.77a	43.03a	10.15a	27.22a
玉/薯	N0	58.15a				60.33a			
	N90	54.85b	62.99a	6.13b	22.52bc	58.61ab	62.27a	7.38c	24.61b
	N180	54.17b	36.82b	7.83a	35.45a	57.27ab	40.87b	13.43a	38.09a
	N270	51.39c	25.15c	7.31a	30.24ab	56.52b	28.12c	9.82b	26.89b
	N360	51.17c	18.11d	3.89c	19.48c	56.87b	18.49d	4.77d	15.15c
	平均	53.95b	35.77b	6.29a	26.92b	57.92a	37.44b	8.85b	26.18a
施氮量均值	N0	58.17a				60.72a			
	N90	55.96b	67.91a	6.79b	27.37b	58.69ab	69.06a	10.05b	26.08b
	N180	54.36b	40.53b	9.69a	41.07a	57.87b	43.13b	13.62a	37.30a
	N270	52.68c	25.77c	5.95b	29.67b	57.11b	29.06c	9.39bc	28.14b
	N360	52.53c	18.44d	3.30c	19.50c	57.35b	19.69d	4.93c	15.28c
F 值	A	3.663*	65.538**	33.806**	6.558*	4.356	91.247**	1.264	1.338
	B	4.171*	39.389**	36.627**	12.989**	3.035*	34.232**	35.897**	26.224**
	A×B	3.623*	7.259**	4.144*	3.685*	1.066	2.199**	5.971**	1.352

注：N0、N90、N180、N270、N360 分别表示施氮量为 0kg N/hm²、90kg N/hm²、180kg N/hm²、270kg N/hm²、360kg N/hm²；相同种植模式下同列数据后不同小写字母表示不同施氮量之间差异显著（$P < 0.05$）。A、B 分别代表种植模式、施氮水平；*、** 分别表示某指标在种植模式或施氮水平间差异显著（$P < 0.05$）、极显著（$P < 0.01$）。下同

表 3-25　　氮肥运筹方式对玉米氮素收获指数及利用效率的影响

处理		氮素收获指数/%		氮肥偏生产力/（kg/kg）		氮肥农学效率/（kg/kg）		氮肥利用率/%	
底追比	施肥量	玉/豆	玉/薯	玉/豆	玉/薯	玉/豆	玉/薯	玉/豆	玉/薯
5：0：5	N90	58.03a	62.78a	73.69a	60.01a	11.27a	13.20a	18.34a	27.94a
	N180	60.48a	56.79b	40.76b	36.08b	9.55b	12.68a	12.50b	25.82a
	N270	57.36a	58.09b	26.29c	22.88c	5.48c	7.28b	18.77a	20.51b
	N360	59.07a	52.72c	19.50d	14.62d	3.90d	2.92c	12.11b	15.91c
	平均	58.73a	57.60a	40.06a	33.40a	7.55b	9.02a	15.43c	22.55a
3：2：5	N90	59.95a	54.10ab	75.62a	57.87a	13.19a	11.06a	39.76a	20.63a
	N180	61.64a	56.95a	41.78b	31.70b	10.57b	8.30b	24.22c	17.98b
	N270	59.49a	55.88a	28.56c	21.35c	7.75c	5.75c	26.25b	16.50b
	N360	57.45b	52.29b	19.35d	14.83d	3.74d	3.13d	22.36b	13.98c
	平均	59.63a	54.80b	41.33a	31.44a	8.81a	7.06b	28.15a	17.27b

续表

处理		氮素收获指数/%		氮肥偏生产力/（kg/kg）		氮肥农学效率/（kg/kg）		氮肥利用率/%	
底追比	施肥量	玉/豆	玉/薯	玉/豆	玉/薯	玉/豆	玉/薯	玉/豆	玉/薯
	N90	59.04a	59.92a	70.31a	61.10a	7.89a	14.30a	26.33a	31.28a
	N180	60.89a	56.99b	38.84b	33.54b	7.63a	10.14b	22.85b	23.04b
5：2：3	N270	59.63a	52.71c	26.41c	21.11c	5.60b	5.51c	17.33c	18.28c
	N360	55.83b	52.90c	16.88d	14.76d	1.27c	3.06d	13.99d	12.56a
	平均	58.85a	55.63b	38.11a	32.63a	5.60c	8.25ab	20.13b	21.29a
	N0	50.38b	48.06d						
	N90	59.00a	58.93a	73.21a	59.66a	10.78a	12.85a	28.14a	26.62a
施氮量均值	N180	61.00a	56.91b	40.46b	33.78b	9.25a	10.37b	19.86b	22.28b
	N270	58.83a	55.56b	27.08c	21.78c	6.28c	6.18c	20.78b	18.43c
	N360	57.45ab	52.64c	18.58d	14.74a	2.97c	3.04d	16.15c	14.15d
	A	4.521*	9.87*	14.36**	7.648*	8.345*	21.65**	18.362**	31.521**
F值	B	5.647	7.638*	4.687	3.278	9.287*	9.321*	14.605*	5.347*
	A×B	1.321	3.456*	2.417	3.109	4.805*	2.654	3.214	7.634*

表3-26　氮磷配施对氮磷肥利用效率的影响　　　　　　　　（单位：kg/kg）

处理	氮肥偏生产力	氮肥农学效率	磷肥偏生产力	磷肥农学效率
N0P0				
N0P35			203.04	2.58
N0P70			109.53	9.3
N0P105			71.22	5.54
N120P0	62.7	3.00		
N120P35	61.47	3.48	210.75	4.22
N120P70	66.64	2.99	114.24	8.87
N120P105	62.89	0.35	71.87	1.62
N180P0	43.29	4.20		
N180P35	43.41	3.93	223.28	1.19
N180P70	45.82	3.23	117.83	6.79
N180P105	44.27	2.06	75.88	1.86
N240P0	30.01	0.78		
N240P35	32.62	3.01	223.68	17.87
N240P70	32.99	0.98	113.11	10.2
N240P105	32.88	1.28	75.14	6.54
N0-avg			127.93	5.81
N120-avg	63.43	2.46	132.29	4.90
N180-avg	44.20	3.36	139.00	3.28
N240-avg	32.13	1.51	137.31	11.54
P0-avg	45.33	2.66		

处理	氮肥偏生产力	氮肥农学效率	磷肥偏生产力	磷肥农学效率
P35-avg	45.83	3.47	215.19	6.47
P70-avg	48.48	2.4	113.68	8.79
P105-avg	46.68	1.23	73.53	3.89

注：N0、N120、N180、N240 分别表示施氮量为 0kg N/hm^2、120kg N/hm^2、180kg N/hm^2、240kg N/hm^2；P0、P35、P70、P105 分别表示施磷量为 0kg P$_2$O$_5$/hm^2、35kg P$_2$O$_5$/hm^2、70kg P$_2$O$_5$/hm^2、105kg P$_2$O$_5$/hm^2

综上，西南山地玉米区提高水土资源利用效率可以通过以下途径实现：一是采用玉米与大豆套作种植模式，提高周年土地当量比，达到提高土地利用效率的目的；二是合理的田间配置，保证玉米窄行（50cm 左右），增加灌浆水的比例，有利于提高玉米水分利用效率；三是通过玉米与大豆间、套作，采用分带微区轮作，并在施氮 180kg N/hm^2 和施磷 70kg P$_2$O$_5$/hm^2 配施下，磷肥底施，氮肥采用前控后攻的施肥方式，能促进玉米对养分的吸收，均衡土壤养分，提升土壤综合生产力。

三、劳动生产效率提升途径

西南山地玉米区具有地块小、坡度大、土壤黏重且瘠薄等问题，这些因素都制约了西南山地玉米劳动生产效率的提升，目前大面积生产仍采用人工点播、育苗移栽、人工收获、肥料多次施用等田间管理方式，劳动强度大、成本高。近年来，我们通过在机械化播收和一次施肥等田间管理方式上进行简化，很大程度上提升了劳动生产效率。

1. 机械化播收提升劳动生产效率的效应

前期十余年，我们在引进、改造、研制适宜西南山地玉米播收机具上做了大量的工作，从最早的带脚助力的玉米播种器，一天能播种 0.2～0.33hm^2，到 2009 年创制的微耕机带动的播种机，一天播种的面积提升至 2～2.67hm^2，2014 年创制的玉米大豆同步播种施肥机，每天的播种面积达到 4hm^2/(d·人)（表 3-27），与常规人工每天播种 0.02hm^2 左右的劳动生产效率相比，机械化播种对劳动生产效率的提升达到显著作用。机械化播种提升劳动生产效率的途径，主要从减少劳动生产工序入手，生产中普遍使用的播种机具均具有集挖窝、施肥、播种、覆盖一次性完成的功能。西南山地玉米区季节性干旱突出，春播玉米为增温保墒，常采用地膜覆盖，机播前需要先浇水造墒，播种后再覆膜，劳动工序多、强度大，为节减工序，目前，我们正研制集播种、穴灌、施肥、覆膜四位一体的播种机具，这对进一步提升劳动生产效率意义重大。

表 3-27　机械与常规人工播收劳动效率及效益比较

项目	播种（玉米大豆同步播种）			玉米收获			大豆收获			节本增效/（元/hm^2）
	效率/[hm^2/(d·人)]	效益/（元/hm^2）		效率/[hm^2/(d·人)]	效益/（元/hm^2）		效率/[hm^2/(d·人)]	效益/（元/hm^2）		
		成本	节本		成本	节本		成本	节本	
机械	4	169.5	2830.5	4	244.5	2005.5	3.33	255	1545	6381
人工	0.02	3000		0.027	2250		0.033	1800		

关于玉米机械收获对提升劳动生产效率的效应，我们通过对四川 3 个县连续两年的调研发现，机械摘穗较人工收获减少了剥皮、搬运、砍秸秆等工序，机械粒收减少了脱粒工序。在西南山地，机械每台每天能收获 4 ～ 4.67hm²，而人工收获 1hm² 玉米从摘穗到脱粒需要 90个工时。

2. 简化施肥提升劳动生产效率的效应

我们通过调研发现，西南山地玉米区有 76.5% 的农户在玉米全生育期内共施两次肥，23.5% 的农户共施三次肥，底肥通过中沟开厢施入，追肥挖窝深埋，均以化学肥料为主，劳动工序多、成本高，对土壤培肥效应差，为此针对四川玉米主产区对玉米施肥管理简化的技术需求，我们采用完全随机区组设计，设置当地农民习惯施肥、优化施肥量条件下的多抗生物有机肥一次性施肥、优化施肥量条件下的国产百事达一次性施肥、优化施肥量条件下的控释专用肥一次性施肥，以不施肥为对照，共 6 个处理，每个处理重复 3 次，研究一次性施肥对玉米产量的影响。结果表明（表 3-28）：不同处理间产量差异达到显著水平，其中施肥处理比对照不施肥处理有不同程度的增产，其增产幅度在 10.16% ～ 19.46%。其中，多抗生物有机肥处理产量最高，平均 9631.50kg/hm²，较对照增产 19.46%；其次为控释专用肥处理，增产 18.46%；再次为生物防控菌肥+减量复合肥混合施用处理，增产 15.80%。这 3 个处理较对照增产达到显著水平，其他施肥处理增产未达到显著水平。由此可见，在西南山地玉米区采用一次性施肥是可行的，配以机械播种施肥，较常规的施肥每公顷可节约劳动成本 60 个工时左右。

表 3-28　一次性简化施肥对玉米产量的影响

处理	玉米产量/（kg/hm²）				增产幅度/%
	I	II	III	平均	
不施肥（CK）	7755.45	6854.40	7902.00	7503.95	
当地农民习惯施肥	8904.90	7691.10	8704.50	8433.50	12.39
多抗生物有机肥	9631.50	9000.75	9439.65	9357.30*	24.70
国产百事达	8905.50	8959.65	8752.05	8872.40	18.24
控释专用肥	9482.10	9563.55	9360.90	9468.85*	26.18
生物防控菌肥+减量复合肥混合施用	8838.00	8740.20	9150.30	8909.50*	18.73

为进一步提升玉米与大豆套作种植的劳动生产效率，2011 年针对该模式开展了套作群体简化施肥技术研究（表 3-29）。玉米大豆带状复合种植大豆的需肥量相对较少，生产中一般在播种时配施少量氮磷钾做底肥，为减少施肥次数，考虑玉米攻苞肥时将大豆所需底肥一并施入，从而减少施肥次数，一肥多用，本研究也为机械化施肥提供了农艺技术参考，在川中丘区射洪基地开展了套作群体的一体化施肥技术初探，得出：氮磷钾配合施用均能显著提高玉米、大豆产量，分别平均增加 5.04%、15.35%；群体产量以氮磷钾配合施肥、与玉米间距 42cm 最高，达 9076.2kg/hm²。据此，玉米大豆带状套作，可将玉米攻苞肥与大豆底肥一起施用，简化整个模式的施肥技术，达到提升劳动生产效率的作用。

表 3-29 肥料配置与施肥间距对玉米大豆产量的影响（射洪，2011 年）

处理		玉米			大豆				群体产量/（kg/hm²）
		穗粒数	千粒重/g	产量/（kg/hm²）	有效株数/（株/hm²）	单株粒数	百粒重/g	产量/（kg/hm²）	
A1	B1	486	279.00	7 388.4	82 005	99	21.10	1 203.6	8 592.0
	B2	458	266.50	6 591.3	81 000	96	21.40	1 196.1	7 787.4
	B3	447	273.50	7 010.4	97 005	80	21.40	1 308.9	8 319.3
	B4	467	251.50	6 509.4	86 010	114	21.20	1 571.1	8 080.5
	平均	464.5	267.63	6 874.8	86 505	97	21.28	1 319.85	8 194.65
A2	B1	457	272.30	7 391.4	89 010	91	20.60	1 262.55	8 653.9
	B2	434	277.50	6 841.35	85 000	119	21.10	1 679.85	8 521.2
	B3	477	264.60	7 280.4	87 000	103	22.00	1 444.65	8 725.05
	B4	453	278.50	7 373.4	92 010	117	21.20	1 702.8	9 076.2
	平均	455.25	273.23	7 221.6	88 260	108	21.23	1 522.5	8 744.1

注：A 为不同肥料配置，A1 为只施氮肥 375kg/hm²；A2 为氮磷钾配合施肥，施肥量为尿素 375kg/hm²、过磷酸钙 600kg/hm²、氯化钾 75kg/hm²。B 为施肥位置，B1 到 B4 分别表示与玉米的距离为 0cm、14cm、28cm 和 42cm

四、大面积高产高效生产案例

2016 年，四川省仁寿县珠嘉乡示范片玉米选用宜间套作种植的玉米品种'正红 505''瑞玉 3 号''成单 30'，根据各品种的特性，集成示范了以"选品种、配播期、合理增密、规范田间布局"为核心的配套技术，取得了良好的示范效果，199.5 亩核心示范片'成单 30'套作玉米实测平均单产为 637.3kg/亩，150 亩'瑞玉 3 号'实测平均单产为 646.3kg/亩，150 亩'正红 505'实测平均单产为 631.2kg/亩，较品种区试产量增产 84～230kg/亩，充分挖掘了品种的增产潜力，资源利用效率提高了 15% 以上。在 2.3 万亩示范区，主推品种'成单 30'和'正红 505'，平均单产均达到了 625kg/亩，均大幅度高于选择品种的区试产量，示范区基本实行机播机收，每亩节本增效 300 元左右，推动了全县及周边区县玉米生产机播技术的应用。

2017～2018 年在四川川南（仁寿）、川中（乐至）和川东北（平昌）三个套作玉米主产区建立套作高产高效示范片，仁寿示范片集成应用了"选品种、配播期、规范田间布局、合理增密、播水肥一体化、机械收获"等技术，乐至和平昌示范片集成应用了"选品种、配播期、规范田间布局、合理增密、简化施肥、半精量机播"等技术。仁寿、乐至、平昌三个百亩示范片 2017 年平均玉米单产分别为 634kg/亩、684kg/亩、635kg/亩，2018 年分别为 585kg/亩、509kg/亩、502kg/亩，两年每亩平均分别节本增效 460 元、330 元、280 元。仁寿示范片光、温、水、氮肥资源利用效率较传统农户两年平均分别提高 26%、21%、32%、63%，乐至示范片分别提高 28%、10%、17%、58%，平昌示范片分别提高 32%、29%、31%、41%。

2018 年在湖北省恩施市、江西省进贤县、江苏省海门区和湖南省临湘市开展玉米大豆带状复合种植技术高产高效示范，集成应用了"选配良种、扩间增光、缩株保密、机播保苗、机收提效、绿色防控"等技术。湖北恩施春玉米/夏大豆带状套作，玉米单产达 585kg/亩，套作大豆单产 128.8kg/亩；江西进贤春玉米‖夏大豆带状间作，玉米单产达 492kg/亩，间作大豆单产达 81.5kg/亩；江苏海门鲜食玉米/鲜食大豆带状套作，鲜食玉米净果穗重达 744kg/亩，套作鲜食大豆豆荚重达 625.6kg/亩；湖南临湘春玉米‖春大豆带状间作，玉米单产达 567kg/亩，间作大豆单产达 96.8kg/亩；与当地净作玉米相比，光、温、水利用效率及经济效益平均分别提高了 25.84%、22.72%、21.25% 及 62.9%。

第三节　玉米机械粒收质量及其调控

玉米机械粒收技术通过籽粒收获机在田间一次性完成玉米摘穗、剥去苞叶、脱粒、分离清选等过程，能明显提升生产效率，减少作业环节、成本，降低储存霉变风险，是未来中国玉米机械收获发展的必然趋势，对于转变玉米生产方式，引导全国玉米高产高效生产，提高玉米产业竞争力具有重要的意义。通过对西南地区玉米机械粒收质量现状及机械粒收质量调控关键技术的研究，发现籽粒破碎率和落穗损失率高是当前西南玉米机械粒收面临的主要问题，推迟收获通过调控玉米穗粒特性变化进而调控机械粒收破碎率；收获时倒伏率和穗下茎折率是影响机械粒收落穗损失的主要因素，同时种植行距匹配收获机行距，保证收获机对行收获可显著降低落穗损失率。

一、玉米机械粒收质量现状与影响因素

西南玉米区是我国三大玉米主产区之一，玉米机械化收获率不足 2%，玉米收获以人工收穗为主。玉米机械粒收是采用联合收获机械一次作业完成摘穗、脱粒、清选的收获方式，通过减少果穗储运、晾晒、脱粒等作业环节，不仅能降低劳动强度、节约人力成本，还可降低晾晒及脱粒过程中的籽粒霉烂与损失，是我国玉米机械收获的发展方向，也是西南玉米收获方式实现人工收获向机械粒收跨越式发展的必由之路。当前我国玉米机械化粒收技术研究主要在北方玉米区开展，西南玉米区的相关研究尚属空白。因此，分析当前西南玉米机械粒收质量现状及其影响因素，对推动机械粒收技术在该区域推广应用具有重要意义。为此，于 2017～2018 年在西南玉米区的四川、重庆、贵州和云南等地开展了机械粒收技术试验示范工作，通过对玉米机械粒收 890 组样本测试结果分析发现，籽粒破碎率和落穗损失率高是当前西南玉米机械粒收面临的主要问题。

（一）西南玉米机械粒收质量现状

由表 3-30 可知，西南地区玉米机械粒收 890 组样本籽粒含水率 14.40%～57.54%，平均为 26.66%，变异系数为 22.09；籽粒含杂率 0.07%～13.61%，均值为 1.66%，低于 ≤ 2.5% 的国标 [《玉米收获机械》（GB/T 21962—2020）] 要求；籽粒破碎率为 0.10%～36.52%，均值为 7.41%，高于 ≤ 5% 的国标要求；落粒损失率 0.03%～9.35%，平均为 1.57%；落穗损失率 0～40.00%，平均为 5.63%。机收总损失率 0.12%～40.88%，均值为 5.84%，高于 ≤ 4.5% 的国标要求。在籽粒破碎率、含杂率、落粒损失率、落穗损失率和机收总损失率 5 项机械粒收质量指标中，籽粒破碎率、落穗损失率和机收总损失率均高于国标要求。机收总损失主要由落粒和落穗两部分组成，其中落粒、落穗损失分别占总损失率的 26.80%、73.20%。可见，机收籽粒破碎率和落穗损失率高是当前西南玉米机械粒收存在的主要问题。

表 3-30　西南玉米机械粒收质量指标统计

调查指标	平均值/%	最大值/%	最小值/%	极差/%	变异系数/%
籽粒含水率	26.66	57.54	14.40	43.15	22.09
含杂率	1.66	13.61	0.07	13.54	97.17

续表

调查指标	平均值/%	最大值/%	最小值/%	极差/%	变异系数/%
籽粒破碎率	7.41	36.52	0.10	36.42	69.48
落粒损失率	1.57	9.35	0.03	9.32	79.34
落穗损失率	5.63	40.00	0.00	40.00	96.19
总损失率	5.84	40.88	0.12	40.76	82.66

（二）玉米机械粒收质量影响因素

籽粒破碎率高不仅降低玉米品质等级和销售价格，同时贮藏过程中易霉变变质，已成为当前我国玉米机械粒收存在的主要问题。造成玉米籽粒破碎率高的原因很多，主要包括品种、机械、收获时籽粒含水率、栽培措施等。

1. 机械粒收质量指标与籽粒含水率的相关性

相关分析（表3-31）表明，籽粒破碎率、含杂率、落穗损失率和总损失率与籽粒含水率呈显著或极显著相关关系，其中籽粒破碎率、含杂率与籽粒含水率正相关，落穗损失率、总损失率与籽粒含水率负相关，说明适宜的籽粒含水率是提高机械粒收质量的关键。籽粒破碎率与含杂率呈极显著正相关关系。落粒损失率、落穗损失率与总损失率均呈极显著正相关关系，其中落穗损失率与总损失率的关系最密切，说明落穗损失是机械粒收损失的主要因素。

表 3-31 籽粒含水率和机收质量指标间的相关系数

指标	籽粒破碎率	含杂率	落粒损失率	落穗损失率	总损失率
含杂率	0.32**				
落粒损失率	0.12NS	0.08NS			
落穗损失率	−0.12NS	0.08NS	0.1NS		
总损失率	−0.09NS	0.06NS	0.26**	0.99**	
籽粒含水率	0.51**	0.15*	0.12NS	−0.39**	−0.35**

注：* 表示在 0.05 水平相关性显著，** 表示在 0.01 水平相关性显著，NS 为相关性不显著（$P > 0.05$）

2. 不同籽粒含水率下机械粒收质量的差异

籽粒含水率是影响机械粒收质量的重要因素。为避免不同收获机型和品种的影响，对同一收获机型同一品种不同籽粒含水率下粒收质量进行分析（表3-32）。籽粒含水率降低，机械粒收籽粒破碎率、含杂率均呈明显降低的趋势，而落穗损失率和总损失率则呈增加的趋势。可见，籽粒含水率对机械粒收质量指标的影响不同，籽粒含水率降低有利于降低籽粒破碎率和含杂率，但随着植株站秆脱水会增加落穗损失和总损失率。因此，在适宜的玉米籽粒含水率范围内收获才能确保较高的粒收质量，过高和过低均不适宜。

表 3-32 不同籽粒含水率下机械粒收质量

品种	籽粒含水率/%	籽粒破碎率/%	含杂率/%	落粒损失率/%	落穗损失率/%	总损失率/%
正红 6 号	33.94A	1.53A	7.74A	0.74ab	0.53C	1.27C
正红 6 号	27.55B	0.43B	5.52B	1.01a	4.83B	5.85B
正红 6 号	23.03C	0.24C	2.62C	0.54b	13.33A	13.87A

注：同列不同小写字母表示在 0.05 水平差异显著，同列不同大写字母表示在 0.01 水平差异显著。下同

3. 不同玉米品种机械粒收质量差异

对同一收获机型和相近籽粒含水率下不同玉米品种粒收质量的分析表明，玉米机械粒收质量在品种间差异显著（表3-33），4个品种在籽粒含水率相近，同一收获机收获下，'国豪玉7号'籽粒破碎率最高，含杂率最低；'华试919'含杂率最高，而落粒损失率和落穗损失率以'延科288'最高。可见，机械粒收质量在品种间差异显著，且各粒收质量指标在品种间的表现也各不相同。

表 3-33　不同玉米品种机械粒收质量

品种	籽粒含水率/%	籽粒破碎率/%	含杂率/%	落粒损失率/%	落穗损失率/%	总损失率/%
延科 288	29.79a	1.39c	5.15a	3.67a	12.41a	16.09a
华试 919	29.70a	3.31b	6.09a	1.54b	4.14c	5.68c
国豪玉 7 号	29.76a	4.62a	2.25b	0.42c	2.42d	2.84d
正红 505	29.72a	1.55c	2.56b	0.21c	10.16b	10.37b

籽粒含水率是影响机械粒收质量的重要因素。籽粒含水率降低有利于降低籽粒破碎率、含杂率，但籽粒含水率降低会导致落穗损失率和总损失率显著提高，进而降低玉米机械粒收质量和收获效率。生理成熟后玉米植株在田间站秆脱水 2～4 周才能达到机械粒收籽粒破碎率要求，但会增加玉米倒伏风险进而增加粒收损失。因此，在适宜的玉米籽粒含水率范围内收获才能兼顾籽粒破碎率、含杂率和总损失率等质量指标，确保较高的粒收质量，过高和过低均不适宜。

二、玉米穗粒特性对机械粒收籽粒破碎率的调控

玉米机械粒收过程中果穗进入脱粒滚筒完成脱粒，脱粒过程中果穗穗粒特性是影响机械粒收破碎的重要因素。对不同收获期玉米果穗穗粒特性变化规律及其与机械粒收籽粒破碎率关系的研究表明，随收获时间推迟，籽粒破碎率表现出先降低后逐渐升高的趋势；玉米籽粒含水率呈现显著逐渐降低的趋势，且在相同时期不同品种间的籽粒含水率存在明显的差异；玉米穗轴含水率逐渐降低；玉米籽粒各面的压碎强度和剪切强度逐渐增加。籽粒破碎率与籽粒含水率、穗轴含水率均符合二次函数关系，籽粒含水率为 20.87% 时籽粒破碎率最低，穗轴含水率为 30.30% 时籽粒破碎率最低；籽粒破碎率随籽粒力学强度的增加先降低再逐渐升高，籽粒破碎率与籽粒压碎强度、剪切强度均符合二次多项式关系。同时，籽粒破碎率随籽粒力学强度增加呈现先降低后升高的趋势，而籽粒含水率与籽粒力学强度呈极显著负相关关系。因此，推迟收获通过降低籽粒含水率进而提高籽粒力学强度是降低籽粒破碎率的主要原因。

（一）玉米机械粒收籽粒破碎率变化

随收获时间推迟，籽粒破碎率表现出先降低后逐渐升高的趋势（图3-6）。2018年第3次（8月13日）收获的籽粒破碎率均值最低（2.29%），各时期所取测试样本中籽粒破碎率的变幅分别为4.29%～15.05%、3.12%～13.91%、0.54%～3.08%（异常值为5.76%）、2.12%～3.41%（异常值为5.13%）、1.56%～4.74%、2.58%～5.11%，第3次、第4次和第5次收获的测试样本中除异常值外全部符合籽粒破碎率≤5%的国家标准 [《玉米收获机械》（GB/T 21962—2020）]。2019年第6次（8月25日）收获的籽粒破碎率均值最低（3.78%），第5次、第6

次和第 7 次收获的籽粒破碎率均值符合 ≤ 5% 的国家标准；各时期所取测试样本中籽粒破碎率的变幅分别为 27.85% ～ 54.59%、17.70% ～ 29.58%、4.69% ～ 13.20%、3.49% ～ 8.04%、2.09% ～ 7.55%、1.07% ～ 5.64%、1.71% ～ 6.78%、2.59% ～ 8.96%。2020 年第 4 次（8 月 25 日）收获的籽粒破碎率均值最低（3.86%），第 3 次、第 4 次和第 5 次收获的籽粒破碎率均值符合 ≤ 5% 的国家标准。

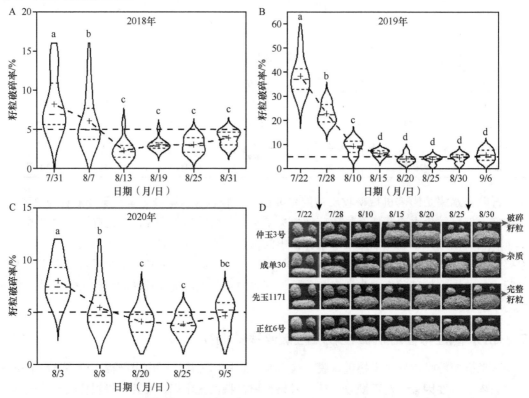

图 3-6　不同机械粒收期玉米籽粒破碎率变化

（二）玉米穗粒特性变化规律

1. 籽粒和穗轴含水率

随收获时期推迟，玉米籽粒含水率呈现显著逐渐降低的趋势（图 3-7）。2018 年 7 月 31 日至 8 月 31 日，4 个品种 6 次收获所取测试样本的籽粒含水率分别为 32.79% ～ 36.10%、26.42% ～ 32.78%、21.78% ～ 29.50%、15.74% ～ 20.09%、12.49% ～ 17.44%、11.24% ～ 13.72%。2019 年 7 月 22 日至 9 月 6 日，4 个品种 8 次收获所取测试样本的籽粒含水率分别为 42.08% ～ 45.62%、37.88% ～ 41.56%、28.30% ～ 32.13%、20.96% ～ 23.42%、17.15% ～ 19.98%、11.27% ～ 16.19%、12.78% ～ 13.96%、11.97% ～ 13.45%。2020 年 8 月 3 日至 9 月 5 日，4 个品种 5 次收获所取测试样本的籽粒含水率分别为 31.06% ～ 35.91%、26.50% ～ 30.35%、24.68% ～ 28.24%、19.71% ～ 24.66%、15.19% ～ 16.69%。

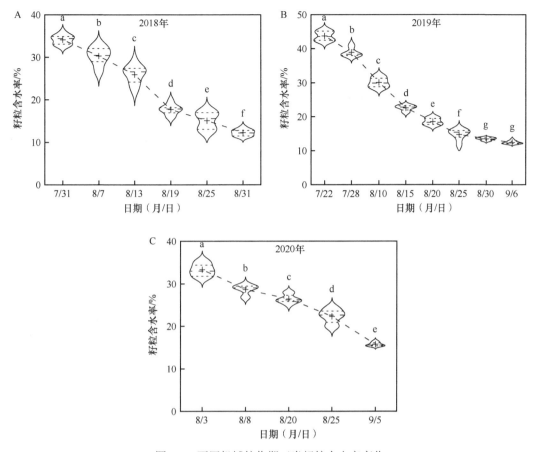

图 3-7　不同机械粒收期玉米籽粒含水率变化

随收获时期推迟，玉米穗轴含水率逐渐降低（图3-8）。2018 年 7 月 31 日至 8 月 19 日穗轴含水率显著降低，8 月 19 日和 8 月 25 日间差异不显著，而后穗轴含水率又出现显著降低；在这整个过程中，8 月 13 日至 8 月 19 日穗轴含水率降低的趋势最为明显。2019 年前 3 次穗轴含水率无显著变化，8 月 10 日至 8 月 30 日显著降低，并且此期间穗轴水分的散失速率在各日期间表现较为平稳。2020 年前 4 次穗轴含水率的降低幅度较小，8 月 25 日至 9 月 5 日穗轴含水率显著降低。

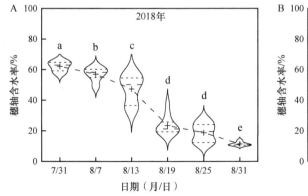
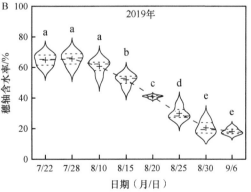

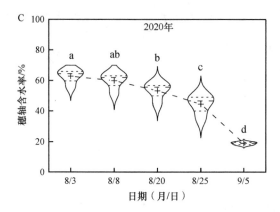

图 3-8　不同机械粒收期玉米穗轴含水率变化

2. 籽粒力学强度

随着收获日期推迟，玉米籽粒各面的压碎强度和剪切强度逐渐增加（图 3-9），但是 2018 年和 2019 年在最后一个收获日期有降低的趋势。玉米籽粒的力学强度在年份间存在一定的差异。2018 年玉米籽粒的压碎强度在各个收获日期表现出顶面＞侧面，2019 年和 2020 年玉米籽粒的压碎强度在各个收获日期均表现出腹面＞顶面＞侧面＞胚部；2019 年玉米籽粒的剪切强度在各收获日期均表现出腹面最大，胚部最小，顶面和侧面在不同收获日期规律不明显，但两者间差异较小；2020 年剪切强度在各个收获日期均表现出腹面＞侧面＞顶面＞胚部。

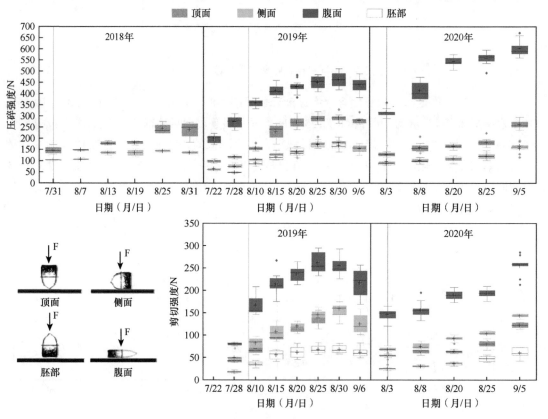

图 3-9　不同机械粒收期玉米籽粒力学强度变化

（三）玉米穗粒特性与籽粒破碎率的关系

1. 玉米籽粒、穗轴的含水率与籽粒破碎率

籽粒破碎率随籽粒含水率的下降先降低再逐渐升高（图3-10），两者间符合二次多项式关系，可用方程 $y=0.0639x^2-2.6678x+29.437$（$R^2=0.8714^{**}$，$n=225$）拟合。根据拟合方程预测，当籽粒含水率为20.87%时籽粒破碎率最低，为1.59%。按照机械粒收籽粒破碎率≤5%的国家标准及≤8%的粮食储存三级标准[《玉米》（GB/T 1353—2018）]，在当前参试品种和相应配套的收获条件下，籽粒含水率应该控制在13.57%～28.18%和10.86%～30.89%。

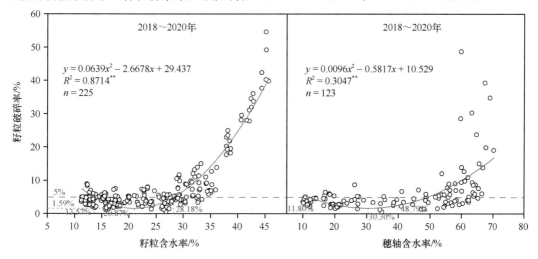

图3-10 籽粒破碎率与籽粒含水率、穗轴含水率的关系

籽粒破碎率随穗轴含水率的下降先降低再逐渐升高，两者间符合二次多项式关系，可用方程 $y=0.0096x^2-0.5817x+10.529$（$R^2=0.3047^{**}$，$n=123$）拟合。根据拟合方程预测，当穗轴含水率为30.30%时籽粒破碎率最低。按照机械粒收籽粒破碎率≤5%的国家标准，在当前参试品种和相应配套的收获条件下，穗轴含水率应该控制在11.80%～48.79%。

2. 玉米籽粒力学强度与籽粒破碎率

玉米籽粒力学强度是表征籽粒硬度的直接指标，籽粒力学强度高则籽粒耐破碎能力强。随籽粒力学强度的增加籽粒破碎率先降低再逐渐升高（图3-11），籽粒破碎率与顶面、侧面、胚部和腹面的压碎强度和剪切强度均符合二次多项式关系。根据拟合方程预测当顶面、侧面、胚部、腹面压碎强度分别为231.37N、146.24N、152.63N、563.17N时籽粒破碎率最低，当顶面、侧面、胚部、腹面剪切强度分别为117.68N、126.04N、58.85N、249.14N时籽粒破碎率最低。

3. 玉米籽粒含水率与力学强度

籽粒含水率是影响籽粒力学强度的重要因素，籽粒含水率高力学强度低，耐破碎能力弱，适当降低籽粒含水率可提高籽粒力学强度。研究表明，籽粒含水率与籽粒顶面和侧面力学强度均呈极显著负相关关系（图3-12）。前期研究表明，籽粒破碎率随籽粒含水率的下降先降低再逐渐升高，随籽粒力学强度的增加先降低再逐渐升高。可见，推迟收获降低籽粒含水率导致籽粒力学强度的提高是降低籽粒破碎率的主要因素。

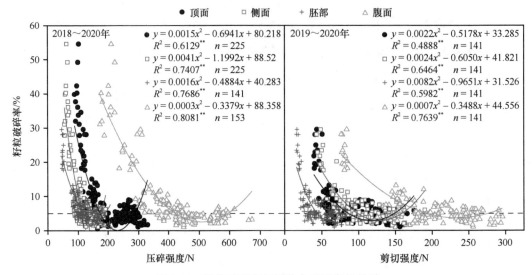

图 3-11　籽粒破碎率与籽粒力学强度的关系

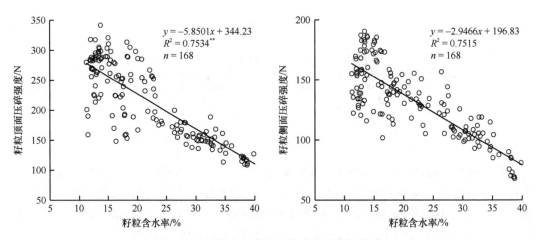

图 3-12　籽粒含水率与籽粒力学强度的关系

三、玉米立秆特性和行距配置对机械粒收落穗损失率的调控

收获时籽粒含水率偏高造成的籽粒破碎率偏高是玉米机械粒收遇到的关键性问题，通过延迟收获，降低籽粒含水率，以达到降低籽粒破碎、提高收获质量的目的。但随着收获时间的推迟，玉米植株逐渐脱水衰老，导致茎秆强度降低，茎秆抗倒能力下降，玉米发生倒伏的风险也随之增加，增加了机械化收获难度，降低了收获效率。通过田间试验研究了玉米生理成熟后立秆特性及其对机械粒收落穗损失的影响，结果表明，玉米生理成熟后，茎秆在田间站秆脱水衰老，茎秆含水率、干物质含量降低，导致茎秆充实度下降、力学强度降低、倒伏风险增加。相关和回归分析表明，茎秆单位长度干重下降是茎秆力学强度下降的主要原因。玉米倒伏率和穗下茎折率与落穗损失率极显著正相关，降低倒伏率特别是穗下茎折率可降低机械粒收落穗损失。

（一）玉米立秆特性变化规律

1. 玉米生理成熟后茎秆节间机械强度变化

田间站秆时间显著影响玉米茎秆强度，生理成熟后茎秆强度均随时间呈降低的趋势（表3-34），其中，8月6日、8月17日、8月28日3个取样日期间差异达显著水平；8月28日与9月10日除S_X弯曲强度差异显著外，其他节间茎秆强度差异均不显著。S_3穿刺强度、S_4弯曲强度、S_X穿刺强度、S_X弯曲强度分别从8月6日的48.98N、206.7N、26.30N、85.72N下降到9月10日的36.83N、102.71N、18.01N、53.08N，下降幅度分别达到24.8%、50.3%、31.5%、38.1%。

表 3-34 玉米生理成熟后茎秆节间机械强度变化

取样日期（月/日）	穿刺强度/N		弯曲强度/N	
	S_3	S_X	S_4	S_X
8/6	48.98±10.7a	26.30±4.7a	206.7±110.6a	85.72±38.0a
8/17	44.68±11.0b	22.6±3.7b	170.29±77.7b	66.04±21.4b
8/28	38.47±12.3c	18.02±4.0c	119.88±73.3c	44.79±18.0d
9/10	36.83±12.3c	18.01±4.4c	102.71±53.3c	53.08±26.9c

注：S_3、S_4和S_X分别为基部第3、第4节间和穗下第1节间。同列不同小写字母表示不同取样日期间在0.05水平差异显著

2. 玉米生理成熟后茎秆节间单位长度干重与含水率变化

玉米生理成熟后茎秆基部S_3、S_4、S_X单位长度干重逐渐下降（图3-13）；S_3、S_4、S_X单位长度干重分别从8月6日的0.573g/cm、0.461g/cm、0.285g/cm降至9月10日的0.388g/cm、0.316g/cm、0.224g/cm。S_3、S_4、S_X单位长度干重8月28日至9月10日降低幅度分别为1.64%、2.47%、−3.43%，说明单位长度干重在后期降低趋势逐渐趋于平缓，其中S_X单位长度干重在后期出现增加的情况的主要原因是后期单位长度干重降低幅度不明显，加上植株间差异。

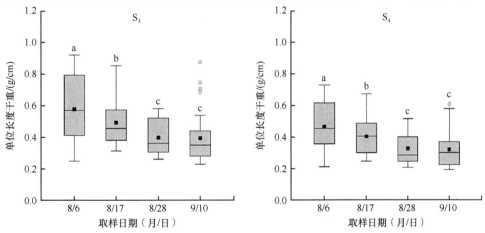

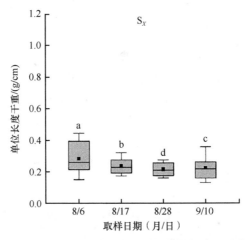

图 3-13　玉米生理成熟后茎秆节间单位长度干重变化

S₃、S₄ 和 Sₓ 分别为基部第 3、第 4 节间和穗下第 1 节间。箱线图中箱体部分代表 50% 样本的分布区域，即四分位区间。两端线为 Tukey 法判定的合理观测样本边界。箱体中实线为样本中位数，实心点为样本均值，空心点表示异常值。图中不同小写字母表示不同取样日期间在 0.05 水平差异显著。下同

　　玉米茎秆生理成熟后茎秆基部节间含水率下降（图 3-14），S₃、S₄、Sₓ 含水率分别由76.71%、76.95%、73.84% 下降至 67.1%、58.64%、34.86%，脱水速率分别为 0.27%/d、0.52%/d、1.11%/d，玉米茎秆由下往上各节间脱水速率逐渐增加。8 月 6 ～ 17 日由于降雨增多，温度较低，节间含水率降低不显著；8 月 17 日至 9 月 10 日，降雨相对较少，温度回升，节间含水率显著降低。不同密度间茎秆含水率变化规律不明显。

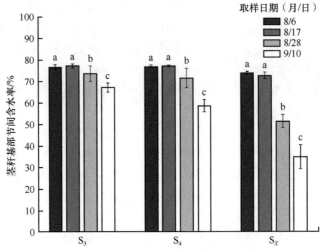

图 3-14　玉米生理成熟后茎秆基部节间含水率变化

S₃、S₄ 和 Sₓ 分别为基部第 3、第 4 节间和穗下第 1 节间

3. 玉米生理成熟后茎秆形态变化

　　如图 3-15 所示，生理成熟后各节间长粗比略有上升，S₃ 中 9 月 10 日与 8 月 6 日差异显著，S₄、Sₓ 中 8 月 28 日、9 月 10 日与 8 月 6 日差异显著。各节间长粗比分别从 8 月 6 日的 4.31、6.01、8.69 增加至 9 月 10 日的 4.82、6.46、9.54，增长幅度分别为 11.83%、7.49%、9.78%。

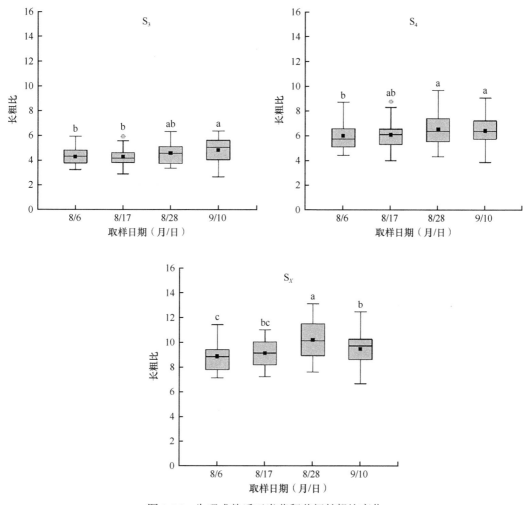

图 3-15 生理成熟后玉米茎秆节间长粗比变化

4. 玉米生理成熟后茎秆节间抗倒能力影响因素分析

相关性分析结果（表 3-35）表明，玉米茎秆穿刺强度和弯曲强度与单位长度干重呈极显著正相关，与含水率呈显著正相关，与节间长粗比呈极显著负相关。其中，单位长度干重与茎秆强度相关系数最高，与 S_3 穿刺强度、S_4 弯曲强度的相关系数分别为 0.934、0.968。

表 3-35 生理成熟后玉米茎秆强度与茎秆性状相关性分析

指标	穿刺强度	含水率	单位长度干重	长粗比
弯曲强度		0.503*	0.968**	−0.767**
含水率	0.489*		0.438*	−0.329
单位长度干重	0.934**	0.385		−0.797**
长粗比	−0.867**	−0.432*	−0.812**	

注：表格左下角数据为第 3 节间穿刺强度与茎秆性状相关系数，右上角数据为第 4 节间弯曲强度与茎秆性状相关系数。
* 表示在 0.05 水平显著相关，** 表示在 0.01 水平显著相关

S_3 穿刺强度（y）与单位长度干重（x_1）、长粗比（x_2）、含水率（x_3）的回归方程为 $y=43.6496x_1-4.48441x_2+0.27636x_3+21.96684$（$R^2=0.9174^{**}$）。

S_4 弯曲强度（y）与单位长度干重（x_1）、长粗比（x_2）、含水率（x_3）的回归方程为 $y=593.50039x_1+0.4681x_2+1.03313x_3-148.98524$（$R^2=0.951^{**}$）。

（二）玉米立秆特性与机械粒收落穗损失的关系

相关分析结果（图 3-16）表明，落穗损失率与穗下茎折率、倒伏率呈极显著线性正相关。当穗下茎折率低于 4.2%、倒伏率低于 4.9% 时，机械粒收落穗损失率低于 5%。国家标准《玉米收获机械》（GB/T 21962—2020）对机械粒收玉米倒伏率的要求为 ≤ 5%，因此，可将玉米收获时田间倒伏率 ≤ 5% 作为玉米机械粒收对倒伏的要求。

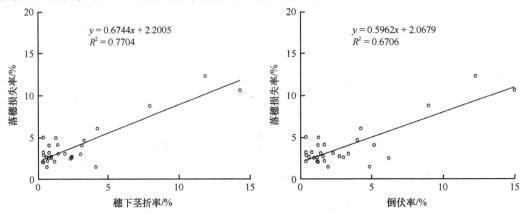

图 3-16　落穗损失率与穗下茎折率、倒伏率的关系

（三）行距匹配性对机械粒收籽粒损失的影响

当前生产上玉米播种收获机平均行距为 60cm，然而西南地区生产上玉米种植行距模式多样，采用 3 行 60cm 等行距收获机对不同行距配置下玉米进行机械收获，研究行距配置对玉米机收损失率的影响。如表 3-36 所示，两窄一宽 3 行播收匹配行距落穗损失率和籽粒总损失率平均为 1.01% 和 1.49%，平均落穗损失率较两宽窄行配置分别降低 3.05 个百分点和 4.71 个百分点，籽粒总损失率分别降低 3.76 个百分点和 5.27 个百分点。采用宽窄行种植方式导致 3 行玉米收获机机收时落穗损失率较高，而玉米采用两窄一宽的 3 行带状种植，播种行距（60cm）与 3 行玉米籽粒收获机实现对行收获，显著降低了玉米落穗损失率，进而降低了籽粒总损失率，改善了机收质量。

表 3-36　行距配置对机械粒收损失率的影响

行距配置	落粒损失率/%		落穗损失率/%		籽粒总损失率/%	
	平均	变幅	平均	变幅	平均	变幅
宽窄行 50+110	1.19±1.15a	0.08～5.10	4.06±3.70a	0.00～12.41	5.25±4.08a	0.18～16.09
宽窄行 60+100	1.04±0.37ab	0.47～1.48	5.72±5.05a	0.00～20.00	6.76±5.14a	1.35～21.33
两窄一宽 60+60+80～100	0.48±0.11c	0.37～0.76	1.01±0.99b	0.00～2.90	1.49±1.00b	0.37～3.33

注：同列不含有相同小写字母的表示不同行距配置在 0.05 水平差异显著

　　籽粒破碎率和损失率高是当前西南玉米机械粒收面临的主要问题。籽粒破碎率、含杂率与籽粒含水率显著正相关，而落穗损失率、籽粒总损失率与籽粒含水率极显著负相关。籽粒含水率降低有利于降低籽粒破碎率、含杂率，但籽粒含水率过低会导致落穗损失率和籽粒总损失率显著提高。收获时倒伏率和穗下茎折率是影响机械粒收落穗损失的主要因素。生产上在适宜的籽粒含水率范围内收获才能兼顾籽粒破碎率、含杂率和总损失率等质量指标，确保较高的粒收质量。种植行距与收获机械行距不匹配导致错行收获也是落穗损失率高的主要原因，种植行距匹配收获机行距保证收获机对行收获可显著降低落穗损失率，进而降低籽粒总损失率，改善机械粒收质量。同时，玉米粒收质量存在区域、品种间差异。针对区域生态条件特点，开展适宜机械粒收品种、收获条件和粒收机具的研究，是推动玉米机械粒收技术快速发展和应用的关键。

参 考 文 献

边少锋, 赵洪祥, 孟祥盟, 等. 2008. 超高产玉米品种穗部性状整齐度与产量的关系研究 [J]. 玉米科学, 4: 119-122.

柴宗文, 王克如, 郭银巧, 等. 2017. 玉米机械粒收质量现状及其与含水率的关系 [J]. 中国农业科学, 50(11): 2036-2043.

陈国平, 高聚林, 赵明, 等. 2012. 近年来我国玉米超高产田的分布、产量构成及关键技术 [J]. 作物学报, 38(1): 80-85.

戴明宏, 单成刚, 王璞. 2009. 温光生态效应对春玉米物质生产的影响 [J]. 中国农业大学学报, 14(3): 35-41.

豆攀, 李孝东, 孔凡磊, 等. 2017. 播期对川中丘区玉米干物质积累与产量的影响 [J]. 中国生态农业学报, 25(2): 221-229.

高连兴, 李飞, 张新伟, 等. 2011. 含水率对种子玉米脱粒性能的影响机理 [J]. 农业机械学报, 42(12): 92-96.

关义新. 1996. 土壤干旱下玉米叶片游离脯氨酸的积累及其与抗旱性的关系 [J]. 玉米科学, 4(1): 43-45.

郝付平, 陈志. 2007. 国内外玉米收获机械研究现状及思考 [J]. 农机化研究, (10): 206-208.

郝利民, 王洪亮, 梁厚果. 1999. 复水对玉米光系统 II 捕光叶绿素 a/b- 蛋白复合体的影响 [J]. 作物学报, 41(6): 613-616.

孔凡磊, 赵波, 吴雅薇, 等. 2020. 收获时期对玉米机械粒收质量的影响 [J]. 中国生态农业学报, 28(1): 50-56.

孔凡磊, 赵波, 詹小旭, 等. 2020. 四川省夏玉米机械粒收适宜品种筛选与影响因素分析 [J]. 中国生态农业学报, 28(6): 835-842.

孔凡磊, 赵波, 周茂林, 等. 2021. 西南玉米机械粒收质量现状及影响因素分析 [J]. 玉米科学, 29(1): 120-127.

李璐璐, 雷晓鹏, 谢瑞芝, 等. 2017. 夏玉米机械粒收质量影响因素分析 [J]. 中国农业科学, 50(11): 2044-2051.

李少昆. 2013. 美国玉米生产技术特点与启示 [J]. 玉米科学, 21(3): 1-5.

李少昆, 王克如, 谢瑞芝, 等. 2018. 机械粒收推动玉米生产方式转型 [J]. 中国农业科学, 51(10): 1842-1844.

李挺, 牛春丽, 王淑惠. 2005. 播期对夏玉米阶段发育和产量性状的影响 [J]. 安徽农业科学, 33(7): 1156-1158.

刘永红. 2015. 四川玉米高产创建理论与技术 [M]. 北京: 中国农业科学技术出版社.

吕丽华, 董志强, 曹洁璇, 等. 2013. 播期、收获期对玉米物质生产及光能利用的调控效应 [J]. 华北农学报, 28(增刊): 177-183.

吕新, 白萍, 张伟, 等. 2004. 不同播期对玉米干物质积累的影响及分析 [J]. 石河子大学学报（自然科学版）, 22(4): 285-288.

申丽霞, 王璞, 张软斌. 2005. 施氮对不同种植密度下夏玉米产量及籽粒灌浆的影响 [J]. 植物营养与肥料学报, 11(3): 314-319.

沈成国. 2001. 植物衰老生理与分子生物学 [M]. 北京: 中国农业出版社: 70-93.

隋存良, 田虎, 邱立刚. 2005. 影响玉米整齐度的主要因素及其与产量的关系 [J]. 山东农业科学, 4: 33.

佟屏亚, 罗振锋, 矫树凯. 1998. 现代玉米生产 [M]. 北京: 中国农业科学技术出版社.

王波, 余海兵, 支银娟, 等. 2012. 玉米不同种植模式对田间小气候和产量的影响 [J]. 核农学报, 26(3): 623-627.

王俊生. 2008. 玉米整齐度与产量性状的关系研究 [J]. 黑龙江农业科学, 5: 47-48.

王克如, 李少昆. 2017. 玉米机械粒收破碎率研究进展 [J]. 中国农业科学, 50(11): 2018-2026.

王伟东, 王璞, 王启现. 1994. 灌浆期温度和水分对玉米籽粒建成及粒重的影响 [J]. 黑龙江八一农垦大学学报, 17(3): 48-51.

徐世昌, 戴俊英, 沈秀英, 等. 1995. 水分胁迫对玉米光合性能及产量的影响 [J]. 作物学报, 21(3): 356-363.

徐振峰, 刘宏胜, 高玉红, 等. 2014. 密肥互作对全膜双垄沟播玉米产量及水分利用效率的影响 [J]. 干旱地区农业研究, 32(2): 85-90.

薛军, 王克如, 谢瑞芝, 等. 2018. 玉米生长后期倒伏研究进展 [J]. 中国农业科学, 51(10): 1845-1854.

薛军, 王群, 李璐璐, 等. 2018. 玉米生理成熟后倒伏变化及其影响因素 [J]. 作物学报, 44(12): 1782-1792.

余利, 刘正, 王波, 等. 2013. 行距和行向对不同密度玉米群体田间小气候和产量的影响 [J]. 中国生态农业学报, 21(8): 938-942.

张平良, 郭天文, 刘晓伟, 等. 2019. 密度和施氮量互作对全膜双垄沟播玉米产量、氮素和水分利用效率的影响 [J]. 植物营养与肥料学报, 25(4): 579-590.

张维强, 沈秀瑛. 1994. 水分胁迫和复水对玉米叶片光合速率的影响 [J]. 华北农学报, 9(3): 44-47.

张正斌, 山仑. 1997. 小麦水分利用效率研究进展 [J]. 生态农业研究, 3: 28-32.

赵波, 李小龙, 周茂林, 等. 2020. 西南玉米机械粒收籽粒破碎率现状及影响因素分析 [J]. 作物学报, 46(1): 74-83.

赵波, 吴雅薇, 李小龙, 等. 2020. 四川春玉米生理成熟后穗下茎秆倒折及其影响因素 [J]. 湖南农业大学学报（自然科学版）, 46(3): 278-284.

赵久然, 王荣焕. 2009. 美国玉米持续增产的因素及其对我国的启示 [J]. 玉米科学, 17(5): 156-159, 163.

中华人民共和国质量监督检验检疫总局, 中国国家标准化管理委员会. 2020. 玉米收获机械: GB/T 21962—2020[S]. 北京: 中国标准出版社.

钟耕臣, 安艳玲. 2018. 西南丘陵地区玉米机械化收获的现状及发展建议 [J]. 吉林农业, (16): 32-33.

钟新科, 刘洛, 徐新良. 2012. 近 30 年中国玉米气候生产潜力时空变化特征 [J]. 农业工程学报, 28(15): 94-100.

Alberte R S, Thomber J P. 1977. Water stress effects on the content and organization of chlorophyll in mesophyll and bundle sheath chloroplasts of maize[J]. Plant Physiology, 59: 351-353.

Bassi R, Rigoni F, Giacometi G M. 1990. Chlorophyll binding proteins with antenna function in higher plants and green algae[J]. Photochem Photobiol, 52: 1187-1206.

Dutta P K. 1986. Effects of grain moisture, drying methods, and variety on breakage susceptibility of shelled corns as measured by the Wisconsin Breakage Tester[D]. Ames: Iowa State University.

Plett S. 1994. Corn kernel breakage as a function of grain moisture at harvest in a prairie environment[J]. Canada Journal Plant Science, 74(3): 543-544.

Sanchez-Diaz M F. 1972. Effects of drought on maize and sorghum[J]. Anales de Edafologia Y Agrobiogia, (31): 927-937.

Xu C H, Zhao F H, Wang K B, et. al. 1990. Effects of low temperature on chlorophyll protein complexes and regulation capacity of excitation energy distribution in chlorophyll membrane of cucumber[C] // Baltscheffsky M. Current Research in Photosynthesis, Volume IV . London: Kluwer Academic Publishers: 667-670.

第四章　宜机高效种植制度与土壤培肥耕作技术

第一节　国内外宜机种植制度及土壤培肥耕作技术

一、宜机种植制度发展动态

（一）国外宜机种植制度发展

玉米是世界第一大粮食作物，同时也是主要饲料、工业原料和能源作物，适应性强，分布广。五大洲均有种植，其中以美洲总产量最高，约占全世界的一半；其次为亚洲，占世界的近30%；第三为欧洲，约占世界的11%；第四为非洲；大洋洲种植面积很小。世界玉米生产比较集中的国家和地区是美国、中国、欧洲，这三个区域被称为世界"三大"玉米带。美国一直是世界玉米第一大生产国，总产量稳居世界第一，2020年总产量约占世界的32%；近年，中国发展较快，从2014年开始中国已经超过美国，成为世界玉米种植面积最大的国家，但中国的单产不高，总产量远低于美国，位居世界第二，2020年总产量约占世界的23%；玉米种植面积和总产量排在世界第三、第四的分别是巴西、阿根廷（表4-1）。

表4-1　世界玉米生产总量居前10的国家（2016～2020年平均）

国家	面积/（万 hm²）	总产量/（万 t）
美国	3 355.13	36 524.28
中国	4 122.24	25 398.56
巴西	1 684.97	8 986.43
阿根廷	681.58	4 959.76
乌克兰	473.52	3 094.31
印度	953.82	2 832.16
墨西哥	717.90	2 756.72
印尼	459.09	2 473.24
罗马尼亚	255.22	1 442.21
俄罗斯	261.86	1 362.54

注：该表根据FAO统计数据整理

由于世界各区域和国家的气候生态与生产条件差异特别大，玉米的种植制度和机械化水平也不尽相同。北美洲（美国、加拿大等）和欧洲（法国、德国、荷兰等）玉米主产国基本上位于温带，一般说来人少地多，以一年一熟为主，一年只净作（单作、平作）一季玉米，部分地区还实行休闲轮作，即休闲1～2年种1～3年玉米。这些国家经济和畜牧业都比较发达，很多实行农牧结合，大力发展青贮或饲用玉米，甚至实行豆科牧草与玉米轮种的农作制。少数热量条件较好的地区也在试验推广青贮饲料作物-玉米等一年两熟种植模式，但玉米仍以净作为主，很少有间套作种植，以适应大型机械化作业的要求。

巴西是世界玉米第三大生产国，很多地区一年种植两季玉米，大多为净作，也有一部分与豆类等其他作物间套作的，间套作的机械化水平较低，面积呈下降趋势；阿根廷是世界玉米主要出口国，每年只种一季玉米，主产区在潘帕斯草原，地势平坦、面积辽阔，有利于机械化生产的开展，采取的是与美国基本相同的种植技术及生产方式；印度主要属于热带地区，光温资源丰富，属于传统的多熟种植地区，在其半干旱地区主要采用小麦-玉米两熟种植模式，也有大量玉米与豆类作物间套作种植方式，其机械化水平较低；墨西哥号称"玉米之乡"，玉米生产在农业中占有重要地位，近80%集中于南部山区，小户经营，小地块种植，种植制度多样，机械化程度低，北部和中部有不少较现代化的大农场，主要从事小麦、水稻及蔬菜、水果生产，也有一定面积的玉米，以净作为主，机械化生产。

（二）我国宜机种植制度发展

我国是世界第二大玉米生产国，从南到北、从东到西都有种植，纵跨寒温带、暖温带、亚热带和热带生态区，分布在低地平原、丘陵和高原山区等不同自然条件下，主要集中于东北到西南斜长地带，是世界"三大"玉米带之一，长江中下游和西北地区也有一定面积。参照佟屏亚等（1992）《中国玉米种植区划》和百度文库资料，结合《中国统计年鉴》和《中国农村统计年鉴》（2016～2019年）统计数据，根据当地的自然资源特点、地理位置、玉米生产特点等，将全国分为北方春播玉米区、黄淮海夏播玉米区、西南山地玉米区、南方丘陵玉米区、西北灌溉玉米区和青藏高原玉米区共6个玉米生态区，其中青藏高原玉米区因气候冷凉玉米种植面积很小。各区玉米的种植制度和机械化水平存在较大差异，并随着生产条件和科技水平的发展而不断发展变化。

1. 北方春播玉米区

北方春玉米区包括黑龙江、吉林、辽宁、宁夏和内蒙古的全部，山西的北部，河北、陕西和甘肃的一部分，是中国的玉米主产区之一，种植面积约占全国的40%，是我国玉米的高产区，可与美国玉米带相媲美，是近年我国玉米发展最快的区域之一，特别是黑龙江和内蒙古，近15年，即2000～2015年黑龙江、内蒙古、吉林和辽宁4省份玉米种植面积翻了一番多（增长了129.9%），总产增长了237.5%。该生态区也是我国玉米生产机械化程度最高的地区。北方春玉米区属寒温带湿润、半湿润气候带，热量资源有限，主要为一年一熟区，玉米大多连作，也有部分地块实行玉米→大豆、玉米→高粱、玉米→春小麦等轮作。历史上该区域玉米主要为净作一熟，少有间套种植；20世纪70～90年代曾大力推广玉米与大豆等作物间作，在南部热量条件稍好的地区也有少量春小麦（或马铃薯）玉米等间套作。进入21世纪后，随着生产水平的提高和机械化生产的发展，间套作面积逐渐减少，净作（平作）春玉米成为最主要的种植方式。

2. 黄淮海夏播玉米区

黄淮海夏播玉米区包括黄河、淮河、海河流域中下游的山东、河南的全部，河北的大部，山西中南部、陕西关中和江苏徐淮地区，玉米播种面积占全国的32%左右，生产的机械化程度也较高。该区属暖温带半湿润气候类型，热量条件可实现一年两熟，玉米种植方式多种多样，间套复种并存。20世纪50年代小麦-玉米是黄淮海平原地区的主要种植方式，但两茬复种只能种植早熟玉米品种，不能充分利用光热资源，产量较低，而且麦收后复播玉米常受雨涝威胁。20世纪70年代在北部地区逐渐改为小麦/玉米套种，发展了平播套种、窄带套种、中带套种（又称小畦大背套种）、宽带套种等多种套作形式，以人工种植为主。到80年代随着水肥条件的改善和适应机械化作业的要求，小麦-玉米两茬复种又有所发展，2007年农业部提出了"一增四改"，即合理增加种植密度、改种耐密型品种、改套种为平作、改粗放用肥为配方施肥、改人工种植为机械化作业，其中增加种植密度是核心，是提高产量的重要措施，改人工种植为机械化作业是发展方向，改套种为平作是为了适应机械化作业的重要措施。随着气候变暖及生产条件改善，近年来黄淮海夏播玉米区进一步优化了小麦-玉米生产技术，大力推广"双晚"技术（付雪丽等，2009），即在传统栽培技术基础上，适当晚收玉米晚播小麦。适当晚播小麦可以避免出现冬前生长过快，无效分蘖多等问题；玉米适当晚收不仅可以延长灌浆期，提高籽粒产量，而且可以让玉米充分脱水，有利于机械化收获，对提高玉米产量和效益、促进机械化生产发展均有重要作用。黄淮海夏播玉米区也有一定面积的玉米与大豆、玉米与花生、玉米与小豆、绿豆等间作，这种方式不便于大型机械化作业，需要研制专用小型播收机具。

3. 西南山地玉米区

西南山地玉米区包括四川、云南、贵州的全部，陕西南部，广西、湖南、湖北的西部丘陵山区和甘肃的一小部分，也是中国的玉米主要产区之一，玉米播种面积约占全国的20%，由于受地形地貌等制约，该区玉米生产的机械化程度较低。西南地区地形复杂，种植方式复杂多样，种植制度从一年一熟到一年多熟。高寒山区一年一熟春玉米，或春玉米同马铃薯带状间套作，丘陵山区间套复种并存。在20世纪50～60年代丘陵旱地以小麦（油菜、豆类等）-玉米接茬复种为主或只种一季春玉米，70年代后期开始示范推广小麦/玉米/甘薯（简称麦/玉/苕）套作三熟，简称"旱三熟"，并逐渐成为主要种植模式。种植方式随着技术的进步、条件的改善和需求的变化而不断改进与发展，形成了窄厢（1～1.3m开厢，如"二四〇六"——1m开厢、0.2m种2行小麦、0.8m预留行种1行玉米等）、中厢（2m左右开厢，如"双三〇"——2m开厢、1.0m种5行小麦、1.0m预留行种2行玉米，这是生产上应用面积最大的种植方式）和宽厢（4m左右开厢，如"双六〇"——4m开厢、2.0m种11行小麦、2.0m预留行种4行玉米等）等多种田间配置方式，小麦（‖蔬菜）/春玉米/夏玉米/甘薯、小麦‖蔬菜（蚕豆、绿肥）/春玉米/甘薯、小麦‖大麦/玉米/甘薯、小麦（‖绿肥、蔬菜）/玉米‖大豆/甘薯、小麦/玉米/大豆等多种作物组合模式，并与轮作结合形成了间套多熟分带轮作。该模式以小麦套作春玉米为基础，变两熟为三熟（或三熟四作、五作），不仅提高了复种指数，而且变夏玉米为春玉米，避免了高温伏旱对夏玉米抽穗扬花（需水临界期，严重影响玉米产量，俗称"卡脖子旱"）的影响，较大幅度提高了玉米和耕地的周年产量，对满足当时日益增长的粮食需求发挥了重要作用，推广面积特别大、应用时间特别长，至今都还有较大种植面积，堪称西南丘陵旱地经典种植模式。但该模式不便于机械化作业，尤其是窄厢种植，而且以粮为主，地力消耗较大，比较效益低，进入21世纪后面积呈下降趋势，在一些区域逐渐被以小麦/玉米/大豆为主的旱地"新三熟"所代替，该模式改甘薯为大豆，具有良好的生态和经济效益，用工数量和劳动强度也有所降低，同时也更有利于小型机械化作业。随着玉米品种的更新换代和栽培技术的进步，在一些高温伏旱较轻、发生频率较低的地区，以"麦/玉/苕（豆）"为主的间套三熟种植模式又逐渐被油菜-夏玉米、小麦-夏玉米等"新两熟"代替，以适应当前机械化生产和适度规模化经营这一新的生产经营模式，该模式小春作物小麦、油菜和大春作物玉米均为净作，有利于实现周年、全程机械化生产，应用面积逐年扩大。此外一些丘陵山区还出现了一定面积的蚕豆-迟春玉米、马铃薯-迟春玉米和食用菌-春玉米、蔬菜-春玉米、冬闲-春玉米等种植模式，净作玉米面积呈扩大之势。据调查，四川丘陵区玉米间套作与净作模式的种植比例已由传统的7∶3转为5∶5（庹洪章等，2016），具有适度规模的新型经营主体大多采用了净作模式。在西南一些热量条件一熟有余两熟不足的山区和高原地区，还有一定面积的马铃薯/玉米等种植模式。

4. 南方丘陵玉米区

南方丘陵玉米区包括广东、海南、福建、浙江、江西及台湾等省份的全部，江苏、安徽的南部，广西、湖南、湖北的东部等广大区域，是我国水稻的主产区，玉米种植面积少而分散，播种面积不到全国的5%。该区属亚热带和热带湿润气候，热量条件好，雨量充沛，一年四季均可种植作物，从一年两熟到三熟或四熟，部分区域常年都可种植玉米，以春玉米和秋冬季栽培作物为主，主要种植方式有小麦/玉米-水稻、油菜-玉米-水稻、春玉米（绿肥）-晚稻、小麦-玉米-棉花、春玉米/春大豆-秋马铃薯、小麦（或油菜）-水稻-秋玉米、早稻-晚稻-秋玉米或冬玉米等多种形式，其中秋玉米主要分布在浙江、江西和湖南、广西的部分地区，冬玉米主要分布在海南、广东、广西和福建的南部地区。该区域稻田玉米的比例较高，是在过去以水稻为主的基础上逐渐发展起来的多熟种植模式，为提高复种指数、保障粮食安全和促进畜牧业发展做出了重要贡献。稻田种植玉米实现了水旱轮作，对改良土壤有重要作用，种植方式以净作为主，有利于机械化生产；旱地玉米有一定比例的间套作，主要是在20世纪80～90年代，而近年呈下降趋势，这是适应机械化生产的重要措施。

5. 西北灌溉玉米区

西北灌溉玉米区包括新疆的全部、甘肃的河西走廊和宁夏的河套灌区。属大陆性干燥气候带，降水稀少，种植业大多依靠融化雪水或河流灌溉系统及地下水灌溉。随着农田灌溉面积的增加，自20世纪70年代以来玉米面积逐渐扩大，是近年我国玉米发展最快的地区，2000～2015年新疆、甘肃和宁夏三省份玉米种植面积增加了一倍多（增长了132.9%），平均每年增加130万亩，2015年播种面积约占全国的5%。该区光照充足，昼夜温差大，玉米产量高（全国玉米的高产纪录在新疆），但气候相对冷凉，无霜期一般为130～180d，0℃以上积温3000～4100℃·d，10℃以上有效积温2500～2600℃·d，主要是一年一熟春播玉米，也有少量的小麦/玉米套种，机械化程度较高。

二、培肥耕作技术发展动态

保持和提高土壤肥力是实现作物持续丰产稳产的基础，目前已被证明切实有效的培肥措施有少免耕技术、秸秆还田、合理轮作、优化施肥、增施有机肥等，通过技术或工程措施减少水土流失、增加土壤碳汇也是防止土壤退化、保持土壤肥力的重要手段。

1. 少免耕技术

频繁耕作会破坏土壤物理结构，尤其是团聚体的结构，促使其内部的有机质暴露和分解。研究证实，实施少免耕技术，减少了土壤扰动，保护了土壤结构，可以降低土壤有机质的氧化（Six et al.，2004），配合秸秆覆盖还田还可以提高土壤生物活力（张星杰，2008）。Liu 等（2014）的研究表明，与传统的翻耕作业相比，免耕种植可以提高表层土壤有机碳含量。随着免耕时间的增长，土壤有机碳含量呈持续增加趋势（Freibaue，2004）。国内外已开发出少免耕配套播种、田管机械，形成了具区域特色的少免耕种植技术（高旺盛，2011）。玉米少免耕种植技术近年也连续被列为农业农村部主推技术，在黄淮和东北平原推广应用。

2. 秸秆还田技术

作物秸秆营养丰富，实施秸秆还田是改良土壤、培肥地力的有效手段。粮食作物秸秆的碳含量多在 40% 以上。从艳静和韩萍（2018）证实，连续实施秸秆还田，耕层土壤有机质含量和主要养分含量持续增加。秸秆还田还可以促进土壤有机氮的矿化，增加植株对土壤氮素的吸收利用，提高氮肥利用效率（徐国伟，2009；胡国庆等，2016）。此外，秸秆还田还能促进作物花后营养器官的氮素转运，从而提升籽粒氮含量和氮素收获指数（陈金等，2015）。

自 20 世纪 70 年代开始，玉米主产区就开始了秸秆还田技术的研究与示范工作（高旺盛，2011）。截至目前，直接还田技术有旋耕翻埋还田、覆盖还田、条带还田、留高茬还田等，间接还田技术有堆沤还田、过腹还田等。各类还田技术的适用范围、技术要求有所不同，还田后对短期和长期土壤肥力的提升也存在差异，目前玉米生产上秸秆以翻埋还田和覆盖还田为主。

3. 合理轮作与间套作

大量实践证实，合理轮作与间套作是克服作物生长障碍、提升土壤肥力、实现农业可持续发展的重要措施，玉米常与豆科作物、绿肥作物等进行轮作、间套种植。玉米与豆科作物轮作，不仅可以发挥豆科作物的固氮作用，还可以实现根系深浅不同的作物有效搭配，从而实现合理利用土壤养分和提高土壤肥力的目的（高圣超等，2017）。Six 等（2004）研究发现大豆与玉米轮作可以提升土壤有效碳含量。高盼等（2018）的研究表明，与春玉米连作相比，春玉米-大豆轮作模式表层土壤孔隙度增加 7.0% ～ 8.7%，容重略有下降，而碱解氮含量增加 21.7%。与玉米轮作的绿肥作物翻埋还田后对土壤肥力提升也有积极效应，赵秋等（2013）研究证实，春玉米种植制度短期纳入冬绿肥作物对玉米产量无明显影响，但冬绿肥作物可以提高土壤有机碳含量和土壤微生物量，且二月兰的效应大于毛苕子。

合理的间套作除提高资源利用效率外，也可以改善土壤肥力。玉米与大豆的套作种植最为广泛，雍太文等（2014）研究发现，与单作相比，大豆/玉米套作提高了大豆带土壤全氮、全磷和全钾的含量和周年的作物产量。黄蔚（2012）的研究证实，小麦/玉米/大豆套作体系可以提高土壤磷含量。廖敦平（2014）的研究也表明，大豆/玉米套作可以提高土壤氮含量，促进玉米对氮素的吸收和利用。"玉米-大豆带状复合种植技术"也多次被列为农业农村部主推技术，并在西南、黄淮海玉米产区推广应用。

4. 增施有机肥

除实施秸秆还田外，增施有机肥也可以在短期内提高土壤肥力，尤其对有机质含量低、肥力差的田块有很好的培肥效果。陈丽潇等（2019）研究发现，玉米田增施生物有机肥后土壤 pH 下降 0.3 ～ 0.5，有机质、全氮、速效钾、缓效钾、有效磷的含量均有升高，且作底肥的效果好于追肥。何浩等（2019）的研究表明，和常规施肥相比，有机肥替代部分化肥可以降低土壤容重和 pH，大幅提高土壤碱解氮、速效磷、速效钾和有机质含量，改善玉米的穗部性状和产量构成。有机肥类型不同，其养分含量、施用方法及对土壤肥力的改善效果也有明显差异，需要因地制宜，以发挥有机肥的最大效应。

5. 减少水土流失

水土流失也是造成土壤肥力下降、土壤结构恶化的重要原因，通过生物、耕作及工程措施可以有效减少水土流失，改善土壤质量。植物篱是丘陵山地常用的生物水土保持措施（王燕，2006），通过等高种植多年生、根系发达的草本、灌木或乔木，可以减少地表径流，增加水分入渗，阻滞泥沙迁移和土壤侵蚀。已有研究表明，种植植物篱后土壤有机质和水稳性团聚体含量、土壤孔隙度均有不同程度升高（曹艳等，2017）。水土保持的耕作措施有秸秆覆盖、少免耕和等高种植植物篱等，秸秆覆盖可以降低雨滴对地表土壤的冲击，增加水分入渗，减少地表径流，从而减少土壤侵蚀，而少免耕主要通过减少对土壤团聚体的破坏，增加水分入渗，减少水土流失（高旺盛，2011）。保水固土的工程措施主要是应用坡面、沟道、蓄水等工程措施来改变地表形态，减少径流、拦蓄降水和泥沙，达到减少水土流失目的（邱珊莲等，2015）。

　　土壤肥力提升措施间有较强的互作效应和加和效应，以保护土壤质量、提高资源利用效率为目的综合培肥措施已成为未来研究方向（Agegnehu and Amede，2017）。

第二节　西南山地宜机高效种植制度

一、适合机械化的间套作模式

（一）作物组合模式

　　间套作是模仿自然生态群落组成原理人为组建的复合群体，以便分层利用空间，延续利用时间，均衡利用营养面积，从而提高单位土地面积产量的种植方式，是我国传统精耕细作的重要组成部分，在西南地区有着悠久的历史和丰富多样的类型。选择适宜的作物组合和品种搭配是缓和间套作复合群体内种间竞争、实现互补进而提高产量的基础。西南地区与玉米间作的模式有玉米‖大豆、玉米‖甘薯、玉米‖花生、玉米‖中药材等，其中以玉米‖大豆最普遍，充分体现了高秆与矮秆、直立叶与水平叶、窄叶与宽叶、直根与须根、深根与浅根、喜光与耐阴、C_4 与 C_3、喜氮与喜磷钾作物的组合特征，可以充分实现作物间在形态特征与生物学特性上的互补，不仅是西南，也是国内外最主要的间作形式。西南地区玉米的套作模式主要有小麦/玉米/甘薯（简称麦/玉/苕）、小麦/玉米/大豆（简称麦/玉/豆）、马铃薯/玉米、中药材/玉米等。

　　四川农业大学于 2008 ～ 2010 年连续在雅安和射洪，2012 ～ 2013 年在简阳、中江和仁寿进行了不同种植模式的试验研究，结果（表 4-2，表 4-3）表明，不同种植模式的玉米产量和周年产量存在显著差异。就玉米产量而言，蚕豆和豌豆套作的玉米产量较高，其次是马铃薯套作的玉米，小麦套作的玉米产量较低，主要原因：一是蚕豆、豌豆和马铃薯较小麦早熟，与玉米的共生期短；二是蚕豆、豌豆和马铃薯植株较小麦矮，共生期间对玉米的影响较小；三是蚕豆、豌豆和马铃薯需肥量特别是氮肥需要量较小麦少。不管前作是小麦还是马铃薯，套作春玉米的产量均高于接茬复种的净作夏玉米，因为套作春玉米播种较夏玉米早，气候相对冷凉，生长较慢，生育期较长，光合产物较多，其中马铃薯收后净作的夏玉米产量较小麦收后种的夏玉米产量高，其原因与套作相同。需要指出的是，马铃薯、小麦收后净作的夏玉米产量不如套作春玉米产量高，但更有利于机械化生产、提高劳动生产效率和经济效益。从周年生产来看，传统旱三熟"麦/玉/苕"的经济产量、生物产量和光能利用率均高于新旱三熟"麦/玉/豆"，主要原因是甘薯（苕）收获的是营养器官，产量较高，但其经济效益较低，用工量也大，且不便于机械化生产，因此高产不高效，而且地力消耗也较大，生态效益较低；与麦/玉/豆相比，芋（马铃薯）/玉/豆的周年产量和经济效益均较高，是一种高产高效的种植模式，但马铃薯的市场需求有限，且不耐贮藏，市场价格波动也比较大，适合于城郊和加工厂附近等对马铃薯需要量比较大的区域（罗茂等，2008）。

表 4-2　不同种植模式经济生态效益比较

年份	模式	玉米产量/ (t/hm²)	周年产量/ (t/hm²)	产值/ (万元/hm²)	净收益/ (万元/hm²)	光能利用率/%	能量产投比
	麦/玉/豆	6.939b	10.408c	2.2403d	1.068c	1.11b	2.13
	芋/玉/豆	7.388a	10.714c	4.1336b	1.9835b	1.07b	2.31
2008～2009	麦/玉/苕	6.6044b	14.2589b	2.336d	0.7623d	1.62a	3.35
	芋/玉/苕/芋	7.330a	14.636ab	5.516a	2.318a	1.51a	2.53
	麦/玉/苕/芋	6.210c	15.234a	3.561c	0.817d	1.69a	2.65
	麦/玉/豆	6.423b	11.733c	2.461c	1.289c	1.22b	2.35
2009～2010	麦/玉/苕	6.284b	17.187a	2.809c	1.235c	1.49a	3.15
	芋/玉－芋	7.038a	13.927b	6.409b	3.201b	1.25b	2.43
	芋－玉－芋	6.119b	16.288a	7.394a	3.639a	1.34a	2.51

注：麦、玉、豆、苕、芋分别指小麦、玉米、大豆、甘薯、马铃薯；表中两年的数据为雅安和射洪两试验点的平均值；计算总产时甘薯和马铃薯的产量按5∶1折算原粮；产值和净收益是按当时的物价计算的；同年同列不同小写字母表示在0.05水平差异显著。下同

表 4-3　2012～2013 年不同种植模式产量比较　　　　　（单位：kg/hm²）

地点	种植模式	小春作物	玉米	两季总产
	小麦/玉米	1 020.45	10 118.85	11 139.3
简阳	马铃薯/玉米	5 478.6	10 649.85	11 745.57
	小麦－玉米	1 735.65	7 077.15	8 812.8
	马铃薯－玉米	9 290.25	8 334.45	10 192.5
	小麦/玉米	4 366.65	9 639.75	14 006.4
中江	马铃薯/玉米	8 048.4	9 917.55	11 527.23
	小麦－玉米	7 870.35	5 621.7	13 492.05
	马铃薯－玉米	16 011.9	6 326.7	9 529.08
	小麦/玉米	2 326.79c	7 460.79c	9 787.58c
仁寿	豌豆/玉米	1 645.09d	7 639.46b	9 284.55d
	蚕豆/玉米	3 160.16b	8 154.56a	11 314.72b
	马铃薯/玉米	5 853.73a	7 515.05c	13 368.78a

注：小春作物分别指小麦、马铃薯、豌豆、蚕豆；马铃薯按鲜薯计产，计算总产时按5∶1折算原粮

（二）田间配置方式

适宜的田间配置是间套作栽培进一步缓和作物间竞争，实现互补，从而充分利用光、温、水、肥等资源的重要措施。

1. 带宽

间套作分为直行（1行A作物间或套1行B作物）和带状（多行A作物间或套多行B作物）间套作两种，为了便于操作管理，尤其是机械化生产，一般采用带状间套作。西南地区与玉米的带状间套作有中厢（2m 左右开厢）、宽厢（4m 左右开厢）和窄厢（1m 左右开厢）等多种形式，四川农业大学在 2005～2013 年同时在雅安、射洪、仁寿等地进行了多年多点多品

种的带宽比较试验。

从表4-4、表4-5可以看出，窄厢"二四〇六"（1m开厢、种2行小麦占0.2m、预留行0.8m种1行玉米）与中厢"双三〇"（2m开厢、种5行小麦占1.0m、预留行1.0m种2行玉米）和宽厢"双六〇"（4m开厢、种11行小麦占2.0m、预留行2.0m种4行玉米）相比，小麦的播幅虽然有所减小，但其产量差异不大甚至还略为增产，其主要原因是每行小麦都是边行，充分利用了小麦的边行增产效应。玉米则显著增产，其主要原因：一是小麦收后玉米为1m等行距栽培，玉米植株在田间分布均匀，漏光较少，光能吸收利用率较高；二是0.8m预留行只种1行玉米，玉米与小麦的间距相对较大，共生期间受小麦的影响相对较小，更容易形成壮苗，但窄厢"二四〇六"田间操作管理不方便，尤其不便于机械化生产，因此是一种高产模式，但不是高效模式，在当前生产形势下推广应用面积不大（尹学伟，2011）。

表4-4　2005～2006年带宽对小麦和玉米产量的影响　　　（单位：t/hm²）

地点	带宽	小麦'川育16'	玉米'正红2号'	麦玉总产	小麦'川麦33'	玉米'正红6号'	麦玉总产
川农农场	二四〇六	2.259a	9.19a	11.449a	2.567a	9.981a	12.548a
	双三〇	2.274a	6.020b	8.294b	2.165ab	6.375b	8.541b
	双六〇	2.082a	4.422c	6.503c	1.673b	6.491b	8.165b
雅安草坝	二四〇六	3.161a	6.077a	9.239a	3.768a	6.311a	10.080a
	双三〇	2.151c	5.408b	7.559b	3.716a	5.619b	9.335b
	双六〇	2.634b	4.925c	7.559b	3.104b	5.220b	8.324c

表4-5　带宽对麦/玉/豆产量的影响　　　（单位：t/hm²）

地点	带宽	2008～2009年				2009～2010年			
		小麦	玉米	大豆	总产	小麦	玉米	大豆	总产
雅安	二四〇六	1.746b	6.927a	1.175b	9.848a	4.125a	6.863a	0.603a	11.591a
	双三〇	1.667b	6.422b	1.151a	9.239ab	4.026a	6.420b	0.605a	11.051a
	双六〇	1.881a	5.591c	1.448a	8.919b				
射洪	二四〇六	2.843a	6.950a	1.013b	10.806a	5.060a	5.985a	0.831a	11.876a
	双三〇	3.450a	6.300a	1.100b	10.850a	5.099a	5.021b	0.885a	11.004a
	双六〇	3.315a	5.384c	1.242a	9.941b				

宽厢"双六〇"与中厢"双三〇"相比，小麦的产量差异不大，但玉米显著减产，主要原因：一是小麦收后将近2.7m没有玉米，漏光比较多，光能利用率低；二是2.0m预留行种4行玉米，玉米行距较小，株间竞争激烈，尤其是中间2行。为了解决中间2行玉米长得差的问题，本研究团队在射洪等地试验示范过"双七五"（即5m开厢，2.5m预留行种4行玉米，中间两行玉米行距扩大到约1.0m），部分缓解了中间两行玉米株间的竞争，但终因小麦带太宽，玉米季漏光太多而不利于高产。宽厢"双六〇"模式的优点是操作管理比较方便，尤其便于机械化作业，目前在南充的南部、阆中等地还有一定面积。

中厢"双三〇"则兼顾了窄厢充分利用空间提高玉米产量的优点和宽厢操作管理方便的长处，因此是目前生产上主要的推广模式。中厢也有很多种方式，如"双三〇""双二五""三五二五"等。为了探明中厢玉米大豆套作的适宜带（厢）宽，四川农业大学（卢凤芝，2014）于 2012～2013 年在雅安进行了玉米、大豆 2∶2 行比下的带宽试验，结果表明（表 4-6，表 4-7），在 1.6～2.2m，随着带宽增加玉米干物质积累量和籽粒产量呈降低趋势，大豆产量则呈先增后减的变化趋势，以 2.0m 带宽产量最高；总干物质积累量和产量及土地当量比（LER）则先增加后降低，在带宽为 2.0m 处理下最高，过宽和过窄都不利于协调群体高产。目前一些小型和微型耕、播、收机具在 2.0m 带宽"双三〇"模式下也可以使用，宽厢"双六〇"模式每带 4 行玉米虽然更有利于机械化生产，但对于西南丘陵山地常见的 2 行玉米播、收机具，其作业效率较"双三〇"模式并不会有大幅度的提高。

表 4-6　带宽对玉米、大豆群体干物质积累的影响

处理		2012 年				2013 年			
		干物质产出/（t/hm²）			土地当量比	干物质产出/（t/hm²）			土地当量比
		玉米	大豆	总产		玉米	大豆	总产	
带宽	1.6m	19.32b	1.23f	20.55bc	1.24e	14.14b	1.79d	15.93b	1.50c
	1.7m	18.72c	1.69e	20.41c	1.33d	13.79c	2.01c	15.80b	1.54bc
	1.8m	18.61cd	1.76e	20.38c	1.34d	13.44cd	2.32b	15.76b	1.62b
	1.9m	18.38de	2.44d	20.81b	1.50c	13.30d	3.10a	16.40a	1.85a
	2.0m	18.35de	2.84b	21.19a	1.59a	13.09e	3.30a	16.39a	1.90a
	2.1m	18.17ef	2.68bc	20.84b	1.55b	12.86e	3.09a	15.94b	1.82a
	2.2m	17.95f	2.58cd	20.53bc	1.51bc	12.86e	2.45b	15.32b	1.62b
CKM		20.66a		20.66bc	1.00f	15.16a		15.16c	1.00d
CKS			4.02a	4.02d	1.00f		3.38a	3.18d	1.00d

注：CKM 和 CKS 分别指玉米净作和大豆净作，下同

表 4-7　带宽对玉米、大豆籽粒产量的影响　　　　　　　（单位：kg/hm²）

处理		2012 年			2013 年		
		玉米	大豆	总产	玉米	大豆	总产
带宽	1.6m	7306.84a	381.86d	7688.71a	6329.85a	706.95e	7036.86b
	1.7m	6938.28ab	554.50c	7492.78b	6111.75a	848.48d	6960.23b
	1.8m	6728.48b	588.95c	7317.44b	5803.65abc	1011.57b	6815.28b
	1.9m	6611.07bc	898.45b	7509.52a	5716.05abc	1413.45a	7129.50b
	2.0m	6664.89bc	1032.67a	7697.56a	5865.15ab	1521.84a	7386.99a
	2.1m	6219.22cd	823.13b	7042.35c	5308.65bc	1281.28b	6590.00c
	2.2m	5936.89d	847.70b	6784.59c	5215.20c	918.89c	6134.00c
CKM		6759.43b		6759.43d	6073.95a		6073.95c
CKS			1960.69a	1960.69e		1380.22a	1380.22d

　　带宽对马铃薯和套作玉米的产量也有显著影响，2008 年四川农业大学在宝兴进行的试验表明（表 4-8），在 2∶2 行比条件下，随着带宽的增加，马铃薯产量降低，主要原因是带宽增加以后马铃薯的群体下降，玉米产量各处理间差异不大。因此，在高海拔、高光强、冷凉的宝兴地区，马铃薯套玉米的适宜带宽为 1.5～1.6m（郑顺林等，2010）。

表 4-8　带宽和行比对马铃薯和玉米产量的影响

带宽/m	行比	玉米行距/m	间距/cm	马铃薯产量/（t/hm²）	玉米产量/（t/hm²）	总产量/（t/hm²）	总产值/（万元/hm²）
1.5	2∶2	0.50	0.25	18.260a	5.034ab	8.686	1.769a
1.6	2∶2	0.50	0.33	17.501a	4.532ab	8.032	1.645ab
2.0	2∶2	0.83	0.33	13.611b	4.692ab	7.415	1.4783b
2.0	3∶2	0.50	0.35	17.654a	3.980b	7.511	1.559ab
1.5	2∶2	0.60	0.45	11.112c	5.375a	7.596	1.469b

注：马铃薯行距均为0.5m，马铃薯以鲜薯计产，计算总产时按5∶1折算原粮；产值按当年当地市场价计算

2. 幅宽与行比

幅宽即 A、B 两种作物各自占的地面宽度（不包括两作物的共同地面），是在相同带（厢）宽条件下调节两种作物间竞争和互补关系的重要手段。2012 ～ 2013 年，四川农业大学在四川仁寿选择两种带宽（1.6m、2.0m）开展了不同幅宽对玉米大豆带状复合种植群体产量的影响。由表 4-9 可知，随着玉米幅宽（即玉米窄行行距）的增加、玉米与大豆间距的变小，玉米产量呈增加趋势，但当玉米幅宽超过 50cm 后产量不再增加甚至降低，玉米幅宽 50cm 与 40cm处理的产量差异不显著；大豆产量随玉米幅宽的增加、玉米与大豆间距的变小呈不断降低趋势，1.6m 带宽下各处理间大豆产量无显著差异，2.0m 带宽下玉米幅宽大于 40cm 时，大豆产量显著降低。两种带宽下群体的总产量均以玉米幅宽 50cm 处理最高，分别为 7759.49kg/hm²、11 927.82kg/hm²，与玉米幅宽 40cm 和 60cm 处理无显著差异。两种带宽下玉米幅宽（x）与玉米产量（y）间均可较好地拟合为多项式曲线（图 4-1），拟合曲线模型分别为$y=0.0271x^3-5.3664x^2+330.6x+195.5$（$R^2=0.9885$）、$y=0.0086x^3-1.854x^2+128.68x+6814$（$R^2=0.977$），通过该曲线可以预测 1.6m、2.0m 两种带宽下玉米产量达最高值的窄行宽度（即玉米幅宽）分别为 48.47cm、52.93cm。

表 4-9　行距配置方式（幅宽）对玉米产量构成因素及产量、群体产量的影响（仁寿，2012 ～ 2013 年）

年份	处理/cm	玉米				大豆产量/（kg/hm²）	群体产量/（kg/hm²）
		有效穗数/（穗/hm²）	穗粒数	千粒重/g	产量/（kg/hm²）		
2012	20+140	51 669.35b	417.31c	221.66b	4 776.81d	1 319.10a	6 095.91d
	30+130	52 335.95b	464.04b	225.50ab	5 473.61c	1 272.65a	6 746.26c
	40+120	54 002.60ab	476.96ab	233.19ab	6 006.89ab	1 249.43a	7 256.32ab
	50+110	55 169.60a	501.64a	235.53a	6 520.76a	1 238.73a	7 759.49a
	60+100	56 002.80a	484.33ab	232.07ab	6 292.88ab	1 167.08a	7 459.96ab
	70+90	55 836.10a	465.84b	227.96ab	5 927.36bc	1 117.53a	7 044.89bc
2013	20+180	54 666.94b	549.64c	250.75a	7 534.75c	1 850.92a	9 385.67c
	30+170	54 666.94b	578.46c	259.79a	8 202.03b	1 896.04a	10 098.07b
	40+160	57 333.62a	638.49b	266.68a	9 762.34a	1 840.95a	11 603.29a
	50+150	57 666.96a	672.04a	263.02a	10 194.41a	1 733.41b	11 927.82a
	60+140	58 000.29a	659.65ab	262.22a	10 029.12a	1 565.82c	11 594.94a
	70+130	57 333.62a	640.80b	267.57a	9 826.40a	1 485.77c	11 312.17a

注：幅宽前一个数字为玉米幅宽，后一个数据为大豆幅宽+间距（玉米与大豆间的距离），大豆幅宽（行距）均为40cm

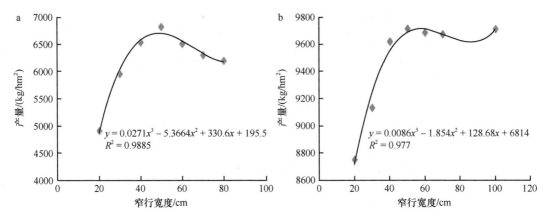

图 4-1　窄行宽度对玉米产量的影响（仁寿，2012 ～ 2013 年）

a. 1.6m 带宽；b. 2.0m 带宽

在一定带宽情况下，间套作物的行比对各作物的产量也有一定影响。从表 4-8 可以看出，马铃薯套玉米在带宽 2.0m 条件下，马铃薯玉米 3∶2 行比与 2∶2 行比相比，由于增加了一行马铃薯导致马铃薯产量显著提高，玉米的产量则大幅降低，两作物的总产差异不显著，但由于马铃薯市场价格较高，因而产值有所提高（表 4-8）。因此，生产上应根据市场需要和生产目标，通过试验示范确定间套作各作物的适宜幅宽、间距和行比。

玉米大豆间套作在 2.4m 和 2.8m 带宽条件下，玉米大豆行比 2∶4 与 2∶3 相比，大豆由于增加了一行，产量均不同程度提高，玉米产量则不同程度降低，土地当量比和产值则差异不大（表 4-10），2.0m 带宽下玉米与大豆 2∶2 行比的产值最高，这也是目前生产中最主要的种植方式。

表 4-10　带宽和行比对玉米、大豆产量、产值的影响

带宽/m	处理	玉米产量/（t/hm²）	大豆产量/（t/hm²）	土地当量比	产值/（万元/hm²）
2.0	2∶2	9.383a	1.602e	1.56	1.307
2.4	2∶3	7.722b	2.216d	1.62	1.282
2.4	2∶4	7.056bc	2.541b	1.68	1.290
2.8	2∶3	6.945bc	2.180d	1.53	1.196
2.8	2∶4	6.429c	2.394c	1.56	1.194
	净作玉米	9.804a			0.980
	净作大豆		2.651a		0.609

3. 行距和株距

在净作条件下，为了改善田间的通风透光条件、协调群体与个体的矛盾，作物生产上普遍采用宽行窄株或者宽窄行栽培，尤其是高密度大群体条件下，宽行是为了改善通风透光条件，窄株和窄行是为了保证群体密度。在带状间套作情况下一般都采用宽窄行栽培，在宽行中间套作其他作物，适宜的窄行和宽行行距因间套作作物种类、带宽等而定，如前所述玉米间套大豆，2.0m 带宽条件下玉米适宜的窄行距为 50cm 左右，宽行距 150cm 种 2 行大豆（表 4-9）。

株距一般根据各作物的种植密度及其行距确定。需要注意的是间套作情况下田间的总密度应该高于净作，以提高群体的 LAI，否则会降低间套作的效果。通常情况下是在主作或高

秆作物密度（较净作）不减或减少不多的情况下增加副作或矮秆耐阴作物。

四川农业大学历经十余年的研究，形成了以"选、扩、缩、密"为核心技术，以"适期播种、科学肥水管理、综防病虫、机播机收"等为配套技术的玉米大豆带状复合种植技术体系。选，即选择株型紧凑、矮秆耐密、适宜间套作的玉米品种和耐阴抗倒大豆品种，为玉米和大豆的高产奠定基础；扩，即扩大玉米的宽行距和玉米与大豆的间距，以减少玉米对大豆的影响，同时也便于玉米和大豆的机械化作业；缩，即缩小玉米的窄行距、玉米与大豆的株（穴）距，以保证足够密度；密，即适当增加种植密度，为玉米和大豆高产提供保证。这套技术可以较好地协调好玉米和大豆的关系，充分缓和竞争实现互补，为玉米和大豆的优质高产创造条件，同时也有利于机械化生产。

二、宜机新型两熟种植模式

近年来，在农村劳动力输出转移加剧、机械化生产技术快速发展、山区观光农业（油菜花节、红高粱节等）积极推进的背景下，传统的旱地一年三熟三作、三熟四作、三熟五作间套作多熟制悄然向两熟净作发展，形成了油菜-玉米、油菜-高粱、小麦-玉米、玉米-薯类、玉米-饲草等新型两熟接茬粮油（饲）作物种植模式。据不完全统计，旱地新型两熟种植模式已超过1000万亩，且每年以10%左右的速度增长（宋全安，2016）。新型两熟模式在快速发展中，暴露出以下突出问题：一是上、下茬作物配置不合理，影响周年高产稳产；二是新型两熟配套的秸秆还田、土壤耕作、抗逆播种、肥水管理技术粗放、不规范；三是适合新型两熟的避灾减灾技术体系亟待建立完善；四是农业机械研发及配套性研究不足，传统的田间管理技术模式更替缓慢。在现代农业产业技术体系、行业科技、科技支撑计划、科技成果中试熟化等项目资助下，四川省农业科学院作物研究所联合相关科研院校、农业技术推广部门和企业，在多年开展机械化生产技术研究和农机具研制选型配套基础上，研究提出了西南旱地油菜-玉米、小麦-玉米新型两熟机械化生产技术。

（一）技术要点

1. 选择适宜模式

西南旱地油菜-玉米和小麦-玉米两熟接茬净作模式，适合在西南丘陵区、部分高山高原区推广应用。各地可综合优势作物分区、适宜播期范围、市场需求等因素选择应用。

2. 选用适宜品种

选用耐密、抗倒性强、适宜机播机收和当地气候生态条件的优良品种。其中，小麦、油菜选用耐密、耐旱、抗倒、熟期偏早的优质高产品种；玉米选用耐高温、适夏播、抗倒伏、种子偏硬粒型的品种。根据排种器类型进行种子分级机播更佳。

3. 选用适宜机具

根据地形、田块大小选配适宜动力和播种机。一般坡度5°以上或面积小于3335m²的小地块选用微耕机或手扶拖拉机为动力的小型播种、收获机；坡度5°以下或面积大于3335m²的大地块，通过条件较好的选用35马力及以上拖拉机为动力的中型或大型播种、收获机。

4. 采用简化高产管理技术

根据生态条件、产量目标和现有农机装备情况，因地制宜选用单季作物简化高产管理技术。

（二）西南旱地新型两熟适配农机

1. 旋耕机具

（1）微耕机具

坡度 5° 以上或面积小于 3335m² 的小地块选用微耕机或手扶拖拉机为动力，如图 4-2 所示。根据土壤类型和耕作需求选用不同类型旋耕刀具（图 4-3）进行旋耕作业；同时可配套选用开沟机、培土机、起垄机、覆膜机等配套机具（图 4-4）满足相关耕作需求。

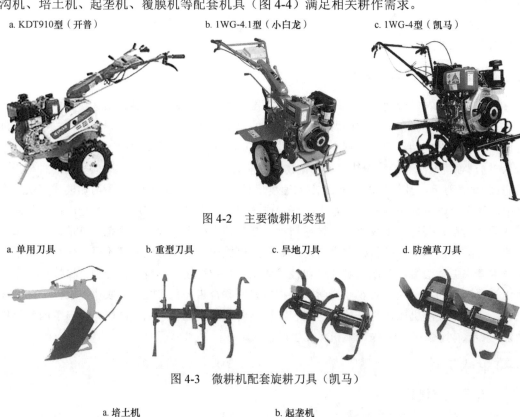

a. KDT910型（开普）　　　　　b. 1WG-4.1型（小白龙）　　　　　c. 1WG-4型（凯马）

图 4-2　主要微耕机类型

a. 单用刀具　　　　b. 重型刀具　　　　c. 旱地刀具　　　　d. 防缠草刀具

图 4-3　微耕机配套旋耕刀具（凯马）

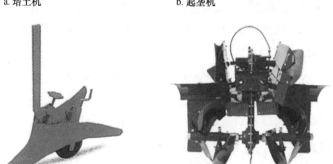

a. 培土机　　　　　　　　b. 起垄机

图 4-4　其他配套机具（凯马）

（2）中型拖拉机机具

坡度 5° 以下或面积大于 3335m² 的大地块，通过条件较好的选用 35 马力及以上拖拉机为动力，如图 4-5 所示。其配套旋耕机具的选用可参考表 4-11。

a. 354型拖拉机   b. 754型拖拉机

图4-5 中型拖拉机类型（东方红）

表4-11 旋耕机类型与动力选择

指标	轻小型				基本型				加强型			
幅宽/cm	75	100	125	150	125	150	175	200	150	175	200	225
配套动力/kW	11～15	11～18	11～18	15～18	18～26	22～37	26～44	37～48	37～41	37～48	41～55	48～59
每米幅宽质量/（kg/m）		150～200				180～260				200～300		
刀辊转速/（r/min）		150～350				150～350				150～350		
作业速度/（km/h）		1～4				1～5				2～5		
刀辊回转半径/mm		195，210，225，245				195，210，225，245，260				225，245，260		
相邻切削面间距/mm		35～55				35～55				65～85		
每切削小区刀数/把		1				1或2				2		

2. 代表性小麦播种收获机

（1）小麦播种机

1）2B-5型小麦播种机

2B-5型小麦播种机使用微耕机作为动力，适用于小地块小麦播种，具有小巧灵活、操作方便、播种效率高等特点，具体技术参数详见表4-12。

表4-12 2B-5型小麦播种机参数

项目	参数	项目	参数
外形尺寸（长×宽×高）/mm	1140×550×450	播种幅宽/mm	1000
整机重量/kg	28	作业行数/行	5
动力来源	微型耕耘机	行距/mm	200
配套动力/kW	3.7～6.3	播种量/（kg/亩）	5.0～20.0
排种器形式	外槽轮式	播种效率/（亩/d）	25

2）2BMFDC-6 型小麦播种机

2BMFDC-6 型小麦播种机为自走式小麦播种机，自带动力 8.8kW，适用于大地块小麦播种，可实现旋耕、播种、施肥一次性完成，具有操作方便、播种效率高等特点，具体技术参数详见表 4-13。

表 4-13　2BMFDC-6 型小麦播种机参数

项目	参数	项目	参数
外形尺寸（长×宽×高）/mm	1350×750×700	行距/cm	22
整机重量/kg	150	播种量/（kg/亩）	5～20
播种器形式	外槽轮式	施肥量/（kg/亩）	15～40
排肥器形式	外槽轮式	播种深度/cm	3～5
配套动力/kW	8.8	开沟宽度/cm	5～6
作业行数/行	6	刀轴转速/（r/min）	219～275

（2）小麦收获机

1）GY4L-0.6 型小麦收获机

GY4L-0.6 型小麦收获机配套 188F 风冷柴油机，机身小巧适用于小地块或间套作小麦收获，具体技术参数详见表 4-14。

表 4-14　GY4L-0.6 型小麦收获机参数

项目	参数	项目	参数
外形尺寸（长×宽×高）/mm	2410×1250×1180	收割宽度/mm	1000
整机重量/kg	355	最小离地间隙/mm	290
配套动力	188F 风冷柴油机	作业效率/（亩/h）	≥0.6
轮胎规格/L	5.0～12.0	变速档数	前进 3，倒退 1
割刀型式	往复循环式	可收割作物	小麦

2）久保田 PRO688Q 型联合收获机

久保田 PRO688Q 型联合收获机为全喂入履带收割机，配套动力 49.2kW，收获效率高，适用于大地块小麦收获，可在稻田、旱地使用，通过更换割台配件适用于小麦、水稻、油菜等作物收获，具体参数详见表 4-15。

表 4-15　久保田 PRO688Q 型联合收获机参数

项目	参数	项目	参数
外形尺寸（长×宽×高）/mm	4880×2255×2550	倒伏适应性/度	顺割：低于 85°；逆割：低于 70°
整机重量/kg	2600	脱粒系统	轴流式、脱粒杆齿式
收割宽度/mm	2000	筛选方式	振动筛、风选
割茬高度范围/mm	400 以上	作业效率/（亩/h）	3～8
适应作物高度（全长）/mm	550～1700	可收割作物	油菜、水稻、小麦

3. 代表性油菜播种收获机

（1）油菜播种机

1）2BS-3 型油菜播种机

2BS-3 型油菜播种机使用微耕机作为动力，适用于小地块油菜播种，具有小巧灵活、操作方便、播种效率高等特点，具体技术参数详见表 4-16。

表 4-16 2BS-3 型油菜播种机参数

项目	参数	项目	参数
外形尺寸（长×宽×高）/mm	750×650×750	播种幅宽/mm	600
整机重量/kg	48	作业行数/行	3
动力来源	微型耕耘机	行距/mm	30
配套动力/kW	3.7～6.3	播种量/（g/亩）	108～261
排种器形式	外槽轮式	播种效率/（亩/h）	2～3

2）2BYJ-4 型油菜播种机

2BYJ-4 型油菜播种机使用 35 马力以上拖拉机作为动力，适用于大地块油菜播种，可实现旋耕、播种、施肥一次性完成，具有操作方便、播种效率高等特点，具体技术参数详见表 4-17。

表 4-17 2BYJ-4 型油菜播种机参数

项目	参数	项目	参数
外形尺寸（长×宽×高）/mm	1505×900×1400	播种幅宽/mm	1260
整机重量/kg	480	作业行数/行	4
动力来源	中型拖拉机	行距/mm	330
配套动力/kW	19～26	播种量/（g/亩）	120～250
排种器形式	外槽轮式	播种效率/（亩/h）	2.5～3.9

（2）油菜收获机

目前，生产上油菜收获机多为全喂入联合收获机，基本上与久保田 PRO688Q 型类似，其中 4LYZ-2 型使用比较广泛，具体技术参数详见表 4-18。

表 4-18 4LYZ-2 型油菜收获机参数

项目	参数	项目	参数
外形尺寸（长×宽×高）/mm	4700×2600×2450	结构形式	全喂入自走式
整机重量/kg	2350	喂入量/（t/h）	7.2
收割宽度/mm	2000	行驶速度/（hm/h）	0～7.56
割茬高度范围/mm	500 以上	籽粒含水率/%	8～25
适应作物高度（全长）/mm	≤1800	茎秆含水率/%	10～70

4. 玉米播种收获机

（1）玉米播种机

1）2BF-2 型玉米播种机

2BF-2 型玉米播种机使用微耕机作为动力，适用于小地块玉米播种，其播种行距、株距均可调节，具有小巧灵活、操作方便、播种效率高等特点，具体技术参数详见表 4-19。

表 4-19　2BF-2 型玉米播种机参数

项目	参数	项目	参数
外形尺寸（长×宽×高）/mm	850×800×645	株距范围/mm	162～475
整机重量/kg	60	施肥深度/mm	—
播种行数/行	2	播种深度/mm	80
排种器	三轴滚刷排种器	每穴籽粒数	1～2
行距范围/mm	500～600	作业效率/（亩/h）	2～3

注："—"表示无数据，该玉米播种机无施肥功能

2）2BYM-2 型玉米播种机

2BYM-2 型玉米播种机使用 35 马力以上拖拉机作为动力，适用于大地块玉米播种，可实现播种、施肥一次性完成，使用勺轮式精量排种器进行单粒精量播种，播种行距、株距及播种、施肥深度可调，具有播种效率高等特点，具体技术参数详见表 4-20。

表 4-20　2BYM-2 型玉米播种机参数

项目	参数	项目	参数
外形尺寸（长×宽×高）/mm	1550×850×1050	株距范围/mm	220～380
整机重量/kg	180	施肥深度/mm	60～80
播种行数/行	2	播种深度/mm	40～60
排种器	勺轮式	每穴籽粒数	1
行距范围/mm	300～600	作业效率/（亩/h）	3～4.5

（2）玉米收获机

1）4YZ-2 型玉米收获机

4YZ-2 型玉米收获机为自走式玉米摘穗收获机，可一次性完成玉米摘穗、剥皮作业，同时可完成玉米秸秆粉碎并抛撒还田。该机具有转弯半径小、操作灵活等特点，具体技术参数详见表 4-21。

表 4-21　4YZ-2 型玉米收获机参数

项目	参数	项目	参数
外形尺寸（长×宽×高）/mm	5000×1250×2700	最小离地间隙/mm	250
配套动力/kW	≥33	总损失率/%	≤4
整机重量/kg	2450	（籽粒）破损率/%	≤1
收获行距/mm	600～700	籽粒损失率/%	≤2
摘穗高度/mm	≥400	果穗损失率/%	≤3
收获行数/行	2	作业效率/（亩/h）	3～6

2) GY4TW-2 型玉米收获机

GY4TW-2 型玉米收获机为披挂式玉米收获机，以中型拖拉机为动力，可一次性完成玉米摘穗、剥皮作业，具体技术参数详见表4-22。

表 4-22　GY4TW-2 型玉米收获机参数

项目	参数	项目	参数
外形尺寸（长×宽×高）/mm	4900×1500×2550	最小离地间隙/mm	250
配套动力/kW	17.6～25.8	总损失率/%	≤4
整机重量/kg	680	籽粒含水率/%	25～30
收获行距/mm	500～700	植株倒伏率/%	≤4
工作幅宽/mm	1050	理论作业速度/（km/h）	2～3.5
收获行数/行	2	作业效率/（亩/h）	3～5

第三节　山地玉米农田机械化土壤培肥耕作技术

一、山地作物秸秆还田效应

1. 小麦/玉米套作模式秸秆还田方式及效应

小麦/玉米套作是丘陵旱地主导的种植模式之一，在当前生产条件下，秸秆就地还田是有效发挥其效应的主要措施。小麦收获后，秸秆覆盖行间，在免耕条件下种植大豆、甘薯等作物。玉米收获后到小麦播种尚有 80d 左右休闲期，在玉米收获后可将秸秆砍倒就地覆盖在小麦播种带上，待小麦播前移至旁边预留行，进行小麦播种。此种秸秆还田方法简单高效，蓄墒保水效果明显，不仅利于小麦播种立苗，还可抑制杂草滋生（吴晓丽等，2015）。

研究结果表明，与无覆盖相比，秋季玉米秸秆覆盖还田可减少土壤水分蒸发（图4-6），小麦产量有大幅提高（表4-23），处理间的差异干旱年大于湿润年。秸秆覆盖后，土壤墒情得到改善，利于小麦根系生长发育，作物对土壤养分的吸收利用效率随之升高，秸秆覆盖处理的氮、磷、钾积累量明显高于无覆盖处理（表4-24）。

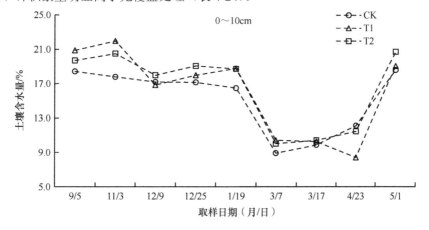

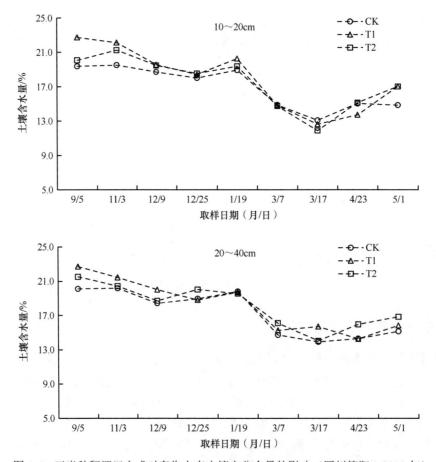

图 4-6　玉米秸秆还田方式对套作小麦土壤水分含量的影响（四川简阳，2013 年）

CK 为全程无覆盖；T1 为秋季玉米秸秆覆盖，播后无覆盖；T2 为全程覆盖，秋季及播后均有秸秆覆盖。下同

表 4-23　玉米秸秆还田方式对旱地套作小麦产量和地上部分生物量的影响（四川简阳，2013 年，2014 年）

年份	处理	产量/（kg/hm²）	收获指数	地上部分生物量/（kg/hm²）			
				播种−分蘖	分蘖−拔节	拔节−开花	开花−成熟
2013	CK	2924	0.496	59	279	3455	1691
	T1	3926	0.496	86	433	4399	1056
	T2	3603	0.498	84	285	3594	2231
2014	CK	5854	0.510	281	878	6874	3291
	T1	5958	0.509	292	942	6831	2708
	T2	6058	0.505	312	932	6859	3058

表 4-24　玉米秸秆还田方式对旱地套作小麦养分积累量的影响（四川简阳，2013 年）

处理	养分积累量/（kg/hm²）		
	N	P	K
CK	8.09	0.77	4.78
T1	11.14	1.09	7.29
T2	9.97	0.97	6.46

2. 小麦、玉米净作种植秸秆还田方式及效应

在小麦、玉米两熟净作种植模式中，多数区域小麦已实现机械化收获，收获时秸秆粉碎抛撒还田，之后采用旋耕或免耕方式种植玉米（图4-7）。玉米机械收获和人工收获均有，收获后的玉米秸秆有立茬翻埋还田（图4-8）、粉碎后翻埋还田和粉碎免耕覆盖（图4-9）等多种还田方式。

图 4-7　小麦秸秆覆盖条件下免耕播种玉米

图 4-8　玉米秸秆立茬条件下一次性完成秸秆粉碎翻埋和小麦施肥播种作业

图 4-9　玉米秸秆粉碎覆盖条件下免耕播种小麦

秸秆还田方式会直接影响土壤水分含量，进而影响作物的生长发育。2016 年在四川省三台县的试验结果表明，小麦秸秆免耕覆盖+玉米免耕播种在关键生育期的保墒效果好于秸秆旋耕翻埋模式（图 4-10），产量增加 16.9%（图 4-11），但免耕会增加杂草生物量，在不除草的条件下，玉米成熟期免耕秸秆覆盖单位面积的杂草生物量较秸秆翻埋处理高 1.7 倍。孟庆立等（2019）开展的小麦秸秆还田方式试验结果也表明，秸秆粉碎免耕播种利于保墒抗旱，而秸秆旋耕翻埋的保墒效果较差，且有倒伏风险。但免耕播种对秸秆分散均匀度要求高，一旦抛撒不匀常造成缺苗断垄。玉米秸秆还田方式对土壤水分含量也有明显影响，与无秸秆还田方式相比，秸秆粉碎还田后免耕播种小麦，苗期土壤含水量也会有不同程度的增加。

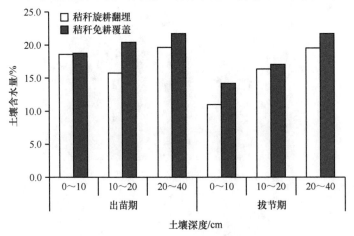

图 4-10　小麦秸秆还田方式对玉米主要生育期土壤含水量的影响（四川三台，2016 年）

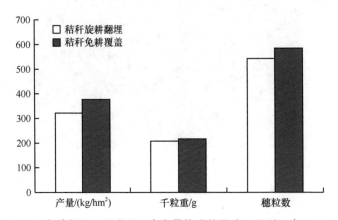

图 4-11　小麦秸秆还田方式对玉米产量构成的影响（四川三台，2016 年）

3. 秸秆还田的土壤及环境效应

还田后的秸秆在分解过程中对土壤的理化性质和温室气体排放有明显影响。普遍认为，持续秸秆还田可以降低土壤容重，增加土壤孔隙度和团聚体含量，促进水分下渗，减少水土流失，长期还田还可以增加土壤养分含量和土壤有益微生物的数量，对于土壤结构的改善和土壤肥力的提升都有积极作用（徐国伟，2009；胡国庆等，2016；丛艳静和韩萍，2018）。但作物秸秆在分解过程中会增加温室气体排放，与无秸秆还田处理相比，秸秆直接还田的 CO_2、N_2O 排放量分别增加 29.7%、78.1%，秸秆以生物炭的形式施入土壤则可以减少温室气体的排放（夏文斌等，2014）。目前，秸秆还田对作物病虫害发生和流行的影响也存在较大的争议（胡颖慧等，2019；王振等，2020），如何提高秸秆还田的正向效应，减少负面影响，还需要持续深入的研究。

二、土壤培肥耕作管理关键技术

随着人们对农业土地开发强度的日益提高，农业的投入和产出均呈现大幅度增加，这一方面促进了农业生产力的巨大飞跃，另一方面也导致了一系列不可忽视的弊病。主要表现：农业产投比边际效益急剧下降，农业物资大量消耗；不合理利用导致大量农田土壤质量退化（如土壤硝酸盐、总磷等盐分大量累积）、土壤板结、土壤酸化等（邱吟霜等，2019）；劳动力成本剧增导致大量有机废弃物料被放弃回田，而被焚烧或随意丢弃，这不仅造成大量养分资源的损失，还污染和破坏了农村生态环境。同时，玉米要实现连年高产，离不开化肥的作用。目前，我国是世界上最大的化肥消费国和第二大化肥生产国，据有关研究，我国农作物约40%的增产依靠化肥，但是，化肥是一种速效肥料，长期大量施用会使土壤板结、结构变差、肥力下降、理化性状变劣（生态环境部，2017）。这种情况下，就得施用有机肥或其他有机物料来改善土壤环境。有机肥含作物生长发育所需的N、P、K、Ca、Mg、S等大、中量元素和多种微量元素，同时含有有机物质，如纤维素、半纤维素、脂肪、蛋白质、氨基酸、胡敏酸类物质及植物生长调节物质等。在提供作物养分、维持地力、更新土壤有机质、促进微生物繁殖、增强土壤保水保肥能力和保护农业生态环境方面有着特殊的作用。

有机质不仅是作物养分的主要源泉，还有改善土壤物理化学性质的功能，土壤的结构性、通透性、渗漏性、吸附性、缓冲性和抗逆性等都直接或间接地受有机质含量的影响。有机质能供给土壤微生物所需的能量和养料，激发其大量繁殖，从而有利于有机养分的矿化作用和作物的吸收。土壤有机质是土壤肥力的重要指标，是决定土壤肥力的重要基础物质。对于各类农田土壤，在无障碍因素的条件下，其肥力高低、作物产量的多少都与土壤有机质含量在一定范围内关系密切。土壤中的有机质每年都有一部分因矿质化作用而消耗掉，补偿的来源主要是植物腐解物和有机肥。植物腐解物或有机肥在土壤中经过一定时间的分解形成腐殖质，补充土壤有机质。有机肥的主要成分是有机质，猪、牛、羊、马、禽粪等含有机质30%～70%。有机肥也是完全肥料，含有氮、磷、钾、钙、镁、硫、铁、硼、锌、锰、钼等十几种元素，还有可被作物直接吸收利用的氨基酸和可溶性糖类，可促进产量和品质提高。施用有机肥不仅能为农作物提供全面营养，而且肥效长，可促进微生物繁殖，改善土壤的生物活性（罗珠珠等，2010）。有机肥含有大量的有益微生物和各种活性酶，如固氮菌、纤维分解性细菌、真菌、细菌、放线菌和蛋白酶、脲酶、磷酸酶等。这些微生物和酶，可加速土壤中有机物的分解、转化，使有些养分从不可给状态转化成可给状态，供作物吸收利用。而且，施用有机肥一定程度上抵消了耕作对土壤团聚体的破坏，促进了土壤的团聚化作用，增加了团聚体内颗粒有机碳含量。

无机、有机养分均会随农产品收获及农作物废弃物（如秸秆）带出农田而消耗，同时还有矿化、淋洗作用对养分的消耗。土壤肥力是农业可持续发展的基础资源，要维持农业土壤肥力水平，培肥是最主要的措施之一，也是作物增加产量、提高质量不可或缺的农业措施。

土壤培肥对玉米高产栽培的意义是十分重大的，只有保持土壤有较高的肥力水平、较好的结构性状，才能持续获得高产。玉米高产栽培的土壤培肥重点是提高其基础肥力，即提高其水、肥、气、热协调能力，同时提高肥料利用率。生产中，常用的培肥措施有施用农家有机肥、商品有机肥、秸秆还田等。玉米机械化生产中，土壤培肥主要是两个方面，即增施有机肥、秸秆还田。

1. 有机肥施用技术

有机肥是指各种动植物残体、动物粪尿经过一段时间发酵腐熟形成的一类肥料，包括厩肥、绿肥、各种堆肥等。有机肥不但可以提供农作物所需的各种养分，而且能提高土壤保水保肥能力，减少养分固定提高养分的有效性，加快土壤微粒的形成，调节土壤的理化性质，促使土壤微生物的生长发育。有机肥还能降低碱性土壤的pH，改善土壤盐碱化现象，增加土壤中有机质、碱解氮、有效磷、速效钾含量。

不同的有机肥施用量不同，一般来讲，堆肥每公顷施 15～22.5t，商品有机肥每公顷施 3000～4500kg。玉米播种整地前，将有机肥均匀撒于地表，然后旋耕，这样既省事，又将肥与表层土壤混合，利于肥力保持和作物吸收。

2. 秸秆粉碎还田技术

秸秆作为农业生产的主要副产品，含有丰富的有机碳及大量的氮、磷、钾、硅等农作物生长所必需的营养元素。秸秆还田不仅能够提高土壤养分含量，而且能够改良土壤结构，具有一定的提高粮食产量的潜力，同时还能增加农田土壤的固碳量，作为化肥的补充甚至替代品改善因化肥的过度使用导致的土壤酸化、板结、地力衰退等问题。

机械化作业之后，秸秆的处理就容易得多。上茬作物，如小麦或油菜，机械化收获时就将秸秆粉碎并较为均匀地铺撒在地表，撒上有机肥后一并旋耕即可。玉米机械化收获时也会将秸秆粉碎并铺撒在地表，旋耕即可播种下茬作物，这样循环作业，农田地力就会逐年培肥。

3. 秸秆还田培肥土壤实例分析

四川省农业科学院旱作农业课题组于 2006 年设计了秸秆还田长期定位试验，2012 年，对试验土壤理化性质进行了分析。明确了秸秆还田的土壤培肥作用。试验设传统翻耕秸秆不还田（T，对照）、周年连续免耕秸秆覆盖还田（NTS）、垄播沟覆（LS）模式 3 种处理。种植模式采用西南地区常用的"麦/玉/薯"一年三熟模式，带状套作。小区采用随机区组排列，小区面积为 10m²（长 4m×宽 2.5m），每个处理 3 次重复。

传统翻耕秸秆不还田（T）：采用当地传统耕翻方式，每季作物播种前整地一次，作物收获后，将作物秸秆连根全部移走。

周年连续免耕秸秆覆盖还田（NTS）：简称免耕还田。玉米收获后，将秸秆整秆覆盖在小麦种植带上，小麦收获后，将秸秆整秆覆盖在玉米行间，小麦、玉米秸秆均全量还田。

垄播沟覆（LS）：在"双三〇"规范开厢的基础上，第一年将空行土移到小麦种植带上，起 20cm 高的垄，垄上种植小麦、甘薯，玉米沟底栽种；第二年定向移垄，将小麦种植带上的土移到上一年玉米种植行间，并填埋秸秆，促进秸秆腐熟，即小麦种植带变为玉米种植行，玉米种植行转变为小麦种植带，逐年实现轮耕。

通过分析，得出秸秆还田对该区域土壤理化性质及作物周年产量的影响，主要研究结论如下。

（1）土壤结构改善

通过对土壤容重、土壤孔隙、土壤机械性团聚体、土壤水稳性团聚体等土壤物理方面性质的分析发现，秸秆还田措施对土壤结构改善是比较明显的。就土壤容重而言，垄播沟覆

（LS）和周年连续免耕秸秆覆盖还田（NTS）土壤容重均低于传统秸秆不还田，秸秆还田对
0～20cm 层土壤容重降低比较明显，以 LS 处理最低，为 1.41g/cm³。LS、NTS 处理土壤容
重分别比 T 处理降低了 8.87%、4.13%。秸秆还田亦改善了土壤孔隙状况，秸秆还田两个处理
均不同程度增加了土壤孔隙度，LS 及 NTS 处理 0～20cm 层土壤孔隙度比 T 处理分别提高了
5.20%、3.54%。

　　秸秆还田增加了土壤团聚体的络合度，减少了对大团聚体的破坏，并促进微团聚体向大
团聚体转化，免耕还田使＞0.25mm 团聚体含量增加。本试验结果表明，秸秆还田处理团聚体
含量略高于不还田，各处理之间＞0.25mm 团聚体及水稳性团聚体数量差别不大，可能是由
于土壤固结、土壤黏重、试验测定过程中筛分时间短。对团聚体平均重量直径（MWD）分析
发现，秸秆还田处理高于不还田，土壤抗侵蚀能力提高，团聚体结构破坏率降低（表 4-25～
表 4-27）。

表 4-25　不同耕作方式下土壤机械稳定性团聚体组成（%）

处理	土层	团聚体粒径								
		＞10mm	7～10mm	5～7mm	3～5mm	2～3mm	1～2mm	0.5～1mm	0.25～0.5mm	＜0.25mm
T	0～20cm	60.99± 4.42a	10.15± 1.48a	7.79± 0.60a	8.57± 0.81a	4.53± 0.76a	2.52± 0.40a	2.66± 0.53a	0.92± 0.18a	98.13± 0.97a
	20～40cm	63.66± 2.64a	11.15± 1.37a	8.04± 0.12a	7.63± 0.83a	3.80± 0.44a	2.09± 0.24a	2.21± 0.13a	0.75± 0.03a	99.33± 0.15a
LS	0～20cm	62.88± 3.30a	11.46± 1.00a	7.03± 0.54a	7.71± 0.86a	4.32± 0.45a	2.14± 0.17ab	2.28± 0.21a	0.75± 0.06a	98.56± 0.74a
	20～40cm	65.99± 0.89a	9.32± 0.12a	6.88± 0.17ab	7.17± 0.34a	4.13± 0.41a	2.14± 0.17a	2.40± 0.13a	0.86± 0.06a	98.88± 0.13a
NTS	0～20cm	69.05± 1.51a	10.65± 0.72a	6.74± 0.26a	6.36± 0.05a	2.94± 0.22a	1.47± 0.09b	1.60± 0.10a	0.57± 0.04a	99.38± 0.18a
	20～40cm	65.19± 2.45a	11.09± 0.42a	6.40± 0.54b	7.38± 0.91a	3.91± 0.37a	2.06± 0.12a	2.16± 0.13a	0.74± 0.03a	98.93± 0.13a

表 4-26　不同耕作方式下水稳性团聚体组成（%）

处理	土层	团聚体粒径					
		＞5mm	2～5mm	1～2mm	0.5～1mm	0.25～0.5mm	＜0.25mm
T	0～20cm	40.43±17.14a	22.13±3.56ab	16.78±6.80a	7.62±2.60a	3.46±0.95a	90.41±3.44a
	20～40cm	35.77±15.11a	22.78±5.02a	19.12±6.39a	8.08±2.16a	4.21±1.01a	89.96±1.63a
LS	0～20cm	42.84±8.16a	25.98±3.78a	13.17±1.45a	5.51±0.74a	2.87±0.26a	90.37±2.32a
	20～40cm	40.76±6.48a	23.70±3.37a	14.88±2.10a	6.73±0.51a	3.70±0.60a	89.76±1.28a
NTS	0～20cm	56.84±3.43a	18.59±3.11ab	8.86±0.73a	4.49±0.22a	2.33±0.25a	91.11±0.93a
	20～40cm	44.16±1.48a	22.80±0.63a	12.42±1.05a	6.00±0.90a	3.39±0.64a	88.77±1.25a

表 4-27　不同耕作方式对团聚体平均重量直径和团聚体结构破坏率的影响

处理	土层	平均重量直径/mm	团聚体结构破坏率/%
T	0～20cm	1.33a	8.32a
	20～40cm	1.35a	10.27ab

续表

处理	土层	平均重量直径/mm	团聚体结构破坏率/%
LS	0～20cm	1.35a	7.87a
	20～40cm	1.45a	9.43b
NTS	0～20cm	1.79b	8.31a
	20～40cm	1.76ab	9.22b

（2）土壤水分运动能力

比较田间持水量、凋萎系数、有效含水量发现，秸秆还田处理均大于不还田，土壤持水能力提高。秸秆还田措施增加了土壤孔隙，使土壤的贮水容量空间增大，另外，秸秆还田提高了土壤有机质含量，使土壤水分蓄持能力增强。秸秆还田措施有效提高了土壤田间持水量、凋萎系数及有效水含量（表4-28）。对土壤水分特征曲线研究发现，秸秆还田措施土壤质量含水量均大于传统翻耕。对水分特征曲线进行 Gardner 模型拟合后显示（图4-12），周年连续免耕秸秆覆盖还田和垄播沟覆土壤质量含水量均高于传统翻耕，这表明秸秆还田能有效提高土壤持水能力。秸秆还田改善了土壤孔隙状况，特别是细小孔隙有所增加，毛管水作用使得土壤有较好的存蓄水分能力。对土壤入渗性能的研究（图4-13）发现，累积入渗量均表现为秸秆还田处理＞不还田处理，NTS、LS 提高了土壤的累积入渗量，比对照分别平均增加30.75%、41.77%。相较于对照，NTS、LS 稳定入渗速率分别提高了 0.17m/min、0.31m/min。

表 4-28　不同耕作方式对田间持水量、凋萎系数及有效水含量的影响

处理	土层	田间持水量/%	凋萎系数/%	有效水含量/%
T	0～20cm	24.07bAB	6.87a	17.21
	20～40cm	24.29bAB		17.43
LS	0～20cm	24.87abAB	7.18a	17.69
	20～40cm	24.44bAB		17.26
NTS	0～20cm	26.34aA	7.52a	18.82
	20～40cm	25.90aA		18.38

注："田间持水量"一列后不含有相同小写字母、相同大写字母的分别表示同一处理不同土层之间在 0.05、0.01 水平差异显著，"凋萎系数"一列后不含有相同小写字母的表示处理间在 0.05 水平差异显著

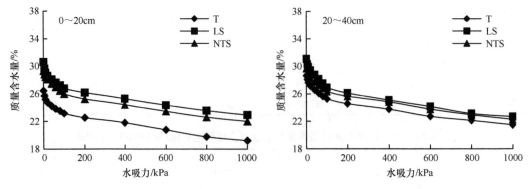

图 4-12　不同耕作方式下土壤水分特征曲线

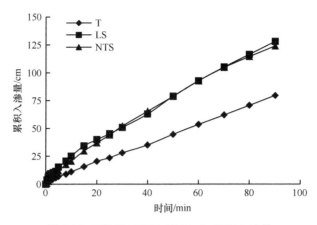

图 4-13　不同处理下土壤 90min 累积入渗量

（3）土壤养分情况

本试验研究结果（表 4-29）显示，秸秆还田增加了土壤 pH，可能是由于秸秆覆盖还田减少了雨水对土壤的淋溶，减少了土壤胶体上交换性 H^+，同时增加了土壤阳离子钾、钠、钙、镁等盐基离子，使土壤 pH 增加。通过对土壤有机质的研究发现，秸秆还田处理土壤有机质含量均低于对照，且达到极显著水平。处理间全氮表现为 NTS ＞ T ＞ LS，全磷、全钾均表现为 NTS ＞ LS ＞ T，碱解氮表现为 LS ＞ NTS ＞ T，LS 和 NTS 处理的有效磷、速效钾较对照均有所增加。处理间土壤阳离子交换量（CEC）表现为 LS ＞ T ＞ NTS。总体上，秸秆还田改善了土壤养分状况。

表 4-29　不同耕作方式下的土壤化学性质变化

处理	有机质/（g/kg）	全氮/（g/kg）	全磷/（g/kg）	全钾/（g/kg）	碱解氮/（mg/kg）	有效磷/（mg/kg）	速效钾/（mg/kg）	CEC/［cmol(+)/kg］
T	15.71aA	0.98abA	0.35bC	13.29bA	83.45aA	7.77cB	148.03dC	21.94cdBC
LS	13.97bBC	0.97 abA	0.38bBC	13.39bA	95.86aA	9.32bcAB	150.08dC	23.58aA
NTS	13.42bC	1.02 abA	0.44aAB	14.31abA	94.47bB	8.32cB	183.70bcABC	21.49dC

（4）作物周年产量

连续 6 年试验的产量数据（表 4-30）表明，不同处理下各作物产量随试验持续年限的延长而呈增加趋势，周年产量也基本上随年限的延长而增加，且秸秆还田处理增幅较大，试验 3 种作物产量增幅均表现为 NTS ＞ LS ＞ T 的趋势。小麦产量的变化：T 为 1180.65 ～ 1662.45kg/hm²，LS 为 2007.60 ～ 2456.85kg/hm²，NTS 为 2843.55 ～ 3063.45kg/hm²，表现为 NTS ＞ LS ＞ T，NTS、LS 平均增产分别为 1581.45kg/hm²、810.75kg/hm²。玉米产量的变化：T 为 3456.30 ～ 5194.65kg/hm²，LS 为 4463.40 ～ 5496.60kg/hm²，NTS 为 5792.40 ～ 6095.55kg/hm²，同样表现为 NTS ＞ LS ＞ T，NTS、LS 玉米产量比对照平均增产分别为 42.37%、17.48%。甘薯产量的变化：T 为 2134.35 ～ 3218.25kg/hm²，LS 为 2142.75 ～ 5656.95kg/hm²，NTS 为 4370.25 ～ 5653.65kg/hm²；与对照相比，NTS、LS 甘薯产量平均比对照增加 2269.65kg/hm²、1738.95kg/hm²。

表 4-30　不同耕作方式对作物周年产量的影响　　　　（单位：kg/hm²）

处理	年份	小麦	玉米	甘薯	周年产量
T	2006	1 180.65	3 456.30	2 134.35	6 771.30
	2007	1 177.20	3 687.15	3 218.25	8 082.60
	2008	1 247.25	3 940.80	2 084.40	7 272.45
	2009	1 604.10	4 330.05	1 892.55	7 826.70
	2010	1 660.80	5 194.65	3 018.15	9 873.60
	2011	1 662.45	4 465.05	2 992.35	9 119.85
LS	2006	2 007.60	5 496.60	2 142.75	9 646.95
	2007	2 034.30	5 592.90	3 485.10	11 112.30
	2008	2 292.75	4 958.85	2 718.00	9 969.60
	2009	2 296.80	5 086.20	4 963.65	12 346.65
	2010	2 393.40	4 800.00	4 323.60	11 517.00
	2011	2 456.85	4 463.40	5 656.95	12 577.20
NTS	2006	2 843.55	5 792.40	5 413.65	14 049.60
	2007	2 863.50	5 894.70	5 653.65	14 411.85
	2008	2 970.15	6 095.55	4 560.30	13 626.00
	2009	3 000.15	6 012.30	3 456.90	12 469.35
	2010	3 030.15	6 034.35	5 503.65	13 068.15
	2011	3 063.45	5 930.25	4 370.25	13 363.95

参 考 文 献

曹艳, 刘峰, 包蕊, 等. 2017. 西南丘陵山区坡耕地植物篱水土保持效益研究进展 [J]. 水土保持学报, 31(4): 57-63.

陈金, 唐玉海, 尹燕枰, 等. 2015. 秸秆还田条件下适量施氮对冬小麦氮素利用及产量的影响 [J]. 作物学报, 41(1): 160-167.

陈丽潇, 杨雷, 冯作山. 2019. 生物有机肥对土壤肥力以及玉米产量的影响 [J]. 农业与技术, 39(12): 30-32.

丛艳静, 韩萍. 2018. 连续 3 年玉米秸秆还田对土壤理化性状及作物产量的影响 [J]. 中国农学通报, 34(17): 95-98.

付雪丽, 张惠, 贾继增, 等. 2009. 冬小麦−夏玉米 "双晚" 种植模式的产量形成及资源效率研究 [J]. 作物学报, 35(9): 1708-1714.

高盼, 刘玉涛, 王宇先, 等. 2018. 半干旱区玉米−大豆轮作对土壤物理性质和化学性质的影响 [J]. 黑龙江农业科学, (9): 23-26.

高圣超, 关大伟, 马鸣超, 等. 2017. 不同大豆种植制度对土壤质量的影响研究进展 [J]. 大豆科技, (3): 21-29.

高旺盛. 2011. 中国保护性耕作制度 [M]. 北京: 中国农业大学出版社.

国家统计局. 2016. 中国统计年鉴 [M]. 北京: 中国统计出版社.

国家统计局. 2017. 中国统计年鉴 [M]. 北京: 中国统计出版社.

国家统计局. 2018. 中国统计年鉴 [M]. 北京: 中国统计出版社.

国家统计局. 2019. 中国统计年鉴 [M]. 北京: 中国统计出版社.

何浩, 危常州, 李俊华, 等. 2019. 商品有机肥替代部分化肥对玉米生长、产量及土壤肥力的影响 [J]. 新疆农业科学, 56(2): 325-332.

胡国庆, 刘肖, 何红波, 等. 2016. 免耕覆盖还田下玉米秸秆氮素的去向研究 [J]. 土壤学报, 53(4): 963-971.

胡颖慧, 时新瑞, 李玉梅, 等. 2019. 秸秆深翻和免耕覆盖对玉米土传病虫害及产量的影响 [J]. 黑龙江农业科学, (5): 60-63.

黄蔚. 2012. 基于间套作背景下的小麦/玉米/大豆周年磷肥效应研究 [D]. 雅安: 四川农业大学硕士学位论文.

孔凡磊, 袁继超. 2014. 四川省玉米机械化生产的现状、问题和对策 [J]. 四川农业科技, (8): 6-7.

廖敦平, 雍太文, 刘小明, 等. 2014. 玉米-大豆和玉米-甘薯套作对玉米生长及氮素吸收的影响 [J]. 植物营养与肥料学报, (6): 1395-1402.

卢凤芝. 2014. 不同带宽对玉米-大豆带状套作系统作物养分积累竞争和产量的影响 [D]. 雅安: 四川农业大学硕士学位论文.

罗茂. 2008. 小麦玉米套作带宽与田间配置结构研究 [D]. 雅安: 四川农业大学硕士学位论文.

罗珠珠, 黄高宝, 张仁陟, 等. 2010. 长期保护性耕作对黄土高原旱地土壤肥力质量的影响 [J]. 中国生态农业学报, 18(3): 458-464.

孟庆立, 王国兴, 师亚琴, 等. 2019. 4 种麦秸还田/玉米播种模式比较 [J]. 西北农业学报, 28(5): 723-728.

邱珊莲, 翁伯琦, 郑开斌. 2015. 水土流失防控技术及其土壤质量效应 [J]. 福建农业学报, 30(1): 98-105.

邱吟霜, 王西娜, 李培富, 等. 2019. 不同种类有机肥及用量对当季旱地土壤肥力和玉米产量的影响 [J]. 中国土壤与肥料, (6): 182-187.

生态环境部. 2018. 2017 年中国生态环境状况公报 [EB/OL]. https://www.mee.gov.cn/gkml/sthjbgw/qt/201805/t20180531_442212.htm. [2020-06-30].

宋全安. 2016. 四川丘区旱作农业发展研究 [M]. 北京: 中国农业科学技术出版社.

佟屏亚. 1992. 中国玉米种植区划 [M]. 北京: 中国农业科技出版社.

庹洪章, 姚金霞, 程方平, 等. 2016. 四川丘陵山区玉米机械化生产现状分析及对策研究 [J]. 中国农机化学报, 37(6): 264-267.

王燕, 宋凤斌, 刘阳. 2006. 等高植物篱种植模式及其应用中存在的问题 [J]. 广西农业生物科学, 25(4): 369-373.

王振, 宋显东, 王春荣, 等. 2020. 黑龙江省玉米秸秆处理方式转变对玉米病虫草害发生的影响 [J]. 黑龙江科学, 11(4): 43-44, 47.

吴景锋. 1996. 我国玉米生产现状与科技对策 [J]. 作物杂志, (5): 26-29.

吴晓丽, 汤永禄, 李朝苏, 等. 2015. 秋季玉米秸秆覆盖对丘陵旱地小麦生理特性及水分利用效率的影响 [J]. 作物学报, 41(6): 929-937.

夏文斌, 张旭辉, 刘铭龙, 等. 2014. 麦秆还田方式对旱地土壤综合温室效应的影响 [J]. 土壤, 46(6): 1010-1016.

徐国伟, 段骅, 王志琴, 等. 2009. 麦秸还田对土壤理化性质及酶活性的影响 [J]. 中国农业科学, 42(3): 934-942.

尹学伟. 2011. 四川盆地旱地多熟高效种植模式的比较研究 [D]. 雅安: 四川农业大学硕士学位论文.

雍太文, 刘小明, 刘文钰, 等. 2014. 减量施氮对玉米-大豆套作体系中作物产量及养分吸收利用的影响 [J]. 应用生态学报, 25(2): 474-482.

张群. 2014. 宽窄行配置对带状套作玉米光合特性及产量的影响 [D]. 雅安: 四川农业大学硕士学位论文.

张星杰, 刘景辉, 李立军, 等. 2008. 保护性耕作对旱作玉米土壤微生物和酶活性的影响 [J]. 玉米科学, 16(1): 91-95, 100.

赵秋, 高贤彪, 宁晓光, 等. 2013. 华北地区春玉米-冬绿肥轮作对碳、氮蓄积和土壤养分以及微生物的影响 [J]. 植物营养与肥料学报, 19(4): 1005-1011.

郑顺林, 袁继超, 李德林, 等. 2010. 马铃薯、玉米套作模式下田间配置及群体优化 [J]. 中国马铃薯, 24(2): 80-83.

Agegnehu G, Amede T. 2017. Integrated soil fertility and plant nutrient management in tropical agro-ecosystems: a review[J]. Pedosphere, 27(4): 662-680.

Freibauer A, Rounsevell M D A, Smith P, et al. 2004. Carbon sequestration in the agricultural soils of Europe[J]. Geoderma, 122(1): 1-23.

Liu E, Teclemariam S G, Yan C, et al. 2014. Long-term effects of no-tillage management practice on soil organic carbon and its fractions in the northern China[J]. Geoderma, 213(1): 379-384.

Six J, Bossuyt H, Degryze S, et al. 2004. A history of research on the link between (micro)aggregates, soil biota, and soil organic matter dynamics[J]. Soil & Tillage Research, 79(1): 7-31.

第五章　宜机高产高效玉米品种鉴选

第一节　国内外研究动态

一、国外宜机品种选育与鉴选策略

选育和推广宜机品种是开展机械化收获的重要基础。美国、德国等发达国家在 20 世纪 60 年代前后相继实现了玉米生产机械化。其中，50 年代以机械穗收为主，70 年代全面采用大型联合收获机进行田间直接脱粒收获。因此，了解发达国家宜机品种发展历程及动态对我国开展相关研究具有重要借鉴意义。

（一）宜机种质资源创新与利用

种质资源是玉米育种的物质基础，欧美等发达国家历来十分重视种质创新的研究。美国是玉米育种水平最高的国家，也是玉米种质资源收集、改良、创新和利用最早、水平最高的国家。美国从推广玉米杂交种开始，就一直比较重视玉米前育种工作，在种质创新、杂交种产量水平及基础研究方面处于全球领先地位。

在推广杂交种早期，美国玉米带使用的主要种质有瑞德黄马牙、衣阿华坚秆综合种（BSSS）及 Ried、Iodent、Lancaster 等，20 世纪 50 ～ 60 年代，Maryland yellow dent、Boone country white 等种质发挥了重要作用（Mikel，2006，2011）。20 世纪 60 年代，美国开始加快推进玉米机械收获，对品种的抗倒性要求进一步提高（收获时直立株 95% 以上），BSSS 由于具有茎秆坚硬、抗倒伏能力强、产量配合力高等特点，成为美国宜机品种选育的核心种质。在商业育种中，为了简化种质资源的分类，以 BSSS 群为核心，划为母本群（SS 群），其余类群的自交系均归为父本群（NSS 群），在育种过程中，坚持群内循环选系，群间组配杂交种（Cooper et al.，2014）。继后，通过种质扩增，将阿根廷种质 Maiz Amargo（苦玉米）的耐密植优良性状（包括根系强壮、茎秆坚硬、抗虫等）引入，实现了 SS 群的扩增、改良与创新的重大突破；把种质 Iodent 引入 NSS 群，提高了杂交种的籽粒灌浆和脱水速度，降低了收获时籽粒的含水量。种质 Maiz Amargo 和 Iodent 的成功引入，克服了根系、茎秆、密植和灌浆、脱水等一系列机收障碍，满足了玉米机械化收获对新种质的需要，为宜机商业杂交种的选育奠定了种质基础。目前，美国现代商用自交系遗传基础来源较为广泛，母本群主要包括衣阿华坚秆综合种、阿根廷 Maiz Amargo，父本群主要包括 Lancaster、OH43、Lh82、Iodent、Oh07-Midland、Minn13 等，具有高产、早熟、耐密、脱水快、优质、抗性强等优良性状，这些亚群之间以特定模式相互改良和杂交，选育了现代商业杂交种。

德国 KWS 及法国 RAGT Semences 公司也很重视基因库分类。所有种质新材料必须归类到某一基因库，然后再加以利用。选育自交系的基础材料要保持血缘清楚，即一个群体所用亲本应来自同一基因库。德国 KWS 总部基因库划分为：马齿库 1（BSSS）、马齿库 2（Lancaster）、马齿库 3（混合库）、硬粒库 1（德国库）、硬粒库 2（欧洲库）、硬粒库 3（混合库）。在库内根据生态差异再分成若干库，还可根据其他特点（如抗茎腐）再分。在基础材料的组建上，德、法种子公司把注意力集中在少数亲本组成的单交、三交、回交材料选育二环系上，仅用少部分精力进行群体改良。所用亲本应属同一基因库，目的性十分清楚。通过自交系的测交产比试验，确定基因库间的杂种优势关系，为定向选系和杂交种组配提供依据。杂交方式是单交、三交并重，种子市场上三交种占 90%～95%。组配以硬粒系×马齿系为主，较少利用其他系间杂交。

（二）选育方法的研究与应用

1. 高密度育种

高密度育种是美国先锋种业公司的成功经验。在选育自交系的早代，施行高密度种植可以创造适度的基因型（G）与环境（E）互作（G×E）条件，放大了基因型对环境的反应，扩大分离群体的遗传方差，把分离群体中存在的遗传变异表现得更加充分，特别是使得原本表现不出来的变异得以充分表现，如耐旱性、结实性、抗倒性、耐高温、耐低温和耐低氮能力等，容易在正态分布中识别想要的加值或减值尾端，因而提高了选择强度、扩大了选择响应。有关研究显示，先锋公司自交系选育早代（S1～S3）材料的种植密度是在生产密度上增加 1 倍，20 世纪 70～80 年代，自交系选育早代种植密度大约是 157 500 株/hm^2，21 世纪初大约是 195 000 株/hm^2（Mansfield，2012）。

2. 育种新技术

先锋、孟山都等大型种业公司每年在育种新技术相关研发方面投入均在 10 亿美元以上，大量的研发投入促使育种技术及模式不断创新。育种新技术、新方法如双单倍体育种、分子标记辅助育种、杂种优势预测、转基因、基因编辑、品种与环境互作及气候环境分类等已经在国际大型种业公司得到了广泛应用。

单倍体育种技术改变了传统育种的技术流程，缩短了育种年限，已经成为德国 KWS、法国利马格兰集团、美国先锋种业公司等多家跨国公司的主导选系技术。单倍体育种技术主要涉及诱导、鉴别、加倍等技术环节，其中诱导系是该技术的关键。目前，国际上应用广泛的诱导系主要有 WS14、MHI、RWS、UH400 等，诱导率一般可达 8% 以上。在单倍体加倍环节，自然加倍效率较低，一般为 5%～10%，而化学加倍技术已较为成熟，加倍率可以达到 30%以上。总体上，单倍体育种技术已经广泛应用于遗传育种研究及种质扩增改良之中，成为现代育种的核心技术之一，为提高育种效率及构建新的工程化育种模式提供了技术支撑。

以单核苷酸多态性（SNP）差异为基础的分子标记辅助选择技术、全基因组选择技术和杂种优势分子预测技术已经成为跨国种业集团玉米分子育种的主导技术，应用于育种全过程。美国先锋种业公司建立的自动化分子标记流水线每天可以完成数百万个聚合酶链式反应（PCR）测试；德国 KWS 公司等也同样每天产生大量分子标记数据。基于高通量分子测试而形成的基因组选择技术可以指导自交系选育及杂交组合选配，结合表型数据就可以实现杂种优势的分子预测，从而大大提升选择的准确性和育种效率。

转基因技术已经诞生 30 多年，转基因技术诞生后，孟山都等公司开展了转基因玉米研究。1995 年第一个含 *Bt Cry1Ab* 和耐除草剂 *bar* 基因的转基因玉米在美国获得商业化许可。迄今，转基因玉米商业化已经 20 多年，2017 年全球转基因玉米种植面积占玉米种植面积的 32%。目前，转基因玉米应用最广的是耐除草剂、抗虫及耐除草剂-抗虫复合性状的品种。随着相关技术的进一步发展，转基因技术已在优质、抗病、抗逆等多种性状的改良上展现出广阔的应用前景。

先锋种业公司在基因编辑技术诞生初期就已经开始布局该行业，2016 年已经获得基因编辑的糯玉米,并于 2021 年推出可供商业化的基因编辑玉米杂交种。近年来,孟山都公司在基因编辑领域持续发力,投资 2500 万美元研究利用 CRISPR 技术对农作物性状进行改良。可以预见,基因编辑技术可能是下一个为育种带来巨大变革的技术。

此外,高通量性状收集技术、品种与环境互作及气候环境分类大数据方法等已经在国际大型种业公司得到了广泛应用。

(三)测试体系与方法

1. 高密度测试

提高种植密度是玉米持续增产的有效途径,矮密早、宜机械化作业、高产、优质、抗逆性强与资源高效利用同步改良成为新的育种目标并得到持续关注。美国玉米种植密度从 20 世纪 30 年代的每公顷不到 30 000 株到现在的 90 000 株左右,随着密度的增加,产量同步增加。提高玉米的耐密性,增加密度是美国玉米高产的主要措施。与生产密度的持续增加相对应,在进行组合鉴定时也需要增加密度,通常的做法是在生产密度基础上提高 25%。

2. 多年多点测试

杂交组合田间测试试验的精准度决定了现代商业育种的成败。以美国先锋种业公司为例,它在全世界各地区设立 1000 多个产量测试基地,每年测试上百万个杂交组合,在不同气候和土壤类型条件下测定产量、株高、农艺性状等数据。通过多年多点重复试验,考察品种不同年际间对环境的反应。测试过程中不看重小区的精细管理,更重视在农民的生产条件下对品种进行大量的试验和评估。经统计分析、多轮淘汰,只有十万分之一被选中商业化。每个杂交种商业化之前在 150 多个试验点和 200 多个农民的地块进行种植测试,这样选育的品种在生产上风险较小。

二、国内宜机品种的选育与鉴选现状

(一)种质资源利用现状

我国是世界玉米生产第二大国和玉米育种较先进的国家,但也是种质资源较贫乏的国家之一。玉米种质资源的贫乏,造成了种质遗传基础狭窄的局面,种质遗传基础狭窄是限制我国玉米育种水平进一步提高的主要因素。为了进一步拓宽玉米种质基础,新中国成立以来我国开展了 3 次较系统的种质资源搜集与评价工作。20 世纪 70 年代末,我国生产上使用的玉米种质主要集中在'金皇后''获白''塘四平头''Lancaster''旅大红骨'五大资源系统。进入 80 年代后,从美国引进的杂交种中选出'5003''5005''8112''7922''郑 32'等优良自交系,'金皇后'和'获白'系统逐渐减少,'瑞德黄马牙'系统逐年上升。到 80 年代末,'金皇后'和'获白'两系统被淘汰,形成了'塘四平头''旅大红骨''兰卡斯特''瑞德'四大系统主导的格局,主导杂优模式为'瑞德黄马牙'ד兰卡斯特'、'瑞德黄马牙'ד旅大红骨'等。1986 年美国先锋种业公司在我国进行杂交种试验,从这批材料中育成'178''P138''齐 319''丹 599''18-599'等一批优良自交系,形成了 P 群,拓宽了我国玉米种质的遗传基础,主导杂优模式为"P 群×旅大红骨""P 群×塘四平头"等。21 世纪以来,从美国先锋种业公司的 X 种质中,选育了'京 724''M54'等一批优良的自交系,"X 群×黄改群"这种强杂优模式得到广泛应用。在西南及南方地区,从热带种质中选的'S37''T32''S1611''QR273''YA8201'等优良自交系,从国际玉米小麦改良中心(CIMMYT)引进的 CML 系列自交系发挥着非常重要的作用，主导杂优模式为'瑞德黄马牙'×'改良 Suwan'。同时，上述种质间的相互渗透、重组，创建出一批新类群及新的利用模式，有效地发掘了这些材料的遗传潜力，提高了育种效率。因此，创建和优化杂种优势群，继而简化核心种质及利用模式可以不断提高杂种优势利用水平。

经过多年的努力，我国玉米育种和生产水平显著提高，然而由于多年来推广和利用高秆、大穗型品种，育种家在种质资源改良、创新和利用方面比较重视玉米的抗病性和丰产性而忽视抗逆性的深入研究。很多育种单位多年来都以高秆、大穗为主要育种目标，过分强调品种的高产，大量使用含有旅大红骨、塘四平头和热带种质，育成品种普遍存在枝叶较为平展、种植密度低、抗倒伏能力差、籽粒后期脱水慢等缺点，不能适应我国目前玉米生产上种植密度增加、机械化收获的要求。新的形势下，耐密、抗生物和非生物胁迫、适应全程机械化操作的优良种质缺乏成为影响玉米机械化收获的主要因素，是我国玉米生产上亟待解决的问题。

孟山都、先锋等大型跨国种业公司长期从事种质资源创新工作，创制出具有高产、早熟、耐密、脱水快、优质、抗性强等优良性状的种质材料，并选育出一批全程机械化玉米新品种。近年来，我国从美国引进了一批 OPV 自交系，这些自交系具有目前我国玉米种质所缺少的抗倒伏、脱水快等优点。一段时期内，要改良我国玉米种质的耐密性、抗倒性、脱水性等性状还将依赖国外种质的引进与利用。因此，亟待创造出适应我国国情、具有独立知识产权的宜机玉米核心种质，可以利用外来种质资源的优异特性来创制和选育自己的玉米材料，选育出适应全程机械化操作的优良玉米新品种。随着我国农业现代化进程的发展，具有耐密植、脱水快、宜机收、综合抗逆性强等特点的玉米种质，将是重点选择和利用的方向。

（二）育种技术

在育种技术方面，我国育种工作者在借鉴国外先进经验和方法的同时，也在不断创新。常规育种技术方面，中国农业大学、河南农业大学、四川农业大学、辽宁省农业科学院和贵州省农业科学院等在利用常规技术进行群体改良与自交系选育等方法上进行了创新，形成了一系列提高玉米育种效率的方法。在单倍体诱导技术方面，中国农业大学开展了系统的育种理论及方法的研究，育成了我国首个单倍体诱导系'农大高诱 1 号'，随后又相继选育出诱导率达到 10% 左右的'农大高诱 3 号''农大高诱 5 号'等高频诱导系及适于自动化鉴别的系列高油型诱导系，并在单倍体的自动化准确筛选、加倍技术等方面取得了可喜的进展，目前已经在育种中得到了广泛应用。吉林省农业科学院等单位也在诱导系选育方面取得了一定进展。分子育种技术方面的研究也取得了较大的进展，中国农业大学构建了 3K SNP 芯片并用于杂种优势类群划分研究，一些单位也利用更高密度 SNP 标记对国内外种质进行了分析，为基于基因组信息的杂种优势的预测、自交系的筛选和杂交组合的选配提供了新的手段。一系列主要农艺性状和主要病害抗性、脱水速率、抗旱、耐低磷低氮等性状的数量性状基因座（QTL）已被定位或克隆，基于 QTL 定位或克隆开发的分子标记已经应用于育种材料的相关性状的定向改良。同时，中国农业大学、中国农业科学院、四川农业大学等单位在利用 CRISPR/Cas9 基因编辑技术进行玉米基因编辑方面也开展了相关研究，并在株型等性状的基因编辑方面取得突破，部分产品已经在育种和生产上应用。

总体来看，与发达国家相比，我国品种选育技术滞后，条件设施不配套；种质资源研究滞后、共享率低；我国分子育种、单倍体育种技术虽起步较晚但发展迅速，但与常规育种技术结合不紧密，与美国大型种业公司分子标记辅助育种技术实用化相比还存在较大差距；育种体系、方法、规模等限制了我国育种业的发展。因此，集合国内科研院所、大学、种业企业各自优势，将常规育种、分子育种、单倍体育种等技术在玉米育种中集成创新应用，利用科企共建平台提高测试规模和水平，构建育种技术新模式，以应对国外跨国种业集团对我国种业的冲击。

三、宜机品种的选育现状

（一）目前品种存在的主要问题

玉米机械粒收是一项涉及农机、品种、栽培、收储、烘干、销售的系统工程，其中关键在品种。品种问题是我国各玉米产区推广机械粒收技术必须首先解决的一个共性问题。目前，我国生产上的品种难以实现机械化，存在的主要问题如下。

1. 玉米收获时籽粒水分含量偏高

玉米收获时籽粒的水分含量是影响机械收获质量、安全贮藏和经济效益的关键因素。有研究表明，籽粒破碎率、含杂率、落粒量与含水率之间均呈极显著正相关，其中含水率与籽粒破碎率的关系（$r=0.558^{**}$，$n=2450$）最密切，水分偏高是当前我国玉米机械粒收籽粒破碎率高的主要原因，同时还导致含杂率高、落粒量多等问题。目前，国际上普遍认为，机械粒收最佳籽粒含水率为18%～23%，而在我国许多玉米产区，收获时籽粒含水率通常在30%～40%，活秆成熟的现象还较为普遍，难以实现田间机械直接收获籽粒，导致堆积晾晒过程中籽粒的霉变，影响玉米商用品质。目前，我国玉米早熟、脱水快的种质资源少，各产区品种选择余地不大，需要加快早熟、脱水快、收获期含水率低及抗破碎性好等特性的适合机械粒收的品种资源的创制与品种培育。

2. 田间损失率偏高

田间机收损失率包括落穗损失和落粒损失两部分，落粒、落穗不仅造成产量损失，也会影响农户采用机械粒收技术的意愿，是当前制约玉米机械粒收技术推广的又一重要因素。李少昆等（2018）通过对1819组样本的分析，结果表明，落粒损失量平均为79.05kg/hm²，落穗损失量平均为206.40kg/hm²，落粒、落穗合计损失量平均为285.45kg/hm²，落穗损失占总损失量的72.29%，落粒损失占27.71%，机收玉米田间产量损失来源包括收获前的掉穗、倒伏和收获过程中的损失。从品种的角度来讲，主要受品种植株倒伏、倒折状况的影响。品种的抗倒性、易落穗性对机械收获时田间产量损失的影响较大，以往我国玉米育种主要基于人工收获，对生理成熟后脱水阶段品种的抗倒问题关注不够，抗倒材料缺乏和相关研究较少，今后需加强培育抗倒伏特别是生理成熟后站秆脱水期间抗倒的品种。

（二）宜机品种应具备的特征特性

在2017年新修订的《主要农作物品种审定标准（国家级）》中，增加了对适宜机械化收获籽粒品种审定的标准。除了关注抗病性、生育期、产量和品质等性状，还特别关注适收期籽粒含水量、抗倒伏性。根据国内外相关研究和育种实践，宜机玉米品种一般应具备以下特征：①适当早熟，给玉米后期的站秆、脱水留足时间；②降低株高，上部叶片要少、短、窄、薄、稀，增加植株通透性，提高种植密度，达到增加单位面积籽粒产量和降低机械能耗的目的；③抗倒伏、倒折，抗茎腐病，成熟后田间站秆能力强，减少落穗落粒；④穗轴细长，苞叶少薄，长短恰到好处，后期蓬松、叶片落黄，利于后期脱水；⑤穗轴坚硬，易脱粒；⑥抗穗腐病，保证产品质量；⑦母本自交系植株结构要适应机械去雄，籽粒外形趋于圆形，以适应种子加工及高速精密播种，出丝要快而整齐，植株抗逆性强，长时间保持活力；⑧父本自交系要有很强的抗逆性，包括耐高温、耐旱、耐阴雨寡照等，花粉充足活力强。

（三）不同玉米产区宜机品种的选育现状

1. 东北春玉米区

该区是我国玉米生产的黄金地带，纬度、生态条件与美国玉米带相近，具备机械粒收的客观生态气象条件。近年来，在东北北部早熟区，通过 KWS 公司德美亚系列早熟品种的推广和密植栽培，推动了区域机械粒收技术的发展。新品种选育方面，黑龙江省农业科学院选育的'龙单 76'在 2014 年、2015 年于肇东、兰西地区进行了全程机械化示范，该品种可实现机械粒收，成熟期比'先玉 335'早一周，种植密度 5500 株/亩无倒伏，收获时含水量、籽粒破损率分别比'先玉 335'低 4 个百分点、3.5 个百分点，产量与'先玉 335'持平，2015 年该品种推广面积达 215 万亩。2015 年农业部组织了国家东北春玉米区适合籽粒收获品种的区试与审定工作，2017 年'泽玉 8911''德育 919''吉单 66''五谷 318'4 个品种通过审定，2018 年'SK567''宏育 236''锦华 299'3 个品种通过审定。

2. 黄淮海夏玉米区

该区主体种植模式为小麦-玉米一年两熟，玉米生长季节短，热量资源总体偏少，且分布不均，玉米适宜收获期较短，大多数区域籽粒水分难以降到 25% 以下。今后需要加大早熟、脱水快品种的选育和筛选，研发能在较高水分条件下（25%～28%）收获的机械及配套技术，同时结合籽粒干燥技术，加强烘干设施的补贴和建设，解决籽粒水分较高、不宜贮存的问题。目前，黄淮海夏玉米区推广的优良玉米品种，如'郑单 958''浚单 20''先玉 335'等，具有较高的产量潜力，但是对不良环境的适应能力相对较差，在高温、干旱、阴雨、盐碱地等不利环境下，经常发生倒伏、结实不良、病虫害发生严重等问题，给农业生产带来严重的影响。因此，选育高产、耐密兼耐阴雨、耐旱、耐瘠薄、抗高温、抗病虫草、肥料利用效率高、适应机械化收获的玉米新品种，将是未来黄淮海玉米育种的主要目标。针对上述目标进行定向改良，充分挖掘种质遗传潜力，加大群体改良与热带、亚热带种质相互导入的力度，扩大种质范围，提高种质资源利用效率，增强品种的适应性。近年，相关企业和农业主管部门非常重视适合机械粒收玉米品种的选育和审定，2014 年河南在全国率先开展了机械粒收品种的区试，2017 年'云台玉 39''新单 68''联祥 98''创玉 107'4 个品种通过审定，2018 年'豫单 9953'等多个品种通过审定；2015 年农业部组织了国家黄淮海夏玉米区适合籽粒收获品种的区试与审定工作，2017 年'迪卡 517''LS111''京农科 728''五谷 305'4 个品种通过审定，2018 年'SK567''C1212''C6361''奥玉 503''丰德存玉 10 号''豫单 9953'6 个品种通过审定。

3. 西北玉米产区

该区光热条件较好，玉米成熟后期空气干燥，是我国最适合玉米机械粒收技术推广的区域。2017 年，西北农林科技大学选育的适宜机械化收获的玉米新品种'陕单 636'通过陕西省农作物品种审定委员会会议审定，成为陕西第一个审定的适宜机械化籽粒收获的玉米品种。2018 年，'陕单 638''陕单 620''华美 1 号''榆玉 2 号''大唐 305'等适宜机械化籽粒收获的玉米品种通过陕西审定。目前在北疆已全面实现了机械粒收，且技术成熟，在该区推广应用的多数玉米品种能实现机收籽粒。

4.西南山地玉米区

西南区是一个特殊的生态区，地形、气候和土质等生态条件复杂，玉米多种在山地丘陵区，旱坡地为主，土地瘠薄，季节性干旱和暴风雨频发，阴雨寡照，病虫害严重。该区生态类型复杂、种植模式多样、机械化程度低。近些年，由于农村劳动力缺乏，对适宜机播机收玉米杂交种的需求越来越迫切。从西南山地玉米区产业发展需求、避灾高产和适应机收来看，应该选育和筛选广适、中早熟、耐密、适合机械化的玉米新品种。新品种广适能够满足立体气候差异要求；中早熟可避开自然和生物灾害，适合夏播；耐密，增加密度 15 000 ～ 30 000 株/hm^2，充分利用水热同步资源形成高产的优势；适合机械化以满足现代化和规模化的需求；品种还要抗主要病害。西南地区宜机品种选育起步相对较晚，通过试验筛选，从已审定品种中筛选到'仲玉 3 号''成单 30''正红 6 号''川单 418'等较宜机品种。2017 年，四川在西南地区率先启动了机械粒收品种的区试，国家玉米产业技术体系和国家玉米良种重大科研联合攻关等平台项目在西南地区也强化了宜机品种筛选和选育研究，预计后续将有一批宜机品种通过审定，并逐步在生产上推广应用。

第二节　山地玉米宜机品种特征与鉴选指标体系

一、种子指标与机播质量及效率

种子是农业生产中最基本和最关键的生产资料。在玉米增产因素中，品种的贡献率占 30% ～ 40%，是玉米能够大幅增产的重要保障。我国衡量种子质量的指标主要有种子纯度、种子净度、发芽率和水分等，此外，种子大小等对机播质量也有直接影响。目前，西南地区市场上销售的玉米品种多、杂、乱，种子质量良莠不齐。虽然多数品种的种子发芽率符合国家标准，种子质量较好，但是个别品种在个别年份，受收获时气候因素或贮藏条件等影响，种子发芽率低，种子质量较差。再者，我国种子分级尚不能很好地满足播种机具的要求，影响机播质量和一播全苗实施效果。玉米作为单株生产力高的大穗作物，缺株会造成有效穗下降、减产等，而解决这一问题的关键措施在于选用良种，严把种子质量关和播种质量关，做好一播全苗，是足穗丰产的关键，也是机播玉米高产的基础。西南山地玉米区近 90% 的土地分布在丘陵山区和高原，受生产条件和山地机播技术不成熟等影响，机播玉米缺苗、苗弱、出苗不整齐等问题严重。解决好这些问题，对西南山地玉米机械化生产发展具有重要意义。

（一）种子纯度

种子纯度是指其杂交种后代表型的一致性，一般用受检种子中符合本品种性状特征的种子占全部受检种子的百分率来表示，是衡量种子质量优劣的主要指标。百分率越高，种子质量越好，一般优质种子的纯度要求在 95% 以上。种子纯度降低会显著降低作物的产量和产品品质，有研究表明，种子纯度为 96.5%、95.6% 的玉米比纯度为 98.6% 的玉米分别减产 10.5%、11.1%（赵卫，2007）。因此，提高种子纯度是保证玉米优质高产的基础，对玉米的大田生产和质量起决定作用。

造成玉米种子纯度低的主要原因：生物学混杂，制种去雄不及时，种子收获、脱粒、贮存时把关不严，未严格按质量标准剔除杂穗，脱粒机、精选机等清理不彻底而造成机械混杂。

（二）种子净度

种子净度是指除去杂物后种子的质量占全部受检种子质量的百分数，净度为 100% 表示种子没有杂质。优质种子的净度一般要求在 98% 以上。种子混杂的杂草、杂质的种类与多少，不仅影响作物的生长发育及种子的安全贮藏，还会影响人畜的健康安全。通过分析种子中净种子、混杂的杂物的成分，可了解可利用种子的真实重量及其他杂物的种类和含量，为评价种子质量提供依据。优良种子应该是洁净的，不含任何杂质和其他杂物。

种子净度低、杂物多对玉米生产有很大影响：一是种子净度低会提高种子用量，降低种子的利用率。传统人工播种方式用种量大，经过匀苗、定苗后，能去掉弱苗、病苗等劣质苗，还易于把部分自交苗或回交苗剔除，因而人工播种地块往往田间实际表现出的种子纯度较高。然而，机播情况下，因无需间苗、定苗，田间实际表现直接反映种子本身的纯度，其纯度往往低于传统播种的纯度。如果种子净度偏低，易造成缺苗断垄，从而影响产量。二是播种带有杂草和病虫害的种子，会影响玉米正常的生长发育，还会增加田间管理的投入成本。

（三）种子发芽率

玉米种子发芽率是指发芽试验终期，在规定的日期内全部正常发芽的种子数占供试种子总数的百分率。发芽率是确定播种量大小的重要依据，一级种子发芽率不低于 95%，二级种子发芽率应该在 80% 以上。同时，发芽率也是检测种子质量的重要指标之一，农业生产上常常依此来计算用种量。玉米制种的每一个重要环节都会导致种子发芽率降低。在收获玉米种子前期，种子的选择方式、成熟度、饱满度及母本所受到的病虫害都具有决定性的因素。种子收获后，随着贮藏期的延长，胚部细胞会发生不同程度的衰老变化，种子的发芽率随着种子的衰老程度加深而降低。一般，当一个种子群体的发芽率降到 50% 以下时，就不能再用作大田种子。

玉米机械播种一次性地确定了田间留苗密度，并不匀苗、补苗，因此必须要求高的种子发芽率，应保证一播全苗。尤其是单粒精量播种，要求种子必须具备较高的发芽率，在一次播种后绝大多数种子能够统一出苗、统一生长、统一采收，这也是玉米高产的衡量标准之一。

（四）种子水分

玉米种子水分指种子样品在没有引起任何化学变化的条件下，种子内自由水和束缚水的重量占种子原始重量的百分率。水分是种子细胞内部新陈代谢作用的介质，在种子成熟、后熟和贮藏期间，种子物理性质的变化和生化过程都与种子水分的状态与含量有密切关系。种子水分的高低对种子寿命和保存年限影响较大，在常温下贮存的种子水分应保持在 13% 以下。种子水分过高，易受温度等因素影响而直接影响种子寿命，不宜贮存。对一般种子来说，水分越低，表明种子质量越好。较好的种子质量是机械化播种一播全苗的基本保障。

（五）种子大小和粒形

玉米果穗不同部位的籽粒，其大小（小、中、大）和粒形（圆、扁平）不同，穗顶部籽粒小而圆，果穗中部籽粒扁平，基部靠近穗柄的籽粒大而圆。籽粒大小和粒形主要受田间温度、降雨及品种自身影响，且粒形与产量潜力无关。玉米种子大小与种子萌发、出苗和幼苗大小关系密切，小粒种子，粒型整齐，萌发阻力小，出苗较快，活力较高，吸水膨胀时间短。大粒（特别是圆粒）种子由于淀粉等干物质积累较多，相同水势下，吸胀、出苗速度较慢，萌发所需时间也较长。同一时间内小粒种子出苗、苗长势远好于大粒种子，小粒种苗的地下根系发育也比大粒的要好。籽粒大小并不会影响种子发芽，影响玉米种子发芽的主要因素是发芽势、种衣剂、土壤水分含量等。但是，不同品种间种子大小不同，其播种效果和产量间存在一定差异。

目前，我国玉米单粒精量播种使用的排种器主要有窝眼轮式、勺轮式、指夹式和气吸式等类型，由于结构不同、原理各异，播种不同大小、粒形玉米种子的性能也存在较大差异。加上玉米品种多样，种子大小不一、圆扁不齐，一种型号规格的排种器无法全面适应不同形态的玉米种子，严重影响玉米机械化单粒播种质量，不能满足玉米机械化单粒播种技术需求。因此，国外玉米种子加工厂通常将种子分为 6 级。由于分级细，使得同级别的种子外形尺寸十分接近，在播种时，使用适宜的播种机效果好，有利于保证播种精度。我国玉米种子分级国家标准规定以品种纯度、净度和发芽率为依据，以品种纯度为主要定级标准，分为两级（李捷，1986），没有按形态进行细化分级。

四川省农业科学院作物研究所选用 53 个玉米品种，利用排种器性能检测试验台研究了玉米种子形态对窝眼轮式精量排种器性能的影响。不同品种、不同转速及互作处理的重播率和漏播率差异明显（表 5-1）。总体变化趋势为随播种器转速的增加，出现漏播的品种增加且漏播率逐渐增大，出现重播的品种减少。其中，在转速 5r/min 条件下 19 个品种出现漏播，平均漏播率为 3.81%；34 个品种出现重播，平均重播率为 8.95%。在转速 15r/min 条件下 36 个品种出现漏播，平均漏播率为 6.71%；17 个品种出现重播，平均重播率为 9.65%。在转速 30r/min 条件下 41 个品种出现漏播，平均漏播率为 10.97%；12 个品种出现重播，平均重播率为 7.73%。

表 5-1 不同处理的重播率（%）和漏播率（%）

品种	重播率或漏播率			品种	重播率或漏播率		
	5r/min	15r/min	30r/min		5r/min	15r/min	30r/min
爱农 1 号	1.30	-1.39	-5.21	绿单 50	-5.25	-10.08	-18.06
安泰 5000	-0.98	-3.94	-11.48	绵单 118	19.61	14.85	11.99
长玉 13	-14.32	-23.18	-31.07	荣玉 168	0.78	-7.05	-13.96
长玉 19	-3.43	-8.11	-15.13	荣玉 188	3.92	-2.49	-7.89
成单 30	18.75	10.52	7.40	蓉玉 294	-0.38	-10.45	-16.30
川单 14	46.62	26.16	14.97	三北 89	-1.04	-1.82	-6.70
川单 418	20.34	9.49	2.14	神龙玉 8 号	0.25	-2.42	-9.87
达玉 5 号	8.23	7.65	0.66	蜀龙 13	-2.06	-2.25	-5.56
德润玉 188	-0.26	-2.78	-4.76	天禾 188	3.19	2.12	-0.44
德玉 18	2.86	-11.67	-14.63	天玉 168	4.17	-1.06	-6.80
鼎玉 818	3.65	-5.12	-10.19	天玉 3000	0.25	-0.61	-5.12
东单 60	6.37	-7.27	-13.20	天玉 56	12.99	8.86	4.61
东单 88	10.05	6.79	-0.15	许玉 4188	1.23	-3.69	-10.82
富有 188	-9.74	-17.98	-29.30	雅玉 16	3.13	-4.39	-6.73
高玉 132	4.41	3.41	-0.07	雅玉 26	13.24	10.00	4.97
贵玉 2 号	28.69	21.86	24.26	雅玉 318	2.13	-1.62	-3.35
国豪玉 13	10.78	8.03	5.85	雅玉 889	16.42	15.15	10.38

品种	重播率或漏播率			品种	重播率或漏播率		
	5r/min	15r/min	30r/min		5r/min	15r/min	30r/min
汉玉1号	10.29	6.74	−0.29	源育16	−0.90	−6.36	−10.93
禾玉13	−1.56	−11.52	−17.25	远东33	5.96	3.94	0.95
华龙玉998	3.43	1.56	−1.20	正红311	15.52	−1.91	−3.86
华试99	2.34	−3.55	−8.78	正红505	7.61	−0.68	−4.74
华选6号	13.02	6.91	4.63	正红532	−8.33	−12.05	−17.87
金穗888	0.26	−4.02	−10.09	中单808	−5.25	−11.29	−18.33
金玉509	−4.66	−8.18	−14.99	种都100	−0.25	−6.52	−10.96
辽单527	2.60	−4.32	−11.26	仲玉1号	−2.94	−8.41	−16.89
隆单9号	−5.88	−16.59	−25.57	众望玉88	−3.43	−10.08	−17.76
陇单3号	−1.72	−6.89	−12.28	平均	4.38	−1.47	−6.41

注：负数代表漏播率；正数代表重播率

　　分别将种子形态指标设为变量 $X_1 \sim X_8$，即长（X_1）、宽（X_2）、厚（X_3）、长宽比（X_4）、长厚比（X_5）、宽厚比（X_6）、单粒体积（X_7）、单粒重（X_8），漏播率和重播率为 Y，分别计算各形态指标与漏播率、重播率的相关系数（表5-2）。结果表明：不同转速情况下漏播率均与种子厚呈负相关关系，与其他形态指标呈正相关关系。其中，在转速5r/min下长、长宽比、长厚比和宽厚比与漏播率的相关性达到极显著或显著水平，其中相关系数前三位的分别是长、长厚比和长宽比。在转速15r/min下，长、宽、长厚比、宽厚比、单粒体积和单粒重与漏播率相关性达到极显著水平，其中相关系数前三位的分别是长、单粒体积和长厚比。在转速30r/min下，除种子厚与漏播率相关性未达到显著水平外，其他指标均达到极显著水平，相关系数前三位的分别是长、单粒体积和单粒重。由此可见，随转速的升高，影响漏播率的形态指标增多且相关系数增大，其中种子长与漏播率的相关系数远高于其他形态指标。

表5-2　种子形态指标与漏播率、重播率的相关性分析

形态指标	漏播率			重播率		
	5r/min	15r/min	30r/min	5r/min	15r/min	30r/min
长	0.4287**	0.5567**	0.6183**	−0.0539	0.2051	0.0154
宽	0.0550	0.2609**	0.3316**	−0.4976**	−0.4305**	−0.3029
厚	−0.2389	−0.1288	−0.0623	−0.4296**	−0.5535**	−0.3263*
长宽比	0.3281*	0.2392*	0.2433**	0.3207**	0.4164**	0.2063
长厚比	0.3682**	0.3212**	0.3262**	0.3223**	0.5175**	0.2488
宽厚比	0.2892*	0.2636**	0.2514**	0.1968*	0.3497**	0.1951
单粒体积	0.1174	0.3695**	0.4642**	−0.5881**	−0.5786**	−0.4031**
单粒重	0.1596	0.2806**	0.3589**	−0.6109**	−0.5889**	−0.5366**

注：*、** 分别表示在0.05、0.01水平相关性显著，下同

　　在不同转速情况下，重播率均与种子宽、厚、单粒体积和单粒重呈负相关关系，与其他形态指标呈正相关关系（5r/min除外）。在转速5r/min下，除种子长外其他指标与重播率相关性

达到显著或极显著水平，相关系数前三位的分别是单粒重、单粒体积和种子宽。在转速 15r/min 下，除种子长外其他指标与重播率相关性达到极显著水平，相关系数前三位的分别是单粒重、单粒体积和种子厚。在转速 30r/min 下，重播率与单粒重、单粒体积和种子厚的相关性达到显著或极显著水平，相关系数前三位的分别是单粒重、单粒体积和种子厚。由此可见，单粒重和单粒体积是影响重播率的重要形态指标，且与重播率呈负相关关系，同时随转速的提高其相关系数呈下降趋势。

过高的漏播率和重播率均会影响播种的精度，对玉米种植密度造成影响。根据行业标准《单粒（精密）播种机技术条件》（JB/T 10293—2001）的规定，漏播率应≤10%，重播率应≤20%。选择复合标准的各处理统计分析玉米形态指标的变化。由表 5-3 可知，各项形态指标不论是发生漏播还是重播的情况均随转速的上升而呈下降趋势，同时发生漏播的玉米种子形态指标明显高于发生重播的玉米种子形态指标。因此，可以发生重播的玉米种子形态指标为下限，以发生漏播的玉米种子形态指标为上限作为种子筛选的标准或范围。例如，在转速 5r/min 情况下，种子应选择长 0.99 ～ 1.04cm、宽 0.82 ～ 0.87cm、厚 0.61 ～ 0.62cm、单粒体积 0.25 ～ 0.29mL、单粒重 0.3110 ～ 0.3421g 的种子。

表 5-3 符合精播技术标准种子的形态指标

形态指标	达到漏播率≤10%标准			达到重播率≤20%标准		
	5r/min	15r/min	30r/min	5r/min	15r/min	30r/min
长/cm	1.04	1.00	0.97	0.99	0.97	0.97
宽/cm	0.87	0.85	0.84	0.82	0.81	0.80
厚/cm	0.62	0.63	0.62	0.61	0.59	0.58
单粒体积/mL	0.29	0.27	0.26	0.25	0.24	0.23
单粒重/g	0.3421	0.3321	0.3131	0.3110	0.2840	0.2841

相关研究表明，玉米种子分级单粒播种的产量效应极为显著（毛振荣，2010）。不同形态的玉米种子在播种性能上的差异非常明显（谭斌，2017），圆形玉米种子播种性能优于扁形玉米种子，圆形小粒玉米种子播种性能优于圆形大粒玉米种子，扁形大粒玉米种子播种性能优于扁形小粒玉米种子（孙士明等，2015）。圆形的玉米种子在气吸式排种器和指夹式排种器当中的表现更好（谭斌，2017），这说明在进行玉米种子播种的时候应该尽量选择圆形的玉米种子，而且需要配合气吸式排种器和指夹式排种器来进行播种，这样能够有效提升玉米的播种精度和质量。

总体上，玉米种子在加工时，更需要对种子进行大小分级处理，确保同一批次的种子规格相同、籽粒大小一致，这既能够充分发挥优良品种的潜力，又能满足苗齐、苗匀和苗壮等田间生产要求。

二、植株指标与机管质量及效率

（一）玉米株高、穗位适中，茎秆坚韧、根系发达，抗倒能力强

目前，机械化田间管理涉及的主要问题就是玉米植株的抗倒折性。玉米田的中耕、追肥、病虫害的防控等机械化作业都不可避免地和玉米植株发生机械性的接触，因此，玉米茎秆的韧性强度关系着机械化操作的程度，韧性差、刚性强的品种容易造成机械性倒折，从而造成

减产。韧性太强的品种收获时也会带来很大的麻烦，如秸秆不易粉碎、收获速度慢。因此，在选育适合机械化田间管理的玉米品种时，应注重品种抗倒折性，同时也要把前期抗病虫害作为重要的选择目标，减少机械化操作，从而避免不必要的减产。玉米茎秆纤细、柔韧性差、根系不发达，以及株高、穗位偏高是造成倒伏的主要原因。解决倒伏问题：一是通过高密度种植筛选抗倒性强的种质材料，二是筛选矮秆自交系或通过改良降低株高和穗位高，三是筛选茎秆韧性好、根系发达的种质材料（王振华等，2011）。

研究表明，倒伏率与种植密度间呈极显著的正相关关系（Monteanu，1987；Stamp，1992）。随着种植密度的增加，玉米茎秆倒伏率显著增加，茎秆基部节间直径变小，茎粗系数减小；同时，茎秆抗折力减小，节间鲜重、干重减轻，所以必须合理密植（Pinter，1993）。

植株茎秆的韧性并不是越强越好，韧性太强的茎秆将会给机收工作带来很大麻烦，秸秆不易粉碎浪费机车油料，降低收获速度或使秸秆无法还田甚至无法收获。品种的抗倒伏性是仅次于产量的重要指标之一。解决倒伏问题，一是通过降低株高和穗位高；二是要求茎秆硬，根系发达。可以把植株是否具有强大的根系、茎基部节间长短、茎粗系数（茎粗/株高×100）和穗位高系数（穗位高/株高×100）的大小等性状作为选择抗倒伏杂交种的指标。研究表明，支持根发达、茎基部 3 个节间的长度在 3cm 以下、茎粗系数为 45% 以下时，植株的抗倒伏性较强（程云等，2015）。

李川等（2015）通过对影响玉米籽粒直接机械化收获质量的生物学性状进行分析，发现适宜我国籽粒直接机械化收获的玉米品种应该具有后期籽粒脱水速率快、籽粒含水率较低、穗位高较低、穗轴较细、苞叶总宽度较窄、穗下茎节压碎强度较大多个生物特性。穗位高是显著影响玉米籽粒直接机械收获质量又一关键因素，玉米穗位越高越易造成玉米倒伏或者玉米果穗弯曲，从而显著影响玉米籽粒直接机械收获的籽粒破碎率和落穗率。玉米穗下茎节的压碎强度通过影响玉米穗部茎秆的抗倒性，负作用于机收玉米的落籽率，玉米穗下茎节的压碎强度越高，机收玉米籽粒的落籽率越低。穗粗是影响玉米机收的次重要因素，穗粗与籽粒破碎率、含杂率、落穗率均呈显著正相关。推测穗粗可以阻碍玉米籽粒的脱水，从而降低玉米籽粒直接机械收获质量。苞叶总宽度与籽粒破碎率和落穗率呈极显著正相关，与落籽率和含杂率达到显著正相关。姜艳喜等（2004）也认为玉米苞叶总宽度与籽粒机收难度有着直接的关系。

（二）穗位整齐，苞叶长短适中、厚度偏薄、后期松开

张东兴（2011）认为适合机械化作业的玉米植株特点：植株高度一致，在 240 ～ 250cm；生育期短，播种至成熟 109d；穗大小均匀，穗位整齐，结穗高度 130 ～ 150cm；籽粒灌浆期长，后期脱水快，收获时籽粒含水量降至 15% ～ 20%；苞叶蓬松。勾玲等（2007）认为适宜机械收获的玉米穗位高应该保持在 1m 左右。

我国大部分地区玉米种植密度偏低，还没有达到合理密植，且区域间不平衡，差异较大。其中，黄淮海夏玉米区种植密度最高，在 52 500 ～ 60 000 株/hm^2；东北春玉米区大部分种植密度为 45 000 ～ 52 500 株/hm^2；西南山地玉米区种植密度最低，大部分不足 45 000 株/hm^2。在目前的种植密度水平上，每公顷适当增加 15 000 株，并通过增施肥料等相应的配套措施，每公顷即可提高玉米产量 1500kg 左右。密度的增加能够促进施肥量的增加和施肥水平的提高，提高群体光能利用率和单产水平，在较少的土地面积上生产出更多的粮食。从玉米整个生产发展历程来看，增加密度也不是无限的增加，一定要合理密植（张东兴，2011）。

勾玲等（2007）也认为适合机收的品种应穗位高低适中，不宜过高过低，穗位高整齐一致，果穗大小一致。穗位高低相差太大，不利于机械抓果穗，造成果穗大量漏收。而果穗直径相差太大将使脱皮辊无法调节间隙，间隙过大掉穗，间隙过小将把果穗挤烂直至玉米无法收割。果穗苞叶包裹太紧，脱皮辊无法将苞叶从果穗上脱下，不利于晾晒脱水，同时还需要大量人工清理，费时费力（王统武，2006）。

一般，矮秆品种的果穗相对较小，要提高单位面积产量，就必须加大种植密度。随着种植密度的增加，植株难免会出现长势强弱、果穗大小的分离情况。株高、穗位高相差太大，不利于机械抓穗，容易造成大量漏收，果穗大小不一致，在收获时会对调整脱皮辊间隙造成不便，穗大的容易将籽粒挤碎，穗小的容易掉下；另外，果穗苞叶、穗柄强度及籽粒在穗轴上连接的紧密度和强度也是影响机械化收获的因素，果穗苞叶多，不利于剥收；苞叶包裹太紧，脱皮辊不易将苞叶从果穗上脱下，而且籽粒脱水慢，不利于晾晒；穗柄强度高，不易脱落，强度低，容易落穗漏收；籽粒在穗轴上要有一定的紧密度和强度，避免造成不必要的损失。因此，选育适应机械化收获的品种，要求果穗整齐度好，穗位适中，苞叶少但包裹性好，果柄和籽粒附着强度适中，可最大限度地减少机械收获中的损失（王振华等，2011）。

适宜机械化粒收的玉米应属于紧凑型，株型叶间距要开阔。紧凑型株型的显著特点就是茎叶夹角小，雌穗下部叶片和主茎夹角小于35°，雌穗上部叶片和主茎夹角小于25°，叶片狭窄，株型和叶片之间呈塔形结构，同时叶间距开阔，能满足通风透光的条件，避免密度加大后透光性不好，造成空秆和小穗增多（史诗琼，2015）。

李少昆（2017）综合国内外研究认为，选育的生理成熟时籽粒含水量低、容易实现田间粒收的玉米品种一般应具备以下特征：①品种株高较低，株型清秀，通透性好，穗上叶片间距大，叶片窄，长短合理；②苞叶薄、数目较少且疏松；③果穗长而不粗，轴直径较小；④生长期适当早熟；⑤品种的抗倒性、易落穗性对机械收获的田间产量损失影响较大，今后需加强培育抗倒伏特别是生理成熟后站秆脱水期间抗倒的品种。

（三）抗病抗虫

病虫害的发生在很大程度上也会增加倒伏率，石洁等（2005）研究黄淮海地区夏玉米病虫害发生趋势发现，2003年以来受灾害性气候影响，病虫害的发生率随之上升，青枯病、细菌性茎腐病、纹枯病等在我国发生面积逐年增加，这些病害降低了玉米光合作用的效率，致使茎秆脆弱，增大了玉米倒伏率。

要想提高机械化收获的质量，解决玉米抗青枯病和抗玉米螟的问题十分关键，青枯病和玉米螟易造成玉米倒伏使机收不彻底，田间损失大（王振华等，2011）。玉米感染穗腐病不但无法机收，收获后的脱粒工作同样无法进行。

（四）生育期应适当缩短

中早熟玉米品种，春播区生育期应短于125d，夏播区生育期应短于100d，籽粒灌浆快、后期脱水快，成熟时籽粒含水量降至20%左右，可减少摘穗和剥皮过程中籽粒的损伤与损失，保持玉米良好的品相。生育期偏长的品种在收获时穗轴和籽粒的含水量大，大部分为30%以上，收获时不能直接脱粒，采用机械收获时籽粒破碎严重，造成减产，这也是我国机械化收获程度低的主要原因。

关东山和许继东（2009）认为晚熟品种籽粒含水量相对偏高，坚硬度差，机械脱粒过程中容易破碎，不仅严重影响玉米的品质，还会造成产量方面的损失。另外，晚熟品种收获时，茎秆含水量高，比重大，不易进行秆、籽分离，部分籽粒容易夹裹在茎、叶碎屑中被机械吐到田间，影响收获效果。成熟过晚的品种等到完熟期再进行机械收获不易错开农时季节，将影响后茬作物小麦的适期播种。而早熟品种籽粒在田间有充分的灌浆和脱水时间，可以到玉米完熟期收获。完熟期籽粒含水量相对较低，硬度高，机收脱粒时不易破碎，而茎叶含水量降低，比重轻，容易与籽粒进行机械风筛分离，减少漏粒，提高机收效果和质量。因此，成熟早、籽粒和茎叶脱水快的品种更有利于机械收获。

（五）种植模式适宜

秦乃群等（2017）研究认为适于机械作业的玉米种植模式为窄行行距33.3cm、宽行行距100cm，较传统种植模式窄行更小、宽行更大，田间机械作业空间较大（机械轮距调整幅度较大），对现有玉米机械进行调整，即可实现农艺农机融合，便于机械播种和追肥作业。由于宽行较大，无论机械开沟灌溉还是喷灌均十分方便，能提高效率。同时，对于当前使用的如3WSH-500自走式水旱两用喷杆喷雾机（轮距150cm，喷洒幅度1220cm，地隙作业高度110cm），田间作业时走在两个宽行间（两个宽行给机械轮距调整留下了较大的空间），行走十分方便，在苗期至玉米喇叭口期均有利于喷雾作业。张东兴（2011）连续3年的试验结果表明：在大田生产水平下，不同种植行距的玉米产量差异不明显，产量一般相差不超过5%，而机收产量却有明显差异，50cm、60cm、70cm行距中50cm行距的机收产量最高。他认为提高我国机械化收获作业水平见效最快的措施应该是规范种植行距，实现种植行距的一致性。

王磊等（2017）认为适宜机械化收获的等行距种植模式可以有效解决不对行收获问题，减少因机械化收获造成的籽粒及果穗损失率。由于黄土旱塬区对行收获机多数为收获行距60～80cm的3行与收获行距55cm的4行收获机，而小于55cm行距种植因为行距过窄会造成田间管理不便。研究表明，75cm行距处理在干旱条件下能够延缓叶片衰亡，叶面积较55cm行距处理下降缓慢，叶片叶绿素相对含量（SPAD值）随密度增加而减小，且75cm行距处理各生育阶段均高于55cm行距处理，叶片衰亡速度减慢有效延长了叶片光合期，保证了植株通过叶片呼吸作用利用水分运移将养分向各器官运送，提高了光合产物向籽粒的转运速率，并增加了光合产物积累时间，促进产量形成。叶片气孔导度表明了春玉米植株水分和养分运移能力的强弱，行距调整对气孔导度有不同的影响，灌浆期75cm行距75 000株/hm²、90 000株/hm²、105 000株/hm²密度处理均显著高于55cm行距，75cm行距，由于光合期增长有效增加了光合产物，提高了千粒重，增加了产量，从而提高了水分利用效率。密度增加在提高了对土壤水分消耗的同时，也增加了单位面积上的生物量，吐丝期以前光合产物主要向茎秆和叶片转移，吐丝期以后光合产物逐渐向籽粒转运，物质量增长主要体现为果穗质量增加，因此提高了不同生育阶段的水分利用效率。

三、穗粒指标与机收质量及效率

（一）穗粒指标

机械粒收是我国玉米收获方式和产业发展的必然趋势，但籽粒破碎率偏高是当前我国各产区玉米机械粒收存在的主要质量问题。究其原因，一方面与收获时籽粒含水率偏高有关；另一方面，品种的耐破碎性也是重要的影响因素。

1. 籽粒含水率与籽粒破碎率

籽粒含水率与籽粒破碎率之间呈极显著正相关，培育早熟、脱水速率快的品种是解决籽粒破碎率高的主要途径。目前，在我国许多玉米产区，收获时籽粒含水率通常在30%～40%，活秆成熟的现象还较普遍，难以实现籽粒机械直收，含水率高还导致堆积晾晒过程中的霉变，影响玉米商用品质。因此，玉米收获时籽粒含水率已经成为一个重要的经济性状，培育早熟、籽粒脱水快、收获时籽粒含水率低的品种是今后选育适宜机收玉米新品种的重要目标。除环境因素外，玉米籽粒脱水速率与品种自身诸多因素密切相关。

（1）苞叶

苞叶少、薄、短，成熟后自动打开。苞叶为果穗的良好发育提供环境保障，其光合作用制造的同化产物占果穗干重的15%。增加苞叶层数或苞叶干重均会降低苞叶的脱水速度，苞叶过长或过短都不利于果穗的发育与收获。当玉米成熟时，苞叶衰老的越快，玉米脱水的速度越快。因此，在选择品种时应该选择在玉米成熟后苞叶松散、果穗自然下垂的品种，以便最大限度地减少收获作业过程中的籽粒损失。

（2）果穗性状

品种达到生理成熟时籽粒含水率较低。籽粒含水率与果穗性状（果皮透性、果穗直径、籽粒类型及大小、轴粗等）有着密切关系，一般生育期早的品种脱水速度较快，且果皮薄、透性好，果穗细长、轴直径小的果穗有利于籽粒快速脱水。

籽粒脱水速率排序：①粒型，硬粒＞半硬粒＞半马齿形＞马齿形＞粉质；②粒形，楔形籽粒（细长型）＞宽厚型籽粒（出籽率达88%以上）；③穗轴，细穗轴＞粗穗轴；④果穗，少行细长穗＞多行粗短穗；⑤籽粒，胚芽与穗轴着生面小、离层不紧实＞着生面大、离层紧实。

2. 籽粒耐碎性与品种的关系

对玉米籽粒损伤的评价指标与方法较多，通常用破碎敏感性、籽粒硬度等指标来评价。破碎敏感性（beakage susceptibility，BS）是玉米籽粒受力破碎的可能性，与干后谷物损伤率高度相关，是评价谷物干燥性能的指标之一，破碎敏感性值越高，破碎强度越低，越容易破碎。

玉米品种在籽粒形态、结构和化学组分等方面存在较大差异，因此会表现出不同的耐破碎性。李少昆团队在大田机械粒收条件下对不同品种机械粒收质量的评价结果表明，在相同的籽粒含水率条件下不同品种耐破碎性能表现出较大差异。以各品种籽粒破碎率与样本总体籽粒破碎率在相同含水率下的差值作为品种耐破碎性能评价指标，筛选出'新引M751''新引M753''KX9384''登海618''先玉335'等耐破碎性能较好的品种。

（二）机械化收获质量及效率

玉米机械化收获技术是指在玉米成熟时，根据其种植方式、农艺要求，用机械来完成对玉米的摘穗、剥皮、脱粒、秸秆处理等生产环节的作业技术。玉米机收是实现我国玉米生产全程机械化的瓶颈。目前我国玉米机械收获主要是穗收，但粒收是未来玉米机械化收获的发展趋势。

1. 机收质量指标及效率

玉米机械化收获质量指标主要有苞叶剥净率、籽粒破碎率、含杂率和损失率，损失率又包括落穗率和落粒。根据《玉米收获机械》（GB/T 21962—2020），玉米果穗收获（籽粒含水率为25%～35%）时，苞叶剥净率≥85%，籽粒破碎率≤0.8%，含杂率≤1.0%，田间损失率≤3.5%；玉米籽粒收获（籽粒含水率为15%～25%）时，籽粒破碎率≤5%，含杂率≤2.5%，田间损失率≤4%。籽粒破碎率偏高和田间损失率偏高是目前玉米机械化收获存在的主要问题。

2. 机收质量影响因素

国内外大量研究表明，玉米品种、种植方式、气候条件、栽培技术和收获机具及其作业综合是影响机械化收获质量的主要因素，其中关键在品种。品种决定了玉米熟期、成熟后的立秆性、籽粒软硬程度和脱水速率，而脱水速率与玉米生理后期籽粒含水率呈极显著负相关。研究表明，籽粒含水率不仅影响玉米品质，还是影响机收质量的主要因素，与籽粒破碎率、田间损失率和含杂率显著相关。玉米机收时，随着籽粒含水率增加，籽粒破碎率和含杂率明显升高；当籽粒含水率低于15%时机收，田间损失率会因田间落穗和落粒率增大而增大，因此适宜机械收获的籽粒含水率建议控制在18%～25%，果穗直收的籽粒含水率控制在25%～35%。我国西南地区目前主推的多数品种是在延长生育期提高产量的前提下选育产生的，多为大穗稀植类型，收获时玉米籽粒含水率往往在30%以上，对玉米的贮藏和加工极为不利，需加快早熟、后期灌浆速度快、脱水快、收获时籽粒含水率低的玉米品种选育。根据国内外相关研究和实践，适合机械化收获、脱水快的品种至少有以下特点。

（1）熟期

熟期比当前大面积推广的玉米品种早7～10d，以利于后期脱水。极早熟在90d内收获，籽粒含水率达25%；早熟在100d内收获，籽粒含水率达25%；中熟在115d内收获，籽粒含水率达25%。

（2）抗倒性

玉米适宜机械化收获的首要条件是抗倒伏和立秆性强，若是玉米倒伏规模较大，不仅造成落穗损失，也增加收获难度、影响机械收获速度，降低玉米生产效益，影响种植户对玉米机械粒收技术的采用。这就要求玉米品种选择时，选择根系发达、茎秆坚韧，抗倒伏、耐茎腐，特别是生理成熟后立秆脱水期间抗倒性强的品种。

（3）抗病虫害

机械粒收玉米对茎腐病、穗粒腐、玉米螟等主要病虫害防控提出了更高的要求，其中，玉米螟通过钻蛀茎秆，使茎秆易发生折断，钻蛀穗柄造成落穗损失。穗粒腐会随粒收过程污染收获籽粒，影响玉米品质。玉米茎腐病，又称青枯病、茎基腐病，茎腐病病原菌产生细胞壁降解酶，分解细胞壁中的纤维素，降解寄主细胞；同时病原菌孢子迅速萌发成菌丝并在根茎表面蔓延，穿透根表皮进入表皮细胞、皮层甚至寄主的维管束组织，使寄主维管束的纹孔膜堵塞而导致萎蔫症状，茎秆组织变得软弱甚至腐烂，极易造成茎折。提高玉米中后期根系和茎秆活力，保持茎秆一定的糖分含量，有助于减缓茎腐病发生。

（4）适度密植

植株株型紧凑，叶片狭窄呈波浪分布，穗下叶的茎叶夹角≤35°，穗上叶的茎叶夹角≤25°，叶片与株型之间呈塔形结构，植株清秀，田间通透性好，有利于增加密度，种植密度可达75 000株/hm²以上，通过增加密度实现群体稳产高产。

除品种因素外，不同收获机械类型、作业参数、收割速度、机手操作能力等也会影响玉米机收质量。即使是同一型号的收割机，因不同机器间隙设置等参数不同，也会产生不同的籽粒破碎率。柴宗文等（2017）在不同收获机型及其作业质量比较测试试验中发现，现阶段玉米各生态区选用不同收割机型，在产量损失率方面都控制得很好（0.3%～1.5%），都小于5%；相当水分条件下含杂率相差不大，但在籽粒破碎率方面，不同技术来源的收获机型之间相差较大（5%～11%），且差异达到极显著水平。此外，收割机的行走速度也会影响收获质量。因此，收获前应根据地块玉米的品种、长势、籽粒含水率等选择合适的收割机型，并及时调整滚筒转速、凹版间隙、振动筛孔大小和清选风机风力等机械参数，设置适合的收割速度，在保证机械作业效率的前提下使籽粒破碎率和损失率降至最低。

玉米机械粒收是改变当前玉米生产方式的一次重大变革，涉及农艺、农机、烘干、收储等多个环节，同时，我国玉米种植区域广，各地种植方式、所用品种、生态环境和栽培措施不同，需要加大品种选育、关键技术研究与集成示范，补贴收获机械、烘干仓储设施，以推进机械粒收技术的健康发展。

四、综合指标体系及遴选权重

西南地区山地的土壤、气候等差异明显，玉米在高温、干旱、阴雨等不利环境下，经常发生倒伏、结实不良、病虫害发生严重等问题，给农业生产带来严重的影响。

国家玉米产业技术体系机械化研究室主任、中国农业大学工学院张东兴教授认为，我国要完成基本实现机械化的目标，玉米机械收获是瓶颈问题（杨杰，2011）。国外发达国家宜机收玉米品种的选育主要是通过小区收获机籽粒直收，一次完成玉米的摘穗、果穗剥皮、脱粒、清选等作业，自然淘汰低产、倒伏、脱水慢、籽粒破损率高的品种。宜机收玉米品种选择主要考虑产量（高产、抗倒伏倒折、抗茎腐病、落穗少、破损少）、含水率（适宜收获期籽粒水分）、含杂率（穗轴梗）。不宜机收的玉米品种采用机械化收穗，费时费力，生产成本高，经济效益低。因此，选育耐密、高产、多抗、适宜机械化收获籽粒的品种对山地宜机玉米生产具有重要意义。

利用表型选择、单倍体育种、高密度育种和分子标记辅助选择及配合力测定等方法，选育具有高产、稳产、高配合力、耐密、多抗等优良特性的玉米自交系。根据西南山地玉米生产特点和对新品种的需求，以常规育种方法为基础，依据新选育玉米自交系的种质基础和玉米杂种优势模式，组配测交组合；通过合理组配和多点生态鉴定，重点突破高产潜力，解决耐密与抗逆、高产与优质矛盾等关键问题，选育符合西南山地玉米机械化生产发展需要的高产、耐高密、多抗、后期脱水快的优异品种。

（一）产量

研究表明，玉米产量水平与生育期的长短呈极显著正相关（冯勇等，2018）。充分利用不同生态区的光热资源，保证适宜的生育期是提高产量的关键。而相同熟期组内，产量水平与生育期的关系不显著，有时会出现负相关，同时，生育期比对照长短天数与产量增幅的相关性也不显著，进一步说明同一生态区内选用品种的生育期应适宜，越区种植并不一定增产。

产量与收获期籽粒含水率间基本呈负相关。不同熟期组生育期与收获期籽粒含水率相关性很小，而相同熟期组内，生育期与收获期籽粒含水率皆呈正相关关系，特别是中晚熟、晚熟组达到显著正相关，生育期偏长是收获期籽粒含水率偏高的主要原因。

（二）抗性

茎腐病病株率与成熟期、收获期倒伏倒折率间均达到极显著正相关，茎腐病是影响玉米倒伏倒折的关键因素。倒伏倒折率的调查基本在乳熟末期或成熟期，虽然成熟期与收获期的倒伏倒折率呈极显著正相关，但不同品种间成熟期至收获期这段时间倒伏倒折情况变化较大，有的品种倒伏倒折率会成倍提高或全部倒伏，因此宜机收品种对倒伏倒折率的调查应在收获期。

玉米植株的抗性与密植程度及株型的关系密切，在产量、品质相近的条件下，采用株型紧凑的良种有助于增加种植密度、提高产量，应优先选用。丘陵山地适宜选择植株高度低于2.8m，穗位高度低于1.4m，株型紧凑，茎秆粗壮，耐肥抗倒，抗大斑病、小斑病的高产品种。夏播玉米适宜选择全生育期较短的品种，最好不超过110d，且植株高度≤2.5m，穗位高度≤1.4m，株型紧凑，茎秆粗壮，耐肥抗倒，抗大斑病、小斑病能力强（姜心禄等，2013）。

（三）籽粒含水率与后期脱水能力

籽粒含水率与玉米的出籽率及破损率密切相关，玉米品种的出籽率可以说是一个模糊或变化的数据。品种间的差距主要由品种的自身特性决定，但每个品种的出籽率也是一个不确定数据，与成熟度和脱粒时间有着密切关系，同一品种的出籽率在不同含水量或脱粒时间下存在较大差异。收获期出籽率与籽粒含水率极显著负相关，在宜机收品种中选择收获期籽粒含水率低的品种为宜。破损率是指机械脱粒过筛后的筛下粒重比率，与脱粒籽粒含水率正相关。籽粒含水率≤30%时，籽粒破损率基本在2%以下或无破损，品种间差异不明显；但当籽粒含水率≥30%，籽粒破损率明显升高；当籽粒含水率达到40%后，籽粒破损率多超过5%；当籽粒含水率达到48%，8%以上籽粒破损、50%以上籽粒破碎（冯勇等，2018）。

玉米籽粒脱水速率指的是在玉米籽粒成熟之后的脱水速度，而不是成熟时的水分含量。由于玉米种质资源的差异，玉米正常成熟后籽粒脱水速度的差异非常大，过去由于人工收获和晾晒，脱水速度不是育种家考察的项目，也没有列入育种目标。与人工收获相比，机械化籽粒收获的效益十分明显，随着机械化采收的推广，玉米籽粒脱水能力也纳入玉米宜机品种考核的重要指标。收获期玉米籽粒含水率主要由生理成熟前后籽粒的脱水速率控制，该性状是可遗传的，品种间具有显著差异；品种间籽粒脱水速率与苞叶、穗轴、籽粒特征及果穗大小等许多农艺性状有关（王克如和李少昆，2017a，2017b）。闫淑琴等（2007）研究认为田间籽粒脱水速率与穗轴脱水速率、苞叶脱水速率呈正相关，与苞叶数目、苞叶面积、苞叶含水率、籽粒宽、穗轴粗、籽粒长度、穗长、穗粗、行粒数呈显著负相关，苞叶含水率和苞叶脱水速率直接影响籽粒脱水速率。刘思奇等（2016）研究表明，籽粒脱水速率与籽粒长度呈显著负相关，与籽粒宽度和厚度未达到显著相关水平。李少昆课题组研究证实，籽粒含水率变化与苞叶、穗轴的含水率变化呈极显著正相关，与穗柄含水率变化无相关性（邢荣平，2018）。

综合各指标体系，选育适应性广泛的宜机收玉米品种特性包括矮秆、早熟，倒伏程度小于5%；玉米穗位整齐、果穗均匀，苞叶长度合适，玉米种植进入蜡熟期后，玉米的苞叶松张开，有利于机械作业之中有效清除苞叶；玉米品种的抗病抗虫能力较强，尤其是抗茎腐病和玉米螟，这使得玉米生长的过程中可以尽量降低玉米植株倒折现象的发生，满足机械收割的条件（邢荣平，2018）。

第三节　试验机械选型配套

一、种子清选机械

种子清选机械是利用籽粒和夹杂物在形状、尺寸、比重、表面特性和空气动力学特性等方面的差异，选出合格优良种子的机械，包括清种机和选种机。清种机用于从种子中清除夹杂物；选种机用于从清杂后的种子中精选出健壮饱满、生活力强的籽粒，必要时按种子的外形尺寸分级（常立志，1995；刘军和张旭，2004；王木君等，2012）。

1. 筛选

筛选以初级清选为主，筛子可分为平面筛、圆筒筛和圆锥筛等。用圆孔筛清选种子的原理如图 5-1 所示，要求筛子有一定振动方向和频率，凡是籽粒宽度大于圆孔直径的均不能通过，这种方法只能单一地按种子的宽度来分选，由于这种方法工作比较单一，效率低下，逐渐被淘汰。

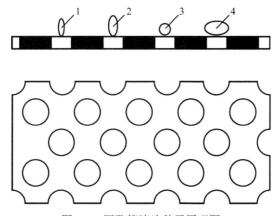

图 5-1 圆孔筛清选种子原理图

1、2、3：种子宽度小于筛孔直径，可以通过；4：种子宽度大于筛孔直径，不能通过

2. 复合式静电清选

复合式种子静电清选在国外广泛应用，可根据种子活力的大小分选种子。如图 5-2 所示，复合式种子静电清选的原理是根据种质不同的种子，其内含物的化学成分不同，反映到种子

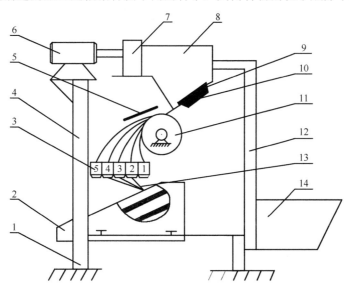

图 5-2 复合式种子静电清选分级机结构简图

1—机架；2—筛箱；3—集料箱；4—外罩；5—电极板；6—电机；7—风机；8—沉降室；
9—振动滑粮板；10—振动器；11—滚筒；12—提升管；13—滑板；14—料口

的电学特性如电导率、介电常数等上均有差异，导致种子在静电场中运动轨迹不同。工作时人工加入料斗中的物料，经风力通过提升管升运到沉降室内，在这一过程中，泥块等大物料从提升管底口排落，轻杂物料进入沉降室后由风机吸出。经过风选的物料沿沉降室的振动滑粮板流出，由旋转的滚筒带入静电场，滚筒和电极板之间的高压静电场对运动中的种子进行静电处理和静电分级，优质种子由于电阻抗大、电导率小、受力小，运动轨迹基本为抛物线，恰好进入集料箱中部的分隔腔2、3、4中，落入分隔腔3中的种子定为一级，落入分隔腔2和4中的种子定为二级；相反，劣质种子电阻抗小、受力大，其运动轨迹偏向电极板的方向，落入分隔腔5内，而物料中的部分杂质由于介电常数大，所受的极化力也大，被吸附在滚轮的表面，沿偏向滚筒的方向落下，落入分隔腔1内，这样集料箱、分隔腔内的劣质种子和杂质通过各自的出口排出，而经过静电处理和分级的1级、2级种子则进入筛箱进行精选后分别从料口输出。

3. 复式清选机

如图5-3所示，复式清选机的工作原理是将筛选、气流清选和窝眼清选按一定的工艺流程组合在一台机器上，因而可以根据谷粒的几种主要特性，如长、宽、厚、空气动力学特性同时进行清选。目前，国内广泛使用的复式清选机，除了用一个吸气风扇和一个筛箱，还用窝眼式选粮筒，使经过风选和筛选的种子再进入选粮筒，选出的种子精度更高。

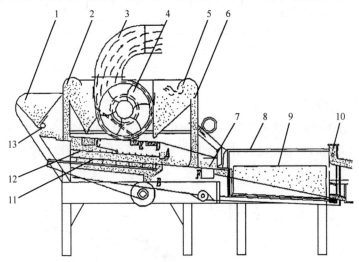

图 5-3　复式清选机原理图

1—料斗；2—滑板；3—预选风道；4—选粮筒；5—排风管道；6—中沉降斗；7—后沉降斗；8—后风道；9—振动槽；10—出料槽；11—下筛；12—上筛；13—喂料辊

市场上存在的主要是复式清选机（图5-4），主要是靠立式空气筛与振动筛来完成种子精选的。首先空气筛根据种子的空气动力学特性，按照种子和杂质临界速度的不同，通过调整气流的速度，实现分离的目的，种子通过空气筛后较轻的杂质被吸入沉降室集中排出，经过空气筛风选过的种子进入振动筛，振动筛分为上下两层筛片，设有3种出口，可将大杂、小杂和获选种子分别排出（如用于分级可安装三层或四层筛片，设有4种出口，可以把种子分为3个等级），振动筛的分选原理是按照种子的几何尺寸特性确定的，因种子的种类和品种不同而尺寸有所不同，选择不同规格的筛片，就能满足分选的要求。

图 5-4　5XFS-10 复式清选机

4. 重力式选种机

重力式选种机按比重精选种子。精选前的种子需经初步清选，籽粒尺寸比较均匀，且不含杂质。重力式选种机由振动分级台、空气室、风扇和驱动机构等组成。振动分级台的上层是不能漏过种子的细孔金属丝编织筛网，下层是带有许多透气小圆孔的底板，分级台的上方用密封罩罩住，内部形成空气室，密封罩的顶部与风扇的入口相通，因而使空气室处于负压状态，气流可自下而上穿过底板小圆孔和筛网。分级台框架由弹簧支承，纵横方向均与水平面成一倾角，并在电机和偏心传动机构的驱动下作纵向往复振动。喂入的待选种子积聚在分级台筛网上，在上升气流和振动的综合作用下，按比重大小自行分层，比重最大的种子位于最下层，直接触及筛网，因而在筛网的振动下被纵向推往高处；比重小的种子处于上层，不直接受筛网振动的影响，因而在自重的作用下向低处滑动；所有种子同时又沿筛面横向向下滑动，分别落入相应的排料口。根据作物品种与精选要求的不同，喂入量、台面振幅和纵横向倾角、气流压力等均可调节。常用的分级台振幅为 8 ～ 12mm，频率为 300 ～ 500 次/min，台面横向倾角 0° ～ 13°，纵向倾角 0° ～ 12°，筛网孔径 0.3 ～ 0.5mm。当台面种子层厚度为 50mm 时，气流压力为 1.32kPa，如振幅减小，要求频率相应地增加。此外，尚有一种正压吹风式选种机，风机出风口正对分级台筛网下方。重力式清选机如图 5-5 所示。

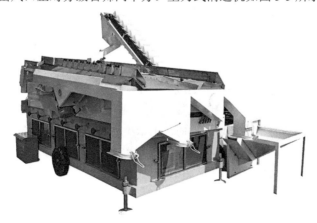

图 5-5　重力式清选机

二、玉米小区播种机

　　小区机械化播种是田间育种试验机械化的重要组成部分，是进行田间育种试验的基础，在大规模品种选育鉴选中广泛应用。播种质量的好坏直接影响田间试验的精度、可靠性等（连政国等，2012）。小区播种机是最早出现的田间试验机械，能够有效提高播种效率，降低人工播种导致的误差（梁吉利等，2015）。育种试验过程中的播种作业与大田播种既有相同要求，如播种深度一致、落粒均匀、种子与土壤密接等，又存在不同。育种试验是以小区为播种单元，所播品种多而数量少，播种时根据田间设计，把一定量的种子均匀地、全部无遗地播到确定的小区行内。为防止品种混乱，当播完一行后，种子箱内的种子也应同时播完或实现瞬时清空，保证相邻小区间种子无混杂。用于小区播种的播种机，其最大特点是每行播种一份种子。每一份种子的数量不同，所播的行长也不同，但必须在规定的行长内播完。播种机广泛采用锥体格盘式排种装置。如图 5-6 所示，由锥体、格盘、存种漏斗和底座等组成。工作时，把要播入小区的一份种子投入存种漏斗内，当播种机进入小区开端，按动手柄，提起存种漏斗，种子将沿着锥面均匀地滑落至格盘中。格盘由地轮经锥形齿轮副传动，当盘格转动到对准底盘上的排孔时，种子落下，经排种管、开沟器落入种沟内。经过无级变速机构调节，可以在播种机行走轮走完一个小区的长度时，恰好使格盘同步转动一周。使任意份量的种子能均匀地播在一个小区长度上。

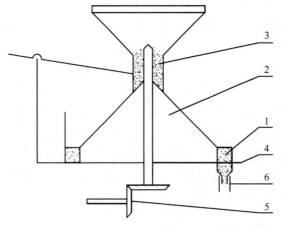

图 5-6　锥体格盘式排种器

1—锥体；2—格盘；3—存种漏斗；4—底座；5—锥形齿轮副；6—输种管

　　目前，玉米小区播种机主要分为小区条播机和小区精播机（宋庆斌，2019）。按照排种器的排种原理则可分为机械式和气力式两种，目前条播机基本上采用奥约德锥体格盘式结构，精播机普遍采用气力式排种形式。小区条播机（图 5-7）要求在规定长度和宽度的小区面积内，按照规定的播种量（一定长度区段内的粒数）、行距和播深将同一品系的种子播入播行内，播完规定长度后，种子不得存留于排种装置内。玉米小区精密播种机（图 5-8）要求在规定长度和宽度的小区面积内，按照精确的播种量（单粒穴播或精确控制每穴粒数的多粒穴播）、规定的株距（或穴距）、行距和播深将同一品系的种子播入各播行内，播完规定的长度后，种子不得存留于排种装置内，如图 5-9 所示。

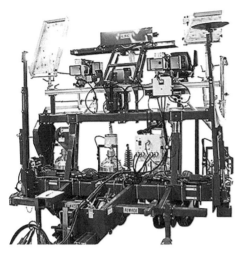

图 5-7　玉米小区条播机

图 5-8　玉米小区精密播种机

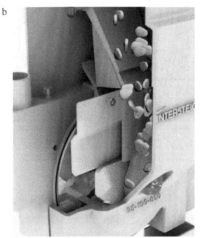

图 5-9　气吸式小区精量排种器（Wintersteiger）

a. 带有径向槽排种盘和位于其后的螺旋槽排种盘；b. Dynamic Disc 的播种计量装置中的闸门系统

Wintersteiger 气吸式排种器工作时使用真空将种子吸到导种槽内，并保存在专门为提高播种速度开发的径向槽排种盘的中央，随着径向槽排种盘的旋转，种子沿着槽转到外部，依靠气体吸力对种子起到固定作用，并在最佳位置上让种子落下，剩余的种子被吸入到余种收集器中。排种器在充种阶段设置有专门闸门，可以对前后两个小区的种子进行隔离，即使在播种速度很高时，也可以避免发生种子混合。

三、玉米小区收获机

小区收获是育种或其他田间试验获得正确试验结果的重要环节（张焕卿和田治远，2017）。小区收获与大田收获不同，单个小区的面积小，而且整块地内又包含很多小区和品种，所以既要提高作业效率，又要防止品种混杂。小区收获机具随收获方式的不同而异，常用的有联合收获和分段收获两种方式。用于小区的联合收获机，除了一般所要求的收获损失小、脱粒净、破碎少、效率高，更主要的是：①一个小区或一个品种收获结束后，应能对机体内各部分方便、迅速、干净、彻底地清扫，使机体内没有遗留的籽粒，以防止品种混杂；②采用装袋的方式卸粮，便于各小区或各品种的种子分别收存；③整机结构简单，操作灵活，以适应小区作业。

玉米小区联合收获机主要由割台、驾驶操作系统、果穗升运器、剥皮脱粒清选机构、气力输送分区收集机构、发动机、行驶系统和测产装置组成（籍俊杰等，2006）。集摘穗、果穗输送、剥皮脱粒、振动筛选、气力输送、测产和分区收集多种农艺于一体的玉米育种联合收获机械，整体结构如图 5-10 所示。工作时，机具顺着玉米植株行向前行走，割台两侧的分禾器将进入收获区的玉米与区外分开。进入收获区的玉米，在拨禾链的强制拨动下进入摘穗机构的两个拉茎辊之间，拉茎辊的快速转动将秸秆快速拉向辊的下方，果穗被摘穗板摘下，实现穗与秆分离，摘下的玉米穗再由拨禾链送至搅龙内，由搅龙输送到果穗升运器内，由升运器送至剥皮脱粒清选装置进行剥皮脱粒清选，清选的籽粒经气力输送到分区收集机构，再进入测产装置进行水分、产量的测量和装袋处理。

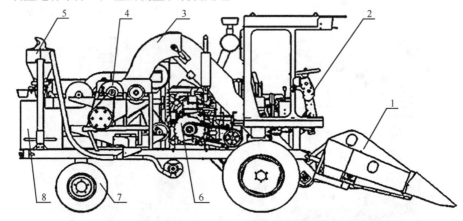

图 5-10　玉米小区联合收获机整机结构图

1—割台；2—驾驶操作系统；3—果穗升运器；4—剥皮脱粒清选机构；

5—气力输送分区收集机构；6—发动机；7—行驶系统；8—测产装置

目前，应用的小区收获机以国外成熟机型为主（图 5-11），主要机型一次收获一个小区，近年来为了提高收获效率，出现了同时对两个相邻小区进行收获的机械，配置两套独立的摘穗、输送、脱粒、清选等机构，保证两个小区的收获互不影响，大大提高了作业效率。

图5-11　国外小区联合收获机

a. Wintersteiger Quantum 小区联合收割机；b. Wintersteiger Split NH 双小区联合收获机；c. Almaco 小区联合收获机

参 考 文 献

柴宗文, 王克如, 郭银巧, 等. 2017. 玉米机械粒收质量现状及其与含水率的关系 [J]. 中国农业科学, 50(11): 2036-2043.

常立志. 1995. 国内外种子清选机械的现状及发展趋势 [J]. 农业机械化与电气化, (2): 25-26.

程云, 王耘刈, 杨静. 2015. 种植密度对夏玉米基部节间性状与倒伏的影响 [J]. 玉米科学, 23(5): 112-116.

董朋飞, 郭亚南, 王克如, 等. 2018. 玉米籽粒耐破碎性及其评价与测试方法 [J]. 玉米科学, (4): 79-84.

冯勇, 宋国栋, 侯旭光, 等. 2018. 玉米品种试验中宜机收指标的探讨 [J]. 北方农业学报, 46(1): 21-24.

勾玲, 黄建军, 张宾, 等. 2007. 群体密度对玉米茎秆抗倒力学和农艺性状的影响 [J]. 作物学报, 33(10): 1688-1695.

关东山, 许继东. 2009. 玉米品种性状与机械化收获 [J]. 种业导刊, 8: 36.

侯明涛, 张红梅, 王万章, 等. 2016. 玉米籽粒物理机械特性及机械化收获适应性 [J]. 江苏农业科学, 44(7): 354 -357.

籍俊杰, 刘焕新, 郝金魁, 等. 2006. 国内外玉米收获机械发展综述 [J]. 当代农机, (4): 18-21.

贾新宇. 2017. 适于机械化粒收玉米新品种育种策略探讨 [J]. 农业开发与装备, (7): 110.

姜心禄, 李旭毅, 池忠志, 等. 2013. 四川丘陵山地玉米机械化生产技术 [J]. 耕作与栽培, 2(6): 49-50.

姜艳喜, 王振华, 金益, 等. 2004. 玉米收获期籽粒含水量相关性状的遗传及育种策略 [J]. 玉米科学, 12(1): 21-25.

雷恩, 环建华, 王岳东, 等. 2018. 云南玉米宜机械收获性能和机收质量研究与评价 [J]. 农机化研究, (4): 156-161.

李川, 乔江方, 谷利敏, 等. 2015. 影响玉米籽粒直接机械化收获质量的生物学性状分析 [J]. 华北农学报, 30(6): 164-169.

李捷. 1986. 种子分级依据和方法 [J]. 种子世界, (5): 20-21.

李璐璐, 雷晓鹏, 谢瑞芝, 等. 2017. 夏玉米机械粒收质量影响因素分析 [J]. 中国农业科学, 50(11): 2044-2051.

李少昆. 2017. 我国玉米机械粒收质量影响因素及粒收技术的发展方向 [J]. 石河子大学学报（自然科学版）, 35(3): 265-272.

李少昆, 王克如, 谢瑞芝, 等. 2018. 机械粒收推动玉米生产方式转型 [J]. 中国农业科学, 51(10): 1842-1844.

梁吉利, 朱海芳, 闫洪睿, 等. 2015. 试验小区机械播种应注意的几个问题 [J]. 黑龙江农业科学, (5): 168.

刘军, 张旭. 2004. 利用电场按种子活力进行种子清选的研究 [J]. 农业机械化与电气化, (4): 32-33.

刘思奇, 钟雪梅, 史振声. 2016. 玉米果穗各部性状对籽粒含水量和脱水速率的影响 [J]. 江苏农业科学, 44(8): 130-132.

刘永红. 2017. 西南地区玉米农作模式的演变与发展 [J]. 玉米科学, 25(3): 99-104.

柳枫贺, 王克如, 李健, 等. 2013. 影响玉米机械收粒质量因素的分析 [J]. 作物杂志, (4): 116-119.

卢庭启, 何丹, 王秀全, 等. 2016. 丘陵区旱地两熟全程机械化玉米品种的鉴选 [J]. 耕作与栽培, (1): 10-12.

毛振荣. 2010. 玉米种子分级播种与产量及质量关系的研究 [J]. 现代农业科技, (18): 46-50.

裴建杰, 范国昌. 2012. 对玉米收获中籽粒破碎和损失的影响因素试验研究 [J]. 河北农业大学学报, (1): 102-105.

秦乃群, 高敬伟, 蔡金兰. 2017. 夏玉米机械化密植便管种植模式试验研究 [J]. 农业科技通讯, 7: 92-95.

石洁, 王振营, 何康来. 2005. 黄淮海地区夏玉米病虫害发生趋势与原因分析 [J]. 植物保护, 31(5): 63-65.

史诗琼. 2015. 适宜机械化粒收玉米良种的特性特征 [J]. 农村农业农民, 9: 32.

宋庆斌. 2019. 玉米小区精量播种机研制 [D]. 长春: 吉林农业大学硕士学位论文.

孙士明, 那晓雁, 靳晓燕, 等. 2015. 不同形态玉米种子分级单粒播种性能试验研究 [J]. 农机化研究, 37(7): 171-175.

谭斌. 2017. 分级单粒播种性能试验在不同形态玉米种子的研究 [J]. 农技服务, 34(9): 20.

佟屏亚. 2015. 对玉米籽粒机械化收获的探讨 [J]. 农业技术与装备, (4): 4-6.

王克如, 李少昆. 2017a. 玉米籽粒脱水速率影响因素分析 [J]. 中国农业科学, 50(11): 2027-2035.

王克如, 李少昆. 2017b. 玉米机械粒收破碎率研究进展 [J]. 中国农业科学, 50(11): 2018-2026.

王磊, 李雅文, 樊廷录. 2017. 适宜机械收获株行距对黄土旱塬春玉米产量及水分利用效率的影响 [J]. 水土保持研究, 24(5): 363-369.

王木君, 王登齐, 王祎刚. 2012. 种子清选加工的必要性及机械的使用 [J]. 中国种业, (7): 31-33.

王统武. 2006. 农业机械化和玉米商业化育种 [J]. 玉米科学, 14(增刊): 33-34.

王向鹏, 张如养, 范会民, 等. 2017. 适宜籽粒机收玉米杂交组合的鉴定和筛选研究 [J]. 种子, 6(36): 75-78.

王振华, 鲁晓民, 张新. 2011. 我国玉米全程机械化育种目标浅析 [J]. 河南农业科学, 40(11): 1-3, 21.

邢荣平. 2018. 浅谈玉米宜机收新品种选育策略 [J]. 农业与技术, 38(9): 51-52.

徐彦龙. 2017. 玉米品种与栽培技术对玉米机械收粒质量的影响分析 [J]. 南方农业, 5(11): 56-57.

闫淑琴, 苏俊, 李春霞, 等. 2007. 玉米籽粒灌浆 、脱水速率的相关与通径分析 [J]. 黑龙江农业科学, (4): 1-4.

杨杰. 2011. 观点碰撞 把脉丘陵山地机械化 [J]. 现代农业装备, 10: 50-51.

易克传, 朱德文, 张新伟, 等. 2016. 含水率对玉米籽粒机械化直接收获的影响 [J]. 中国农机化学报, 37(11): 78-80.

张成华, 方志军, 齐世军. 2016. 适于机械化粒收玉米新品种育种策略探讨 [J]. 安徽农业科学, 44(27): 13-14.

张东兴. 2011. 农机农艺技术融合推动我国玉米机械化生产的发展 [J]. 农业技术与装备, 5: 21-25.

张焕卿, 田治远. 2017. 小区玉米收获机的研发与试验 [J]. 乡村科技, (13): 94-96.

赵卫. 2007. 对提高玉米种子纯度途径的探讨 [J]. 山西农业科学, 35(6): 19-22.

Cooper M, Messina C D, Podlich D, et al. 2014. Predicting the future of plant breeding: complementing empirical evaluation with genetic prediction[J]. Crop & Pasture Science, 65(4): 311-336.

Lian Z G, Wang J G, Yang Z H, et al. 2012. Development of plot-sowing mechanization in China[J]. Transactions of the Chinese Society of Agricultural Engineering, 28(Supp.2): 140-145.

Mansfield B. 2012. Survey of plant density tolerance in U.S. maize germplasm[J]. Crop Science, 54(1): 157-173.

Mikel M A. 2011. Genetic composition of contemporary U. S. commercial dent corn germplasm[J]. Crop Science, 51(2): 592-599.

Mickel M A, Dudley J W. 2006. Evolution of north American dent corn from public to propriety germplasm[J]. Crop Science, 46(3): 1193-1205.

Pinter L. 1993. Effect of plant density and plant distribution within the row on grain yield and standing ability for maize[J]. Acta Agronomica Hungarica, 42(3/4): 337-348.

Stamp P. 1992. Root morphology of maize and its relationship to root lodging[J]. Journal of Agronomy and Crop Science, 168(2): 113-118.

第六章 玉米机械化高产高效耕整地技术与装备

第一节 山地春玉米区机械化高产高效耕整地技术与装备

一、小台地旋耕整地标准、技术与装备

1. 台地

台地是指四周有陡崖的、直立于邻近低地、顶面基本平坦似台状或阶梯状的地貌。由于构造的间歇性抬升，使其多分布于山地边缘或山间。简言之，面积不大的高原就称为台地。根据成因可分为构造台地、剥蚀台地、冻融台地等。根据物质组成又可分为基岩台地、黄土台地、红土台地等。台地内水系冲沟稀疏，台面完整，地势平缓，耕作条件好，为农业产区（宋洪涛等，2015）。

2. 小台地旋耕整地标准

小台地旋耕作业质量指标应符合表 6-1 所示的旋耕整地标准［来源于地方标准《农业机械旱田耕整地作业质量评定办法》（DB34/T 536—2005）］。

表 6-1 旋耕整地标准

项目	作业深度/cm	耕深稳定性变异系数/%	地表平整度/cm	碎土率/%	植被覆盖率/%
指标	≥20	≤15	≤5	≥55	≥55

3. 小台地旋耕整地技术

（1）旋耕与深耕隔年轮换

机械深耕通常能实现土壤表面 20～30cm 深翻作业，具有打破犁底层，加厚土壤耕层，改善土壤理化性状，促进土壤微生物活动和土壤养分的转化分解等作用。旋耕机械只能对土壤表面 8～18cm 进行碎土而不能进行深施化肥，所以旋耕一般要与深耕隔年或 2～3 年轮换，以解决旋耕整地耕层浅、深施化肥困难等问题。

（2）旋耕与细耙相结合

旋耕次数要 2 次以上，耕后要耙细耙透，消除深层暗坷垃，使土壤踏实、上虚下实，以解决土壤过于疏松的问题。

（3）旋耕与农艺技术相配套

旋耕地一定要控制播种深度，播种后与越冬前要进行镇压，提温保墒；要采用配方施肥，不施未腐熟的有机肥；要采用精播、半精播技术，控制作物群体，防止倒伏；要根据品种特性，做到适期播种。

（4）旋耕与应变措施相配合

在地势低洼、土质黏重的地块采取旋耕整地可以提高整地质量，旋耕地切不可为赶播期而粗放耕作，要保证整地质量和播种质量（董红民，2006；刘志友和于钟富，2014；黄永，2017；徐淑英，2018）。

（5）旋耕与保护性耕作相结合

旋耕切碎土壤，创造了松软细碎的种床，但同时又消灭了土壤中的蚯蚓等生物，使土

慢慢失去活性。保护性耕作是以机械化作业为主要手段,其核心技术包括少耕、免耕、缓坡地等高耕作、沟垄耕作、残茬覆盖耕作、秸秆覆盖等农田土壤表面耕作技术及其配套的专用机具等,配套技术包括绿色覆盖种植、作物轮作、带状种植、多作种植、合理密植、沙化草地恢复及农田防护林建设等,将耕作减少到只要能保证种子发芽即可,用农作物秸秆及残茬覆盖地表,并主要用农药来控制杂草和病虫害的一种耕作技术,在保留地表覆盖物的前提下免耕播种,以保留土壤自我保护机能和营造机能,机械化耕作由单纯改造自然到利用自然,进而与自然协调发展农业生产的革命性变化(张海林等,2005)。旋耕与保护性耕作相结合,使耕整地的播种效果更为良好。

4. 小台地旋耕整地装备

（1）小台地旋耕装备

小台地由于地块不大,可配套微耕机或者中小型旋耕机进行作业。微耕机是一种以小型柴油机或者汽油机为动力的、无乘坐而步行操作的农业机械,具有重量轻、体积小、结构简单等特点,易于操作,具有良好的爬坡性、越埂的机动性,广泛适用于平原、山区、丘陵的旱地、水田、果园、菜地的深旋耕、浅旋耕、犁耕、开沟筑垄等作业(洪添胜,2012)。常见微耕机见表6-2、图6-1。

表6-2　常见微耕机

项目	沭河 1WG-4QZ3 微耕机	鼎工 1WGFQZ4.2-90 微耕机	嘉陵-本田 FQ650 微耕机
配套动力/kW	4	4.2	3.7
耕幅/cm	60 ～ 135	90	90
耕深/cm	≥ 10	≥ 15	≤ 20
旋耕效率/（亩/h）	1.5 ～ 3	2 ～ 2.5	2 ～ 2.5

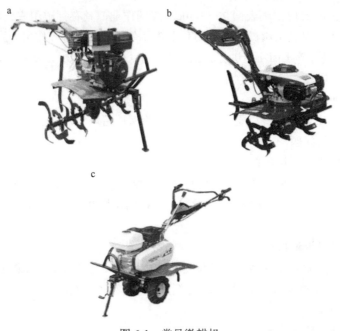

图 6-1　常见微耕机

a. 沭河 1WG-4QZ3 微耕机；b. 鼎工 1WGFQZ4.2-90 微耕机；c. 嘉陵-本田 FQ650 微耕机

旋耕机是一种由拖拉机动力驱动的土壤耕整机具，其切土、碎土能力强，能切碎秸秆并使土肥混合均匀。旋耕机一次作业能达到犁耙几次的效果，耕后地表平整、松软，能满足精耕细作的要求。旋耕机主要由机架、传动系统、旋转刀轴、刀片、耕深调节装置、罩壳等组成（扶爱民，2014）。常见中小型旋耕机见表6-3、图6-2。

表6-3　常见中小型旋耕机

项目	常方1GS11L-100旋耕机	千里牛1GS9L-100旋耕机	森海苏河1GS8-110旋耕机
配套动力/kW	11.02	8.1～8.8	8.82
耕幅/cm	100	100	110
耕深/cm	≥7	8～14	≥10

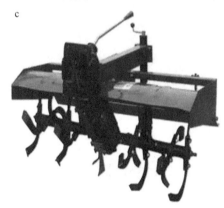

图6-2　常见中小型旋耕机

a. 常方1GS11L-100旋耕机；b. 千里牛1GS9L-100旋耕机；c. 森海苏河1GS8-110旋耕机

（2）小台地整地装备

小台地由于四周有沟，不利于中大型整地机械作业，多采用中小型圆盘耙进行作业。圆盘耙是一种以固定在一根水平轴上的多个凹面圆盘组成的耙组作为工作部件的耕作机具，主要用于犁耕后松碎土壤，达到播前整地的农艺要求，也用来除草或在收获后的茬地上进行浅耕和灭茬。重型圆盘耙还可用于耕地作业，具有破碎土块、疏松表土、保水、提高地温、平整地面、掩埋肥料和根茬、灭草等作用。圆盘耙由机架、耙组、牵引或悬挂装置、偏角调节机构等组成，为了增加入土深度，有的轻、小型耙在耙架上装有配重箱（李烈柳，2013）。常见中小型圆盘耙见表6-4、图6-3。

表 6-4 常见中小型圆盘耙

项目	亚泰机械 1BJX 圆盘耙	东方红 1BJX-1.7 悬挂耙	裕旋 1BSQN-200J 驱动耙
配套动力/kW	35～45	33～44	30
耙幅/cm	180	170	130
最大耙深/cm	14	14	14

图 6-3 常见中小型圆盘耙

a. 亚泰机械 1BJX 圆盘耙；b. 东方红 1BJX-1.7 悬挂耙；c. 裕旋 1BSQN-200J 驱动耙

二、缓坡地、山间盆地平翻或深翻整地标准、技术与装备

1. 缓坡地、山间盆地

坡地上的岩石和风化碎屑物，在构造运动、重力和流水的作用下发生崩塌、滑坡、泥石流和蠕动等，所形成的各种地貌称为坡地地貌（姜竺卿，2015），而缓坡地就是指坡度较为平缓的坡地。

山间盆地是指由山地围限的低地，处于造山带之间的盆地。构造盆地多属山间盆地，此外山区中的河谷盆地、溶蚀盆地，也属山间盆地。

2. 缓坡地、山间盆地平翻或深翻整地标准

（1）缓坡地、山间盆地平翻标准

在茬高小于 20cm，土壤绝对含水率 10%～25%，拖拉机驱动轮（左、右）滑转率不大于 20% 的条件下，缓坡地、山间盆地平翻整地质量（铧式犁作业质量）应符合平翻整地标准（表 6-5）。

表 6-5 平翻整地标准

项目		作业质量指标	
		犁体幅宽＞30cm	犁体幅宽≤30cm
平均耕深/cm		≥25	
耕深稳定性变异系数/%		≤10	
漏耕率/%		≤2.5	
重耕率/%		≤5.0	
植被覆盖（旱耕）率/%	地表以下	≥85	≥80
	8cm深度以下（旱田犁）	≥60	≥50
碎土率/%	旱田耕作，≤5cm土块	≥65	≥70
立垡率/%		≤5.0	
回垡率/%		≤5.0	
垡台高度/cm		≤8.3	
垡沟深度/cm		≤12.5	

注：适用于后续铺膜播种作业的地块

（2）缓坡地、山间盆地的深翻标准

深翻是选择性作业，主要解决土壤坚实度过大的问题，不需要每年进行，一般间隔3～5年深翻1次为宜，应在实施保护性耕作的第一年进行。深翻应在土壤含水量为12%～22%时进行，深度一般比现有耕作层加深5～10cm即可。"三漏田"不能深翻深松。

3. 缓坡地、山间盆地平翻或深翻整地技术

（1）平翻整地技术

耕翻深度：要视耕翻基础和肥沃土层的厚度而定，没有深翻基础的可逐渐加深，不可一次翻得过深，将生土翻到表层不利于作物的生长发育。

耕翻时期：早翻好于晚翻，秋翻好于春翻，以伏翻最好。伏翻土壤熟化时间长，可为下年积累较多的营养物质，还可接纳较多的雨水，贮藏在耕层中，供作物利用。春翻效果最差，土壤水分散失严重，不利于保苗，因此一般不宜春翻。

翻耙结合：一般要做到翻耙结合，实行连续作业。这是提高整地质量，保存土壤水分的重要方法，不可忽视。但不能机械地生搬硬套，应视翻后土壤水分状况灵活掌握耙地时机。翻后墒情较差的地块，应做到翻、耙、压相结合，以防止水分散失，如土壤墒情较好，可隔1～2d再耙；对于低洼易涝地块，为促进散墒，秋翻后可粗耙一次，翌年春季后再进行早春耙耢。

提高翻地质量：第一，要根据土壤墒情进行适时耕翻整地，一般适宜耕翻的土壤含水量为18%～22%（手握成团，落地散碎）。不明水作业，不顶雨耕翻，以防"倒雨"，造成土壤板结。第二，要里外隔年耕翻。如果上年是开垦往外翻，本年就应改为外开垦往里翻，做到隔年里外交替耕翻，以免因开闭垄造成地面不平。第三，要做到翻后地面平整，注意不漏翻，不跑茬，不重翻，无立垡，深浅一致，并将作物根茬、杂草、肥料等翻到下层，要覆盖严密，翻后地面平整，无明显大坷垃（胡广义等，1985；李红岩，2017）。

（2）缓坡地、山间盆地整地及治理目标

A.地块互联互通。通过消坎、填沟、建梯等措施实现相邻地块互联互通；地块与农田耕作道、生产道互联互通；改造区块与外部路网互联互通。实现农业机械进出自如。

B.消除耕作死角，对半岛、叉弯型等影响农业机械作业的地块进行截弯取直、消散镶填。

C.推进地块并整，小并大，短并长，乱变顺。

D.优化地块利用布局。改造零乱和小方格式地块，以条带状分布为主，尽量延长机械作业线路。以梳理、连接等方式，调整土地利用结构、优化土地利用布局，以条带状分布为主，延长单次作业线路。

E.理顺水系，以整形后的地块坡向为依据，开挖地块主、次、支沟系，深开围沟、背沟，少开或浅开厢沟，主沟尽可能排、灌兼顾，沟系上下连接与自然或工程建设的沟渠相通。特别要注意切断雨水汇水源，将其导入主沟。

F.土壤培肥熟化。通过机械化深松、旋耕，配套机械化绿肥种植、秸秆还田、粪污还田等措施培肥提升地力（秦大春，2017）。

4.缓坡地、山间盆地平翻或深翻整地装备

缓坡地、山间盆地平翻或深翻整地一般采用耕幅为2m以下的中小型拖拉机配套铧式犁。铧式犁是在一根横梁上安装厚重的刃的农业耕地设备，通常系在拖拉机上，用来破碎土块并耕出槽沟从而为播种做好准备。耕作的时候，犁体按照规定的宽度和深度切开土层，将土沿着曲面升起、翻转和侧推，并且不断地破碎土壤，使土地达到耕作的基本要求。铧式犁一般由犁壁、犁铧、犁柱、犁侧板、犁托等组成。常见缓坡地、山间盆地平翻装备如表6-6、图6-4所示。

表6-6　常见缓坡地、山间盆地平翻装备

项目	东方红 1L-320 铧式犁	黄源 IL-325 铧式犁	黄源 IL-235 铧式犁
配套动力/kW	30～40	30～50	50～80
工作幅宽/cm	60	75～100	70～100
耕深/cm	18～22	22～25	25～30

a

b

图 6-4　常见缓坡地、山间盆地平翻装备

a. 东方红 1L-320 铧式犁；b. 黄源 IL-325 铧式犁；c. 黄源 IL-235 铧式犁

三、间套作整地标准、技术与装备

1. 间作与套作

间作：指在同一田地上于同一生长期内，分行或分带相间种植两种或两种以上作物的种植方式。所谓分带是指间作作物成多行或占一定幅度的相间种植，形成带状，构成带状间作。间作因为成行或成带种植，可以实行分别管理。特别是带状间作，较便于机械化或半机械化作业，与分行间作相比能够提高劳动生产率。

套作：是指在前季作物生育后期的株行间播种或移栽后季作物的种植方式，也称套种、串种。套作能充分利用时间，延长作物的生长期，提高复种指数，是集约利用生长季节的种植方式。

套作与间作的区别在于，套作作物的共生期较短，每种作物的生育期都不超过其全生育期的一半，大都在 10 ~ 30d，而间作作物的共生期较长（王宏富，2010）。

2. 间套作整地标准

间套作整地质量要求应符合普通净作整地质量标准［《微耕机作业质量》（DB42/T 715—2011）］，其相关指标参见表 6-7 和表 6-8。

表 6-7　采用旋耕整地时的间套作整地质量要求

项目	平均耕深/cm	旋耕层深度合格率/%	耕深稳定性变异系数/%	平均耕宽/cm	地表平整度/cm	碎土率/%	植被覆盖率/%	单个田角余量/m²
指标	≥ 10	≥ 85	≤ 15	设计值 ± 5.0	≤ 6	≥ 50	≥ 10	≤ 1

表 6-8　采用犁耕整地时的间套作整地质量要求

项目	平均耕深/cm	耕深合格率/%	断条率/（次/m）	立垡率/%	回垡率/%	碎土率/%	植被覆盖率/%	单个田角余量/m²
指标	设计值 ± 1.0	≥ 85	≤ 2.0	≤ 5.0	≤ 5.0	≥ 45	≥ 80	≤ 1

3. 间套作整地技术

间套作整地技术与平翻整地技术基本一致。

（1）耕地机组编组合理

为了保证作业质量，首先必须保证小四轮拖拉机技术状态良好，各部分零件完整，调整正确，润滑良好；无三漏现象，即不漏油、不漏水、不漏气；发动机易起动，动力充足，额定负荷时不冒黑烟；全负荷作业时，水温、油温、油压均正常；液压悬挂机构升降灵活、调节准确；操纵机构灵活可靠，照明、信号齐全完整；底盘行走技术状态完好。

（2）要有较好的配套农具——犁

为保证耕地作业质量，要求犁的技术状态一定达到：犁架应具有一定的强度，防止变形影响耕地质量；各连接紧固件无松脱晃动；犁铧应锋利，铧尖磨秃、铧刃磨钝应及时修理或更换，前后铧犁刃线应在同一水平面上；犁壁要保持曲面形状正确，壁面光滑，与犁铧的接缝处不能高于犁铧，间隙不能大于 1mm。固定用的沉头螺栓不得突出工作表面。

（3）要保证拖拉机与犁配套的合理性

只有当拖拉机的牵引功率和作业机具阻力相匹配时，拖拉机的比耗油最小，这时机组的经济性也最好（高丽茹，2012）。

4. 间套作整地装备

常见间套作整地装备与缓坡地、山间盆地平翻装备基本一致。

第二节　山地夏玉米区机械化高产高效耕整地技术与装备

一、少耕、免耕整地技术与装备

少耕、免耕整地技术又称机械化保护性耕作，在满足玉米生长条件的基础上尽量减少田间作业，粉碎秸秆、残茬覆盖率应不小于30%。相对于传统耕作法，主要是以不使用铧式犁耕翻和尽量减少耕作次数为主要特征，从尽量减少耕作次数发展到一定年限内免除耕作，属于土壤保护性耕作范畴。少耕包括深松及表土浅耕。以深松机打破犁底层，一般深度25～30cm，最深可达35～40cm，深松一般2～4年进行一次，耕层内无树根、石头，"三漏"田不能深松。表土浅耕以重耙或旋耕机进行表土耕作或旋耕机条带耕作，耕深一般为8～10cm。免耕就是除播种外不再进行其他任何土壤耕作，尽量减少作业次数，一般与播种技术结合，使用免耕播种机一次完成破茬、开沟、施肥、播种、覆土、镇压等作业。少耕、免耕改变了传统翻耕作业方式，减少了土壤搅动，从而减少了土壤水分蒸发和水土流失，有利于提高土壤蓄水保墒能力，促进植株根系下扎，提高抗倒伏能力；同时有助于有机质积累，有利于土壤培肥；减少耕作次数减轻了机具对土壤的压实，有利于改善土壤结构；有利于抢墒播种、节约能源、降低成本、提高经济效益。对排水性差的黏性土壤不宜少耕、免耕，反而应通过深耕、培肥改善土壤结构，并开沟防涝。

深松机按用途主要分为整地深松机、联合整地深松机、深松播种机等（图6-5），其深松部件主要有凿式、铲式、箭式等，在机架上间隔布置，可以打破犁底层。玉米深松作业分播前整地时深松和苗期深松，播前整地时深松深度35～40cm；苗期深松一般与中耕追肥相结合，深松深度23～30cm，根据苗龄和土壤水分情况确定作业时机，应尽早进行，玉米不应晚于5叶期，土壤水分含量13%～25%。宽窄行玉米种植模式可采用大垄双行深松深施肥机。

深松作业时，拖拉机必须直线行走，深松间隔应均匀一致，深松部件入土时不允许转弯，以防损坏。田间转移时铲头离地表间隙大于25cm。

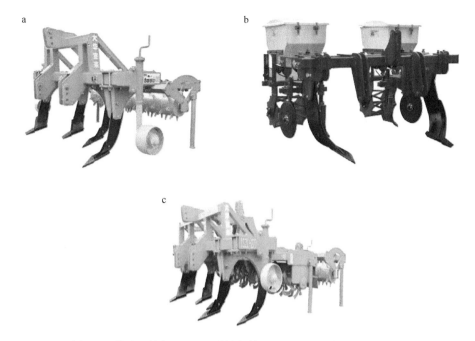

图6-5　整地深松机（a）、深松播种机（b）和联合整地深松机（c）

二、浅旋耕整地技术与装备

夏玉米前茬多为油菜或小麦，播种时常出现墒情不足现象。因此，在前茬收获后应及时灭茬保墒，以实现玉米早播全苗，达到苗齐、苗匀、苗壮的目的，这对玉米高产非常重要。夏玉米在前茬作物收获后，抢时早播是关键，一般不要求播前深耕，可结合种植制度，在秋冬深翻、深耕或深松。因为深耕后，土壤沉实时间短，播种出苗期遇雨土壤滞水多，遇连阴雨不能及时沥除，容易发生渍害，出现黄苗、死苗现象，造成减产。夏玉米种植区耕深以13～17cm为宜。

旋耕机耕作深度一般为8～18cm，碎土性能强，作业后地表平整、松软、细碎，各种土壤最多耕作两遍即可达到玉米播种要求，减少了作业次数，节约了时间和能耗。采用旋耕机整地作业能够很好地满足夏玉米种植需求。西南地区采用悬挂式旋耕机与轮式拖拉机连接，具有作业效率高、机动灵活、转移方便等优点。受地形、土壤平整度和地块大小的影响，机具耕幅不宜过宽，一般不超过2.3m，否则容易出现耕深不一。高原上连片大平地规模化种植，可采用半悬挂或牵引式整地机具，耕幅可超过2.3m。耕幅必须覆盖轮辙，复式作业功能的选用需要根据配套拖拉机的类型、功率、牵引力等进行，尽量控制机具长度、重量。下面从常用的普通型框架式正转旋耕机的选用及与拖拉机配套等方面进行说明。

1. 旋耕机作业幅宽配套拖拉机功率估算

以常用的正转旋耕机为例，参照旋耕机标准及现有产品性能参数统计，单轴耕幅125cm以上旋耕机（包括圆梁型和框架型）配套拖拉机功率为［20+（耕幅-125）×0.4］kW以上；估算框架型双轴耕幅125cm以上旋耕机配套拖拉机功率为［29+（耕幅-125）×0.6］kW以上。为提高拖拉机机具的配套性和降低投资成本，拖拉机选型还要根据农艺要求（种植模式）综合考虑，如专门整地或兼用播种、中耕等。

2. 旋耕机的功率消耗估算

旋耕机的功率消耗主要包括刀片切削土壤、抛掷土块、传动损耗等，其中切土和抛土所消耗的功率占总功率的 80% 以上，其他如摩擦等可忽略不计。功率消耗（N）可按如下公式计算。

$$N \approx k_r \cdot B \cdot h \cdot V_m \tag{6-1}$$

式中，k_r 为旋耕土壤比阻（kg/cm^2），一般为 $1.2 \sim 1.6$，与耕深有关，耕深大选大值；B 为工作幅宽（m）；h 为旋耕深度（cm），一般为 $8 \sim 16cm$；V_m 为机组速度（m/s），旋耕时前进速度 $0.28 \sim 1.4m/s$；单独旋耕时，旋耕机消耗功率约占拖拉机标定功率的 70%。当旋耕机所消耗的功率计算出来后，可以通过调整选型的工作幅宽、工作深度，使得旋耕机的功率消耗与拖拉机相匹配。

玉米种植的海拔一般不超过 2400m（有报道 1987 年在海拔 3276m 云南省西北部的迪庆藏族自治州中甸高原坝区，1999 年在海拔 3658m 的拉萨，用特殊方法种植成功）。相对于平原，海拔每增高 1000m，非增压柴油机的额定功率下降 3.2% ~ 17.7%，增压柴油机的额定功率下降 0.16% ~ 10.8%，在海拔 3000m 以下，柴油机的额定功率随海拔升高缓慢下降，当海拔超过 3000m 时，额定功率随海拔升高下降明显。当海拔超过 2000m 时，柴油机的最大扭矩随海拔升高下降明显，海拔 3000m 以上时，最大扭矩随海拔升高急剧下降。然而，海拔增高对使用增压柴油发动机的拖拉机功率影响不大，海拔 3660m，功率下降约 20%。对于专门调校的增压柴油机，海拔 4023m，功率损失仅 2.1%，扭矩储备损失 25.7%。建议在海拔 2000 ~ 3000m 使用旋耕机，选用拖拉机配套非增压型柴油机的额定功率比平原时增大约 20%，增压型比平原时增大约 10%，或选用耕宽小一些的旋耕机，但耕宽应覆盖拖拉机轮辙（拖拉机最小轮距状态下）。

3. 旋耕机的转速选用

旋耕机工作时，刀片一边绕轴正向旋转，一边随机组做直线运动，刀片的运动轨迹是余摆线。摆线形状对旋耕机的作业效果和机组功率消耗均有影响。摆线形状主要由拖拉机作业的前进速度和旋耕机刀片切向速度决定，只有机组的前进速度和刀片的转速相匹配时才能产生较好的作业效果，土壤比阻小可选择刀轴转速快一点的旋耕机，土壤比阻大可选择刀轴转速慢一点的旋耕机。不能单纯为了提高作业效率加快拖拉机前进速度和旋耕机刀片转速，这样作业效果难以保证，而且机组零件容易损坏。以下为旋耕机速比的计算公式。

$$\lambda = \frac{V_d}{V_m} \tag{6-2}$$

式中，λ 为刀片端点切向速度与拖拉机前进速度之比；V_m 为机组前进速度（m/s）；V_d 为刀片切向速度（m/s）。$\lambda > 1$ 时，旋耕机才能正常工作；λ 值越大，能满足耕深的深度越大。λ 值的选用还需要考虑旋耕机结构、功率消耗及生产率等其他因素。

受刀片材质等的影响，刀轴转速一般在 $190 \sim 280r/min$，拖拉机挂接旋耕机时前进速度 $0.28 \sim 1.4m/s$，通常情况下，刀片端点的切向速度高于拖拉机的前进速度 4 ~ 10 倍。据此可以计算出拖拉机的工作速度。

$$V_d = 2 \times 3.14 \times \frac{R \times n}{60\,000} = (4 \sim 10) \times V_m \tag{6-3}$$

式中，R 为刀辊回转半径（mm），常见的有 225mm、245mm、260mm，与旋耕刀型号值相同；n 为旋耕机刀轴转速（r/min），最高不超过 324r/min，$n=$ 拖拉机动力输出轴转速×旋耕机锥齿轮速比×旋耕机固定齿轮速比。

锥齿轮速比可在一定范围内通过更换齿轮进行调整，使旋耕机刀轴转速与拖拉机动力输出轴转速匹配。对于拖拉机输出轴有两种转速（540r/min、720r/min）的，刀轴低速可采用 225r/min，高速可采用 300r/min；拖拉机动力输出轴转速为 720r/min 或 1000r/min 的，刀轴转速控制在 280r/min 以内为宜。

土质硬、比阻大的地块，可采用两遍耕作法保证耕作质量。刀轴转速适当降低一些，机组前进速度降低。第一遍旋耕作业时，耕深调浅一些，拖拉机前进速度适当调快一些；当刀轴转速无法再降低时，可将耕深调浅或将拖拉机前进速度降低。第二遍旋耕作业时，耕深增加到 16～18cm。

4. 旋耕机传动箱选择

旋耕机传动箱根据输入轴离地高度，分为低箱、中高箱、高箱。拖拉机动力输出轴离地高度低于 60cm 的可选用低箱，高于 60cm 而低于 65cm 的可选用中高箱，高于 65cm 的可选用高箱。挂接后举升到转移高度时万向联轴器轴和轴套不顶死，作业时万向联轴器轴与地面夹角以不超过 ±15° 为宜，否则容易造成万向节或动力输出轴损坏。

5. 作业质量控制

适时旋耕，土壤含水量以 15%～25% 为宜，尤其是土壤黏性较大的地块，水分过小耕后容易形成坚硬的大土块，水分过大容易黏附耕刀，甚至无法作业。参照《旋耕机作业质量》（NY/T 499—2013），质量控制要求如下：前茬留茬和秸秆粉碎程度不影响旋耕质量与播种，耕深符合农艺要求，耕深合格率 ≥90%，地面平整度 ≤4cm，碎土率 ≥60%，田间无漏耕，无明显壅土和壅草现象。

三、坡地农田机械作业注意事项

四轮拖拉机作业坡度不得超过 12°，履带拖拉机作业坡度不得超过 15°，轮式拖拉机在坡地作业要根据作业要求，适当调宽轮距，提高稳定性。

拖拉机在坡地进行田间作业，应中、低速行驶，严防侧滑。横坡行驶时，不得向上坡方向转弯。

坡地耕整地作业一般应沿地块的长度方向进行，但坡地坡向长度较短时，为保障安全，可以倒车到坡底，从坡底向坡顶耕作。

第三节　山地秋冬玉米区机械化高产高效耕整地技术与装备

西南丘陵山地玉米区主要以春玉米为主，夏玉米次之，秋冬玉米为辅。广西是秋玉米种植的主要省份，秋玉米种植面积占常年种植面积的 40% 以上，由于秋玉米种植季节时值秋收秋播的"双抢"季节，部分地区又主要以人力和畜力来进行农耕作业，机械化水平不高，耕作粗放、功效低，难以达到高产高效的目的。因此，因地制宜地选择适宜的耕整技术与装备对于该地区玉米生产具有十分重要的现实意义。

一、小台地高效旋耕整地标准、关键技术与装备

秋玉米区的小台地由于地块较小，不适宜中、大型机械操作，长期以来主要以人力和畜力进行农耕作业，土壤耕层较浅，可选择适宜的小型机械旋耕整地。旋耕整地是采用以旋转刀齿为工作部件的旋耕机进行的整地作业，能一次完成耕耙工作，其主要优点是碎土能力强，耕后表土细碎，地面平整，土肥掺和均匀，能抢农时、省劳力，广泛应用于旱地播前整地。旋耕整地机具要求是结构紧凑、体积小、性能稳定、使用灵活方便、维护保养简单的小型机械。

1. 作业要求

适宜旋耕作业的土壤含水量为15%～20%，旋耕深度为20cm左右，旋耕后地表基本平整。

2. 技术指标

A. 旋耕深浅一致，无漏旋，不拖堆，耕层土壤细碎疏松，旋耕后地表平整。

B. 耕深合格率≥85%，耕后秸秆掩埋率≥70%，耕后地表平整度≤5.0cm，黏土碎土率≥50%，壤土碎土率≥60%，沙土碎土率≥80%。

3. 装备选型

（1）手把式汽油小型微耕机

该机主要特点是碎土能力强，一次作业即可能使土壤细碎，土肥掺和均匀，地面平整；具有重量轻、油耗低、相对功率大、结构紧凑、机动性强、操纵轻便灵活的特点。配套相应的机具可实现玉米农田旋耕、抽水、开沟、喷淋、喷药、除草碎土等多种功能（图6-6）。

（2）手把式柴油小型微耕机

该机主要特点是油耗低、动力大、碎土能力强，一次作业即可使土壤细碎，土肥掺和均匀，地面平整。配套相应的机具可实现玉米农田旋耕、水田旋耕、抽水、开沟、喷淋、喷药、除草碎土等多种功能（图6-7）。

图6-6　7.5马力手把式汽油小型微耕机　　　图6-7　5马力手把式柴油小型微耕机

（3）手扶式拖拉机带动的微耕机

以手扶拖拉机为牵引，配上相应的农机具及附件可以进行旋耕、开沟、播种、运输和其他作业，特别是配套微耕机，具有结构简单、操纵轻便灵活、使用可靠、维修方便、通过性好等优点。该机广泛适用于丘陵地区的旱地作业，如12马力手扶式拖拉机带动的旋耕机（图6-8）。

图 6-8　12 马力手扶式拖拉机带动的旋耕机

二、缓坡地高效平翻整地标准、关键技术与装备

缓坡地一般是指海拔不超过 300m 或者相对海拔不超过 200m，坡度在 15° 以下的丘陵或坡地。缓坡地适宜中型机械操作，可使用与 30～75kW 拖拉机配套的机引犁和旋耕机。平翻耕地+旋耕粉碎整地是目前使用最普遍和最高效的耕作技术，该技术采用机引犁、旋耕机进行翻耕及破碎，通过土垡翻转和粉碎，将表土层连同地表杂草、残茬、虫卵、绿肥或厩肥等一起埋到沟底，起到松碎土壤、改善土壤结构、消灭杂草和病虫害的作用，使农田地面平整、耕层结构疏松，为作物生长发育创造良好条件。

适宜缓坡整地的方法有以下两种：①单旋耕整地法，适合于杂草或前作残茬较少的地块，一般旋耕 1～2 次即可达到整地目的的；②平翻耕地+旋耕粉碎整地法，适合于杂草或前作残茬较多的地块，采用铧式犁进行平翻耕地，使土表连同杂草、残茬、绿肥或厩肥等一起埋到沟底，再用旋耕机旋耕粉碎的整地方法。一般采用"一犁一旋"或"一犁两旋"即达到整地目的。

1. 作业要求

适宜耕翻作业的土壤含水量为 15%～20%。耕翻深度要根据不同耕层深度、土壤质地及当地农艺要求确定，一般以 18～22cm 为宜，同一地块不同年份不宜采用同一深度，避免形成犁底层。此外，耕翻深度还应该考虑下层土壤中是否存在有害物质（如盐分或白浆层等），应防止将有害物质翻到表土层上面。

2. 技术指标

A. 耕翻深浅一致，无漏耕，不拖堆，相邻作业幅重耕量＜15cm，耕后地表平整，耕层土壤细碎疏松。

B. 耕深合格率≥85%，耕后秸秆掩埋率≥95%，耕后地表平整度≤5.0cm。

C. 黏土碎土率≥50%，壤土碎土率≥60%，沙土碎土率≥80%。

3. 装备选型

（1）深耕犁

深耕犁的类型按与拖拉机的连接方式分为牵引型、悬挂型、半悬挂型和手扶拖拉机直连式犁等，按结构特点分为栅条犁、菱形犁、调幅犁、双向犁等。生产中最常用的是菱形结构的铧式犁，如广西阳宇机械有限公司生产的 1LQ 轻型犁、11H-345 中型犁等系列，其产品广泛适用于砂壤土、壤土、黏土等土质的作业，耕后地表平整，翻土扣垡性能好，残茬覆盖率高，能满足犁耕翻地、精耕细作的农艺要求（图 6-9）。

图 6-9　11H-345 型深耕犁

（2）旋耕机

按其旋耕刀轴的配置方式分为横轴式和立轴式两类。以刀轴水平横置的横轴式旋耕机应用较多，具有较强的碎土能力，一次作业即能使土壤细碎，土肥掺和均匀，地面平整，达到玉米播种要求，有利于争取农时，提高工效，并能充分利用拖拉机的功率。例如，广西阳宇机械有限公司生产的 1GBQ 低箱旋耕机、1GBL 中箱旋耕机等系列，可配套 30 ～ 70 马力的拖拉机使用，适用于一般农田的耕耙作业。旋耕机后加装开行犁头可实现旋耕开行复式作业（图 6-10）。

图 6-10　旋耕机后加装开行犁头（a）与旋耕作业（b）

三、喀斯特玉米区深松整地标准、关键技术与装备

喀斯特玉米区是指在喀斯特地区，地域较为平坦，面积相对广阔，适宜大型机械操作的区域。此区域长期采用平翻耕法，遭受拖拉机等作业机械的反复碾压，导致土壤板结，耕作层变浅，且在耕作层与心土层之间形成一层坚硬封闭的犁底层，阻碍了耕作层与心土层之间水、肥、气、热梯度的连通性，玉米根系难以穿透犁底层，根系分布浅，吸收营养范围减小，抗灾力弱，易引起倒伏早衰，以致影响产量提高。深松整地是以拖拉机为动力，牵引深松机械，在不打乱原有土层结构的情况下，深层松动土壤的一种机械化整地技术。以打破犁底层、疏松土壤为目的，不破坏土层，只松土不翻土，深度可达 25 ～ 30cm，好比为农田"舒筋活络"，

可使农作物根系深扎，抗倒伏，增强土壤蓄水保墒和抗旱防涝能力，实现节水和增产增收。

1. 作业要求

A. 机手应经过技术培训，了解并掌握机械深松的技术标准、操作规范及机具的工作原理、调整使用方法和一般故障排除方法等。

B. 适宜深松作业的土壤含水量为 15%～25%，黏性且含水量较高的土壤不宜进行深松作业。

C. 耕层深厚、耕层内无树根或石头等硬质杂物的地块适宜机械深松。

D. 地表秸秆无堆积和浮秆。

2. 技术指标

A. 地表无作物秸秆覆盖或秸秆长度小于 10cm 且覆盖均匀。

B. 局部深松作业：深松深度 25～30cm，松深一致，地表平整，无坷垃，深沟。

C. 全方位深松作业：深松深度 ≥ 30cm，地表平整，土壤细碎，无漏耕，上实下虚。

3. 装备选型

深松机是一种与大马力拖拉机配套使用的耕作机械，主要用于行间或全方位的深层土壤耕作。使用深松机作业有利于改善土壤耕层结构，打破犁底层，提高土壤蓄水保墒的能力，促进粮食增产。

（1）深松整地联合作业机

如河北农哈哈机械集团有限公司生产的 1SZL-230 型深松整地联合作业机（单梁辊式），该机可一机三用：整体是一台深松整地联合作业机，拆开后便是一台旋耕机和一台深松机。深松铲深浅调整方便，松开顶丝即可上下调整，且深松铲前后错开，秸秆还田的地块通过性好，不堵塞（图 6-11）。

图 6-11　1SZL-230 型深松整地联合作业机（单梁辊式）

（2）自走式粉垄深耕深松机

自走式粉垄深耕深松机是农业农村部推广的深松整地的主要机具，主要由行走液压马达及减速机组件、行走液压泵、粉垄液压马达、粉垄减速机、粉垄液压泵、履带、螺旋型旋削刀具等组成。设备采用数字信号控制液压系统，可以实现数字化控制和采集信息，根据传感器反馈智能调节功率。具有高效节能、多种外部机具协调一机多能、区域适用性广、耕作深度深且可调节、松土量多等特点。一次性作业不仅可把土壤表层到深层均匀粉碎成适合直径的小颗粒还不扰乱土层，形成良好的土壤孔隙度和团粒结构，耕作深度 30 ～ 60cm，能有效打破犁底层，更有利于保水保墒，如广西五丰机械有限公司研发生产的 1SGL-200 型自走式粉垄深耕深松机（图 6-12）。

图 6-12　1SGL-200 型自走式粉垄深耕深松机

参 考 文 献

安徽省质量技术监督局. 2005. 农业机械旱田耕整地作业质量评定办法：DB34/T 536—2005[S].

地质矿产部地质辞典办公室. 2005. 地质大辞典 [M]. 北京：地质出版社.

董红民. 2006. 麦田旋耕整地应注意的农艺技术问题 [J]. 中国农技推广，22(12): 39.

扶爱民. 2014. 小型农业机械使用与维护 [M]. 长沙：湖南科学技术出版社.

高丽茹. 2012. 提高小四轮拖拉机耕地作业质量的技术措施 [J]. 农机使用与维修，2: 119.

洪添胜. 2012. 果园机械与设施 [M]. 北京：中国农业出版社.

胡广义，刘惠辰，白瑞珍. 1985. 小麦高产技术 [M]. 哈尔滨：黑龙江科学技术出版社.

湖北省农业厅. 2011. 微耕机作业质量：DB42/T 715—2011[S].

黄永. 2017. 稻秸秆犁翻旋耕还田复式作业技术试验分析 [J]. 江苏农机化，5: 35-36.

姜竺卿. 2015. 温州地理（自然地理分册）[M]. 上海：上海三联书店.

李红岩. 2017. 农机深松整地技术的应用实践探寻 [J]. 新农村（黑龙江），36: 87

李烈柳. 2013. 园林机械使用与维修 [M]. 北京：金盾出版社.

刘志友，于钟富. 2014. 水田旱耙旋耕技术及其应用 [J]. 农机使用与维修，7: 95.

秦大春. 2017. 高标准农田宜机化地块整理整治图说简介 [R]. 重庆.

宋洪涛，王春雷，赵秀娟. 2015. 实用水文学词典 [M]. 北京：中国水利水电出版社.

王宏富. 2010. 农学通论 [M]. 北京：中国农业大学出版社.

徐淑英. 2018. 农机深松整地作业技术 [J]. 吉林农业，4: 58.

张海林，高旺盛，陈阜. 2005. 保护性耕作研究现状、发展趋势及对策 [J]. 中国农业大学学报，10: 16-20.

中华人民共和国农业部. 2003. 铧式犁作业质量：NY/T 742—2003[S].

第七章 玉米机械化高产高效精量播种技术与装备

第一节 山地玉米宜机土壤墒情

一、土壤墒情对玉米生长发育及产量的影响

（一）玉米出苗及苗期素质

土壤墒情不足造成苗期干旱，会抑制玉米幼苗根、冠生长，降低干物质积累速率，影响干物质的分配，改变全生育期内根、冠生物量占植株总量的比例，推迟进入成熟期的时间，适宜的土壤墒情，有利于根系下扎，深层根系增加，提高土壤水分利用效率，增加土壤深层水分和养分的吸收量。侯玉虹等（2006）的研究表明：玉米出苗率最高时的壤土和砂土底墒分别为 20.6% 和 13.6%，出苗率分别能达到 83.3% 和 88.9%；杨贵羽等（2004）研究得出：土壤田间持水量达 55%～60% 时，有利于植株遗传特性的发挥，即前期长根后期长冠的特性，从而保证全生育期维持一个适宜的根冠比。

土壤墒情是否充足不仅影响了玉米的出苗状况，其对玉米苗期生长状况的影响也是极其显著的。2013 年本研究团队在四川丘陵旱地典型代表地区仁寿研究得出：在土壤含水量为 16.0%～24.0% 时，玉米出苗率、苗期素质各指标均达到显著差异；当土壤含水量为 20.0% 时，玉米出苗率可达 97.32%，根冠生长协调（表 7-1）。2014 年在四川简阳研究也得出：当土壤田间持水量达 60% 以上时，出苗率可达 90% 以上（表 7-2）。

表 7-1 土壤墒情对玉米出苗及苗期素质的影响（仁寿，2013 年）

土壤含水量/%	出苗率/%	株高/cm	叶面积/cm²	叶龄	茎基宽/mm	SPAD	根冠比
16.0±1	78.51b	49.25a	33.48a	2.93a	0.4359a	38.30a	0.38b
20.0±1	97.32a	44.05b	32.56ab	2.77b	0.3368b	38.80a	0.45a
24.0±1	82.35b	42.20b	28.89b	2.55c	0.2900c	33.50b	0.26c

注：同列不含有相同小写字母的表示不同土壤含水量之间差异显著（$P < 0.05$），下同

表 7-2 土壤墒情对玉米出苗率和幼苗整齐度的影响（简阳，2014 年）

田间持水量/%	出苗率/%	苗高/cm	苗高整齐度
60	90.10bA	5.95bB	1.96bA
80	96.64aA	11.22aA	2.52abA
100	94.63aA	14.16aA	3.47aA
120	95.63aA	14.61aA	3.38aA

注：同列不含有相同小写字母的表示不同田间持水量之间差异显著（$P < 0.05$），同列不同大写字母表示不同田间持水量之间差异极显著（$P < 0.01$）。下同

（二）玉米拔节期物质积累及生长

四川丘陵旱地春玉米常遇低温和春旱，为保证玉米正常生长，生产上常采用地膜覆盖栽培，薄膜的保墒保温作用将至玉米拔节期左右，玉米播种时的土壤墒情好坏将直接影响到玉

米整个生长前期。陈诚等（2018）利用玉米生长前期（拔节期前）搭雨棚控水的方法，研究了不同土壤墒情对玉米生长前期形态和物质积累的影响，结果（图 7-1）表明：拔节期土壤墒情对玉米的影响仍然存在，特别是在株高、叶面积和干物质积累上，土壤墒情不足（16%），玉米茎粗较 20% 和 24% 土壤含水量处理分别显著降低 30.18% 和 25.19%，20% 土壤含水量处理下玉米拔节期叶面积达到 1898.9cm^2，较 16% 处理显著高出 38.23%，16% 土壤含水量处理玉米干物质积累量较 20% 和 24% 土壤含水量处理分别显著降低 17.76% 和 14.14%。

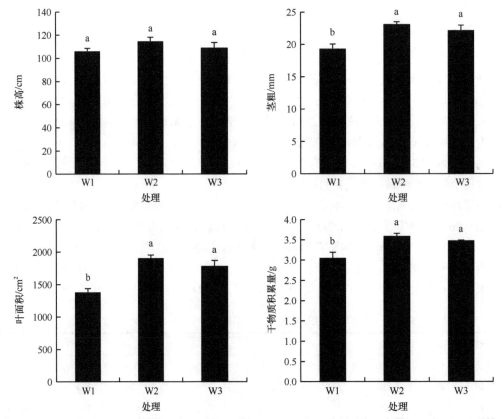

图 7-1　不同土壤墒情对玉米拔节期形态和干物质积累的影响

W1：土壤含水量为 16%±1%；W2：土壤含水量为 20%±1%；W3：土壤含水量为 24%±1%；

同一个小图中不同小写字母表示处理间差异显著（$P < 0.05$）

（三）玉米产量

土壤底墒是否充足对作物产量影响显著。王拴才等（2007）认为：生育期间水分供应是否充足，对旱地小麦产量影响极大，一般情况下随着底墒的增加，产量随之增加。罗俊杰和黄高宝（2009）的研究表明：提高播前底墒，有利于提高冬小麦光合速率，增产的同时还提高了水分利用效率。白莉萍等（2004）的研究表明：当玉米受到严重干旱胁迫时，玉米的百粒重、籽粒产量、穗粒数分别比水分充足时减少 17.69%、59.2%、39.8%。夏来坤等（2014）的研究结果表明：半量底墒处理较水分充足条件下玉米平均减产 37.97%，穗粒数、千粒重分别平均下降 35.78%、14.98%。而朱金城等（2013）研究认为：底墒对玉米穗粒数和千粒重影响不显著，底墒条件不同，玉米出苗率差异显著，导致最终单位面积有效穗数差异巨大，最终影响产量。本试验研究结果（表 7-3）也得出：在四川丘陵地区，播种时不同的土壤墒情显著影响了玉米产量，在土壤含水量为 20.0% 的处理下，较含水量低、高的处理产量分别增加 1813.92kg/hm²、726.36kg/hm²，不同处理对千粒重影响差异不显著，适宜的土壤墒情主要是通过提高出苗率、保证足够有效穗数和穗粒数来提高产量。

表 7-3　不同土壤墒情对玉米产量及产量构成因素的影响（仁寿，2013 年）

土壤含水量/%	穗粒数	有效穗数/（穗/hm²）	千粒重/g	产量/（kg/hm²）
16.0±1	560.23c	42 034c	289.50a	6 817.35c
20.0±1	571.25b	52 367a	288.53a	8 631.27a
24.0±1	602.48a	45 217b	290.17a	7 904.91b

二、宜机土壤墒情阈值

播种出苗阶段，出苗"早、全、齐、匀"是评判播种质量的重要标准（夏来坤等，2014）。播种机械田间正常作业是保证播种质量的前提，但其作业性能受土壤墒情的影响，西南地区土壤黏重，在一定范围内，土壤黏附力随土壤含水量增加而增加，土壤易堆积在开沟器和地轮等装置上，造成排种口堵塞和地轮滑移率增加，降低机具的通过性，影响机具正常排种，这都会造成空穴率升高，降低播种均匀性，不利于合理群体密度的构建（鲁植雄等，1998；陈溢等，2013）。土壤含水量过低，玉米种子无法在土壤中吸收足够的水量，就无法萌发，更无法出苗，导致出苗率降低，甚至不能出苗（石银鹿等，2005），当土壤底墒逐渐增加后，玉米出苗率逐渐增高，但是并非土壤底墒越高出苗率越高，当迎来一个峰值（最佳土壤底墒）后，玉米出苗率又随着土壤底墒增加而逐渐减小。并且在不同质地的土壤中，这个峰值是不断变化的。研究表明，不同土壤最适宜的机播土壤底墒：壤土 19%～22%，黏土 26%～29%，砂土 13%～15%（侯玉虹等，2007）。

因此，在机械播种过程中，既要考虑到机械的通过性和播种成功率，又要考虑到种子对土壤底墒的基本要求。综合分析机播质量（表 7-4，表 7-5）、出苗情况，以及玉米生长前期长势发现，四川丘陵旱地适宜的机播土壤墒情阈值为土壤含水量 20%±1% 或田间持水量 80%。

表 7-4　土壤墒情对玉米机播播种质量的影响（仁寿，2013 年）

土壤含水量/%	播种深度/cm	播种深度整齐度/%	2m 内穴数/穴	穴距均匀度/%
16.0±1	4.83b	80.43a	31.33a	27.20a
20.0±1	5.02b	73.12b	30.67a	28.35a
24.0±1	6.23a	70.05c	26.33b	30.38a

表 7-5　土壤墒情对玉米机播播种质量的影响（简阳，2014 年）

田间持水量/%	漏播率/%	重播率/%	播种深度		播种株距	
			播种深度/cm	整齐度/%	株距/cm	整齐度/%
60	1.67a	9.86a	4.00b	4.60b	18.79b	4.23a
80	3.57a	8.46a	4.40a	4.94b	19.44a	4.34a
100	5.29aa	8.21a	4.41a	5.79ab	19.64a	4.48a
120	6.11a	7.99a	4.43a	7.19a	19.71a	4.51a

第二节　山地春玉米精量播种标准、技术与装备

一、小台地春玉米精量播种标准、技术与装备

台地可根据台位高低分为一台地、二台地、三台地，是西南山地玉米相对集中，机械化可实现度高的区域。

（一）播种标准

玉米精量播种技术是用精选的玉米种子，按照品种种植密度要求播种，省去间苗、定苗等生产环节的一种具有省种、省时、省力及增产等优点的玉米高效播种技术。小台地春玉米精量播种标准：当 5 ～ 10cm 地温达到并稳定在 8 ～ 12℃、土壤含水量在 20% 左右时，即可进行播种。合理的种植密度是获得高产的基础之一，按照所选玉米品种特性、田间土壤肥力及其他生产条件的具体情况选定合适的播量，保证播种密度在 60 000 ～ 67 500 粒/hm²。单粒率不低于 90%，空穴率小于 5%，伤种率不超过 1.5%。全株距精密播种重播率应小于 15%，漏播率应小于 8%；半株距精密播种重播率应小于 20%，漏播率应小于 10%。播深要一致，保证在 3 ～ 5cm，覆土要严密。株距要一致，同时要保证苗带的直线性，以便之后的机械化田间管理。

（二）关键技术

1. 翻耕整地

翻耕整地质量是精量播种的基础。经多年的试验表明，玉米季翻耕有利于玉米根系深扎，形成较高产量。小麦、大豆免耕有利于保墒，提高出苗率。

春播玉米翻耕时间生产上不一，有的利用冬闲翻耕，经冬春冷暖温度交替有利于培育疏松的土壤环境；冬干春旱较严重区域常采用播前翻耕，有利于保墒。在西南黏土条件下，什么时间翻耕有利于提高播种质量和形成较高的产量，为此，陈诚（2018）在四川仁寿典型黏土地在覆膜穴灌条件下开展了冬耕和春耕对春玉米产量形成影响的研究，结果表明：不同翻耕时间对播种时 0 ～ 20cm 地温的影响不显著，对机播出苗率的影响也未达显著水平（表 7-6）。玉米生长初期（苗期到抽雄期）地上和地下部分生长量春耕优于冬耕（表 7-7，表 7-8），这可能是冬耕处理下土壤容重增加，抑制了玉米根系的生长，但到生长后期（灌浆期），冬耕的生长量反而优于春耕，这是由于冬耕处理具有良好的保墒作用，将表层土壤含水量维持在一个较高的水平，为植株提供了足够的水分，通过提高穗粒数和千粒重达到提高玉米产量的目的（表 7-9）。综上，春播玉米保证较高出苗率和产量，在冬闲时将土壤深翻整地优于春季翻耕作业。

表 7-6　不同翻耕时间对春玉米出苗率的影响（仁寿，2017 年）

处理	地温/℃	出苗率/%
冬耕	15.82a	86.0a
春耕	15.77a	88.1a

注：同列不同小写字母表示处理间差异显著（$P < 0.05$），下同

表 7-7　不同翻耕时间对春玉米地上部分形态指标的影响（仁寿，2017 年）

指标	处理	苗期	拔节期	抽雄期	灌浆期	成熟期
茎粗/mm	冬耕	3.80b	12.79a	16.55a	16.16a	14.41a
	春耕	4.56a	13.08a	17.45a	14.87b	14.71a
叶面积/cm²	冬耕	27.48b	499.08b	4958.16a	5116.27a	3854.37a
	春耕	51.77a	564.67a	5179.92a	5076.77a	3889.27a
干物质量/g	冬耕	0.239b	17.90a	88.94a	159.31a	258.76a
	春耕	0.323a	17.95a	89.26a	152.55b	241.41b

表 7-8　不同翻耕时间对春玉米根形态指标的影响（仁寿，2017 年）

指标	处理	根长/cm	根表面积/cm²	直径/mm	根体积/cm³
苗期	冬耕	642.47b	123.25b	0.607a	1.92b
	春耕	710.52a	130.68a	0.605a	2.01a
灌浆期	冬耕	3916.92a	694.06a	0.496a	9.45a
	春耕	4082.15a	692.44a	0.538a	9.22a

表 7-9　不同翻耕时间对春玉米产量指标的影响（仁寿，2017 年）

处理	穗长/cm	秃尖长/cm	穗粒数	千粒重/g	有效穗数/（穗/hm²）	产量/（kg/hm²）
冬耕	16.19a	2.08a	506.09a	280.62a	57 833.40a	8 213.44a
春耕	15.81a	2.33a	483.06b	264.77a	57 000.00a	7 290.29b

翻耕整地的具体做法：冬闲田在玉米收获季节利用玉米联合收获作业机械，收获玉米的同时将秸秆粉碎覆盖还田（粉碎长度为 5cm）。有条件的地区，同时结合有机肥的施入（30 000 ～ 45 000kg/hm²），对原垄沟进行深松或翻耕作业，耕深要达到 22 ～ 25cm，达到待播状态。小麦套作田在小麦播种出苗后，对玉米预留行进行翻耕整地，这样可以避免春整地流失墒情，是旱作玉米种植区重要的保墒措施。翻耕整地应达到齐、松、平、墒、净、碎的要求，使土层形成上虚下实的结构，以利于蓄水保墒，保证播种质量。

2. 品种选择与种子处理

西南春播玉米多采用套作栽培，与小麦套作选择品种时要考虑选择苗期生长量不大，后期补偿性生长强的品种；与大豆套作要选择能较好适宜宽窄行光环境、株型紧凑、植株高度在 250cm 以内的丰产品种。关于适宜西南套作玉米品种的筛选，我们通过在四川仁寿多年的净、套作玉米品种鉴选试验，建立起了宜套作春玉的品种评价体系（表 7-10，表 7-11）：适宜套作的玉米单株最大叶面积维持在 6415.33 ～ 7158.16cm²/株，玉米穗上二叶夹角在 13.84° ～ 19.26°，株高在 259.09 ～ 279.67cm，穗位高在 96.42 ～ 117.69cm，套作玉米产量潜力才能充分发挥。

表 7-10　套作模式下不同品种玉米形态特征的基本参数估计

| 年份 | 指标 | 叶面积/cm² | 叶夹角/(°) | | 株高/cm | 穗位高/cm |
			穗上一叶	穗上二叶		
2014	平均值	6724.87	25.77	23	276.72	114.32
	最大值	8344.3	32.5	33.03	332.5	135
	最小值	4606.07	18.43	13.59	229.33	67.5
	极差	3738.23	14.08	19.44	103.17	67.5
	标准差	888.62	4.33	4.52	22.56	15.57
	变异系数/%	13.21	16.8	19.64	8.15	13.62
2015	平均值	5613.2	27.3	25.63	255.01	95.1
	最大值	7079.73	38.27	38.08	288.5	114.18
	最小值	4240.25	16.07	14.09	220	58.53
	极差	2839.48	22.2	23.99	68.5	55.65
	标准差	876.44	6.06	6.01	19.01	13.07
	变异系数/%	15.61	22.18	23.44	7.45	13.74

表 7-11　套作模式下不同品种玉米形态特征指标的主成分分析

| 年份 | 指标 | | 主成分 | | | |
			1	2	3	4
2014	特征向量	叶面积	0.624	0.274	−0.477	0.265
		叶夹角 穗上一叶	0.403	−0.725	0.166	0.447
		穗上二叶	0.542	−0.735	0.089	0.251
		株高	0.656	0.671	−0.123	0.017
		穗位高	0.677	0.285	−0.524	0.24
	特征值		4.847	2.466	1.507	1.267
	贡献率/%		40.392	20.546	12.561	10.557
	累计贡献率/%		40.392	60.938	73.499	84.056
	Bartlett's 球形检验卡方值		189.940（P < 0.001）			
2015	特征向量	叶面积	0.717	0.435	−0.222	0.383
		叶夹角 穗上一叶	0.518	−0.718	0.058	0.361
		穗上二叶	0.564	−0.648	0.089	0.38
		株高	0.707	0.628	0.104	0.085
		穗位高	0.808	0.332	0.349	0.138
	特征值		4.375	2.725	1.832	1.221
	贡献率/%		36.457	22.709	15.263	10.176
	累计贡献率/%		36.457	59.166	74.429	84.605
	Bartlett's 球形检验卡方值		202.243（P < 0.001）			

种子处理方法：精量播种时必须对种子进行清选，去掉杂质和病虫粒，播前要晒种、包衣、磁化处理等。种子磁化两遍最好，并在 24h 以内播种。种子纯度应在 95% 以上，净度在 97% 以上，发芽率在 98% 以上，含水率在 14% 左右。为防治病虫害，播种时可先进行农药拌种、药液浸种或种子包衣处理（周勇，2017）。

3. 确定适宜的播种时间和播种量

选择土壤温度和水分含量适宜的时期进行播种是保证出苗率与出苗整齐度的重要措施。关于春播玉米适宜的播种时间，2009 年我们在川中丘区射洪开展了春播玉米播期筛选试验（表 7-12），试验得出：春玉米适期早播（3 月 27 日左右）有利于获得较高产量。

表 7-12　春播玉米适宜播种期筛选（射洪，2009 年）

播种时间	有效穗数/（穗/hm²）	穗粒数	千粒重/g	产量/（kg/hm²）	粗脂肪含量/%	蛋白质含量/%	淀粉含量/%
3 月 17 日	52 111	541.73	293.31	8 288b	4.78	10.08	69.62
3 月 27 日	51 890	562.14	290.35	8 481a	4.99	10.01	69.47
4 月 6 日	50 666	545.49	289.72	8 019c	5.25	10.05	69.13
4 月 16 日	50 779	540.64	287.3	7 903c	5.43	10.52	68.63

注："产量"一列不同小写字母表示播种时间之间差异显著（$P < 0.05$）

合理的种植密度是获得高产的基础之一，按照所选玉米品种特性、田间土壤肥力及其他生产条件的具体情况确定适宜的种植密度，关于西南地区春播玉米适宜的种植密度，我们于 2010 年在射洪开展的相应研究（表 7-13）表明：松散型玉米适宜的种植密度为 60 000 株/hm²，半紧凑型为 60 000 ～ 67 500 株/hm²，紧凑型可提高至 67 500 ～ 75 000 株/hm²。

表 7-13　不同株型玉米品种春播密度对产量性状的影响（射洪，2010 年）

品种类型	密度/（株/hm²）	有效穗数/（穗/hm²）	空秆率/%	穗粒数	千粒重/g	叶面积指数	产量/（kg/hm²）
松散型	37 500	36 400	0.00	564.89	316.19	2.60	6 039d
	45 000	44 600	0.00	522.44	311.71	2.83	6 890c
	52 500	52 100	0.00	514.00	309.93	4.10	6 984c
	60 000	57 100	5.75	524.22	311.54	4.47	8 009a
	67 500	61 200	9.22	434.00	298.79	4.70	7 821b
	75 000	70 500	18.60	415.78	295.42	4.73	7 499b
半紧凑型	37 500	35 300	0.00	546.89	301.81	2.33	6 164c
	45 000	44 100	7.14	548.67	306.78	2.73	7 365b
	52 500	47 900	6.54	530.67	309.83	3.40	7 453b
	60 000	58 300	5.32	442.89	279.66	4.03	8 085a
	67 500	62 200	9.62	431.78	279.47	4.37	8 135a
	75 000	67 600	13.82	416.89	276.67	4.60	7 808b
紧凑型	37 500	36 900	0.00	519.56	269.39	2.13	5 629d
	45 000	44 400	0.00	516.00	268.02	2.63	6 200c
	52 500	52 300	0.00	520.89	268.91	2.90	7 644b

品种类型	密度/ （株/hm²）	有效穗数/ （穗/hm²）	空秆率/%	穗粒数	千粒重/g	叶面积指数	产量/ （kg/hm²）
	60 000	58 400	0.00	522.89	265.19	3.63	7 521b
紧凑型	67 500	64 600	0.00	496.00	267.32	4.20	8 644a
	75 000	72 900	0.00	481.33	264.33	4.33	8 165a

注：同一品种类型下"产量"一列不同小写字母表示种植密度间在 0.05 水平差异显著

确定适宜的种植密度后，确定合适的播量，保证单位面积株数符合农艺高产高效要求。玉米精量播种以 1 粒/穴为主，根据种子大小和适宜密度，播种量在 27 ～ 33kg/hm²。按国家相关标准规定，合格的精量播种作业标准：穴粒数合格率（单粒率）不小于 85%，空穴率小于 5%，破种率不大于 1.5%，不漏播，不多播，不嗑种。播种量可按下式进行计算：

$$播种量（kg/hm²）=每穴粒数×公顷株数×千粒重/10^6 \tag{7-1}$$

4. 确定适宜的播种深度

播种深度对玉米出苗率、幼苗形态指标及干物质积累量、产量指标均有一定的影响，玉米为子叶不出土作物，春播玉米播种深度除受土壤类型、土壤墒情影响外，还受土层温度的影响。总体上表现为随播种深度的增加出苗率逐渐降低，出苗时间逐渐延后。表播的出苗率最高且出苗时间最短，但是如果表播不及时补充水分，种子会因干旱而无法发芽或因扎根困难而不能成活；如果播种太深，种子出土时间推迟，出苗率降低。Rebetzke 等（2005）和 Sanusan 等（2009）的研究表明，深播可降低作物出苗数量、延缓出苗时间，在幼苗干物质积累量上存在一定差异。西南地区土壤条件下适宜的玉米播种深度试验研究结果表明（表 7-14）：在西南玉米主要土壤类型黏土和较偏砂类型条件下，玉米适宜的机播深度均为 5cm，过浅、过深均使有效穗数降低，产量下降明显。

表 7-14　播种深度对玉米产量的影响（仁寿，2013 年）

土壤类型	播种深度/cm	穗长/cm	秃尖长/cm	穗粒数	有效穗数/（穗/hm²）	千粒重/g	理论产量/（kg/hm²）
	3	18.68a	3.29a	555.00a	38 352.45b	287.53a	6 120.25c
黏土	5	19.93a	2.92a	603.16a	48 027.60a	290.23a	8 407.48a
	8	19.58a	2.81a	569.05a	44 355.45b	288.61a	7 284.65b
	3	18.60a	2.85a	567.87a	44 764.65b	289.20b	7 351.61b
砂土	5	18.20a	2.27a	593.53a	52 114.95a	291.08a	9 003.62a
	8	18.61a	1.63a	542.01a	42 176.55b	288.91b	6 604.51b

注：同一土壤类型下同列不同小写字母表示播种深度间在 0.05 水平差异显著

（三）播种装备

使用播种机械进行作业是实现玉米精密播种的前提和保证。玉米精密播种机械能一次性完成耕整地、精密播种、种肥深施等多道工序，实现高精度播种量和标准、均匀的播种行距、株距。适用于玉米精量播种机械化技术的机具很多，应根据不同地区、不同种植规模和不同田块情况，因地制宜地选用适合的机具。目前，使用较多的玉米精密播种机有机械式和气力式两种。机械式精密播种机结构简单、价格较低，但播种精度不如气力式播种机。气力式播种机播种精度高，但结构复杂、价格较高。精密播种机根据配套动力与挂接方式不同设计了不同规格，农民在购置播种机时，应选择与自己已有动力装备相匹配和挂接方式相同的型号。

　　针对西南台地地势平坦，但地块相对较小，前沿陡坎下明显等特点，经过多年的研发与探索，西南地区玉米播种机已研发出适宜不同生产条件、功能齐全的半精量播种机，如用微耕机带动能实现播种施肥一次性作业的 2BTF-2 多功能播种施肥机（图 7-2），该机型适宜面积较小的坡台地使用；改造了的适用于地块较小、套作种植的微型小四轮拖拉机（图 7-3）；改造形成的适宜套作条件下的条旋机（图 7-4）、灌水覆膜机（图 7-5）；改造形成的用微型小四轮拖拉机带动的玉米播种施肥机（图 7-6）、玉米播种施肥覆膜机（图 7-7）；创新研制了集播种、穴灌、施肥和覆膜四位一体的玉米播种装备（图 7-8）。

图 7-2　2BTF-2 多功能播种施肥机

图 7-3　微型小四轮拖拉机

图 7-4　条旋机

图 7-5　灌水覆膜机

图 7-6　玉米播种施肥机　　　　　　　图 7-7　玉米播种施肥覆膜机

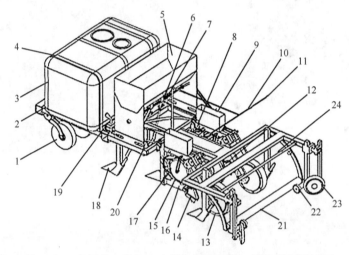

图 7-8　玉米播种、施肥、穴灌、覆膜四位一体机整机设计图

1—调距限深轮；2—机架；3—水箱；4—卡箍；5—肥箱；6—穴播排肥器；7—排肥管；8—齿轮变速器；9—玉米箱；
10—折叠伸缩管；11—喷头；12—地轮；13—覆土轮；14—覆土器；15—红外线感应器；16—挡板；17—精量玉米播种盘；
18—开沟器；19—智能穴喷控制器；20—输水管；21—展膜辊；22—压膜轮；23—圆盘覆土器；24—卷膜轴

二、缓坡地春玉米精量播种标准、技术与装备

缓坡地是指坡度较为平缓的坡地，坡度应小于 5°，是西南山地玉米区主要的种植地形。

（一）播种标准

缓坡地精量播种最主要的问题是地不平，上、下坡阻力不一致，行走速度差异导致播种不均匀。其播种标准与台地一致：当 5 ～ 10cm 地温达到并稳定在 8 ～ 12℃、土壤含水量在 20% 左右时，即可进行播种。保证单位面积播种量在 60 000 ～ 67 500 株/hm²。单粒率不低于 90%，空穴率小于 5%，伤种率不超过 1.5%。全株距精密播种重播率应小于 15%，漏播率应小于 8%；半株距精密播种重播率应小于 20%，漏播率应小于 10%。播深要一致，保证在 3 ～ 5cm，覆土要严密。株距要一致，同时要保证苗带的直线性，以便之后的机械化田间管理。

（二）关键技术

缓坡地在翻耕整地、品种选择、播期确定及播种深度调节上与台地相近，但要求更高。在整地时要均匀一致，整地深度以 22 ～ 25cm 为宜，田地总体平展，坡度较缓，减少坑洼，以利于播种作业。

（三）播种装备

由于缓坡地形有一定的坡度，不宜采用大型播种机械进行播种，常采用小型带仿形精密播种机来实现播种。例如，图 7-9 为 2BY-6A 精密播种机、图 7-10 为带仿形玉米精量播种机、图 7-11 为带仿形玉米大豆播种施肥机。该类机采用倾斜勺轮式排种器，可以单粒精播玉米等作物。采用垂直勺轮式排种器的播种机也可推广使用。

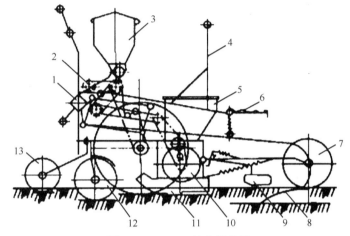

图 7-9　2BY-6A 精密播种机

1—机架；2—传动轮；3—肥料箱；4—扶手器；5—种子箱；6—脚踏板；7—镇压轮；8—犁铧；
9—覆土器；10—排种装置；11—开沟器；12—双圆盘施肥装置；13—仿形轮

图 7-10　带仿形玉米精量播种机

图 7-11　带仿形玉米大豆带状间作施肥播种机

第三节　山地夏玉米精量播种标准、技术与装备

玉米精量播种技术是指根据品种的发芽率、纯度及土壤质地、墒情等现状，使用精量播种机械，满足品种适宜种植密度的要求，确定播种量、行距、播种深度，每个播种点位播种一粒种子，以实现高产高效的规范化播种技术。其优点主要是省工省时（不用间苗）、节约生产成本（用种量降低）、减少幼苗个体争肥、争水、争光，提高幼苗整齐度，增产增效。但易受种子质量、土壤质地、墒情、播种方式等条件影响，不易一播全苗。特别是目前多采用抢茬直播，播后直接浇水对一些粉质和出土能力差的种子影响较大。

一、小台地夏玉米精量播种标准、技术与装备

（一）播种标准

1. 精量播种

要求每穴下种量为一粒（但由于播种机性能质量及种子形状的差异，无法绝对达到这一要求），精量播种作业标准：单粒率≥85%；种子机械破碎率，机械式排种器≤1.5%，气力式排种器≤1.0%。

2. 播种深度一致

播种镇压后种子上部覆盖土层厚度即为播种深度。一般夏玉米播种深度为3～5cm，误差不能＞1cm，播种深度合格率应≥75%。

3. 播种粒距均匀

播行内相邻两粒种子中心在播行中心线上的投影距离即为播种粒距。播种机"使用说明书"中规定的粒距则为理论粒距。播行内种子粒距大于0.5倍，但不超过1.5倍理论粒距则为合格。粒距合格率应≥75%，且合格粒距变异系数应≤35%。

4. 重（漏）播指数低

播行内种子粒距小于或等于0.5倍理论粒距即为重播，重播指数（重播率）≤20%；种子粒距大于或等于1.5倍理论粒距即为漏播，漏播指数（漏播率）≤13%。

5. 苗带要直

苗带要直，即以种植沟中心线为基准，左右偏差不大于6cm，出苗后成一条苗线，苗线与苗线基本平行且直。一般，行距一致性合格率≥90%，邻接行距一致性合格率≥90%，播行直线性偏差≤6cm。

（二）关键技术

1. 播前耕整

西南夏玉米多采用小麦-玉米或油菜-玉米等两熟净作模式。本研究团队多年研究调查发现，在西南黏土条件下，上茬作物收获后及时进行土壤耕整有利于提高夏玉米出苗率，实现"三苗"，同时耕整地质量是实现夏玉米精量机播的基础。

目前，生产上夏玉米播前土壤耕整多采用旋耕、条带旋耕及免耕等方式，播种机具类型多样，将土壤耕作方式与机具进行合理配置是提高夏玉米机播质量实现增产的关键。针对以

上问题，本研究团队在四川简阳典型紫色土区域开展了整地方式对玉米机播质量影响的试验，试验结果表明：不同耕整方式对玉米机播效率和重播率的影响不显著，对漏播率和成苗率的影响达到显著水平，播前采用旋耕和条带旋耕有利于减少玉米机播的漏播率并提高成苗率（表 7-15）。不同耕整方式对机播的整齐度影响不显著，但旋耕和条带旋耕均有利于提高玉米播种深度（表 7-16）。不同耕整方式对产量的影响表现为旋耕和条带旋耕均有利于提高夏玉米产量，主要是增加了玉米有效穗数，这与其提高成苗率密切相关（表 7-17）。因此，在西南区采取播前土壤耕整是提高夏玉米机播质量实现增产的重要措施，且采用旋耕方式优于条带旋耕方式。一般，上茬作物收获后应及时灭茬或将秸秆粉碎还田（粉碎长度为 5cm），并进行旋耕整地，旋耕深度 20～25cm，做到耕深一致，不漏耕，使地块达到齐、松、平、净、碎要求，土层形成上虚下实，虚土层厚 8～10cm 为宜，以利于蓄水保墒，从而保证播种质量。

表 7-15　不同耕整方式对玉米机播质量的影响

处理	播种效率/（亩/h）	重播率/%	漏播率/%	成苗率/%
旋耕	2.98aA	15.26aA	1.92bB	86.32aA
条带旋耕	2.90aA	15.84aA	6.00abAB	83.73bAB
免耕	2.82aA	13.41aA	8.55aA	80.81cB

注：同列不含有相同小写字母、大写字母的分别表示处理间在 0.05、0.01 水平差异显著，下同

表 7-16　不同耕整方式对玉米机播整齐度的影响

处理	播种株距		播种粒数		播种深度	
	株距/cm	整齐度	单穴粒数	整齐度	深度/cm	整齐度
旋耕	22.56aA	5.24aA	1.44aA	4.26aA	3.75aA	4.15aA
条带旋耕	23.35aA	5.22aA	1.39aA	3.67abA	3.66aA	3.88aA
免耕	22.38aA	5.78aA	1.35aA	3.26bA	3.58aA	3.22aA

表 7-17　不同耕整方式对玉米产量的影响

处理	有效穗数/（穗/亩）	穗长/cm	穗粗/cm	秃尖长/cm	穗行数	行粒数	千粒重/g	产量/（kg/亩）
旋耕	3551	14.8	4.3	0.8	16.7	30.8	234.6	413.1
条带旋耕	3530	14.5	4.3	0.7	17.0	29.8	223.9	406.5
免耕	3429	14.5	4.3	1.0	16.7	30.0	229.7	379.8

2. 选用耐密抗病品种

西南地区夏玉米生长季节内高温高湿，多种病害易发，造成夏玉米产量低而不稳。与春玉米相比夏玉米产量极显著降低（表 7-18），主要是玉米单穗产量的极显著下降，穗长、穗粒数及千粒重降低明显，其中千粒重下降是主要因素。而造成玉米千粒重降低的主要原因是夏播影响了玉米籽粒灌浆特性（表 7-19），主要表现在达到最大灌浆速率时间（T_{max}）提前，活跃灌浆时间（D）缩短，最大灌浆速率（G_{max}）、平均灌浆速率（G_{mean}）降低，总体上夏玉米灌浆期缩短、灌浆速率下降。同时生育期内高温高湿的气候环境造成夏玉米各类病害的自然发生率普遍增加（表 7-20），其中穗粒腐病的发病率明显增加，这也是导致夏玉米产量降低的重要因素之一。

表 7-18　不同播期玉米产量与产量构成要素

播期	穗长/cm	穗粗/cm	秃尖长/cm	穗粒数	千粒重/g	产量/(kg/亩)
春播	18.3aA	4.7aA	1.1bB	605aA	271.5aA	617.7aA
夏播	16.9bB	4.5aA	1.5aA	566bB	240.1bB	505.5bB

注：同列不同小写字母、大写字母分别表示播期间在 0.05、0.01 水平差异显著，下同

表 7-19　不同播期玉米籽粒灌浆特征参数

播期	积累起始势	G_{max}/[g/(百粒·d)]	T_{max}/d	G_{mean}/[g/(百粒·d)]	D/d	最大灌浆速率时生长量/(g/百粒)
春播	0.765	1.099	27.4	0.746	43.0	12.52
夏播	0.875	1.006	25.0	0.683	40.6	10.79

表 7-20　不同播期玉米穗粒腐病发病情况

播期	自然发病情况			接种发病情况	
	发病率/%	平均病级	病情指数	平均病级	病情指数
春播	15.5bB	1.2bB	0.13bB	3.2bB	0.36bB
夏播	36.0aA	1.8aA	0.20aA	5.1aA	0.57aA

因此，针对夏玉米生育期缩短、单株产量降低、病害多发导致产量降低的实际问题，在生产中实现夏玉米增产就必须通过增密的技术途径，在品种选择上应使用耐密抗病的玉米品种。2017 ~ 2018 年连续两年本研究团队在多点开展筛选试验，通过设置 3500 株/亩和 4500 株/亩两个密度比较品种耐密性，结果表明（图 7-12）：多数品种在种植密度增加的情况下实现了增产，密度增加 1000 株/亩产量提高了 16.7%，夏玉米增密增产潜力大，西南地区夏玉米种植密度应选择在 4500 株/亩左右。同时，初步筛选出以'中单 901''仲玉 3 号'为代表的耐密夏玉米品种。但受不同区域生态条件和不同品种特性的影响，各地最佳种植密度还有待进一步研究确定。

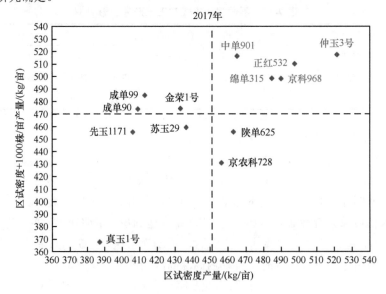

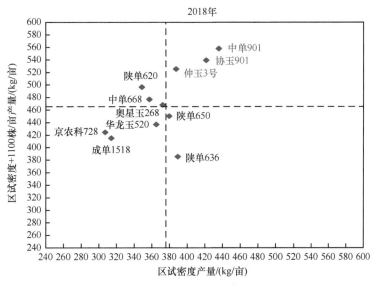

图 7-12　夏玉米耐密品种筛选试验产量

3. 适宜播种深度

西南山地丘陵区土壤黏重、季节性干旱频发，严重危害着玉米萌发和出苗。深播具有避开土壤表层含水量低、保证种子萌发所需水分、提高抗旱和抗倒伏能力的优势（岳丽杰等，2012）。但是在实际生产中，由于土壤类型等立地条件差异，以及有些玉米品种种子顶土能力较差，盲目深播往往会导致难以出苗或出苗不齐、苗质弱等（王会肖，1995；Molatudi et al.，2009；吴海燕等，2011）。针对紫色土设置 3cm、6cm、9cm、12cm、15cm、18cm、21cm 7 个播深，通过盆栽试验研究不同播种深度对玉米出苗的影响。

研究表明：不同播种深度对出苗率、幼苗形态指标及干物质积累量指标均有一定的影响，总体上，随着播种深度的增加，出苗率逐渐降低，出苗时间逐渐延后，大部分玉米品种在 9cm 播深下还能保证 50% 以上的出苗率，超过 9cm 播深后，出苗严重受阻，12cm 播深下出苗率最高的品种也仅有 30% 左右（表 7-21、表 7-22）。在 3～9cm 播种深度处理下，苗长、中胚轴长、苗干重和中胚轴干重逐渐增加，主根长、幼苗整齐度和根冠比逐渐减小；中胚轴长和中胚轴干重对深播后玉米出苗起着主要促进作用（表 7-23）。所以，在西南丘陵区紫色土类型下，深播最好不要超过 9cm，以播深 6cm 左右为宜，以免造成严重的缺苗断垄现象。

表 7-21　不同播种深度处理下 8 个玉米品种的出苗率

播种深度/cm	中单 808	成单 30	川单 418	东单 60	长玉 13	川单 14	正红 311	隆单 9 号
3（CK）	98.3aA	96.7aA	90.0aA	90.0aA	96.7aA	93.3aA	91.7aA	73.3aA
6	91.7aAB	96.7aA	91.7aA	93.3aA	90.0aA	86.7aA	86.7aA	78.3aA
9	70.0bB	81.7bA	70.0bA	78.3aA	50.0bB	48.3bB	48.3bB	50.0bA
12	25.0cC	31.7cB	21.7cB	5.0bB	6.7cC	11.7cC	1.7cC	6.7bB
15	11.7cdCD	11.7cdBC	11.7cdBC	11.7bB	1.7cC	3.3cC	1.7cC	0.0cB
18	3.3dD	1.7dC	1.7dC	3.3bB	1.7cC	0.0cC	0.0cC	0.0cB
21	8.3cdCD	1.7dC	3.3dC	1.7bB	1.7cC	0.0cC	1.7cC	1.7cB

注：同列不含有相同小写字母、大写字母的分别表示播种深度间在 0.05、0.01 水平差异显著，下同

表 7-22 不同播种深度处理下 8 个玉米品种的出苗时间

播种深度/cm	中单 808	成单 30	川单 418	东单 60	长玉 13	川单 14	正红 311	隆单 9 号
3（CK）	10.0cC	10.0bB	10.7cB	10.0cC	10.0cC	10.0cC	10.0cC	10.7 bB
6	12.7bB	12.3aA	12.3bB	12.7bB	12.0bB	13.0bB	12.0bB	12.0bB
9	14.7aA	13.7aA	15.0aa	14.3aA	17.0aA	15.0aA	18.0aA	15.7aA
12～21	—	—	—	—	—	—	—	—

注：“—”表示这些播种深度未达到 50% 出苗率

表 7-23 不同播种深度处理下玉米幼苗的形态指标

播种深度/cm	苗长/cm	苗干重/g	中胚轴长/cm	中胚轴干重/g	主根长/cm	幼苗整齐度	根冠比
3	12.25cC	0.081cC	1.65cC	0.009bB	30.70aA	14.06aA	1.38aA
6	14.98bB	0.107bB	2.87bB	0.012aA	30.53aA	12.57bB	1.07bB
9	16.90aA	0.142aA	3.35aA	0.012aA	28.42bB	11.02cC	0.82cC

4. 适期早播

西南区气象条件复杂、自然灾害频发，特别是夏玉米生育期内高温干旱发生频率高，制定适宜的播期有利于玉米关键期避开干旱、高温等灾害，实现稳产高产（熊志强，1995）。通过在四川简阳开展夏玉米播期研究表明：夏玉米产量随播期的推迟而下降，5 月 30 日前产量随播期推迟下降幅度较小，5 月 30 日后下降幅度较大。产量降低主要是千粒重降低造成的（图 7-13）。同时对各播期关键期气候因素分析表明，花粒期累计降水量随播期推迟逐步下降，日照时数、日均温、平均日最高温均随播期推迟先升高再下降，在 5 月 15 日播期达到最大值（图 7-14）。就本试验结果而言，在四川盆地夏玉米的播期可适当提早，有利于花粒期避开高温天气，推迟播期会造成关键期降水量下降，最晚播期应控制在 5 月 30 日以前。

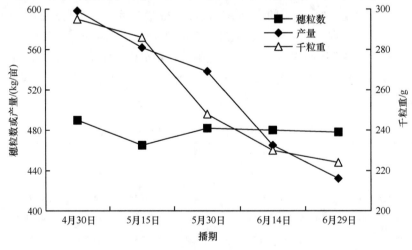

图 7-13 不同播期产量与构成因素

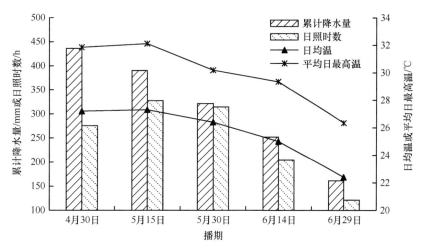

图 7-14　不同播期花粒期光、温、水指标

（三）播种装备

目前适用于西南台地玉米精量播种机械化技术的机具较多，应根据不同地区、不同种植规模和不同田地情况，因地制宜地选用适合的机具以提高玉米机播效率。一般，地块面积小于 3335m^2 选用微耕机或手扶拖拉机为动力的小型播种机，面积大于 3335m^2 并有机组通行条件的选用 35 马力及以上拖拉机为动力的中型播种机。

1. 轻小型播种机

轻小型播种机以 12～25 马力的微耕机或手扶拖拉机为牵引机带动，该机具体积小、重量轻、操作灵活，适合山地及丘陵地区小地块使用。排种器多采用机械式精量排种器，一般为双行播种，多采用单功能、无施肥功能的玉米精量播种机（2BF-2，图 7-15），部分可实现播种、施肥同步完成（2BTF-2，图 7-16）。

图 7-15　2BF-2 播种机

图 7-16　2BTF-2 多功能播种施肥机

2. 中型播种机

中型播种机由 35 马力以上拖拉机为牵引机带动，适合山地及丘陵地区台地且有机组通行条件、面积 3335m^2 以上的田块使用。排种器多采用机械式或气动式精量排种器。一般为 2～4

行播种机，可施颗粒状肥料，一次完成开沟施肥、播种、覆土等工序，部分型号可实现免耕播种、深松施肥等功能（图 7-17 ～图 7-20）。

图 7-17　2BYFSF-2 玉米免耕施肥精播机　　　图 7-18　2BYFSF-4 玉米免耕施肥精播机

图 7-19　2BYGS-4 深松施肥旋耕玉米精播机　　　图 7-20　2BYQF-4 气吸式精量播种机

二、缓坡地夏玉米精量播种标准、技术与装备

（一）播种标准

1. 精量播种

要求每穴下种量为一粒，精量播种作业标准：单粒率≥ 85%；种子机械破碎率，机械式排种器≤ 1.5%，气力式排种器≤ 1.0%。

2. 播种深度一致

播种镇压后种子上部覆盖土层厚度即为播种深度。一般夏玉米播种深度为 3 ～ 5cm，误差不能大于 1cm，播种深度合格率应≥ 75%。

3. 播种粒距均匀

播行内相邻两粒种子中心在播行中心线上的投影距离即为播种粒距。播种机"使用说明书"中规定的粒距则为理论粒距。播行内种子粒距大于 0.5 倍，但不超过 1.5 倍理论粒距则为合格。粒距合格率应≥ 75%，且合格粒距变异系数应≤ 35%。

4. 重（漏）播指数低

播行内种子粒距小于或等于 0.5 倍理论粒距即为重播，重播指数（重播率）≤ 20%；种子粒距大于或等于 1.5 倍理论粒距即为漏播，漏播指数（漏播率）≤ 13%。

5. 苗带要直

苗带要直，即以种植沟中心线为基准，左右偏差不大于6cm，出苗后成一条苗线，苗线与苗线基本平行且直。一般，行距一致性合格率≥90%，邻接行距一致性合格率≥90%，播行直线性偏差≤6cm。

（二）关键技术

缓坡地在翻耕整地、品种选择、播期确定及播种深度调节上与台地相近。但由于缓坡地形有一定的坡度，田块内平整度较差，播种机具易倾斜等导致播种不均匀。特别是播种机具无仿形机构易造成机具打滑、排种器播种质量下降。通过横坡、顺坡机种技术比较试验研究表明（表7-24）：坡度增大会造成播种机漏播率上升、重播率下降。在坡地上采用顺坡播种可降低漏播率。但同时顺坡播种易造成播种窝距延长，以及窝距的均匀度下降，这主要是上、下坡阻力不一致导致的。因此，针对缓坡地可采用顺坡播种、调控上下坡动力等方式提高机播质量。

表 7-24 坡地玉米机播质量调查

播种方式	坡度	漏播率/%	重播率/%	播种深度		播种窝距	
				深度/cm	均匀度	窝距/cm	均匀度
横坡	10°	33.82aA	3.28aA	3.87aA	5.45aA	21.46aA	3.95abA
	3°	28.51aAB	6.48aA	4.06aA	6.02aA	22.03aA	4.76aA
顺坡	10°	30.64aAB	9.64aA	3.77aA	6.82aA	22.56aA	3.86abA
	3°	19.59bB	8.30aA	4.06aA	7.03aA	21.55aA	3.58bA
横坡平均值		31.16aA	4.88aA	3.96aA	5.73bA	21.74aA	4.36aA
顺坡平均值		25.12bA	8.97aA	3.92aA	6.92aA	22.05aA	3.72bA
10°坡度平均值		32.23aA	6.46aA	3.82aA	6.13aA	22.01aA	3.91aA
3°坡度平均值		24.05bB	7.39aA	4.06aA	6.52aA	21.79aA	4.17aA

（三）播种装备

总体上，适用于台地玉米的播种机具也可用于缓坡地播种。一般，地块面积小于3335m² 或坡度5°以上选用微耕机或手扶拖拉机为动力的小型播种机，面积大于3335m² 或坡度5°以下并有机组通行条件的选用35马力及以上拖拉机为动力的中型播种机（详见小台地精量播种标准、技术与装备）。但由于缓坡地形有一定的坡度，田块内平整度较差，上、下坡阻力不一致等因素，应尽量选用带有仿形机构的播种机具。仿形机构在播种作业时，可保证播种开沟器、传动地轮等随地形起伏而变动，保持播种深度一致和持续排种，从而提高玉米播种质量（图7-21）。

图 7-21 2BYCF-4 玉米仿形精量播种机

第四节　山地秋冬玉米精量播种标准、技术与装备

一、小台地秋冬玉米精量播种标准、技术与装备

（一）小台地玉米精量播种技术标准

1. 精量下种

要求每穴下种量为一粒，精量播种作业标准：单粒率≥85%，空穴率≤5%，碎种率≤1.5%。

2. 播深一致

播深一致，即播深或覆土深度要一致，秋玉米比春玉米稍浅，一般为 3～4cm，误差不能大于 1cm。

3. 株距均匀

要求播种穴位间距要一致，误差应≤20%。

4. 苗带要直

苗带要直，即以种植沟中心线为基准，左右偏差不大于4cm，出苗后成一条苗带，苗带与苗带基本平行且直。

（二）小台地玉米精量播种技术措施

1. 掌握种子发芽情况

种子在播前要进行 1～2 次发芽试验，以掌握种子发芽情况，种子质量应达到以下标准：纯度≥96%，净度≥98%，发芽率≥95%，含水率≤13%。

2. 合理确定下种量

一般按照品种种植密度的要求，考虑到发芽率、虫鼠害等因素，调整好播种机，适当增加一定的下种量以确保全苗。

3. 适时播种

土壤含水量20%左右为适宜播种时期。

（三）小台地玉米精量播种的装备

1. 手提式玉米播种机

该机可以点播玉米、小麦、豆类等颗粒状种子。属纯人力机型，操作简单，易学易用，播种深度可调节，播种速度 2～3 亩/(人·d)，改变了传统人工弯腰刨坑播种的模式，具有出苗整齐、轻松高效的特点，如山东济宁曲阜市龙钰机械有限公司生产的 LYX-B2 手提式玉米播种机（图 7-22）。

2. 人力型圆盘式播种机

该机具有高精密排种器，根据不同需求精度能达到一穴一粒或多粒，株距、深度可按需要调节。可独立完成开沟、播种、覆土等环节，具有小巧、灵活、便于携带、清种方便、节省劳力等优点。适合小面积种植及山区小台地使用，如人力型圆盘式播种机（图 7-23）。

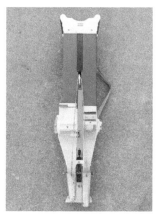

图 7-22　LYX-B2 手提式玉米播种机

图 7-23　人力型圆盘式播种机

3. 圆盘式动力型播种机

该机采用蓄电池电动动力，具有高精密排种器，精度能达到一穴一粒或多粒，行距、株距、深度都可按需要调节。具有操作简单、方便携带、轻巧、灵活的特点。可独立完成开沟、播种、覆土等环节，适合小面积种植及山区小台地使用，如河北德易播机械发展有限公司生产的电动玉米播种机（图7-24）。

图 7-24　电动玉米播种机

4. 简易双行玉米播种机

该机是国家玉米产业技术体系内推荐使用的玉米播种机。由 12 ～ 25 马力牵引机带动，单功能玉米精量播种，该机具体积小、重量轻、操作灵活、适合山地及丘陵地区小地块使用（图 7-25）。

5. 机动玉米精播机

该机与手扶拖拉机配套作业，广泛适用于山地及丘陵地区的玉米农田作业。可施晶粒状肥料，一次完成开沟施肥、播种、覆土等工序。特点：该机具体积小、重量轻、操作灵活、维修方便；肥量的大小由一个调肥操作杆统一进行调整，简单方便；排种器采用当下流行的勺轮式精量排种器，这种排种器结构简单，播种精度高；机架上设有机具调整手柄，方便机具与手扶拖拉机的挂接与调整；每个手柄总成的尾部都设有调深手柄，方便用户调整各行的深浅和镇压效果；地轮采用加宽的橡胶地轮，不沾泥，镇压效果好。例如，河北高碑店市越野农业机械制造有限公司生产的 2BYJLS-2 型玉米精量播种机（图 7-26）。2BYJLS-2 型玉米精量播种机主要技术参数：配套动力 20 ～ 30kW；播种行数 2 行；播种行距 50 ～ 70cm；播种株距 20 ～ 40cm 可调；播深 3 ～ 5cm；纯工作效率 0.2 ～ 0.25hm²/h。

图 7-25　简易双行玉米播种机　　　　图 7-26　2BYJLS-2 型玉米精量播种机

二、缓坡地秋冬玉米精量播种标准、技术与装备

（一）缓坡地玉米精量播种技术标准

1. 精量下种

要求每穴下种量为一粒（但由于播种机性能质量及种子形状的差异，无法绝对达到这一要求），精量播种作业标准：单粒率≥ 85%，空穴率≤ 5%，碎种率≤ 1.5%。

2. 播深一致

播深一致，即播深或覆土深度要一致，秋玉米比春玉米稍浅，一般为 3 ～ 4cm，误差不能＞ 1cm。

3.株距均匀

要求播种穴位间距要一致，误差应≤20%。

4.苗带要直

苗带要直，即以种植沟中心线为基准，左右偏差不大于4cm，出苗后成一条苗线，苗线与苗线基本平行且直。

（二）缓坡地玉米精量播种技术措施

1.掌握种子发芽情况

种子在播前要进行1～2次发芽试验，以掌握种子发芽情况，种子质量应达到以下标准：纯度≥96%，净度≥98%，发芽率≥95%，含水率≤13%。

2.合理确定下种量

一般按照品种种植密度的要求，考虑到发芽率、虫鼠害等因素，调整好播种机，适当增加一定的下种量以确保全苗。

3.适时播种

土壤含水量在20%左右时为最适宜播种时期。

（三）缓坡地玉米精量播种装备

1.玉米精量施肥播种机

该机是适用于不同地区、不同土质、不同农艺要求的多功能播种机，可用于播种玉米、小麦，施肥等农田作业。例如，河北农哈哈机械集团有限公司生产的2BYJLS-3型玉米精量播种机（图7-27），其主要技术参数：外形尺寸长1200mm×宽2200mm×高1300mm；结构重量350kg；播种行数3行；播肥深度30～60mm（与种子间距50mm）；每公顷播肥量0～675kg；播种深度20～50mm；作业速度≤4km/h；配套动力28～35马力；播种单粒率＞92%；空穴率＜3%。

图7-27　2BYJLS-3型玉米精量播种机

2.气吸式玉米精量播种机

该机适合进行玉米单条或大豆双条的精量播种作业，并可进行中耕培土。通过更换不同孔径和孔数的播种盘，还可单条播种高粱、甜菜、向日葵、白瓜子、花生等多种作物。一次进地即可完成：单圆盘开沟施肥、施肥滑刀或凿铲开沟分层施肥、除障器推平种床、双圆盘开沟播种、圆盘覆土（或犁铧覆土起垄）、镇压轮仿形镇压等全部播种作业程序，如河北农哈哈机械集团有限公司生产的2BYQF-4型气吸式玉米精量播种机（图7-28）。

图7-28　2BYQF-4型气吸式玉米精量播种机

3. 气吹式玉米精量播种机

该装备是中国农业大学在农机装备领域技术的成果。针对现有机械式播种机作业速度慢、防堵效果差，气吸式播种机对密封性要求严格，地头两端易形成漏播，以及国内玉米种子不分级的现状，研发了流线型锥孔与推种片结合的新型气吹式玉米精量排种技术，对形状不规则、大小不一致的玉米种子适应性强，播种精度高，能够实现高速作业，且不会造成地头漏播；创新了主动式抛物线型滚筒防堵技术，实现了免耕高效防堵作业（图7-29）。

图7-29　气吹式玉米精量播种机及作业效果

气吹式玉米精量播种机技术参数：配套动力22～29.4kW；动力输出轴转速540r/min；外形尺寸长1.74m×宽2.37m×高1.28m；机构重量400～500kg；挂接方式为三点悬挂；播种行数3～4行；工作幅宽1.8～2.4m；播种深度3～7cm；种子破碎率0.2%；粒距合格率98.9%；重播率0.1%；漏播率1.0%；合格粒距变异系数14.4%；种子覆土深度合格率92.9%；各行排肥量一致性变异系数2.4%；总排肥量稳定性变异系数1.4%；作业速度4～6km/h；机具通过性无堵塞生产率0.72～1.44hm²/h。

参 考 文 献

白莉萍, 隋方功, 孙朝晖, 等. 2004. 土壤水分胁迫对玉米形态发育及产量的影响 [J]. 生态学报, 24(7): 1556-1560.

陈诚. 2018. 穴灌播种机的设计和配套农艺技术的研究 [D]. 雅安: 四川农业大学硕士学位论文.

陈溢, 郑亭, 樊高琼, 等. 2013. 不同土壤水分条件下拖拉机行走对四川丘陵旱地土壤特性及小麦生长的影响 [J]. 水土保持学报, 27(6): 147-151.

侯玉虹, 尹光华, 刘作新, 等. 2006. 土壤底墒与苗期灌溉量对玉米出苗和苗期生长发育的影响 [J]. 干旱地区农业研究, 24(4): 51-56.

侯玉虹, 尹光华, 刘作新, 等. 2007. 土壤水分含量对玉米出苗率及苗期生长的影响 [J]. 安徽农学通报, 13(1): 70-73.

姜竺卿. 2015. 温州地理: 自然地理分册 [M]. 上海: 上海三联书店.

刘鹏. 2014. 玉米的播种技术 [J]. 吉林农业, (2): 45.

刘欣. 2013. 玉米精量播种机械化技术研究 [J]. 农业科技与装备, 1: 66-67.

鲁植雄, 姬长英, 潘君拯. 1998. 据机械组成和含水量预测水田土壤粘附力 [J]. 南京农业大学学报, 2(4): 114-116.

罗俊杰, 黄高宝. 2009. 底墒对旱地冬小麦产量和水分利用效率的影响研究 [J]. 灌溉排水学报, 28(3): 102-104.

玛丽亚. 2015. 乌苏市玉米精量播种、收获作业标准的制定与应用 [J]. 当代农机, 7: 65-66.

蒲甜. 2016. 套作高光效玉米品种的筛选和评价体系的初步建立 [D]. 雅安: 四川农业大学硕士学位论文.

任三学, 赵花荣, 郭安红, 等. 2005. 底墒对冬小麦植株生长及产量的影响 [J]. 麦类作物学报, 25(4): 79-85.

石银鹿, 骈跃斌, 孙贵臣. 2005. 影响玉米出苗的因素分析 [J]. 玉米科学, 13: 123-127.

宋洪涛, 王春雷, 赵秀娟. 2015. 实用水文学词典 [M]. 北京: 中国水利水电出版社.

汪强, 樊小林, Klaus D, 等. 2006. 不同水分条件下水稻根系生长与产量变化值 [J]. 中国农学通报, 22(11): 106-111.

王会肖. 1995. 土壤温度、水分胁迫和播种深度对玉米种子萌发出苗的影响 [J]. 生态农业研究, 3(4): 70-74.

王拴才, 代文戍, 董富梅, 等. 2007. 不同土壤水分对旱地小麦生长及产量影响的研究 [J]. 中国农技推广, 23(10): 36-37.

吴海燕, 崔彦宏, 孙昌凤. 2011. 不同类型玉米杂交种播种深度与出苗相关性的研究 [J]. 玉米科学, 19(2): 109-113.

夏来坤, 刘京宝, 乔江方, 等. 2014. 不同底墒处理对夏玉米生长发育及产量的影响 [J]. 中国农学通报, 30(27): 66-71.

熊志强. 1995. 四川丘陵区玉米熟制布局和气候适播期 [J]. 四川气象, (2): 44-51.

徐景银. 2018. 玉米精量播种优点及关键技术 [J]. 现代农业, 4: 61.

杨贵羽, 罗远培, 李保国. 2004. 苗期土壤含水量变化对冬小麦根、冠生物量累积动态的影响 [J]. 农业工程学报, 20(2): 83-87.

岳丽杰, 文涛, 杨勤, 等. 2012. 不同播种深度对玉米出苗的影响 [J]. 玉米科学, 20(5): 88-93.

张辉. 2014. 玉米精量播种与专用配方肥一次性深施免中耕技术规范 [J]. 农业技术, 1: 30.

张晋, 宇海萍. 2012. 不同播种密度对小麦干物质积累的影响 [J]. 陕西农业科学, (4): 26-27.

赵光武, 马攀, 王建华, 等. 2009. 不同玉米自交系耐深播能力鉴定及对深播胁迫的生理响应 [J]. 玉米科学, 17(5): 9-13.

中国农业机械化科学研究院. 2007. 农业机械设计手册（上册）[M]. 北京: 中国农业科学技术出版社.

周勇. 2017. 玉米精量播种及深施肥技术要点 [J]. 新农村, 8: 67.

朱金城, 陶洪斌, 高英波, 等. 2013. 底墒对夏玉米生长发育、水分利用及产量的影响 [J]. 中国农业大学学报, 18(3): 34-38.

Molatudi R L, Mariga I K. 2009. The effect of maize seed size and depth of planting on seeding vigour[J]. Journal of Applied Science Research, 5(12): 2234-2237.

Rebetzke G J, Bruce S E, Kirkegaard J A. 2005. Longer coleoptiles improve emergence through crop residues to increase seedling number and biomass in wheat (*Triticum aestivum* L.) [J]. Plant and Soil, 272: 87-100.

Sanusan S, Polthanee A, Seripong S, et al. 2009. Seedling establishment and yield of direct-seeded rice under different seeding depths[J]. Khon Kaen Agr J, 37: 15-22.

第八章　玉米机械化高产高效肥水管理技术与装备

第一节　国内外研究动态

一、科学施肥理论与化肥使用技术研究动态

（一）化肥对玉米产量的贡献

　　农业的持续发展需要长久地维持和提高耕地生产能力，而农业生产系统中作物生长发育与农业收获物移除都需要大量能量作为支撑，为了提高系统的功能，就要持续增加系统投入。玉米完成从出苗到收获整个生育期的生长发育，需要持续不断地从土壤中吸收各种营养物质，主要以矿物质营养为主，其次是少量简单的可溶性有机物，所以施肥对于玉米获得高产稳产具有十分重要的作用。世界农业发展的实践证明，施肥尤其是化肥，不论是发达国家还是发展中国家，都是最快、最有效、最重要的增产措施。1961～2001年的40年间，世界化肥用量从0.31亿t增长到1.38亿t，同期粮食总产从8.77亿t增加到21.06亿t，单位面积产量从1.35t/hm^{2}增加到3.11t/hm^2（FAO，2003）。

　　我国是一个典型的农业和人口大国，人多地少矛盾突出（张福锁等，2007；梅旭荣，2011），长期以来，在有限耕地面积上通过增加化肥投入成为提高作物单产和保障粮食安全的重要措施（张卫峰等，2013）。根据20世纪80年代初全国化肥试验网得出的每千克养分可增产粮食的千克数，并充分考虑到作物育种进步对我国粮食生产发展的贡献，估计1949～1993年的45年中，我国粮食生产发展直接来自施肥（化肥和农家肥）的贡献约占30%（沈善敏等，1998）。曾宪坤（1995）引述联合国粮食及农业组织（FAO）的评估意见，认为在粮食作物单产中化肥的贡献占40%～60%的份额。全国化肥试验网的5000多个肥效试验结果证明，施用化肥比不施肥可以大幅度提高玉米产量，629个玉米施肥试验平均增产46.1%（金继运等，2006）。据全国化肥试验网对1981年开始布置的52个10年以上长期肥料定位试验点试验资料的统计，施用化肥对粮食产量的贡献率全国平均为40.8%，玉米为46.2%（林葆等，1989）。由以上分析来看，施用化肥可提高玉米单产40%～50%，玉米总产中约有1/3是施用化肥的贡献。

（二）玉米施肥现状

　　我国化肥使用的历史比西方发达国家晚，1902年化肥引入中国，1949年以前施用量很少；1949年以后我国化肥用量有了快速增长。按养分计，1952年总用量为7.8万t，1999年达4124万t，每年平均增长87.6万t，到2003年增长到4411.8万t（中国农业年鉴编辑委员会，1980—2015）。在世界化肥1988～1993年大幅度降低的阶段，我国化肥消费量却由2000万t跃上了3000万t的台阶，此后在世界肥料缓慢回升的阶段，我国化肥到1998年又跃上了4000万t的台阶，1998年之后增长速度明显减缓（马文奇等，2005），目前以全球9%的耕地消费约1/3的氮肥（张福锁等，2008）。

　　玉米本身生物量高，需肥量大，化肥施入土壤之后存在淋溶损失和挥发损失，加之我国分散经营体制下玉米养分管理标准化和规范化难度高，加剧了玉米养分管理不平衡问题。20世纪80年代以来，受"高投入高产出"政策引导和"要高产就必须多施肥"等传统观念影响，

玉米不合理甚至盲目过量施肥现象相当普遍，尤其是氮肥过量问题突出，2004 年全国玉米生产中化肥氮投入量高达 549.6 万 t，磷为 211.2 万 t（王激清，2007）。

大量试验结果表明，在目前产量水平下，玉米合理施氮量应在 200kg/hm² 以下。根据中国农业大学 2000 年对全国 10 000 多个农户调查结果分析，玉米施氮量超过 250kg/hm² 的农户比例为 30.8%，接近调查农户的 1/3（马文奇等，2005）。西南地区玉米施肥调查表明，2002 年云南玉米季化肥 N、P₂O₅、K₂O 投入量分别为 264.00kg/hm²、75.00kg/hm²、13.50kg/hm²，2008 年四川地区玉米季化肥 N、P₂O₅、K₂O 投入量分别为 220.50kg/hm²、72.00kg/hm²、21.00kg/hm²，2008 年云南滇西地区玉米季化肥 N、P₂O₅、K₂O 投入量分别为 364.10kg/hm²、92.80kg/hm²、72.50kg/hm²，2005～2011 年重庆市江津区玉米季化肥 N、P₂O₅、K₂O 投入量分别为 276.00kg/hm²、99.00kg/hm²、64.06kg/hm²（熊艳等，2005；范茂攀等，2013；刘永红，2015；谢贤敏等，2017）。2016～2017 年，依托公益性行业（农业）科研专项"西南丘陵旱地粮油作物节水节肥节药综合技术集成与示范"项目，通过对西南地区四川、云南、贵州、重庆玉米主产区玉米生产养分调查发现，农户化肥 N、P₂O₅、K₂O 平均投入量分别为 323.52kg/hm²、80.93kg/hm²、56.55kg/hm²，总体表现为氮肥过量和钾肥不足。氮肥超量施用比例为 62.38%，钾肥施用不足比例为 60.89%，且区域之间差异较大；同时，玉米养分管理还存在肥料品种杂乱，专用复合肥和缓控释肥等新型肥料缺乏，部分地区有机肥投入比例低，玉米基肥、追肥养分管理粗放等系列问题（陈尚洪等，2019）。

化肥大量持续投入在促进粮食增产的同时，带来了一系列负面影响，突出表现在氮肥利用率降低和水环境污染。施肥过量是我国肥料利用效率低的最主要原因，张福锁等（2008）分析表明我国玉米的氮肥利用率仅为 26.1%，且与 20 世纪 80 年代相比呈下降趋势。氮肥过量投入及氮肥利用率不断下降加剧了地下水的硝酸盐污染和地表水的富营养化，营养物氮的过度累积成为水体污染的主要污染源。据报道，全国水体污染物中总氮的 57% 来自农业（中华人民共和国环境保护部等，2010），每年进入长江、黄河的氮素 80% 以上来自农业，而其中 50% 来自化肥氮肥（朱兆良等，2005）。我国七大水系及太湖、滇池和巢湖水质调查显示劣五类水质占 37.7%（国家环境保护总局，1999），全国 131 个湖泊有 61 个湖泊出现富营养化，54 个湖泊呈现中度营养化（朱兆良等，2005）。

（三）"4R 养分管理"理论与技术

1. 概念

作物养分管理是一个复杂的系统工程，既直接影响农作物产量，也间接影响社会经济发展和生态环境效益等诸多方面。2009 年以来，国际植物营养研究所（International Plant Nutrition Institute，IPNI）和国际肥料工业协会（International Fertilizer Industry Association，IFA）创新提出并逐步完善了"4R Nutrient Stewardship"即"4R 养分管理"的概念和理论，成为当前国内外普遍采用的肥料最佳养分管理新方法（Roberts，2009；Guttierrez，2012）。

"4R 养分管理"是指选择正确的肥料品种（Right source）、采用正确的肥料用量（Right rate）、在正确的时间（Right time）将肥料施用在正确的位置上（Right place）。因这 4 个"正确"在英文中均用"Right"来表示，其第一个字母均为"R"，故简称为"4R 养分管理"。

2. 科学原理

作物的"4R 养分管理"涉及多个学科及科学原理，其组成部分中肥料品种、用量、时间和位置每一部分都有相应的科学理论作为依据。从学科来看，主要涉及土壤学、植物营养学、植物生理学、农业生态学、农业经济学等；从作物养分管理的科学原理来看，主要涉及植物矿质营养学说、土壤养分归还学说、营养元素不可替代律、最小养分律、肥料报酬递减律、营养因子综合律等（陈防等，2015）。

虽然不同地区因其土壤、作物、气候、经济发展和社会发展状况而异，但这些科学原理是全球通用的。对4个"R"的重视程度要均衡，避免强调一项而忽视其他措施。其中，肥料用量最容易被过分重视，因为其简单并直接关系到施肥成本，而肥料种类、施肥时期和施肥位置却常常被忽视，因此在这3个方面往往有更多改善和提高的机会。不仅4个"R"中的各因素互相联系，它们与植物、土壤、气候和管理这些周围环境因素之间也相互关联。即使是养分充足的肥沃土壤，在排水不良、干旱、病虫害和其他因素的限制下作物仍然难以高产，因此，必须对其他影响因素有更深入的了解。

3. 技术内容

正确的肥料品种选择要综合考虑所选肥料能够提供作物可吸收利用的有效态养分或在土壤中能转化成作物可吸收利用的有效态养分、肥料品种与土壤理化性质及农田生态环境的匹配程度、不同肥料品种及不同营养元素之间的协同效应、不同肥料品种之间的兼容性、伴随离子对作物是否存在有益或者有害影响等因素。实际生产中，在作物养分需求与供应平衡的基础上，应坚持有机肥与无机肥相结合，坚持大量元素与中量元素、微量元素相结合。

正确的施肥量选择需要明确所种植的农作物对养分的需求规律与阶段性需求量，系统评估农作物所能获得的养分来源，准确评价土壤本身的养分供应状况，合理预测目标农作物的肥料利用率，适度调节或保持土壤养分平衡状况，综合考虑施肥量变化所带来的环境效益与经济效益。

正确的施肥时期要确定不同时期或者农作物不同生育阶段养分吸收利用的变化规律，从而实现养分供应与作物养分需求同步；要明确土壤养分供应及土壤养分损失的动态变化，实现农作物养分动态管理调整；要综合考虑施肥与病虫草害防控、中耕培土等其他田间管理措施的配合，实现田间管理一体化作业。

正确的施肥位置选择要考虑作物根系的分布状况，肥料应尽可能施用在作物根系的主要分布范围内，使作物根系易于吸收利用；考虑土壤环境中的化学反应，集中施用那些易被土壤固定吸附的养分（如磷肥），或施用在靠近根系的较小范围内以提高其有效性；施肥位置与适宜的耕作管理制度相配合，如在地表覆盖条件下将化肥施用于秸秆覆盖层下或农膜下从而提高养分保蓄，通过机械侧深施肥或者深施覆土减少肥料损失；考虑不同田块或同一田块不同位置土壤养分的空间变异情况，在不同尺度上实现精准施肥。

二、有机肥及替代化肥技术研究动态

（一）有机肥概述

1. 有机肥的概念

有机肥主要指来源于植物和（或）动物，经过发酵腐熟的含碳有机物料，其功能是改善土壤肥力、提供植物营养、提高作物品质［《有机肥料》（NY 525—2012）］。

有机肥是农业生产中的重要肥源，具有种类多、来源广、肥效长等特点。其成分不仅含有氮、磷、钾、钙、镁、硫和微量元素等各种植物所需养分，而且含有有机物质如纤维素、脂肪、蛋白质、氨基酸等及植物生长调节类物质，在保持、改善和提高土壤肥力，活化土壤养分，增强微生物活性，促进农作物高产优质上有着不可替代的作用。

2. 有机肥的分类

有机肥按来源、特性和积制方法，可以分为以下四类。

A. 粪尿肥包括人粪尿、畜粪尿、禽粪、厩肥等，以人、畜尿粪为主。

B. 堆沤肥包括秸秆还田、堆肥、沤肥和沼气肥。

C. 绿肥包括栽培绿肥和野生绿肥，绿肥作物种植面积较大的省份是湖南、江西和云南，最主要品种为紫云英。目前，我国多以种植饲料绿肥为主，直接翻耕的绿肥较少。

D. 杂肥包括泥炭及腐植酸类肥料、油粕类肥料、城市垃圾、污水污泥等。

3. 有机肥的作用

（1）有机肥的营养作用

有机肥含有作物生长所必需的各种营养元素，如氮、磷、钾、钙、镁、硫和微量元素，在平衡土壤养分中起重要作用。这些营养元素逐步释放，与作物生长各阶段的不断吸收同化相吻合，因而有机肥中养分利用率高于化肥。有机肥在分解过程中释放的二氧化碳改善了作物的碳素营养，这在设施保护地栽培中效果更为显著。

有机肥还含有能被作物吸收利用的有机养分及有益于土壤的有机物质等，如一些分子组成的相对简单的各种氨基酸、酰胺、核酸、可溶性糖、酚类化合物和有机酸等，均可被作物吸收，不仅可以促进作物产量的提高，更重要的是还可改善品质。施用有机肥的蔬菜、水果的糖分、维生素 C 含量提高，有机酸及硝酸盐含量降低，风味独特品质佳。

（2）有机肥的改土作用

有机肥富含有机物质，通过转化过程形成的腐殖质把分散的土壤颗粒变成稳定的团粒结构，不仅明显地降低土壤容重，而且可以提高土壤保水、保肥和通气的性能，土壤耕性同步改善。肥料中的腐殖质成分中含有众多活泼功能团，能改善土壤保肥、供肥性，增强土壤净化重金属及其他污染物的能力，提高土壤缓冲酸碱及其他因素的综合能力。

（3）调节作物生长

有些类型的有机肥如腐植酸肥料能促进作物新陈代谢。用腐植酸钠叶面肥喷施蔬菜作物，可提高糖分含量。此外，合理利用有机肥可以消除因畜、禽集中饲养带来的排泄物对土壤、水源、空气的污染，消除或减弱农药和重金属对作物的毒害。

（二）国内外有机肥利用现状

20 世纪 50～60 年代以前，有机肥料在农业生产中占据主要地位。据统计，我国不同年代有机肥养分在肥料总养分投入量中的比例 1949 年为 99.9%、1957 年为 91.0%、1965 年为 80.7%、1975 年为 66.4%、1980 年为 47.1%、1985 年为 43.7%、1990 年为 37.4%；这一比例在 1995 年降至 32.1%，2000 年继续降至 30.6%，而 2003 年全国有机肥施用量仅占肥料施用量的 25%（尚来贵和张岩竹，2013）。由此可见，在我国重化肥轻有机肥的现象越来越严重，大量的有机肥源得不到充分的利用，不仅造成了资源浪费，同时也对生态环境造成负面影响。

针对传统有机肥存在养分含量低，体积大；劳动率低，劳动强度大；人、畜类等的无害化程度低，病菌传播、污染大等"三低三大"问题，有机肥的产业化和商品化既可以实现对农业废弃物资源化利用，消除或减轻对生态环境的污染，也是农业可持续发展的重要方向（张

夫道，2004）。2002 年我国通过了《有机-无机复混肥料》（GB 18877—2002）和《有机肥料》
（NY 525—2002），这表明在中国商品有机肥正式规范地进入肥料流通领域。发展商品有机肥，
推广有机肥，成为目前中国肥料发展的必然趋势。

　　大量研究和生产实践证明，施用有机肥或有机无机肥配施能够降低土壤容重、增加土壤
孔隙度、改良团粒结构，从而改善土壤物理性状。同时，有机肥含有作物所必需的营养元素，
施入土壤后可以提高土壤肥力，并且其肥效较长，能够满足作物整个生育期对养分的需求，
进而提高农作物产量。有机肥中还含有对作物根际营养起特殊作用的微生物群落和大量有机
物质及其降解产物，能促进土壤中微生物的活动和繁殖，改善土壤物理结构，增强作物的抗
逆能力和土壤肥力。

　　从来源看，有机肥是我国农业循环经济中一个极为重要的环节，人类在获取粮食等产品
时，伴随着产生大量的稻秆、畜禽粪便等废弃物，以种养业废弃物资源为原材料生产商品有
机肥，并加以分散利用是提高资源利用效率和降低畜禽粪污氮磷污染风险的必然需求。因此，
加强种养业废弃物资源化利用，建立科学的有机无机结合的施肥体系与技术指标，对于提高
资源利用和解决种养业废弃物污染具有重要意义。

（三）有机肥替代化肥技术

　　有机肥替代化肥技术是运用先进的农业管理与技术手段，精确的确定农作物对肥料的需
求量及土壤的提供能力，并适时、合理地施用化肥，既满足农作物对养分的需要，提高产
量，又减少养分无谓流失浪费及引起的污染问题，是实现中国化肥零增长的重要技术途径之
一，能为实现作物高产稳产和提高养分利用效率提供科学依据。英国洛桑试验站［Rothamsted
Experimental Station，现称 Rothamsted Research（洛桑研究所）］Hoos field 长期定位试验，连
续 20 年施入农家肥后停止有机肥投入，直至 100 年后该小区的有机质含量仍然高于无机肥处
理，充分证明有机物料投入对增加土壤有机质及保持土壤肥力的重要作用（Jenkinson，1991，
1977）。

　　中国自古以来就是农业大国，在畜禽粪便、绿肥、作物残茬等有机肥资源的利用方面积
累了丰富的实践经验。全国开展了大量厩肥、绿肥、稻草等有机肥与氮磷钾化肥配施对粮食
作物及蔬菜的产量、品质和土壤肥力的变化规律的长期定位试验，这一时期相关研究的典型
特点在于有机肥用量明显超过化肥。80 年代开始，我国化肥用量与粮食总产、单产的同步增
长及 2004 年以后的粮食总产量十连增现象，证实了化肥在保障粮食安全方面的作用，而同期
畜禽粪便和作物秸秆等有机物质投入却呈大幅下降趋势（张卫峰等，2013；朱兆良和金继运，
2013）。到 20 世纪 90 年代初，随着化肥的大量使用，有机肥所占比重已经从 99.7% 下降至
50% 左右（高祥照等，2001；Yang，2006）。2011 年，我国有机肥氮、磷、钾投入仅分别占总
养分投入的 29.5%、28.6%、58.9%（李书田和金继运，2011），与高产农田有机、无机养分投
入比例相比尚有较大空间（黄鸿翔等，2006）。

　　随着粮食自给率水平的提高，基于用养结合的耕地持续利用与农业生态环境保护问题开
始受到高度关注（余振国和胡小平，2003；赵其国，2004），合理利用畜禽粪便和农作物秸秆
资源来缓解资源紧缺与保护农业环境达到了新的认识高度。进入 21 世纪后，有机无机配施技
术作为解决有机废弃物带来的环境问题和单一依靠无机肥带来的土壤质量下降问题的养分高
效管理技术受到了广泛关注，国内外学者采用室内模拟实验、盆栽试验、微区坑栽和田间试
验，定量研究了不同有机物料，不同有机无机配施在增加作物产量、提高作物对氮素吸收利

用和提高化肥利用率等方面的变化规律。东北黑土肥力与肥料效益长期监测基地研究表明，在 165kg/hm² 等氮量投入下，化肥 50kg/hm²+牛粪 115kg/hm² 处理与单施化肥氮相比，有机无机配施玉米平均增产 8.96%，化肥+牛粪处理的氮素吸收量和当季氮肥表观利用率与单施化肥相当（张秀芝等，2012）。华北平原潮土上，100kg/hm²、200kg/hm²、300kg/hm²、400kg/hm² 4 个施氮水平与 4 个有机氮（鸡粪）配施（100∶0、75∶25、50∶50 和 0∶100，单位 %）田间试验表明，当玉米纯氮施入量 200kg/hm²，有机（鸡粪）无机氮素配施比例为 75∶25 是较为理想的氮素施用水平和配比组合（刘红梅等，2011）。

西南山地玉米主要种植在紫色土、红壤、黄壤等坡地，土壤有机质含量低、土壤保水保肥能力差，加上玉米生长季正值雨季，降水丰富，养分容易随降水流失，肥料利用率低。有机肥具有保水保肥和养分缓慢释放的特性，西南地区有机肥资源丰富但利用率低，玉米氮肥用量高，研究有机肥替代化肥有重要意义。目前，通过生产调查发现，绝大多数有机肥都可以用于玉米的种植，主要包括粪尿肥、堆肥、沤肥、厩肥、沼气肥、绿肥、作物秸秆、饼肥、泥肥等。

三、节水农业研究动态

（一）节水农业概述

1. 农业干旱现状

水资源短缺是一个世界性的难题，全球 50 多个国家面临干旱缺水的问题（叶云雪，2015）。其中，中国水资源总量虽然位于世界第六位，但人均、亩均水资源量仅分别约为世界平均水平的 1/4、1/2，是 13 个贫水国之一（余江等，2006），且地区分布极不均匀，如长江以北人口约占全国的 45.3%，耕地约占全国的 64.1%，人均占有水资源量却仅相当于全国人均量的 1/5 和世界人均量的 1/20（叶云雪，2015）。在这种水资源极度缺乏的情况下，农业用水面临的挑战更为严峻，主要原因：①干旱、半干旱面积和没有灌溉条件的旱作耕地面积均超过国土面积和全国耕地面积的 1/2；②水资源随着我国经济社会的快速发展和干旱化的加剧而日趋紧张，且由于农业结构调整和农业水权制度改革，农业用水呈现零增长或负增长，灌溉粮田面积趋于减少（龚道枝等，2015）；③农业气候资源的时空格局受到气候变化影响而发生显著改变，导致降水资源和热量资源时空分布差异逐年增加，极端天气引起的高温、干旱等农业气象灾害频发（安东升等，2015）；④农业用水的利用效率低，且浪费严重，农田灌溉水有效利用系数为 0.43，远低于世界发达国家的 0.8，平均灌溉水生产效率 0.8kg/m³，与世界先进水平 2.0kg/m³ 还有很大差距（叶云雪，2015）。因此，我国农业具有极大的节水潜力，发展节水农业刻不容缓。

2. 旱作节水农业概念与意义

旱作节水农业是在旱地上依靠和充分利用降水进行的农业生产，是雨养和集雨补灌两种农业生产活动的总称，其核心是综合运用农艺、生物、信息、机械和工程等技术措施，充分利用降水资源，合理安排农业布局和种植业结构，应用节水保墒技术和防旱抗旱措施，最大限度地提高降水保蓄率、利用率和利用效率，从而实现旱作农业的高产高效、农村经济的可持续发展和生态环境的同步改善（梅旭荣等，2010）。发展节水农业意义重大，主要体现在：①发展节水农业是保障国家粮食安全和水安全的重要保障 [《全国旱作节水农业示范工程建设规划（2008—2020 年）》]。改革开放 30 多年来，我国粮食总产量由 3.05 亿 t 增加到 6.07 亿 t，而农业年用水总量占全国年用水总量的比重从 88% 下降到 63%，基本维持在 3900 亿～ 4000 亿 m³，灌溉用水量占总用水量的比重也由 80% 下降到 55%，维持在 3500 亿～ 3600 亿 m³，农业用水和灌溉用水呈零增长或负增长趋势。因缺水，我国农田有效灌溉面积中每年尚有 667.67 万 hm² 左右得不到灌溉（中国农业年鉴编辑委员会，1980—2015；中国水利年鉴编纂委员会，2014）。②发展节水农业是落后地区脱贫致富的重要途径 [《全国旱作节水农业示范工程建设规划（2008—2020 年）》]。旱作区基本是少数民族区，且人口增幅高，人粮矛盾与水土矛盾严重。③发展节水农业是维持生态安全的屏障 [《全国旱作节水农业示范工程建设规划（2008—2020 年）》]。旱作区属于生态环境最脆弱的地区，加上长期追求高产而过度开发水土资源，导致农业环境日益恶化，如不合理的耕种、土壤深层干燥化和严重的水土流失等。

3. 节水农业基础理论

在节水农业基础理论中主要包括旱地降水转化过程、农田水分平衡与驱动机制（信乃诠，2002）和旱地作物水分生产力形成的生物学机制（梅旭荣等，2013）。其中，驱动机制涉及降水/灌溉水向土壤水的转化和土壤水向作物水的转化，受根-土和土-气界面及根区下边界面的流体动力学和生物学机制决定；生物学机制主要包括作物蒸腾耗水、同化/代谢呼吸、生物质累积/分配与转运、经济产量形成等多个生物物理化学过程，由作物耗水生产的生物学特性与微气象环境多要素协同调控机制决定（龚道枝等，2015）。

4. 节水农业发展现状

现如今，国际上已出现了以工程和非工程措施为手段的农业生产体系，其中以工程措施为手段的农业生产体系主要包括喷灌技术、微灌技术、渠道防渗工程技术、管道输水灌溉技术、地下灌溉技术和雨水集蓄利用技术等多种灌溉和集雨技术，其具有高技术、高投入和管理现代化等诸多优势。以非工程措施为手段的农业生产体系主要包括旱作农业模式的改变、抗旱品种的选育、地膜覆盖、深耕保墒、秸秆还田、水肥耦合高效利用技术和分根区交替灌溉（alternate partial rootzone irrigation，APRI）技术等，其具有投入少，见效快等优点。

在国际科技化形势下，我国作为传统的农业大国，许多先进农业灌溉设施与技术并未得到大范围推广应用，我国农村地区仍以沟渠和田埂的漫灌方式为主，农业用水量仍然很大，且农业用水的有效利用率不到 30%。

（二）玉米节水研究现状

将近半个世纪以来，水资源短缺一直是限制玉米主产区发展的重要因素，且旱区水利设施建设不完善和灌溉技术的落后更进一步降低了玉米生产规模。针对此现象，近年来，已有大量研究和生产实践探索节水农业在玉米生产上的应用，主要包括 4 个方面的内容：一是农艺节水，其内容是调整农业结构，改进作物种植布局，改善耕作制度，改进耕作技术；二是生理节水，即培养耐旱作物品种以达到节水的效果；三是管理节水，其内容是从水价和水费政策等方面入手加强配水控制与调节；四是工程节水，其内容是引进国外先进科技，发展节水农业（山仑等，2014）。

1. 农艺节水研究

农艺节水作为节水农业中重要的组成部分之一，其在玉米上的研究主要包括节水种植制度、水肥耦合高效利用技术、集雨抑蒸保墒技术。姚晨涛等（2020）的研究表明，S-诱抗素拌种能显著提高玉米抗氧化酶活性，降低 MDA 含量，减缓叶绿素的降解，同时通过提高 PEP

羧化酶和 RuBP 羧化酶活性,进而提高玉米光合能力,提高玉米抗旱性。杨学珍和李利利(2019)研究发现施用抗旱保水剂对玉米有显著的增产作用。谢联等(2019)提出玉米"浅埋滴灌肥水一体化"宽窄行栽培技术是提高玉米种植效益的有效技术。邢云鹏等(2020)开展了垄覆黑膜沟覆秸秆、垄覆黑膜、垄覆液态膜沟覆秸秆、垄覆液态膜、垄覆生物降解膜沟覆秸秆、垄覆生物降解膜、沟覆秸秆和平作 8 种集雨模式对玉米产量和水分利用效率的影响研究。结果表明垄覆黑膜沟覆秸秆玉米产量和水分利用效率最高,更适合干旱区玉米种植。郑媛媛等(2019)探索了冬小麦-夏玉米一年两熟、春玉米-冬小麦-夏玉米两年三熟、春玉米-夏玉米一年两熟、春玉米一年一熟、夏玉米一年一熟 5 种种植制度下作物产量、周年土壤水分动态和水分利用效率,研究表明后 4 种种植制度较第一种耗水量分别减少 504.3mm、452.3mm、753.5mm 和 712.8mm,且春玉米-冬小麦-夏玉米两年三熟和春玉米-夏玉米一年两熟相对冬小麦-夏玉米一年两熟总产量虽有所降低,但周年总耗水量分别减少 504.25mm 和 452.30mm,水分利用效率分别提高 4.8% 和 0.8%。

2. 生理节水研究

玉米相关的生理节水研究主要包括遗传改良、作物互补和生理调控。郭金生等(2020)在探究 6 个玉米品种的抗旱机制时发现,抗旱品种表现出 MDA 含量升高幅度较低,叶绿素含量下降幅度较小,抗氧化酶活性升高幅度较大,可溶性蛋白和脯氨酸含量较高,生理生化层面表现出较强的抗旱性。我国农业用水量大且利用率低,采用灌溉定额和有限灌溉对作物进行灌溉,能充分利用水资源和提高水分利用率。霍轶珍等(2020)研究发现,当灌溉量达到一定值时,继续增加灌溉水量对玉米生长指标影响大幅减弱。贺玉鹏等(2020)在探究是否可以将行距比例和种植密度集成于同一作物生产系统中来提高作物产量,增加水分利用效率的研究过程中发现,在河西绿洲灌区,7∶3(宽行 56cm∶窄行 24cm)行距比例结合 97 500 株/hm² 种植密度可有效增加玉米产量,提高玉米水分利用效率。

3. 管理节水研究

管理节水在玉米上的研究主要包括灌溉自动化控制、水资源优化调度、节水种植制度、节水灌溉制度和调节水价等措施。基于系统分析理论与随机优化技术,在灌区内对多种水源联合利用,进而借助网络技术,制定与执行智能化的配水决策系统,基于不同条件,对不同水源进行不同的组合,实现多水源优化配置的同时,最大可能地满足作物对水分的需求,改善农田生态环境(刘国庆,2017)。李彪等(2018)设置常规畦灌、隔沟交替灌溉和隔沟调亏灌溉分别在夏玉米苗期—拔节期、拔节—抽雄期、抽雄—灌浆期进行水分调控,结果发现夏玉米采取隔沟调亏灌溉是可行的,苗期—拔节期的适度水分胁迫能够保证玉米在不大幅减产的情况下,具有最高的水分利用效率。理论上讲,若提高水价势必会降低农民用水量,是一种较好的节水管理措施,但农业节水涉及民生问题,需综合考虑技术与社会、经济、生态环境的协调发展和可持续发展(杨继富,2002)。

4. 工程节水研究

工程节水技术在玉米上的研究主要包括输水工程、集水工程、灌水工程和现代喷微灌等措施。贾咏霖等(2020)采用地下水滴灌、地下水畦灌、黄河水畦灌节水灌溉方式,对工程节水技术进行了研究,提出膜下滴灌下玉米节水增产效果更优。张冬梅等(2019)通过在试验区采取 5 种不同覆膜起垄高度集水措施,表明微垄覆膜(垄高 5 ~ 10cm)可以协调垄高增加引起的增温和微集水之间的矛盾,同时兼顾地膜覆盖增温、保墒和微集水效应,可实现增产增效，是冷凉区旱地玉米适宜的地膜覆盖方式。郑孟静等（2020）研究发现，采用微喷灌控水技术对华北缺水地区实现节本增效意义重大。巩文军（2019）开展了不同灌溉方式下夏玉米水氮耦合田间试验，在相同水氮供应条件下，滴灌处理的夏玉米生长状况要优于微喷带灌溉处理下的夏玉米生长。通过对比不同灌溉方式下的夏玉米全生育期内耗水量和水分生产效率，发现滴灌是比较适合夏玉米生产的灌溉方式。虽然工程节水技术对玉米抗旱节水作用较大，但大多技术引进于国外，设备成本高昂，简易的滴、喷、灌设备更符合目前我国的国情。

（三）节水农业存在的问题与发展趋势

1. 主要存在问题

A. 与发达国家相比，目前我国农业用水浪费还相当严重，用水效率还存在较大差距。

B. 如何将国家有关农业节水的战略目标转换成农民目标或群众目标，建立起全国人民共同努力及符合中国国情的发展节水农业的长效机制有待尽快解决。

C. 虽然国家及许多省（自治区、直辖市）已制定了若干发展节水农业的规划，有一定指导意义，但要实现的目标和制定的措施是否可行还需进一步验证。

D. 在节水农业相关研究方面，国家虽已取得较多成果，但部分成果主要集中于示范面积和节水指标上，对重点需要解决的关键技术难点尚未突破，研究深度待加强。

2. 发展趋势

在已研究的农业节水技术当中，利用作物学、遗传学、水利工程学、土壤学及材料学等多学科知识的有机整合，融入一系列高新技术（如生物、计算机模拟及高分子材料等），为现代节水农业发展提供技术支撑。同时，在降水—土壤水—作物水—光合作用—干物质量—经济产量这一转化循环的基础上，注重对水肥耦合、作物生理及水分调控等关键领域进行重点突破，最终掌握提升各个环节的水转化效率与生产效率的机理，为现代节水农业发展提供理论基础。综上，未来学科交叉性及技术前沿性必将是现代节水农业技术发展的两大重要特征。

第二节　山地玉米需肥需水特征及人工调控原则

一、需肥特征及施肥原则

（一）玉米的需肥特征

玉米是一种喜温、喜光、生育期短的高产作物。其植株高大、根系发达、吸肥力强、需要养分多。玉米生育期吸收的氮最多，钾次之，磷最少。玉米随着植株的生长对养分的吸收速度加快，到灌浆期、成熟期逐渐减慢。玉米对养分的吸收量受栽培方式、产量水平、不同品种特性、土壤、肥料、气候等的影响有较大变化（山东省农业科学院，1987）。

1. 玉米的养分吸收特点

春玉米对氮的吸收规律：拔节前吸氮量占总量的9.30%，拔节至授粉期吸氮量占总量的66.50%，授粉到成熟期吸氮量占总量的24.20%。春玉米对磷的吸收规律：苗期到拔节前吸收量占总量的4.30%，拔节至授粉期吸收量占总量的48.83%，授粉到成熟期吸收量占总量的46.87%；春玉米对钾的吸收规律：拔节前的吸收量仅占总量的10.97%，拔节后迅速增加，拔节到授粉期吸收量占总量的80%～90%，而且到开花期达到高峰，吸收速率大，容易导致供钾不足，出现缺钾症状（《常用肥料使用手册》编委会，2011）。

夏玉米整个生育期都处于高温多雨条件下，生长发育快，养分吸收也比春玉米早而快，需肥高峰比春玉米提前，对养分的吸收量也比较集中。夏玉米对氮的吸收规律：苗期到拔节期吸收量占总量的 10.4% ～ 12.3%，拔节期至吐丝初期吸收量占总量的 66.5% ～ 73%，籽粒形成到成熟期吸收量占总量的 13.7% ～ 23.1%。夏玉米对磷的吸收规律：苗期吸磷少，约占总量的 1%，抽雄期吸收磷的量达高峰，占总磷的 38.8% ～ 46.7%，籽粒形成期吸收速度加快，乳熟至蜡熟期达最大值，成熟期吸收速度下降，夏玉米苗期吸收磷的量较少，但相对含量高，是对磷的敏感时期，生产上应该高度重视。夏玉米对钾的吸收规律：对钾的吸收累积量类似春玉米，三叶期累积量仅占 2%，拔节后增至 40% ～ 50%，到抽雄吐丝期植株的钾累积量可达总量的 80% ～ 90%，籽粒形成期钾的吸收处于停止状态，由于钾的外渗、淋失，成熟期钾的总累积量有降低趋势（《常用肥料使用手册》编委会，2011）。

2. 玉米的养分需要量

玉米对养分的需要量，因栽培类型、品种特性、产量水平、土壤和气候条件等因素的不同而不同（庞良玉等，2008；《常用肥料使用手册》编委会，2011）。

（1）不同栽培季节和方式下玉米对氮、磷、钾养分的需要量

春玉米每生产 100kg 籽粒需要吸收 N 2.2 ～ 4.2kg、P_2O_5 0.7 ～ 1.5kg、K_2O 1.5 ～ 4kg；套种玉米每生产 100kg 籽粒需要吸收 N 2.45 ～ 2.57kg、P_2O_5 0.62 ～ 0.86kg、K_2O 1.59 ～ 2.14kg；夏玉米每生产 100kg 籽粒需要吸收 N 2.5 ～ 3.9kg、P_2O_5 1.1 ～ 1.4kg、K_2O 3.2 ～ 3.8kg。氮、磷、钾吸收比例为 1∶1.28 ～ 0.56∶0.82 ～ 1.52。

（2）不同产量水平对氮、磷、钾养分的需要量

由于品种、环境和栽培管理措施的不同结果差异很大，但总的趋势是随着单位面积产量水平的提高，吸收氮、磷、钾的总量随之增加。单产 100 ～ 400kg/亩玉米，需要吸收 N 2.5 ～ 15.6kg，P_2O_5 0.87 ～ 5.9kg，K_2O 2.3 ～ 13.3kg；单产 410 ～ 500kg/亩玉米，需要吸收 N 10.3 ～ 16.1kg，P_2O_5 3.3 ～ 6.4kg，K_2O 6.7 ～ 18.1kg；单产 510 ～ 1250kg/亩玉米，需要吸收 N 11.2 ～ 25.7kg，P_2O_5 3.9 ～ 10.7kg，K_2O 8.7 ～ 29.9kg。

（3）不同品种对氮、磷、钾养分的需要量

玉米品种间对养分的需求有较大差别，对投入的氮、磷、钾肥的当季肥料利用率也有很大差异，其相差最多可达 1 倍；不同玉米品种间相同肥料的增产效果及其经济效益最高可相差 2 ～ 3 倍。因此，在生产中玉米的施肥方案应根据不同品种的营养特性区别对待。对需肥量高的品种应提高相应营养元素的肥料用量，充分发挥土壤的自然肥力作用，提高肥料的利用率，降低肥料对环境的污染。

（二）玉米施肥原则

玉米产量高低与施肥有直接关系，所以想要增产增收，提高玉米种植的经济效益，就要掌握化肥的科学施用方法。玉米的施肥原则是以有机肥为基础，重施氮肥、适施磷肥、增施钾肥、配施微肥。采用农家肥与磷、钾、微肥混合作底肥，氮肥以追肥为主。施用化肥时，要施足基肥，用好种肥；轻施拔节肥；重施穗肥；适当施用粒肥；根据实际情况，使用根外追肥。春玉米追肥应前轻后重，夏玉米则应前重后轻（庞良玉等，2008；陈庆瑞等，2008；《常用肥料使用手册》编委会，2011）。

（1）攻苞肥为主，底、追肥比适宜，有机无机配合

根据玉米生育期的养分吸收规律，玉米的施肥原则：施足底肥，轻施苗肥和拔节肥，重

施攻苞肥，巧施粒肥。底肥一般占总施氮量的 30% 左右、磷肥的全部和钾肥的 50% ～ 100%，余下的作追肥施用，其中攻苞肥占总施氮量的 50% 左右。底肥以有机肥为主，化肥为辅，追肥则以速效肥为主。农家肥施用前一定要充分腐熟。

（2）平衡施肥

玉米吸收的矿质元素多达 20 余种，包括氮、磷、钾 3 种大量元素，硫、钙、镁等常量元素，铁、锌、铜、硼、钼等微量元素及大量辅助元素。根据"最少养分律"，每种元素都不能缺乏，生产上必须满足玉米的所有养分需求，土壤不能或不足以供给的就需要通过施肥补充。因此，必须根据当地气候、土壤肥力、品种等实际情况，提出各种养分的最适施用量和最佳比例，按此配方进行平衡施肥，以实现最佳的施肥效益。

二、需水特征及季节性干旱防控

1. 玉米需水特征

西南玉米以旱作为主，研究明确玉米生长发育季节的需水和耗水，既有利于田间高产管理，又有利于优化调整玉米播期，高效利用降水资源。

（1）玉米农田水分动态

四川省农业科学院建在丘陵区的径流场定位监测结果（图 8-1）表明：玉米全生育期实际耗水 6357.75m³/hm²，水分利用效率 0.80kg/m³。丘陵区玉米农田的水分主要来源于降水、土壤供水和灌溉水三个途径，其比例分别为降水占 66%、土壤供水占 29%、灌溉水占 5%，降水和土壤供水是玉米用水的主要来源。

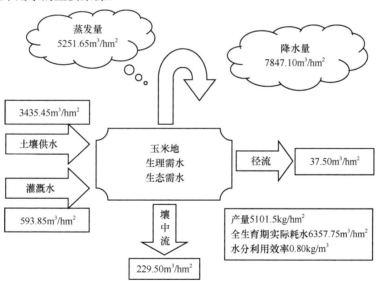

图 8-1　玉米农田水分平衡模式图

进一步分析玉米生长季内土壤含水量变化，结果表明：20 ～ 60cm 土层土壤含水量在 13% ～ 30% 动态变化。且土壤含水量受降水量的影响较大，总体上降水量对 20cm 和 40cm 土层的影响大于对 60cm 土层的影响（表 8-1）。这也说明降水是玉米水分供给的主要来源，合理高效的利用降水是玉米高产的主要途径。

表 8-1　降水量与不同土层土壤含水量的相关系数

年份	土层		
	20cm	40cm	60cm
2012	0.64**	0.49*	0.36
2013	0.54*	0.60**	0.59**

注：*、** 分别代表在 0.05、0.01 水平显著相关，下同

　　区域降水年际间差异较大且时空分布不均匀（图 8-2）。总体上，在玉米生长季节内 3 ～ 4 月降水相对较少，5 月上旬降水逐渐增多，在 6 月中旬会出现降水量减少，6 月下旬降水量又增加并保持较高的降水量，在 8 月中下旬再次出现降水量减少。而出现降水减少的时段正好与玉米播种-出苗、抽雄吐丝、乳熟等生育期吻合，因此在关键期进行补灌是玉米高产的关键技术。

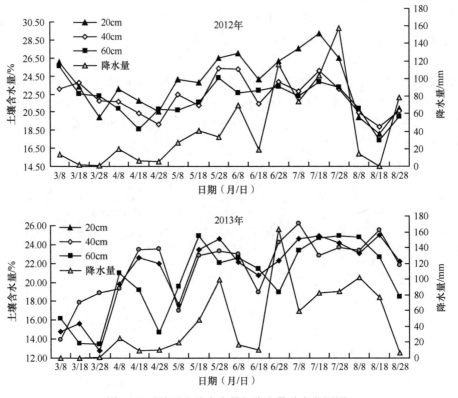

图 8-2　丘陵区土壤含水量与降水量动态监测图

（2）玉米需水特性

　　明确玉米植株的耗水规律是制定玉米合理灌溉的基础。四川省农业科学院作物研究所采用负压控水装置，在盆栽试验条件下研究了玉米耗水的动态变化。结果表明（表 8-2），单株玉米平均耗水量为 0.56kg/d，拔节-抽雄期和抽雄-成熟期是玉米耗水最多的两个时期，总体上玉米前期耗水较少，后期耗水较多，其中播种-苗期耗水较少，日均耗水量 0.30kg/株，阶段耗水量 4.8kg/株，占全生育期总耗水量的 7.16%；苗期-拔节期需水开始增多，日均耗水量 0.29kg/株，阶段耗水量 7.83kg/株，占全生育期总耗水量的 11.77%；拔节-抽雄期为玉米一生中需水较多的阶段，日均耗水量 0.73kg/株，阶段耗水量 17.52kg/株，占全生育期总耗水

量的 26.30%；抽雄-成熟期为玉米一生需水最多阶段，日均耗水量 0.83kg/株，阶段耗水量 36.52kg/株，占全生育期总耗水量的 54.77%。

表 8-2　丘陵区玉米（单株）不同阶段需水量调查

指标	播种-苗期	苗期-拔节期	拔节-抽雄期	抽雄-成熟期	全生育期
生育期/d	16	27	24	44	111
日均耗水量/（kg/d）	0.30	0.29	0.73	0.83	0.56
阶段耗水量/kg	4.8	7.83	17.52	36.52	66.67
占总耗水量的比例/%	7.16	11.77	26.30	54.77	100

综合玉米农田水分平衡监测和植株耗水研究结果，推算出玉米不同产量水平 9000kg/hm^2、12 000kg/hm^2、15 000kg/hm^2 的总需水量分别为 4485.90 ～ 6018.75m^3、5607.75 ～ 8025.00m^3、6729.30 ～ 10 031.25m^3。

2. 季节性干旱防控

针对西南山地特点，集成"山丘区集雨节灌+节水农作模式+综合节水栽培"的节水农业技术模式，整合应用节水型种植结构调整、微型工程就地蓄水与提引输水联合运行管理技术及秸秆还田、覆盖保墒、生物抗旱剂等关键栽培节水技术。

（1）集雨微水工程技术

1）微型蓄水工程

依托地形地貌，以建设水池、水窖等集雨设施为重点，调控天然降水，满足作物生长需求，努力实现"小工程、大规模、高效益"。地面坡度 25° 以下，集中连片规模治理，在坡地整理基础上搞好以"三沟"（截洪沟、边背沟、拦山堰）、"三池"（蓄水池、积肥坑、沉沙函）为重点的坡面水系治理配套工程，使之达到集雨节水、补灌抗旱和高效种植的目的。管、池（窖）结合，"长藤结瓜"分段集蓄是近年来发展较快的一种雨水积蓄和提引输水系统，该系统利用水库水、山泉水、地表径流水等通过管道系统把水直接输送到田间，在田间布设一定的小水池（窖）集蓄调节用水，减少水源在输送过程中的渗漏和蒸发损失。

2）渠道防渗工程

渠道防渗工程有砼"U"形槽防渗和砌石护面防渗，砼"U"形槽防渗的干渠沿分水岭垂直等高线布置。渠道比降较大时，需修建一定数量的跌水及闸门。砌石护面防渗主要是用料石、块石、卵石、条石等作为渠道护面而进行防渗的技术。石料衬砌渠道抗冻、抗冲、抗磨及抗腐蚀性能好，施工方便，耐久性强，能适应渠道流速变化大，推移质多等特点。砌石护面防渗适用于石料资源丰富，能就地取材的地区。砌石护面防渗一般可减少渠道渗漏量 70% ～ 80%，使用浆砌石防渗效果为 0.09 ～ 0.25m^3/（m^2·d）。浆砌石优于干砌石，条石优于块石，块石优于卵石。

3）喷灌机组+管道重力浇灌技术

丘陵山地地形起伏延绵，耕地分散零碎，所以该地区集雨节灌多以移动式喷灌机组或管道重力浇灌的方式，特别是地形条件较差的、田块小、水源分散及无电少电地区农田。应用较为普遍的喷灌机组主要配型如下。

轻小型移动式喷灌机组主要由轻小型柴油机、自吸泵（ZB 型）、机架（手抬式和手推车式）、快速接头、吸水管、出水涂塑软管、专用三通、立管、支架、喷头等部件组成。

轻小型移动式喷灌机组共 3 个型号，即 2.9CP35、4.4CP45、8.8CP55。

配套动力：2.94kW、4.41kW、8.82kW；配套水泵（自吸泵）：50ZB35、50ZB45、65ZB55；配套喷头：PY 型和 ZY 型摇臂式喷头（工作压力 0.35MPa、射程 16m、流量 2.54m³/h）；配套涂塑软管：Φ50 和 Φ65；移动形式：手抬式、手推车式及水力自动移动。

（2）耐旱品种

为了预防季节性干旱，首先要选择耐旱作物品种。玉米耐旱品种在形态及其生理生态方面具有显著特征，可根据这些特征进行鉴别选择。

形态特征：叶片颜色淡绿、狭长、卷曲、蜡质少，株高较高，株型紧凑，根系发达。根的生长速度、穿透能力、结构类型和数量与作物的吸水能力密切相关，根系发育越好，受水分胁迫的可能性就越小，抗旱性就越强。

生理生化特征：耐旱品种保水能力强、失水速度慢，吸水力大且速度快，束缚水含量高，水分饱和亏缺小。细胞膜的渗透性较好，气孔开度小，气孔扩散阻力大，根冠中平衡淀粉水解速度慢，冠层温度低，在干旱胁迫下能维持较高的光合速率和呼吸强度。

（3）生化节水抗旱技术

通过调控作物生理过程提高其抗高温、抗旱能力是生化节水技术的重要内容。四川省农业科学院研制的成膜反光抗旱剂喷施于植株表面时，可以通过选择性反射 400mm 以下和 700mm 以上的无效光合辐射来降低植株温度，达到耐高温的效果。同时由于其覆于植株叶片表面，有效增加了气孔扩散阻力，使植株蒸腾作用减弱，起到抗旱效果。目前此产品已经在该地区大面积应用于抗旱救灾。脱落酸（abscisic acid，ABA）是植物五大类激素之一，当植物处于干旱、低温、盐碱、环境污染等不利环境时，植物体内脱落酸大量增加，脱落酸的增加，使植物对不利环境产生抗性。尤其是脱落酸的增加和气孔的关闭一致，这对植物抗旱是非常有利的。脱落酸除能调节气孔开闭外，还能促进根系对水和离子的吸收。20 世纪 80 年代初就研究发现，缺水时叶片合成的脱落酸通过韧皮部运到根部，促进根对水和离子的吸收。另外，脱落酸能促进芽的休眠，使生长速度下降，促进同化物质的积累，这些都可以减少蒸腾，提高植物保水能力，对植物抗旱是十分有利的。中国科学院成都生物研究所研制的 S-诱抗素，即人工合成的脱落酸，通过浸种、叶面喷施等方法可以有效提高作物抗旱能力，目前也在大面积应用。

第三节　山地玉米机械化肥水管理技术与装备

一、精确施肥技术与装备

（一）精确施肥技术

1. 种肥同播技术

玉米种肥是在玉米播种时所施用的肥料，目的是供给种子萌发所需要的养分。施用种肥的合理方法是在播种机上装设施肥装置，在播种的同时施用种肥。对机具的要求是不仅能较严格地按农艺要求保证肥、种的播量、深度、株距和行距等，还能满足作物苗期生长对营养成分的需求，而且应避免肥种混合出现的烧种、烧苗现象。按肥料和种子的位置关系，现有的施肥技术主要有以下几种（贡婷婷，2010）。

（1）种肥混施技术

即施肥后，肥料和种子混合在一起，处于同一沟底中。由于种肥混施技术会使玉米种子与肥料直接接触，容易腐蚀伤害种子，产生缺苗现象，因而该技术已经被逐步淘汰。

（2）侧位深施技术

即施肥后，化肥处于玉米种子一侧的偏下位置，种子与肥料不相互直接接触，溶解于土壤中的肥料养分再被玉米幼苗根系吸收利用。由于所施肥料主要集中在种子一侧，根系两侧的肥效不均，所以幼苗根系容易向一侧生长。玉米种肥侧位分施时，种肥不同沟，可以为种子发芽提供良好的条件，但需要两个开沟器完成开沟工作，增加了对地表的破坏；同时，由于开沟器间的间隙较小，开沟器之间可能会堵塞田间作物秸秆。

（3）正位深施技术

即施肥后，化肥处于玉米种子的正下方位置，种子与肥料之间间隔有一定厚度的土层，溶解于土壤中的肥料养分再被玉米幼苗根系吸收利用。由于所施肥料主要集中于种子正下方的土壤，这将引导玉米幼苗根系向下生长，从而减少倒伏现象的发生。玉米种肥正位深施时，种子和肥料同沟，提高了机具在前期作物秸秆覆盖地上的通过性；但由于种子和肥料之间间隔有 3 ～ 5cm 的土壤，这就要求种肥正位深施时开沟深度一般在 10cm 左右，对牵引机具的功率要求相对较大。

2. 玉米一次性轻简高效施肥技术

传统的玉米追肥时间一般在玉米 6 ～ 7 叶展期和 12 ～ 13 叶展期，该时期玉米茎叶生长繁茂，且正值高温、高湿季节，人工田间作业困难，劳动强度较大，并且随着保护性耕作技术的实施，大量秸秆覆盖地表，农机不易进地，玉米的中后期田间追肥与管理一直是玉米生产的薄弱环节。为了解决上述问题，玉米一次性深施肥技术逐渐发展起来。

玉米一次性施肥，主要是指在播种时按农艺要求深度一次性把全部肥料施入土壤，以满足玉米整个生长发育阶段的养分需求，后期不再追肥，所用肥料品种大多为高氮复混肥或是缓控释肥。一次性施肥技术利用缓控释肥改变了传统的施肥方式，不仅可以避免烧种、烂种事件的发生，保证玉米苗期用肥，而且生长后期不用追肥，也不会出现脱肥问题，简化了施肥程序，使播种与施肥同步进行，从而大大降低了劳动强度，提高了劳动生产率。使用缓控释肥，大幅度提高了肥料利用率，减少肥料用量，降低投入成本，增加农民收益，保护生态环境。

大量田间试验研究表明，缓控释肥一次施肥技术对玉米籽粒产量和生物产量均有增产作用，并能降低深层土壤硝态氮的积累效应，降低地下水硝态氮污染的风险。缓控释肥施肥效果在株高、叶面积指数、根条数、干物质重、产量方面都高于普通肥料分次施和一次施的效果。缓控释肥一次施肥技术，较传统上用尿素与普通复合肥的施肥方式减免了后期的追肥投入，有效简化了玉米栽培，可作为一项行之有效的提高玉米化肥利用率、促进玉米增产的关键技术（刘兆辉等，2018；侯云鹏等，2018；解文艳等，2019）。

为了研究集成旱地主栽粮油作物新型缓控释肥料一次性轻简施肥技术，2015 ～ 2017 年在四川中江，在小麦-夏玉米、油菜-夏玉米种植制度下（磷肥与钾肥投入量一致），设置无肥，常规施肥，缓控释肥 A 100%（以常规施肥处理含氮计，A 表示史丹利控释肥），缓控释肥 A 80%，缓控释肥 A 60%，缓控释肥 B 100%（B 表示住商脲甲醛复合肥），缓控释肥 B 80%，缓控释肥 B 60%，共 8 个处理，研究作物产量的变化。结果（表 8-3，表 8-4）表明：在较短试验时期内，小麦-玉米模式下，与常规施肥相比，小麦季施用史丹利控释肥及玉米季施用住商脲甲醛复合肥能确保小麦和玉米稳产；而油菜-玉米模式下，各个缓控释肥处理的油菜和玉米的产量与常规施肥相比无显著性差异；两种种植模式下一次性施用缓控释肥料均能在玉米季减少两次追肥环节劳动力投入。

表 8-3　缓控释肥品种与施肥量对小麦-玉米产量的影响　　　　　（单位：kg/亩）

处理	2016 年小麦	2016 年玉米	2017 年小麦	2017 年玉米
T1 无肥	364.27b	267.54c	188.79b	252.63d
T2 常规施肥	411.01ab	393.73ab	308.31ab	277.04cd
T3 缓控释肥 A 100%	438.37a	302.24bc	320.47ab	285.07bcd
T4 缓控释肥 A 80%	405.87ab	377.61abc	334.96a	352.68a
T5 缓控释肥 A 60%	428.01a	431.89a	340.99a	348.82a
T6 缓控释肥 B 100%	399.69ab	428.99a	302.34ab	333.04abc
T7 缓控释肥 B 80%	439.27a	425.60a	327.70ab	342.73ab
T8 缓控释肥 B 60%	413.04ab	420.43a	284.49ab	350.42a

注：同列不含有相同小写字母的表示处理间差异显著（$P < 0.05$），重复数=3。下同

表 8-4　缓控释肥品种与施肥量对油菜-玉米产量的影响　　　　　（单位：kg/亩）

处理	2016 年油菜	2016 年玉米	2017 年油菜	2017 年玉米
T1 无肥	137.87b	271.07c	136.48b	296.88b
T2 常规施肥	189.21a	391.00ab	244.31a	401.02a
T3 缓控释肥 A 100%	181.98a	324.35bc	270.33a	383.54a
T4 缓控释肥 A 80%	178.80a	412.53ab	239.30a	392.48a
T5 缓控释肥 A 60%	185.12a	421.58ab	232.16a	375.23a
T6 缓控释肥 B 100%	184.12a	408.7ab	268.53a	367.73a
T7 缓控释肥 B 80%	185.34a	407.97ab	233.98a	363.16a
T8 缓控释肥 B 60%	179.82a	435.32a	248.58a	375.04a

3. 测土配方施肥技术

测土配方施肥技术由土壤肥料检测、施用肥料配制和施肥 3 个环节顺序构成，各个环节紧密结合，缺一不可。测土配方施肥技术虽然可以提高化肥利用率、降低农业生产成本，但由于测土方法的落后降低了施肥作业的时效性且应用面积小，同时同一地块需要配置不同肥料进行施用，导致环节之间的连接较为困难（林继雄和褚天铎，1998；全国农业技术推广服务中心，2005；张振等，2020）。尤为突出的是，现阶段该技术与机械生产加工水平相脱节，我国还不能生产出与该技术相适应的机具进行玉米田间生产管理作业。

2011 年，在川中丘陵区具有代表性的土壤类型上进行了玉米肥效田间试验，结果（表 8-5）表明：基础地力对玉米产量的贡献率为 48.55%，N、P、K 对玉米产量贡献大小顺序为 N＞P＞K，增产效果居首位的为氮肥，施用纯 N 240kg/hm² 的增产效应达到 2826.00kg/hm²；P 肥的增产幅度次之，施用 P_2O_5 72kg/hm² 的增产效应达到 2542.50kg/hm²；施用 K_2O 45kg/hm² 的增产效应为 1207.50kg/hm²。在不同肥料的交互作用中，N×P 的交互作用对产量影响最大，N×P＞N×K＞P×K。根据肥料效应模型，采用数学求导的方法计算出玉米氮、磷、钾肥的

最高产量施肥量和最佳施肥量，结果表明：玉米最高产量 6885.94kg/hm^2 时，施氮（N）量为 329.33kg/hm^2，施磷量（P$_2$O$_5$）为 99.04kg/hm^2，施钾量（K$_2$O）为 50.21kg/hm^2。玉米产值最大 11 441.30 元/hm^2 时，施氮量（N）为 251.22kg/hm^2，施磷量（P$_2$O$_5$）为 81.79kg/hm^2，施钾量（K$_2$O）为 42.36kg/hm^2（沈学善等，2012）。

表 8-5　玉米"3414"田间试验设计与主要结果

试验设计		养分投入/（kg/hm^2）			产投效益					
编号	处理	N	P$_2$O$_5$	K$_2$O	产量/（kg/hm^2）	增产率/%	产值/（元/hm^2）	化肥成本/（元/hm^2）	收入/（元/hm^2）	增收/%
1	N$_0$P$_0$K$_0$	0.0	0.0	0.0	3 234.0		5 497.8	0.0	5 497.8	
2	N$_0$P$_2$K$_2$	0.0	72.0	45.0	3 835.5	18.6	6 520.4	504.0	6 016.4	9.4
3	N$_1$P$_2$K$_2$	120.0	72.0	45.0	5 494.5	69.6	9 340.7	1 156.2	8 184.5	48.9
4	N$_2$P$_0$K$_2$	240.0	0.0	45.0	4 119.0	27.4	7 002.3	1 544.3	5 458.0	−0.7
5	N$_2$P$_1$K$_2$	240.0	36.0	45.0	5 842.5	80.7	9 932.3	1 676.3	8 255.9	50.2
6	N$_2$P$_2$K$_2$	240.0	72.0	45.0	6 661.5	106.0	11 324.6	1 808.3	9 516.2	73.1
7	N$_2$P$_3$K$_2$	240.0	108.0	45.0	6 555.0	102.7	11 143.5	1 940.3	9 203.2	67.4
8	N$_2$P$_2$K$_0$	240.0	72.0	0.0	5 454.0	68.6	9 271.8	1 568.3	7 703.5	40.1
9	N$_2$P$_2$K$_1$	240.0	72.0	22.5	6 154.5	90.3	10 462.7	1 688.3	8 774.3	59.6
10	N$_2$P$_2$K$_3$	240.0	72.0	67.5	6 292.5	94.6	10 697.3	1 928.3	8 768.9	59.5
11	N$_3$P$_2$K$_2$	360.0	72.0	45.0	6 484.5	100.1	11 023.7	2 460.5	8 563.1	55.8
12	N$_1$P$_1$K$_2$	120.0	36.0	45.0	5 646.0	74.6	9 598.2	1 024.2	8 574.0	56.0
13	N$_1$P$_2$K$_1$	120.0	72.0	22.5	5 784.0	78.8	9 832.8	1 036.2	8 796.6	60.0
14	N$_2$P$_1$K$_1$	240.0	36.0	22.5	5 847.0	80.8	9 939.9	1 556.3	8 383.6	52.5

（二）精确施肥装备

玉米因时、因地、因种及栽培措施的不同其生育、吸肥特性都有一定的差异。而精确施肥能够促进生产水平迅速提高。利用合理的施肥机械装备对玉米施肥工作的质量、化肥的利用率及施用效率有直接影响，甚至将直接影响到玉米产量。

1. 玉米机械化精确条施

条施又称为沟施，适宜于点播、条播及需定植的作物，在作物种子行或作物幼苗行旁边，再开一条肥料沟，均匀施入肥料并覆土。这种施肥技术的优点是，肥料近根，容易被吸收利用，因而肥料利用率较高；肥料与土壤接触面小，营养元素被固定的程度低，有效时间比撒施长。目前，国内大部分玉米施肥采用条施的方式，施肥位置多为侧位深施和正位深施。化肥深施可减少化肥的浪费和对环境的污染，目前国内化肥深施播种机已经比较成熟，有许多机型在生产中大范围应用，播种施肥机的排肥器类型很多，如外槽轮式、离心式、滚轮式、链指式、钉轮式、振动式、刮刀转盘式、螺旋输送式、搅刀拨轮式、星轮式和摆抖式等，均为条施排肥器（李坤等，2017；韦俊能，2017）。

由于外槽轮式排肥器具有结构简单、施肥均匀性好等特点，基本上能满足我国不同地区农业对化肥深施机具产品的要求，因而该排肥器的应用比较广泛。外槽轮式排肥器的研究和在农业生产上的实际应用比较早，较为突出的是在 1993 年，四平市农业机械化研究所苏守礼等研制出由塑料加工制成的外槽轮式排肥器，该排肥器适用于施排流动性较好的颗粒肥，肥量调节简单、直观、准确，抗腐蚀和坚固耐用，随之该类型的排肥器得到批量生产并大面积推广应用。同年，胡英俊等对单体外槽轮排肥器进行了改进，解决了排肥断条和不排肥现象。此后，外槽轮式排肥器不断得到改进和应用（苏守礼和李国兴，1993）。

现阶段，许多以条施为主的机型在玉米生产中大范围应用。常见的机型有河北农哈哈机械集团有限公司生产的 2BYSF-N 勺轮式玉米精量播种施肥机、五台县城园丰农机制造有限公司生产的 2MBF-1/2 玉米铺膜施肥精量播种机、石家庄保东农业机械有限公司生产的 2BYF-2 玉米精量播种施肥机、山东曲阜圣鲁机械厂生产的小型多功能播种施肥机、山东天盛机械制造有限公司生产的 2BYF 系列玉米施肥播种机和郑州市勇丰农林工具有限公司生产的适应于丘陵山地的 SB-1382 背负式施肥播种机等（王毛，2009；金梅等，2015；苑井辉，2015；潘世强等，2016；薛源清等，2016）。这些机具日趋成熟，机械化施肥性能好，大大降低了农民的劳动强度，提升了玉米机械化生产水平。

2. 玉米机械化精确穴施

玉米穴播是指按一定行距、穴距、播深与播量将种子成簇地播入种沟或种穴，并覆土，而穴播穴施肥技术是将化肥呈穴状施入距穴播种子一定间距的播施技术。玉米穴播穴施肥技术，既可避免传统的种肥混施时种子肥料相互碰撞影响播种质量，以及化肥对种子生物活性的抑制，又可以避免种肥侧位、种肥垂直分施时化肥分散分布，没有针对特定种子而导致利用率不高的现象。穴施肥采用集中施肥技术，有针对性地在每穴种子旁边施用一定量的缓控释肥，满足整个生长时期的营养需求。穴播穴施肥技术，不仅降低了单位产量的成本，提高了农民收入，同时也缓解了因化肥施用不当而引起的一系列环境问题。

施用肥料的位置不同，肥料的增产效果也就不同，化肥的利用率也会有明显差异；肥料的性质不同，肥料的位置效应必然不同，肥料的肥效及利用率也必然不同，而穴施肥时的垂直距离（h）和水平距离（b）正是决定施肥位置的两个参数。利用肥料与玉米种子及根系在农田土壤空间中的不同分布，使之达到最佳的配合，避免化肥对作物种子和根系的伤害，最大限度地提高化肥肥效和化肥利用率。

传统耕作施用非缓控释肥的条件下，可以通过底肥、种肥、追肥等多次施肥把大量化肥施入土壤满足玉米生长期养分需要。实行保护性耕作后，由于播种时施肥量大，为防止烧坏种子，必须把种、肥分开，条施种肥时应保证种、肥间距在 4 ～ 6cm，穴施种肥时要使肥料和种子距离 2 ～ 3cm，使肥料和种子通过土壤层隔开，并且需要追肥防止玉米后期脱肥早衰。

由于缓控释肥既要保证种子发芽及幼苗成长，又要为玉米供应整个生长周期的养分，再加上不同厂家生产的缓控释肥营养元素含量及释放规律不同，各地自然条件、耕作制度、作物品种等也有差异，施用位置的确定更为严格。玉米施肥深度和施肥的位置参数应由肥料生产企业或科研院所根据农艺要求，在多年多点试验后提出。

黑龙江农业职业技术学院研发出的 2BJ-2 精密播种穴施肥机，是依据播种作业的农艺要求及中耕作物的生理需肥特性，设计的一种适合于精量播种，在穴播种状态下同位施肥的新型穴施肥装置，可实现在肥沟内的任意位置按穴排肥，且穴距可根据作物株距变化进行调整（辛莉等，2009）。黑龙江省农业机械维修研究所研制的 2BT-6X 玉米催芽穴喷水穴施肥精播机，可以一次完成穴播种、穴施肥和穴喷水作业，做到了种、肥、水立体同步进行，达到了节肥、节水、节种和抗低温保全苗的良好效果（张亚萍，2009）。山东理工大学轻工与农业工程学院杜瑞成等设计了一种覆膜穴播施肥联合作业机械，可以同时完成铺膜、穴播种、穴施肥和覆土等作业，其采用的舵轮式播种器能完成穴播种和穴施肥工作（杜瑞成等，2009）。

3. 玉米机械化精确变量施肥

随着精准农业技术及装备的快速发展，变量施肥技术及装备也发展迅速，在国内已有不少单位研制出变量施肥机。变量施肥技术是以不同空间单元的产量数据与其他多层数据（土壤理化性质、病虫草害、气候等信息）的叠合分析为依据，以作物生长模型、作物营养专家系统为支持，以高产、优质、环保为目的变量处方施肥和技术（张书慧等，2003）。它的突出特点在于能够根据作物的实际需要确定作物肥料的变量投入。

精确变量施肥技术由土壤数据和作物营养实时数据的采集、决策分析系统，变量控制施肥机械设备及变量控制技术等组成。变量施肥控制技术现有两种形式：第一种是实时控制施肥，它是通过监测土壤养分的实时传感器信息，控制并调整肥料的投入数量，对土壤养分在线实时检测，该技术尚处于研究阶段，还未应用于生产实际；第二种是处方信息控制施肥，此技术较为成熟。

吉林大学自行研制的手动/自动变量施肥机 2SF-2、2BFJ-6 实现了一种两行、施肥量 $200 \sim 500kg/hm^2$ 连续可调的变量施肥作业系统，可一次完成开沟、变量施肥、精量播种、覆土、镇压等作业（张书慧等，2003；韩云霞，2004）。国家农业信息化工程技术研究中心研制的精准变量旋耕施肥机，应用了田间计算机，可以方便实现处方图的读取、状态监控等，该装备具有 3.6m 的作业幅宽，适合于较大幅宽的变量施肥作业（王秀等，2004）。上海交通大学研制了基于全球定位系统（GPS）的智能变量播种、施肥、旋耕复合机，提高了施肥量的变化范围和精度，且对拖拉机要求低，满足功率要求即可配套使用（高新章，2008）。

二、有机肥及替代化肥技术与装备

长期以来，农田高投入、高产出与施肥环境风险并存一直是困扰我国农业高产与环境保护协调发展的重大问题。2017 年，中央一号文件《中共中央、国务院关于深入推进农业供给侧结构性改革加快培育农业农村发展新动能的若干意见》明确提出"深入推进化肥农药零增长行动，开展有机肥替代化肥试点，促进农业节本增效"，农业部紧接着印发了《开展果菜茶有机肥替代化肥行动方案》，使得"有机肥替代化肥"成为农业科研、农业经营主体和农资企业关注的焦点之一。然而，有机肥是否具有与化肥相当的肥力效果，以及有机肥养分的替代比例如何确定，甚至通过基于有机物农田承载能力反演畜禽养殖适宜规模等问题，都是当前急需回答的科学问题和生产问题。同时，开展有机肥替代化肥，并不是不要化肥，而是需要把过去不合理的施用量降下来，把过量施用的势头降下来。所以，在粮食增产和环境保护双重压力下，高效利用有机肥资源，替代部分化肥，促进化肥减量施用，是缓解上述压力的重要途径之一。

（一）有机肥替代化肥技术

1. 国内外有机肥替代技术

从目前的研究和实践来看，不同地区因其自然资源、生态环境、农作物配置、栽培管理技术水平、有机物料种类等因素的差异性，不同作物甚至同种作物施用有机肥的节肥增产效果差异较大。国外学者根据相关研究，明确提出了基于氮、磷含量的单位面积畜禽养殖废弃物的指导施用量。其中，Fragstein 于 1995 年提出粮食作物每季粪肥施氮量为 200kg/hm²，Canter 于 1997 年在其专著《地下水中的硝酸盐》（*Nitrates in Groundwater*）中指出在硝酸盐敏感地区有机肥氮的年施用量不应超过 175kg/hm²，欧盟在综合考虑土壤质地、肥力和气候等自然条件下，规定粪肥年施氮量的限量标准为 170kg/hm²；Oenema 等从环境保护及作物利用角度，于 2004 年提出单位面积耕地粪肥年施磷量的推荐值应不超过 35kg/hm²（Fragstein and Kristensen，1995；Canter，1997；Anonymous，1999；Oenema et al.，2004）。根据日本肥料农药部编著的《土壤诊断与施肥基准》，日本在有机肥替代化肥方面，明确规定畜禽粪堆肥的养分替代比例，其中，磷素和钾素的最大替代率为 100%，氮素的替代率为 30% 以下（李玉中等，2012）。

中国农业科学院德州实验站在山东禹城实施了化肥、有机肥、有机无机配合施肥制度长期定位监测试验，定位监测结果表明，有机肥替代 50% 化肥 N，具有保障作物产量、培肥地力、减轻环境污染，实现农业可持续发展的功能，为建立区域科学施肥制度提供了依据（杜伟等，2012a，2012b，2015）。此外，在有机肥和化肥等氮量投入的条件下，有机肥的氮素环境问题显著小于化肥，这为北方玉米产区科学施肥制度的建立提供了理论依据。

2. 西南地区有机肥养分替代技术

（1）秸秆还田和有机肥对小麦/玉米氮肥减施效应

为了明确秸秆还田和有机肥对小麦/玉米氮肥减施效应，在四川中江开展了试验研究。试验设置如下：T1 为 100% 化肥 N，T2 为 80% 化肥 N+有机肥，T3 为 80% 化肥 N+秸秆覆盖，T4 为 80% 化肥 N+有机肥+秸秆覆盖，T5 为 60% 化肥 N+有机肥，T6 为 60% 化肥 N+秸秆覆盖，T7 为 60% 化肥 N+有机肥+秸秆覆盖。T1 处理小麦纯 N 施用量为 150kg/hm²，玉米纯 N 施用量为 240kg/hm²；各处理化肥磷肥和钾肥施用量一致。

结果（表 8-6）表明：小麦/玉米套作模式下，减少氮肥投入 20% 或 40%，秸秆覆盖还田能够保持旱地小麦和玉米稳产。2015 年，减少氮肥投入 20%，增施有机肥+秸秆覆盖还田，小麦、玉米和周年的两年平均产量分别提高 35.02%、17.32% 和 23.55%；减少氮肥投入 40%，增施有机肥+秸秆覆盖还田，小麦、玉米和周年的两年平均产量分别提高 33.06%、10.08% 和 18.17%。2016 年，减少氮肥投入 20%，增施有机肥+秸秆覆盖还田，小麦、玉米的植株氮素累积量分别提高 52.43%、11.97%；减少氮肥投入 40%，增施有机肥+秸秆覆盖还田小麦、玉米的植株氮素累积量分别提高 37.99%、0.33%（表 8-7）。

表 8-6　不同处理对周年作物产量的影响　　　　　　　　　　（单位：kg/亩）

处理	2015 年			2016 年		
	小麦	玉米	周年	小麦	玉米	周年
T1（CK）	170.62b	321.24c	491.86c	215.67b	389.38bcd	605.05b
T2	219.25a	359.15abc	578.40ab	299.52a	411.79ab	711.32a
T3	185.33b	345.37bc	530.70bc	212.89b	367.88cd	580.77b
T4	224.25a	387.27a	611.51a	297.30a	446.42a	743.72a
T5	210.67a	358.63abc	569.30ab	299.92a	404.00abc	703.92a
T6	179.38b	328.42c	507.79c	209.32b	357.40d	566.72b
T7	221.07a	375.21ab	596.28a	292.94a	407.04abc	699.98a

注：同列不含有相同小写字母的表示处理间差异显著（$P < 0.05$），重复数=3。下同

表 8-7　不同处理对作物氮素吸收的影响　　　　（单位：kg/亩）

处理	2016 年小麦			2016 年玉米		
	秸秆	籽粒	植株	秸秆	籽粒	植株
T1（CK）	1.39d	4.98c	6.37c	4.89ab	5.84abc	10.74ab
T2	1.96abc	6.56b	8.52b	5.64a	6.52ab	12.16a
T3	1.57bcd	4.97c	6.54c	4.35 ab	5.54bc	9.89bc
T4	2.44a	7.27a	9.71a	5.16a	6.86a	12.02a
T5	1.97abc	6.54b	8.52b	5.29a	5.76bc	11.06ab
T6	1.45cd	4.49c	5.94c	3.61b	4.99c	8.60c
T7	1.99ab	6.80ab	8.79b	4.59ab	6.18ab	10.77ab

（2）生物炭对小麦/玉米氮素替代效应

设计生物炭氮素替代比例如下：T1（CK）为无氮；T2 为化肥氮 100%；T3 为化肥氮 90%+10% 有机氮；T4 为化肥氮 80%+20% 有机氮；T5 为化肥氮 70%+30% 有机氮；T6 为化肥氮 60%+40% 有机氮；T7 为化肥氮 50%+50% 有机氮。化肥氮由尿素提供，有机氮由生物炭提供。T1 处理不施氮肥；T2 处理小麦纯 N 施用量为 150kg/hm^2，玉米纯 N 施用量为 240kg/hm^2。

连续 3 年试验研究（表 8-8）表明：小麦/玉米套作模式下，与常规施肥相比，连续 3 年施用生物炭且替代氮肥投入量 10%～50%，各个年度不同处理的小麦产量均无显著变化。不同处理的玉米产量存在年际间差异，与常规施肥相比 2015 年和 2016 年不同生物炭氮素替代处理的玉米产量均无显著变化；但生物炭替代氮肥比例为 40% 和 50%，与常规施肥相比 2017 年玉米产量分别显著降低 11.56% 和 14.55%。所以，从获得周年作物较高产量角度，生物炭氮素的最佳替代率为 10%～30%。

表 8-8　不同处理对作物产量的影响　　　　（单位：kg/亩）

处理	2015 年		2016 年		2017 年	
	小麦	玉米	小麦	玉米	小麦	玉米
T1（CK）	275.64b	445.93b	155.01b	265.73b	183.78b	181.96c
T2	300.38ab	579.19a	196.45ab	350.84a	291.33a	487.11a
T3	291.89b	567.16a	192.18ab	367.97a	274.13a	443.04ab
T4	279.14b	604.73a	186.05ab	371.20a	278.34a	433.87ab
T5	305.55ab	626.27a	187.15ab	391.22a	267.88ab	460.42ab
T6	321.08a	625.05a	192.38ab	387.37a	257.68ab	430.78b
T7	299.73ab	603.46a	210.34a	359.59a	253.03ab	416.22b

（二）有机肥施用装备

现阶段我国在有机肥的施用上主要停留在人工撒施阶段，这种方法不仅生产效率低，而且撒肥不均匀，工作繁重，工作条件恶劣。为改善工作条件，提高撒肥效率与质量，国内已引进和仿制改进了一些有机肥施肥装备，但这些装备主要在北方旱作农业区得到推广应用，在西南地区玉米生产上有机肥施用装备的应用微乎其微。根据文献报道（任素芬，2005；张艳红等，2011；张睿等，2012），国内的主要有机肥施用装备如下。

（1）链条输送式变量施肥抛撒机

该机具由拖拉机牵引，通过 GPS 定位，通过速度传感器控制驱动输肥链的液压马达转速，实现变量施肥作业，其抛撒方式为水平双圆盘抛撒方式。

（2）2SF-18 离心式液压撒肥机

该机由拖拉机牵引，通过搅龙将肥料输送至排肥口，肥料靠自重下落到撒肥盘，由撒肥盘的高速旋转将肥料抛撒到田间，其肥料箱容积为 2m³，撒肥盘转速 1200 ～ 2000r/min，工作幅宽 4 ～ 11m 可调，其抛撒方式也为水平双圆盘抛撒方式。

（3）2F-5000 链耙刮板式大肥量有机肥撒施机

拖拉机动力通过动力输出轴传递给蜗轮蜗杆减速机（减速换向），再通过半轴链轮（减速）带动棘爪拨动链耙刮板主动轴棘轮转动，实现车厢内有机肥整体前移。前移的肥料通过出料口上方的两根旋转刮料辊剃刮下撒到农田中，实现有机肥大量均匀撒施。

（4）2F-3500 变量有机肥撒施机

该机具与中大型牵引车辆配合使用，单次最大施肥量达 2000kg。与国外相近机型比较，2F-3500 变量有机肥撒施机在装肥方式、施肥方式、调节方式、防肥料架空性、关键部件的保养维修及售价、防止施肥过程中的扬尘等方面都优于国外品牌。

西南地区地貌多以丘陵和山地为主，耕地多以小田块为主，且坡耕地坡度大，机械作业难度高，现有有机肥施肥机具应用于西南地区存在以下不足：体积较大，不适于西南地区小田块的撒施作业；施肥不均匀，要通过往复的抛撒作业来实现施肥的相对均匀，增加了土壤碾压次数；通用性较差；同物理性状的有机肥，如湿度较高、成结块状的有机肥易堵塞出料口；施肥机械造价昂贵，难以普及。因此，研究一款体积较小、运行灵活、成本较低、对不同物理性状的有机肥具有较强的通用性，并且在输送时有主动破碎块状肥料的功能，保证输送的流畅，抛撒均匀的施肥机，是我国西南地区有机肥抛撒机械化发展的方向。除了施肥机械的改进，在有机肥生产工艺上也需要提升，生产出粒型有机肥或者有机无机复混肥可能也是有机肥机械化施用技术发展的重要方向。

三、高效灌溉技术与装备

在玉米生产中，灌溉直接关系着产量与质量，主要是通过人工作业、人工设施等方式将水运输到田间，进而满足农作物的正常生长所需。玉米作为一种主要的大田作物，高效灌溉方式很多，总体来讲有以下几种方式。

（1）渠道防渗技术

渠道防渗技术主要包括以下两个方面：①通过物理机械法和化学法，改善原渠床的土壤渗透性能，从而达到不透水的标准；②利用塑料薄膜、混凝土、沥青等材料来修砌渠道。渠道防渗技术的特点在于通过技术的使用，可以降低渠道输水的渗透损失。此外，利用渠道防渗技术，还可以加快输水的速度，有利于渠道输水能力的全面提升。当然，使用这一技术还可以有效地降低工程费用及后期的维修管理费用。

（2）喷灌技术

喷灌技术就是将自然落差形成的或者是通过水泵加压形成的有压水利用压力管道直接输送到田间，然后通过压力喷头将水直接喷射到空中，形成小水滴状的灌溉用水方式。采用喷灌技术能节约用水量，通过机械化的方式来进行灌水可以减少人工费用。

（3）微喷灌技术

微喷灌技术是利用低压管道及管道尾部特制灌水器通过适当的流量将作物生长所需的水分与养分直接输送到作物根部附近，以此进行合理有效灌溉的技术。微喷灌技术的优势在于其灌水流量偏小，用水压力较小，并且其实际的灌溉精度较高，能直接将水输送到玉米的根部，也可以有效避免水资源浪费现象的出现。

（4）滴灌技术

滴灌技术是通过滴灌带、滴头、管网等工具，以水滴的形式将过滤之后的压力水直接渗透到作物根部附近，从而达到灌溉目的。这一技术的使用不仅省时省力，而且能提高玉米的实际产量，但是因其成本偏高，所以还没有实现大面积应用。

参 考 文 献

安东升, 窦美安. 2015. 华南季节性干旱区节水农业技术研究进展与趋势 [J]. 广东农业科学, (16): 130-135.

《常用肥料使用手册》编委会. 2011. 常用肥料使用手册 [M]. 成都: 四川出版集团, 四川科学技术出版社.

陈防, 张过师. 2015. 农业可持续发展中的 "4R" 养分管理研究进展 [J]. 中国农学通报, 31(23): 245-250.

陈庆瑞, 涂仕华. 2008. 主要肥料与施肥技巧 [M]. 成都: 四川出版集团, 四川科学技术出版社.

陈尚洪, 陈红琳, 郑盛华, 等. 2019. 西南地区玉米养分管理现状分析与评价 [J]. 中国土壤与肥料, (1): 159-165.

杜瑞成, 刁培松, 蔡善儒, 等. 2009. 覆膜穴播施肥联合作业机械的研制 [J]. 农机化研究, 31(10): 71-74.

杜伟, 赵秉强, 林治安, 等. 2012a. 有机无机复混肥优化化肥养分利用的效应与机理研究 I. 有机物料与尿素复混对玉米产量及肥料养分吸收利用的影响 [J]. 植物营养与肥料学报, 18(3): 579-586.

杜伟, 赵秉强, 林治安, 等. 2012b. 有机无机复混肥优化化肥养分利用的效应与机理研究 II. 有机物料与磷肥复混对玉米产量及肥料养分吸收利用的影响 [J]. 植物营养与肥料学报, 18(4): 825-831.

杜伟, 赵秉强, 林治安, 等. 2015. 有机无机复混肥优化化肥养分利用的效应与机理研究 III. 有机物料与钾肥复混对玉米产量及肥料养分吸收利用的影响 [J]. 植物营养与肥料学报, 21(1): 58-63.

范茂攀, 郑毅, 汤利, 等. 2013. 云南滇西玉米施肥现状分析 [J]. 中国农学通报, 29(36): 109-113.

高祥照, 马文奇, 杜森, 等. 2001. 我国施肥中存在问题的分析 [J]. 土壤通报, 32(6): 258-261.

高新章. 2008. 智能变量播种施肥旋耕机问世 [J]. 浙江农村机电, (6): 35.

龚道枝, 郝卫平, 王庆锁, 等. 2015. 中国旱作节水农业科技进展与未来研发重点 [J]. 农业科技展望, (5): 52-56.

巩文军. 2019. 不同灌溉方式下黄淮海地区夏玉米水氮耦合效应研究 [J]. 中国农村水利水电, (12): 34-42.

贡婷婷. 2010. 种肥同播及缓控释肥应用技术 [J]. 现代农村科技, (21): 40.

郭金生, 曹丽茹, 张新, 等. 2020. 拔节期干旱对不同玉米品种叶片生理特性的影响及抗旱性分析 [J]. 中国农学通报, (9): 14-18.

国家环境保护总局. 1999. 1998 年中国环境状况公报 [J]. 环境保护, (7): 3-9.

韩云霞. 2004. 2BFJ-6 型自动变量施肥机控制系统研究 [D]. 长春: 吉林大学硕士学位论文.

贺玉鹏, 樊志龙, 赵财, 等. 2020. 行距比例及密度对绿洲灌区玉米水分利用效率的互作效应 [J]. 水土保持学报, (4): 224-236.

侯云鹏, 李前, 孔丽丽, 等. 2018. 不同缓/控释氮肥对春玉米氮素吸收利用、土壤无机氮变化及氮平衡的影响 [J]. 中国农业科学, 51(20): 3928-3940.

黄鸿翔, 李书田, 李向林, 等. 2006. 我国有机肥的现状与发展前景分析 [J]. 土壤肥料, (1): 3-8.

霍轶珍, 王文达, 韩翠莲, 等. 2020. 河套灌区灌溉定额对膜下滴灌玉米生产性状及水分利用效率的影响 [J]. 水土保持研究, (5): 182-187.

贾咏霖, 屈忠义, 丁艳宏, 等. 2020. 不同灌溉方式下施用生物炭对土壤水盐运移规律及玉米水分利用效率的影响 [J]. 灌溉排水学报, (8): 44-51.

金继运, 李家康, 李书田. 2006. 化肥与粮食安全 [J]. 植物营养与肥料学报, 12(5): 601-609.

金梅, 梁苏宁, 张文毅, 等. 2015. 多功能施肥播种机的研发 [J]. 中国农机化学报, 36(1): 4-6, 17.

李彪, 孟兆江, 申孝军, 等. 2018. 隔沟调亏灌溉对冬小麦−夏玉米光合特性和产量的影响 [J]. 灌溉排水学报, (11): 8-14.

李坤, 袁文胜, 张文毅, 等. 2017. 玉米施肥技术与施肥机械的研究现状及趋势 [J]. 农机化研究, 39(1): 264-268.

李书田, 金继运. 2011. 中国不同区域农田养分输入、输出与平衡 [J]. 中国农业科学, 44(20): 4207-4229.

李玉中. 2012. 土壤诊断与施肥基准 [M]. 北京: 气象出版社.

林葆, 李家康. 1989. 我国化肥的肥效及其提高的途径: 全国化肥试验网的主要结果 [J]. 土壤学报, 26(3): 273-279.

林继雄, 褚天铎. 1998. 第四讲　测土配方施肥技术 [J]. 土壤肥料, (5): 3-5.

刘国庆. 2017. 现代农业节水技术研究进展与发展趋势 [J]. 农业科技, (23): 173.

刘红梅, 赵建宁, 王志勇, 等. 2011. 供氮水平和有机无机配施对夏玉米氮利用效率的影响 [J]. 中国农学通报, 27(12): 77-81.

刘永红. 2015. 四川玉米高产创建理论与技术 [M]. 北京: 中国农业科学技术出版社.

刘兆辉, 吴小宾, 谭德水, 等. 2018. 一次性施肥在我国主要粮食作物中的应用与环境效应 [J]. 中国农业科学, 51(20): 3827-3839.

马文奇, 张福锁, 张卫锋. 2005. 关乎我国资源、环境、粮食安全和可持续发展的化肥产业 [J]. 资源科学, (3): 33-40.

梅旭荣. 2011. 中国农业环境 [M]. 北京: 科学出版社.

梅旭荣, 康绍忠, 于强, 等. 2013. 协同提升黄淮海平原作物生产力与农田水分利用效率途径 [J]. 中国农业科学, 46(6): 1149-1157.

梅旭荣, 张辉, 张永江, 等. 2010. 三北地区旱作节水农业的现状与发展对策 [C] //《中国农业节水与国家粮食安全论文集》编委会. 中国农业节水与国家粮食安全论文集. 北京: 中国水利水电出版社.

潘世强, 赵亚祥, 金亮, 等. 2016. 2BFJ-6 型变量施肥机外槽轮式排肥器的设计与试验研究 [J]. 中国农机化学报, 37(1): 40-42.

庞良玉, 涂仕华. 2008. 茶树、粮油作物及棉花施肥技术 [M]. 成都: 四川出版集团, 四川科学技术出版社.

全国农业技术推广服务中心. 2005. 测土配方施肥行动工作方案 [J]. 中国农技推广, (5): 6-15.

任素芬. 2005. 2SF-18 型离心式液压撒肥机 [J]. 新疆农机化, (3): 33-34.

山东省农业科学院. 1987. 玉米生理 [M]. 北京: 农业出版社.

山仑, 邓西平, 康绍忠. 2014. 我国半干旱地区农业用水现状及发展方向 [J]. 水利学报, (6): 101-102.

尚来贵, 张岩竹. 2013. 长期施用有机肥土壤磷素的演变规律研究 [J]. 农业开发与装备, (8): 46.

沈善敏, 宇万太, 陈欣, 等. 1998. 施肥进步在粮食增产中的贡献及其地理分异 [J]. 应用生态学报, (4): 51-55.

沈学善, 陈尚洪, 陈红琳, 等. 2012. 基于 "3414" 模型对川中丘陵区玉米氮磷钾效应的研究 [J]. 西南农业学报, 25(6): 2132-2137.

苏守礼, 李国兴. 1993. 塑料外槽轮式排肥器 [J]. 粮油加工与食品机械, (6): 25.

王激清. 2007. 我国主要粮食作物施肥增产效应和养分利用效率的分析与评价 [D]. 北京: 中国农业大学博士学位论文.

王毛. 2009. 2BYF-2 型玉米施肥播种机 [J]. 农家顾问, (3): 54.

王秀, 赵春江, 孟志军, 等. 2004. 精准变量施肥机的研制与试验 [J]. 农业工程学报, (5): 114-117.

韦俊能. 2017. 玉米施肥技术与施肥机械研究现状及趋势 [J]. 农业与技术, 37(16): 107-108.

谢联, 刘向波, 董岩. 2019. 玉米 "浅埋滴灌肥水一体化" 宽窄行栽培技术 [J]. 吉林农业, (17): 38.

谢贤敏, 李志琦, 彭清. 2017. 重庆市江津区农户施肥情况调查与评价 [J]. 南方农业, 11(28): 46-49.

解文艳, 周怀平, 杨振兴, 等. 2019. 不同缓控释氮肥对连作春玉米产量及氮肥去向的影响 [J]. 水土保持学报, 33(3): 207-214.

辛莉, 陶静, 张敬, 等. 2009. 2BJ-2 型精密播种穴施肥机的研制 [J]. 农业机械, (14): 102-103.

信乃诠. 2002. 中国北方旱区农业研究 [M]. 北京: 中国农业出版社.

邢云鹏, 牛最荣, 张芮, 等. 2020. 不同集雨模式对夏玉米产量及水分利用效率的影响 [J]. 水利规划与设计, (4): 59-63.

熊艳, 窦晓黎, 刘友林, 等. 2005. 云南省主要农作物肥料施用现状与发展研究 [J]. 土壤通报, (2): 194-197.

薛源清, 张养利, 张满良, 等. 2016. 4 种玉米单粒播种机播种效果的研究 [J]. 农业科技与装备, (12): 23-25, 28.

杨继富. 2002. 农业节水投入现状分析与政策探讨 [J]. 节水灌溉, (6): 5-7.

杨学珍, 李利利. 2019. 保水剂用量对旱地玉米性状和产量的影响 [J]. 甘肃农业科技, (8): 32-34.

姚晨涛, 张风文, 李刚, 等. 2020. S-诱抗素拌种对干旱胁迫下玉米生长调控作用 [J]. 玉米科学, (4): 67-73.

叶云雪. 2015. 我国农业用水及节水农业发展现状 [J]. 农业科技, (12): 75.

余江, 叶753. 2006. 经济增长中的资源约束和技术进步 [J]. 中国人口·资源与环境, 16(5): 7-10.

余振国, 胡小平. 2003. 我国粮食安全与耕地的数量和质量关系研究 [J]. 地理与地理信息科学, 19(3): 45-49.

苑井辉. 2015. 玉米铺管铺膜播种机使用要求 [J]. 现代农业, (1): 84-85.

曾宪坤. 1995. 中国化肥工业的现状和展望 [J]. 土壤学报, (2): 117-125.

张冬梅, 黄学芳, 姜春霞, 等. 2019. 冷凉区旱地玉米微垄覆膜土壤水热及产量效应研究 [J]. 作物杂志, (2): 115-121.

张夫道, 王玉军, 张建峰. 2004. 我国有机肥料利用现状、问题和产业化 [C] // 周健民, 石元亮. 面向农业与环境的土壤科学: 综述篇. 北京: 科学出版社: 260-267.

张福锁, 崔振岭, 王激清, 等. 2007. 中国土壤和植物养分管理现状与改进策略 [J]. 植物学通报, 24 (6): 687-694.

张福锁, 王激清, 张卫峰, 等. 2008. 中国主要粮食作物肥料利用率现状与提高途径 [J]. 土壤学报, 45(5): 915-924.

张睿, 王秀, 赵春江, 等. 2012. 链条输送式变量施肥抛撒机的设计与试验 [J]. 农业工程学报, 28(6): 20-25.

张书慧, 马成林, 吴才聪, 等. 2003. 一种精确农业自动变量施肥技术及其实施 [J]. 农业工程学报, (1): 129-131.

张卫峰, 马林, 黄高强, 等. 2013. 中国氮肥发展、贡献和挑战 [J]. 中国农业科学, 46(15): 3161-3171.

张秀芝, 高洪军, 彭畅, 等. 2012. 等氮量投入下有机无机肥配施对玉米产量及氮素利用的影响 [J]. 玉米科学, 20(6): 123-127.

张亚萍. 2009. 2BT-6X 型玉米催芽穴喷水穴施肥精播机的研制与效益分析 [J]. 农业科技与装备, (4): 55-57, 60.

张艳红, 秦贵, 秦国成, 等. 2011. 2F-5000 型链耙刮板式大肥量有机肥撒施机设计 [J]. 农业机械, (21): 74-76.

张振, 高鸣, 苗海民. 2020. 农户测土配方施肥技术采纳差异性及其机理 [J]. 西北农林科技大学学报（社会科学版）, 20(2): 120-128.

赵其国. 2004. 土地资源 大地母亲: 必须高度重视我国土地资源的保护、建设与可持续利用问题 [J]. 土壤, 36(4): 337-339.

郑孟静, 张丽华, 董志强, 等. 2020. 微喷灌对夏玉米产量和水分利用效率的影响 [J]. 核农学报, (4): 839-848.

郑媛媛, 陈宗培, 王贵彦. 2019. 海河平原小麦-玉米不同种植制度节水特性分析 [J]. 干旱地区农业研究, (5): 9-15.

中国农业年鉴编辑委员会. 1980—2015. 中国农业年鉴（1979—2014）[M]. 北京: 中国农业出版社.

中国水利年鉴编纂委员会. 2014. 中国水利年鉴 [M]. 北京: 中国水利水电出版社.

中华人民共和国环境保护部, 中华人民共和国国家统计局, 中华人民共和国农业部. 2010. 第一次全国污染源普查公报 [EB/OL]. http://www.stats.gov.cn/tjsj/tjgb/qttjgb/qgqttjgb/201002/t20100211_30641.html. (2010-02-11)[2021-05-20].

朱兆良, 金继运. 2013. 保障我国粮食安全的肥料问题 [J]. 植物营养与肥料学报, 19(2): 259-273.

朱兆良, 孙波, 杨林章, 等. 2005. 我国农业面源污染的控制政策和措施 [J]. 科技导报, 23(4): 47-51.

Anonymous. 1999. Code of Good Agricultural Practice for the Protection of Water[M]. London: London (United Kingdom) Maff Pub.

Canter L W. 1997. Nitrates in Groundwater[M]. New York: CRC Press.

Fragstein P, Kristensen L. 1995. Manuring, Manuring Strategies, Catch Crops and N-Fixation[M]. Bicester: AB Academic Publishers.

Guttierrez R A. 2012. Systems biology for enhanced plant nitrogen nutrition[J]. Science, 336: 1673-1675.

Jenkinson D S, Rayner J H. 1977. Turnover of soil organic matter in some of Rothamsted classical experiments[J]. Soil Science, 123: 298-305.

Jenkinson D S. 1991. The Rothamsted long-term experiments: are they still of use[J]? Agronomy Journal, 83: 2-10.

Oenema O, Van L L, Plette S, et al. 2004. Environmental effects of manure policy options in the Netherlands[J]. Water Science and Technology, 49: 101-108.

Roberts T L. 2009. The role of fertilizer in growing the world's food[J]. Better Crops with Plant Food, 93(2): 12-15.

Yang H S. 2006. Resource management, soil fertility and sustainable crop production: experiences of China[J]. Agriculture, Ecosystems and Environment, 116(1-2): 27-33.

第九章　玉米机械化高产高效绿色防控技术与装备

第一节　国内外发展动态

一、生物防治发展动态

生物防治是研究利用生物或生物的代谢产物来控制有害生物的一种防治方法。它所利用的对象存在于自然界之中，与有害生物是一种相生相克的制约关系，因此由生物防治研究产生的生物防治技术与环境的和谐性较高，是一种环境友好型植保技术（杨怀文，2013）。

生物防治技术包括保护利用天敌、繁育释放天敌和应用生物农药。保护和利用天敌是害虫生物防治的重要手段。天敌种类繁多，主要有寄生蜂、捕食螨、瓢虫、蜡类等。国内研究较多、利用较成功的寄生蜂种类有赤眼蜂、平腹小蜂、实蝇茧蜂、管氏肿腿蜂、花角蚜小蜂、周氏啮小蜂、丽蚜小蜂、斑潜蝇茧蜂、蚜茧蜂、缨小蜂等，防治对象为包括玉米螟在内的20多种害虫。近些年来，捕食螨在局部地区的果树、蔬菜上得到广泛应用，捕食螨是许多益螨的总称，其范围很广，包括赤螨科、大赤螨科、绒螨科、长须螨科、植绥螨科等。而目前研究较多的已用于生产中防治害螨的捕食螨，仅局限于植绥螨科，常见种类如胡瓜钝绥螨、智利小植绥螨、瑞氏钝绥螨、长毛钝绥螨、巴氏钝绥螨、加州钝绥螨、尼氏钝绥螨、纽氏钝绥螨、德氏钝绥螨、拟长毛钝绥螨等。捕食螨的防治对象包括叶螨、蓟马、粉虱、木虱、线虫等（杨怀文，2013）。利用微生物或其代谢产物防治害虫也是一条行之有效的途径，目前已取得丰富的研究成果，并开发出大量产品，如生物农药苏云金芽孢杆菌（Bt）、阿维菌素、印楝素、白僵菌、绿僵菌等，并已广泛推广和应用，药效良好（邱德文，2011）。

植物病害生物防治是在被病原物占据主导的生态系统中引入有益的生物或其代谢产物，形成不利于病原物生长而有利于植物生长的新的动态平衡体系，从而控制病害发生和发展的技术。近年来，随着分子生物学技术、细胞工程、蛋白质工程、酶工程、发酵工程、基因工程等技术的飞速发展，植物病害生物防治的研究与生物杀菌剂的创制十分活跃（杨怀文，2013）。用于植物病害生物防治的生防因子很多，包括拮抗微生物、抗生素和植物诱导子等。用于生物防治的微生物种类繁多，主要有细菌、真菌、放线菌和病毒。目前在生产上广泛应用的真菌有木霉、毛壳菌、酵母菌、淡紫拟青霉、厚壁孢子轮枝菌、菌根真菌等；细菌主要有芽孢杆菌、假单胞杆菌等植物根际促生细菌（PGPR）和巴氏杆菌等；放线菌主要有链霉菌及其变种产生的农用抗生素；此外，还包括病毒的弱毒株系、病原菌的无致病力的突变菌株等。研究利用植物免疫诱导药物，如壳寡糖和微生物蛋白激发子控制植物病害也取得了一定的进展（邱德文，2010）。

杂草生物防治是利用寄主范围较为专一的植食性动物或病原微生物（直接取食、形成虫瘿、穴居植物组织或造成植物病害），将影响人类活动的杂草控制在经济上、生态上或环境美化上可以容许的水平以下。随着杂草生物防治方法的发展，利用分泌他感化合物的植物防治杂草也被归入杂草生防的范畴（张睿和刘勇增，2011）。杂草的生物防治主要有植食性动物防治技术、以菌治草技术与化感作用治草技术。利用天敌昆虫防治杂草是植食性动物防治技术的主要组成部分，在我国，通过引进原产地天敌来防控外来杂草的成功案例有很多，典型的如从佛罗里达州引进莲草直胸跳甲对空心莲子草进行有效防治；从尼泊尔引进泽兰实蝇长期控制紫茎泽兰；引进豚草卷蛾和豚草条纹叶甲遏止豚草的蔓延；引进水葫芦象甲防治水葫芦的危害。以菌治草是筛选能严重侵染杂草，并且能长期影响其生长发育与繁殖的病原微生物，通过处理制成微生物制剂用于杂草防治，20世纪60年代和80年代，我国就有利用"鲁保一号"防治菟丝子及利用"生防剂F798"（镰刀菌）在新疆维吾尔自治区哈密市有效防治瓜田列当的成功案例。化学他感作用是植物分泌物之间的相互生化干扰。该方法主要是通过一些栽培管理措施（如改变土壤化学特性及间混套作技术的综合运用等）让作物分泌对杂草具有毒害作用的化学物质来对目标杂草进行有效控制（叶光禄，2013）。

近年来，全球生物农药产业发展迅速，先正达、拜耳、巴斯夫等世界顶尖农药公司2010年、2011年生物农药销售总额分别达326.5亿美元、367.21亿美元，分别占全球农药市场的80.22%、71.71%。与国际生物农药发展相比，我国生物农药发展机遇与挑战并存。目前在所用的生物农药中，农用抗生素在生物源农药产品数量中所占比例最高，达69.66%，农用抗生素生产厂家数量仍为绝对优势，其数量占总生物农药生产厂家的54.6%；植物源农药发展较快，研发的有效成分种类已占到生物源农药总数的30%，生产厂家已占到14.4%；微生物农药的登记种类基本上变化不大，Bt、枯草芽孢杆菌还是主导产品；植物疫苗登记种类呈现上升趋势，产品种类和数量均有明显提升；除天敌昆虫外，每类生物源农药均有3～5个主打产品，其产品数量和产量均占到该类生物源农药的90%以上。整体来看，我国生物源农药在整个农药产业中的比重很低，2012年中国的生物源农药年产量约为29万t，约占农药总产量的8%，生物源农药的单剂产品所占市场份额也较低（邱德文，2017）。

二、化学防控与装备发展动态

应用化学药剂防治病虫草害仍然是最主要的手段。根据国家统计局数据，我国农药使用量1993～2013年一直呈上升趋势，2012年农作物病虫害防治农药使用量31.1万t，比2009年增长9.2%。化学杀虫剂单位面积使用量数倍于西方发达国家（吴孔明，2018）。化学农药的发展经历了低效高毒、高效高毒、高效低毒与高效低毒低残留阶段，再到现代农药的高效低风险，要求化学农药不仅高效低毒低残留，还要对所保护的作物安全，对养殖对象安全，对有害生物天敌安全。现阶段化学防控提出作物病虫草害防控的全面解决方案，通过使用高效低毒低残留化学农药在作物生长各阶段对病虫草害的控制，同时使用植物生长调节剂激发作物自身的抗性潜力，达到对作物和环境友好的目的。

2017年我国各类植保机械社会保有量约为1.1亿台，可使用的约6220万台（套），其中背负式手动喷雾器约5800万台，占93%（齐鹏，2017），但大部分手动喷雾器为工农-16型喷雾器，喷洒部件落后。与传统施药器械相比，植保无人机具有省药、省水和省时，有效降低农药残留，减少土壤污染等优点（温源等，2014）。由于植保无人机具成本高、操作技术性强等原因，目前主要是家庭农场、合作社等通过无人机施药服务的方式进行集中防治。近年来喷雾机械有了飞速发展，如水田用双船自走式高地隙喷杆喷雾机，根据水稻行距设计轮距，在水稻行间可跨行行走，喷杆长8m，药箱一次可携带100L农药，可完成从水稻幼苗到成熟期全程机械化喷药，作业效率达到0.8hm²/h，对稻飞虱的防效可达96.82%，对稻纵卷叶螟的防效可达90.4%（杨进等，2014）。目前，用于玉米病虫害防控上的高地隙喷杆喷雾机正在研发。

三、物理防控及配套产品发展动态

物理防治是利用特定的装备和各种物理因素，如光、热、电、温度、湿度、放射能、声波等防治病虫草害的措施（魏振，2018），包括最原始、最简单的徒手捕杀或清除，以及近代物理最新成就的运用，可算作古老而又年轻的一类防治手段。利用昆虫趋性诱杀害虫是应用最广泛的物理防治方法，包括嗜色诱杀：利用害虫对不同颜色的偏嗜性进行诱杀，采用针对害虫偏嗜颜色的粘板诱杀害虫，如黄板；灯光诱杀：利用昆虫趋光性灭虫自古就有，杀虫灯正是利用特定光波对昆虫的诱集特点，对昆虫进行诱集后通过物理方法进行有效灭杀，如黑光灯、振频式杀虫灯、太阳能杀虫灯等（云天海和张磊，2016）。性信息素干扰防治：又称迷向防治或交配干扰防治，借助性信息素干扰雌雄害虫的交配，在田间释放浓度较高的性信息素，使雄性丧失寻找雌性的能力，从而大大减少害虫交配频率，使下一代害虫密度明显下降。利用电能对病虫害进行防治的应用也较普遍，常见的有土壤电消毒灭虫技术和空间电场杀菌技术，均是通过放电处理技术对土壤中和空气中的病原菌及害虫进行灭杀。由于使用条件的局限性，该方法在温室大棚应用较多。利用臭氧的强氧化作用防治病虫害的发生在温室大棚中也有应用。此外，超声波驱虫技术、激光防治病虫草害技术也有一定的防治效果。利用电离辐射、远红外辐射、微波辐射，以及利用真空或高压杀虫等技术也都在探索和研究中（李建国，2012）。此外，人工捕杀和清除病株虽有费劳力、效率低、不易彻底等缺点，但在目前尚无更好防治办法的情况下，仍不失为较好的急救措施。

物理防治技术突破了病虫草害防治的传统理念和生产模式，减少了化学农药的喷洒和对环境的污染，有利于发展无公害农林产业，提高农副产品的品质和经济效益，促进生态平衡和生态环境的良性循环，为保障生态和食品安全提供了新途径。

第二节　山地玉米生物防治技术

南方山地由于地形的特殊性，形成了高山区冷凉多阴雨、低丘区温热多湿的特殊的立体气候，使得山地玉米成为大斑病、小斑病、纹枯病、茎腐病、穗腐病及灰斑病的高发区域。虫害主要有小地老虎、玉米螟、桃蛀螟、蚜虫等。玉米田杂草主要有狗尾草、马唐、空心莲子草、香附子、鬼针草等。

一、病害的生物防治

生物防治技术在防治山地玉米病害上的应用已取得一定成效。井冈霉素是较早的应用于纹枯病生物防治的药剂，也是应用最广的生物防治药剂。使用井冈霉素在拔节期和抽雄期各施药 1 次，把药液喷到玉米果穗以下的茎秆上，可对纹枯病达到 60% 以上防效（杨力，1999）。使用农抗 120 也可对纹枯病达到较好的防效。近年来研究人员用枯草芽孢杆菌防治玉米纹枯病的防效可接近井冈霉素的防效（毛腾霄，2016）。生防木霉菌对多种玉米病害均显示出较好的防效。使用生防木霉菌制剂在播种期与底肥一同施用对玉米纹枯病有显著防效。木霉可湿性粉剂可诱导玉米产生抗性，达到防治小斑病的效果（孔德颖，2016）。木霉菌防治玉米穗腐病也在研究中，目前已在部分地区试点，并取得较好效果。生物制剂农用链霉素在防治玉米细菌性病害中已广泛使用，这也是生物防治技术在玉米病害上的应用。

二、虫害的生物防治

山地玉米最主要的害虫是玉米螟，也是生物防治研究最多的虫害。玉米螟的生物防治是利用赤眼蜂、苏云金芽孢杆菌（Bt）及白僵菌等来进行的。①赤眼蜂防治玉米螟：在玉米螟卵孵化的初盛期设放蜂点，利用赤眼蜂蜂卡放蜂 15 万～ 45 万头，可有效控制玉米螟的危害。②使用白僵菌粉防治玉米螟：在玉米心叶中期，每株玉米用 2g 孢子含量范围在 50 亿～ 100 亿/g 的白僵菌粉，按 1：10 配制成颗粒剂撒施即可防治玉米螟虫害的发生。③苏云金芽孢杆菌进行防治：在心叶末期，用含菌量为 100 亿/g 的 Bt 乳油，每亩玉米地用 10 倍的颗粒剂可有效防治玉米螟的危害。因为纬度、海拔的不同，玉米螟每年发生 1 ～ 6 代，利用生物防治的方法可以高效地解决玉米螟这一玉米虫害。

利用捕食螨、草蛉、食螨瓢虫防治玉米红蜘蛛，在玉米下部叶片发现红蜘蛛零星危害时，人工释放捕食螨（胡瓜钝绥螨），每隔 3 行投放 1 行，投放行每隔 2.5 ～ 3m 挂 1 袋，悬挂时紧靠植株茎秆或叶片，用订书针钉在叶片背面，投放位置离地面 0.5m 左右。晴天投放时间为上午 9 时前，下午 6 时后。投放 20d 后田间红蜘蛛数量明显减少（赵克勤和宋丽花，2016）。使用生物制剂 1.8% 阿维菌素喷雾防治红蜘蛛也能取得较好防效。此外，利用蚜茧蜂防治玉米蚜虫也是有效防治途径之一。

三、草害的生物防治

杂草生物防治有着对环境安全、作用效果持久的优点，但是其局限性也非常明显。玉米地中杂草种类复杂，而生物除草剂或天敌昆虫对杂草具有专一性，使用生物防治技术防治往往只能消除杂草群落中的一类或两类，主要种群消失后，次要种群就会发展起来成为主要种群，使得杂草的防治效果不佳。而广谱的生物除草剂或天敌昆虫对玉米生长有可能存在潜在危险，也不适合用于玉米田的杂草防治。因此，玉米田草害的防治主要还是以化学防治为主。此外，应用覆膜栽培措施进行杂草防治也是一种重要的防治手段。

第三节　山地玉米化学防控技术

化学防治具有成本低、效果显著、见效快等优点，虽然存在环境污染的隐患，但仍然是目前病虫草害防治的主要手段。

一、病害的化学防治

山地玉米病害药剂防治主要靠化学防治。玉米叶斑病，包括大斑病、小斑病和灰斑病，均可采用同一防治策略进行防治。在玉米喇叭口期，使用 25% 嘧菌酯悬浮液 2000 倍液、25% 丙环唑乳油 2000 倍液、10% 苯醚甲环唑 1000 倍液等杀菌剂喷雾可有效防治叶斑病病害。玉米纹枯病用 40% 菌核净或 50% 乙烯菌核利可湿性粉剂 1000 ～ 1500 倍液对茎基部叶鞘喷雾防治 2 ～ 3 次。茎腐病（又称青枯病）和穗腐病目前尚未找到有效的化学防治药剂。

二、虫害的化学防治

玉米害虫按照为害的部位可分为地下害虫和地上害虫。常见的地下害虫主要有地老虎、蝼蛄、蛴螬和金针虫。针对玉米地下害虫的生活习性，防治方式主要有拌种、灌根、地表喷雾和毒饵诱杀，防治常用药剂有辛硫磷、毒死蜱、溴氰菊酯等。地上害虫中，玉米螟是最主要的玉米害虫，以颗粒剂心叶撒施防治为主。在玉米螟处于低龄幼虫期时，可用 14% 毒死蜱（乐斯本）颗粒剂、3.6% 杀虫双颗粒剂、3% 丁硫克百威（好年冬）颗粒剂每株 1 ～ 2g，或 1.5% 辛硫磷颗粒剂以 1：15 与细煤渣拌匀后在玉米心叶期撒入喇叭口内，或 40% 氯虫苯甲酰胺+噻虫嗪（福戈）、20%氯虫苯甲酰胺（康宽）悬浮剂稀释拌毒土撒施，剂量按标签说明。桃蛀螟是山地玉米较常见的穗期害虫，其防治方法与玉米螟一致。红蜘蛛防治可使用 20% 哒螨灵可湿性粉剂 2000 倍液，或 5% 噻螨酮乳油 2000 倍液喷雾。玉米蚜虫用 25% 噻虫嗪水分散粉剂 6000 倍液或 10% 吡虫啉可湿性粉剂 1000 倍液等。

三、草害的化学防治

玉米地最佳的除草时期是玉米播后至出苗前。在玉米出苗前趁土壤较湿润时对玉米地进行"封闭"除草，可选用甲草胺、乙草胺、二甲戊乐灵、氟乐灵、草甘膦等进行苗前除草。山地玉米田的杂草群落复杂多样，在玉米 3～5 叶期是施用茎叶除草剂的最佳时期，需针对田间杂草的种类选择对玉米安全的除草剂，如莠去津、西草净、西玛津等选择性除草剂。

在山区大面积平整连片的田块，可选择植保无人机进行药剂喷施，能大幅提高效率，减少用药、用水量和施药成本。地形高低不平的小块田块，植保无人机难以发挥其优越性，可选择弥雾机或电动喷雾器进行施药。

第四节　山地玉米绿色防控综合技术与装备

科学的绿色防控技术体系是保证玉米高产稳产、优质安全与环境友好的战略性措施。在应用抗性品种的同时，针对不同病害发生时期、病原菌侵入途径及流行规律，应用生物农药与高效、低毒、低残的化学药剂，配合高效施药器械，集成从播种期到生长关键期的绿色防控综合技术，是降低玉米病虫草害发生基数，控制重大病虫草害暴发流行，减轻农药毒害，保护生态环境，确保玉米高产稳产与优质安全的最佳途径。

一、播种期绿色防控技术与装备

1. 种子的准备

根据山地玉米主要病虫草害发生的区域，选择相应的抗性品种；种子包衣处理后进行播种，种子包衣剂可选择杀菌剂咯菌腈·精甲霜灵或甲霜灵·种菌唑等和杀虫剂吡虫啉或噻虫嗪等进行包衣处理，防治玉米土传病害和蚜虫等虫害。

2. 地下害虫防治技术

在播种时对地下害虫进行防治，可用 10% 辛硫·甲拌磷或 3% 辛硫磷颗粒剂撒施，防治小地老虎等地下害虫。

3. 苗前除草技术与装备

播后苗前进行化学"封闭"除草，可选用甲草胺、乙草胺、二甲戊乐灵等化学除草剂，喷施时注意均匀全面不漏喷，在土壤表面形成一层完整的药膜，以达到最大的防效。施药器械可选择弥雾机或背负式喷雾机，弥雾机喷雾射程可达 2m，用于苗前封闭除草可大大提高施药效率。

二、生长季节绿色防控技术与装备

1. 苗期绿色防控技术

（1）苗期病害绿色防控技术

苗期是指玉米从出苗到拔节这一阶段，该阶段玉米主要发生的病害为根腐病和细菌性茎腐病。对根腐病，最好的防治方法是在播种期对种子进行包衣处理，一旦苗期发生根腐病，只能通过药剂灌根的方法来减轻病情，不但成本高，效果也不理想。细菌性茎腐病在连续大雨后遇到高温天气容易发生，一旦发生应拔除病株，然后喷施农用链霉素或农抗120等生物农药，可起到较好的防效。

（2）苗期虫害绿色防治技术

该阶段的害虫主要为地下害虫小地老虎和钻蛀性害虫大螟或者玉米螟，地下害虫在播种期进行药剂防治最好。本阶段主要防治对象为钻蛀性害虫，防治方法主要靠冬季或成虫羽化前清理寄主，以降低虫口基数，铲除田边杂草，以减少第一代虫量。

（3）苗期草害绿色防控技术及装备

苗期玉米植株幼小，未封闭除草或封闭除草失败的田块杂草生长极快，需要用茎叶处理除草剂对杂草进行防治，施药时须注意保护玉米幼苗，使用背负式喷雾机逐行防治，喷头使用安全罩，避免药液喷洒到玉米植株上，防止药害发生。药剂可选择对玉米安全的选择性除草剂莠去津、硝磺草酮等。

2. 穗期绿色防控技术及装备

玉米从拔节至抽雄吐丝为穗期。该时期是防治玉米后期病虫害的关键期。通过多年试验和田间示范推广发现，在喇叭口期通过同时施用杀菌剂和杀虫剂，可以有效预防后期病虫害的发生。选用嘧菌酯、吡唑醚菌酯或苯醚甲环唑等保护性杀菌剂与噻虫嗪、氯虫苯甲酰胺等内吸性杀虫剂混合，配套使用热雾机进行喷雾，可大大提高施药效率和防效。

参 考 文 献

孔德颖. 2016. 木霉可湿性粉剂对玉米小斑病的生物防治作用 [J]. 耕作与栽培, 5: 32-34.

李建国, 李博, 张维强. 2012. 现代物理技术防治农林病虫害 [J]. 农业工程, 10(2): 4-7.

毛腾霄, 叶华智, 秦玉花. 2016. 枯草芽孢杆菌防治玉米纹枯病的初步研究 [J]. 中国农学通报, 32(5): 44-48.

齐鹏. 2017. 常用植保机械简介 [J]. 科学种养, 8: 61-62.

邱德文. 2010. 我国植物病害生物防治的现状及发展策略 [J]. 植物保护, 36(4): 15-18.

邱德文. 2011. 生物农药与生物防治发展战略浅谈 [J]. 中国农业科技导报, 13(5): 88-92.

邱德文. 2017. 生物农药：未来农药发展的新趋势 [J]. 中国农村科技, (11): 36-39.

魏振. 2018. 物理农业技术及常见设备技术分析 [J]. 农业机械, 5: 81-83.

温源, 薛新宇, 邱白晶, 等. 2014. 中国植保无人机发展技术路线及行业趋势探析 [J]. 中国植保导刊, 34（增刊）: 30-32.

吴孔明. 2018. 中国农作物病虫害防控科技的发展方向 [J]. 农学学报, 8(1): 35-38.

杨进, 刘学儒, 秦玉金, 等. 2014. 自走式喷杆喷雾机的应用探讨 [J]. 中国植保导刊, 34（增刊）: 71-73.

杨力, 李崇云, 郑健, 等. 1999. 井冈霉素防治玉米纹枯病适期的研究 [J]. 四川农业大学学报, 17(3): 287-289.

杨怀文, 邱德文, 陈家骅, 等. 2014. 生物防治学科发展研究 [C] // 中国植物保护学会. 2012 ~ 2013 植物保护学学科发展报告. 北京: 中国科学技术出版社: 106-194.

叶光禄. 2013. 我国杂草生物防治的研究进展 [J]. 台湾农业探索, 2(1): 81-84.

云天海, 张磊. 2016. 太阳能杀虫灯对蔬菜害虫的诱杀效果 [J]. 北方园艺, (18): 118-121.

张睿, 刘勇增. 2011. 杂草生物防治研究进展 [J]. 农药科学与管理, 32(12): 13-16.

赵克勤, 宋丽花. 2016. 玉米红蜘蛛重发原因与综合防治技术 [J]. 中国农业信息, 2: 139-140.

第十章 玉米机械化收获技术与装备

第一节 国内外山地玉米机械化收获标准

一、我国玉米机械化收获标准

进入 21 世纪后，我国先后通过一系列标准对玉米收获机作业质量进行了规定，主要标准有《玉米收获机作业质量》（NY/T 1355—2007）、《玉米收获机质量评价技术规范》（NY/T 645—2017）、《玉米收获机械》（GB/T 21962—2020）。在最新的国家标准中，对玉米收获作业性能测定条件进行了如下规定：玉米收获机在标定持续作业量，果穗收获、穗茎收获籽粒含水率为 15%～35%，籽粒收获籽粒含水率为 15%～25%，鲜食玉米籽粒含水率为 45%～60%，种穗玉米籽粒含水率为 20%～30%，植株倒伏率低于 5%，果穗下垂率低于 15%，最低结穗高度大于 35mm 的条件下收获时，其作业指标应符合表 10-1 中的指标要求。

表 10-1 玉米收获机主要性能指标

项目	玉米果穗收获机	玉米籽粒收获机	玉米穗茎收获机	鲜食玉米收获机	种穗玉米收获机
生产率/（hm²/h）			不低于标定生产率		
总损失率/%	≤ 3.5	≤ 4	≤ 3.5	≤ 3	≤ 3
籽粒破碎率/%	≤ 0.8	≤ 5	≤ 0.8	≤ 0.5	≤ 0.6
果穗含杂率/%	≤ 1		≤ 1	≤ 2	≤ 1
籽粒含杂率/%		≤ 2.5			
苞叶剥净率/%	≥ 85		≥ 85		
切断长度合格率/%			≥ 85		
秸秆收获损失率/%			≤ 10		
秸秆含杂率/%			≤ 3		
割茬高度/mm			≤ 150（地面平整）		
秸秆粉碎还田型		符合《保护性耕作机械 秸秆粉碎还田机》（GB/T 24675.6—2009）的规定			

1. 落地籽粒损失率

在测定区、清理区内，捡起全部落地籽粒、秸秆中夹带籽粒和小于 5cm 长的碎果穗，脱净后称取质量，并按下式计算籽粒损失率。

$$S_L = \frac{m_L}{m_Z} \times 100\% \qquad (10\text{-}1)$$

$$m_Z = m_q + m_L + m_U + m_b + m_H \qquad (10\text{-}2)$$

式中，S_L 表示籽粒损失率（%）；m_L 表示落地籽粒质量（g）；m_Z 表示籽粒总质量（g）；m_q 表示从果穗升运器接取的果穗籽粒和果穗夹带籽粒质量（g）；m_U 表示漏摘和落地果穗籽粒质量（g）；m_b 表示苞叶夹带籽粒质量（g）；m_H 表示从籽粒回收装置接取的籽粒和果穗的籽粒质量（g）。

2. 果穗损失率

在测定区、清理区内，收集漏摘和落地的果穗（包括 5cm 以上的果穗段），脱净后称出质量，按下式计算果穗损失率。

$$S_U = \frac{m_U}{m_Z} \times 100\% \qquad (10\text{-}3)$$

式中，S_U 表示果穗损失率（%）。

3. 苞叶夹带籽粒损失率（具有苞叶夹带籽粒回收装置的收获机无此项）

在测定区，接取苞叶排出口全部排出物，去除其中夹带籽粒，并称出重量，按下式计算损失率。

$$S_b = \frac{m_b}{m_Z} \times 100\% \qquad (10\text{-}4)$$

式中，S_b 表示苞叶夹带籽粒损失率（%）。

4. 总损失率

总损失率按照下式计算。

$$S_Z = S_L + S_U + S_b \qquad (10\text{-}5)$$

式中，S_Z 表示总损失率（%）。

5. 苞叶剥净率

在测定区内，从果穗升运器出口接取的果穗中，捡出苞叶多于或等于 3 片（超过三分之二的整叶算一片）的果穗（未剥净果穗）。按下式计算苞叶剥净率。

$$B = \frac{G - G_j}{G} \times 100\% \qquad (10\text{-}6)$$

式中，B 表示苞叶剥净率（%）；G 表示测定区接取果穗总数（个）；G_j 表示未剥净苞叶果穗数（个）。

6. 果穗含杂率

在测定区内，接取果穗升运器排出口的排出物，分别称出接取物的总质量及杂物（包括沙土、砂石、茎叶和杂草等）质量，按下式计算果穗含杂率。

$$G_n = \frac{m_n}{m_p} \times 100\% \qquad (10\text{-}7)$$

式中，G_n 表示果穗含杂率（%）；m_n 表示杂物质量（g）；m_p 表示从果穗升运器排出口接取的排出物总质量（g）。

7. 籽粒含杂率

在测定区内，从接粮口接取不少于 2000g 的混合籽粒，从中选取杂质，分别称出混合籽粒质量及杂质质量，按下式计算籽粒含杂率。

$$Z_z = \frac{m_{za}}{m_h} \times 100\% \qquad (10\text{-}8)$$

式中，Z_z 表示籽粒含杂率（%）；m_{za} 表示杂质质量（g）；m_h 表示混合籽粒质量（g）。

8. 籽粒破碎率

在测定区内，从果穗箱中提取果穗或从粮箱内提取籽粒不少于2000g，脱粒清净后，拣出机器损伤、有明显裂纹及破皮的籽粒，分别称出破损籽粒质量及样品籽粒总质量，按下式计算籽粒破碎率。

$$Z_S = \frac{m_S}{m_i} \times 100\% \tag{10-9}$$

式中，Z_S表示籽粒破碎率（%）；m_S表示破碎籽粒质量（g）；m_i表示样品籽粒总质量（g）。

9. 秸秆粉碎质量的测定

留茬高度、秸秆粉碎长度合格率和秸秆抛撒不均匀度按《保护性耕作机械　秸秆粉碎还田机》（GB/T 24675.6—2009）的规定进行测定。

二、美国玉米机收标准

与我国籽粒收获中籽粒破碎和收获后籽粒含杂统计标准不同，美国玉米收获质量报告针对这两个指标给出了可操作性更强、更简捷的检测方法。

美国玉米收获质量报告中，破碎籽粒指标通常是将收获后的籽粒依次用12/64英寸和6/64英寸的圆孔筛网进行筛分，能够通过12/64英寸，但不能通过6/64英寸圆孔筛网的物料称为籽粒破碎（U.S. Grains Council，2018）；不能通过12/64英寸圆孔筛及能够通过6/64英寸圆孔筛网的非玉米材料的集合则称为收获含杂。

相比我国标准中的测试方法，这种方法在实际中可操作性更强，能够避免我国标准在执行过程中不同测试人员对标准把握程度不同造成的检测结果不准确问题，结果更加客观。但是这种检测方法也存在固有弊端，不能很好地表征籽粒表面破皮、裂纹等损伤状况。

第二节　小台地收获技术与装备

小台地由于地形落差、四周有沟等，不利于中大型收获机械作业，多以小型悬挂收获机进行作业，局部地区甚至应用有单行收获机。山地悬挂式玉米收获机多以小四轮作为底盘，通过加装摘穗割台、果穗输送、果穗收集装置等完成玉米收获作业；单行玉米收获机以在山地保留量较大的手扶式拖拉机作为主要动力，操作简单，便于在地块间转运，但作为一个过渡产品，仅在部分台地区域使用。

一、单行玉米收获机

单行玉米收获机以在山地保留量较大的手扶式拖拉机作为主要动力，具有设备机型小、转弯半径小、操作简便、机身稳定性高、便于在地块间转运等优点。但主要是作为一个过渡产品，仅在部分台地区域使用。在实际应用过程中，单行玉米收获机又分为乘坐式和行走式两种（图10-1）（高公如等，2010）。

单行玉米收获机采用的摘穗部件与常规玉米收获机原理一致，仅在结构尺寸上为适应山区生产条件进行了改进。

图10-2为手扶式单行玉米收获机整机设计布置图，其主要由传动机构、玉米摘穗台组件、乘座组件、玉米穗收集箱部件等组成。其动力由15马力以上手扶拖拉机提供，主要实现对玉米果穗的采摘、收集及对玉米秸秆的收割等功能。

a. 手扶乘坐式单行玉米收获机　　　　　　　　　　b. 手扶行走式单行玉米收获机

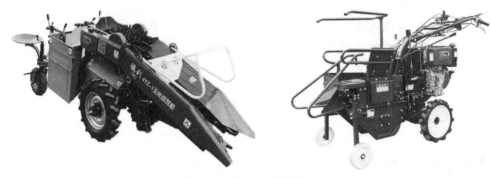

图 10-1　单行玉米收获机

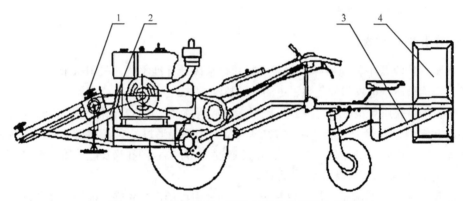

图 10-2　手扶式单行玉米收获机整机设计布置图

1—传动机构；2—玉米摘穗台组件；3—乘座组件；4—玉米穗收集箱部件

二、小四轮悬挂式玉米收获机

悬挂式玉米收获机，又叫背负式玉米收获机，是利用固定在拖拉机上的专用机架，将模块化后的玉米收获机作业模块挂接在拖拉机上的一种机型。根据不同配置形式，小四轮悬挂式玉米收获机能够实现 1 行或者 2 行玉米收获（图 10-3）（刘琳等，2010）。大部分机型由于结构限制不配置剥皮机构，仅有较少部分机型配置。

图 10-3　小四轮悬挂式玉米收获机

第三节　缓坡地收获技术与装备

在缓坡地带，目前应用较多的是小型玉米联合收获机和背负式收获机，受限于种植制度、品种等，丘陵地区目前主要进行果穗机械化收获作业。

一、4YZ-2/3 型小型玉米联合收获机

自走式玉米收获机是目前发展最为成熟的机型（刘晓娟和李姿漩，2020）。4YZ-2/3 型小型玉米联合收获机主要面向丘陵地区，该机结构简单、机型短小，配套动力为 28 马力，能一次完成摘穗、剥皮、秸秆粉碎还田等作业，具有整机重心低、转向灵活、动力消耗小、省油、操作简单等特点。

1. 自走式玉米联合收获机作业过程

自走式玉米联合收获机作业过程大致为分禾→摘穗→果穗输送→果穗剥皮→果穗收集。首先由分禾器将待收玉米引向摘穗装置前部，在拨禾链的引导作用下玉米植株进入摘穗辊或拉茎辊之间，随着摘穗辊、拉茎辊的旋转，将玉米茎秆向下牵拉。当果穗接触到摘穗辊或摘穗板时，由于果穗直径大于摘穗辊间隙或者摘穗板间隙，且果穗与茎秆的连接强度小于茎秆的抗拉强度，果柄即被拉断，完成果穗的摘取；接着，摘下的果穗被横向输送、聚拢；当果穗被输送到收获机一侧时，由果穗纵向输送装置将其向后送往果穗剥皮装置；果穗在此完成苞叶剥除后在重力作用下滑落到果穗收集箱，完成果穗的收获；剥下的苞叶由于其中可能夹杂脱落的籽粒，所以一般还带有籽粒回收装置，即苞叶在被搅龙向外输送的过程中，把夹杂其中的籽粒收集在籽粒收集装置中。

秸秆粉碎还田装置作为玉米收获后的秸秆处理装置，主要与其工作原理和结构有关，如拉茎刀辊式切碎方式，直接安装在拉茎辊上，这样在果穗摘除过程同时完成对茎秆的切碎、抛撒；而卧式秸秆处理装置是在果穗收获后，当切碎刀遇到茎秆时，才对其进行切碎、收集或抛撒作业，所以卧式秸秆处理装置安装位置比较自由，有前置、中置和后置之分。

2. 自走式玉米联合收获机的结构组成

自走式玉米联合收获机的结构比较类似，主要是行数不同带来的结构组成有所差异。以 4YZ-2 型自走式玉米联合收获机为例进行介绍，其结构主要包括摘穗装置、秸秆粉碎还田装置、果穗横向输送搅龙、果穗纵向输送装置、集果箱等，具体结构如图 10-4 所示。

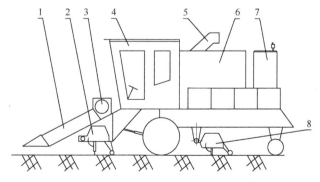

图 10-4　4YZ-2 型自走式玉米联合收获机

1—摘穗装置；2—秸秆切断装置；3—果穗横向输送搅龙；4—驾驶室；5—果穗纵向输送装置；
6—集果箱；7—发动机；8—秸秆粉碎还田装置

（1）摘穗装置

目前，常用的摘穗装置主要是纵卧辊式摘穗装置、板式摘穗装置两种（郝付平和陈志，2007；于明月，2010）。

纵卧辊式摘穗装置：纵卧辊式摘穗装置由一对相对回转的摘穗辊、摘穗辊间隙调整机构和传动装置组成，如图 10-5 所示。摘穗辊的配置是前低后高，纵向倾斜，摘穗辊轴线与水平线夹角 15°～40°，两辊的轴线基本平行。为使摘下的果穗能尽快脱离摘穗辊，避免啃果而导致落粒损失的问题，两摘穗辊中心约有 35mm 的高度差。

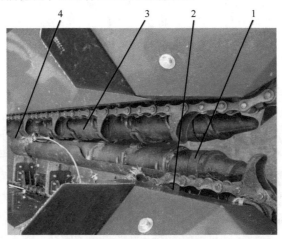

图 10-5　纵卧辊式摘穗装置
1—前轴承；2—摘穗辊间隙调整机构；3—摘穗辊；4—传动箱

为了既保证摘穗辊前端的离地高度相同，又保证两辊设定的上述高度差，两摘穗辊长度不等，一般外侧的摘穗辊较高、较长（1100～1300mm），内侧的摘穗辊较低、较短（740～1000mm）。也有部分小型玉米收获机上，摘穗辊轴线与水平线夹角小至 0°。

摘穗辊的结构分为前、中、后三段，且各段结构有所不同。前段为带螺旋凸棱的锥体结构，主要起引导茎秆和有利于茎秆进入摘穗辊间隙的作用；中段为带有螺旋凸棱的圆柱体，起牵拉、输送茎秆和摘穗作用（长 500～700mm），其表面凸棱高 10mm 左右，螺距为 160～170mm。两个对应摘穗辊的螺旋方向相反，且相互交错配置，如图 10-5 所示。为了加强摘穗能力，在螺纹上相隔 90° 设有摘穗钩（俗称摘穗爪）。摘穗辊直径一般为 72～100mm，转速为 600～820r/min。两摘穗辊间隙（以一辊的顶圆到另一辊根圆的距离计算）较茎秆直径小，为茎秆直径的 30%～50%，移动摘穗辊前轴承 2 可以调节摘穗辊间隙，调节范围为 4～12mm（从摘穗辊中部测量）。摘穗辊的后段为强拉段，表面上具有较高大的凸棱（长 120～320mm），主要将茎秆的末梢部分和摘穗过程中已拉断的茎秆强制从缝隙拉出或咬断，以防堵塞问题的发生。

板式摘穗装置：两组相对回转的喂入链将禾秆引入摘穗导槽，在拨禾链的强制拨动下进入摘穗机构的拉茎辊之间，六棱拉茎辊的快速转动将秸秆拉向辊的下方。由于果穗粗于秸秆，其大端被卡在摘穗板上面，秸秆继续被拉引，将果穗与秸秆从果柄处拉断，实现果穗与秸秆的分离，完成摘穗的全过程（图 10-6）。板式摘穗装置果穗损伤小、掉粒和籽粒破碎现象较轻，但果穗的苞叶较多，且摘穗过程中易出现断茎秆和碎叶夹在果穗中的问题，造成果穗箱中含杂率较高。板式摘穗装置在发展过程中，逐渐演变出多种形式，以实现不同作业效果。

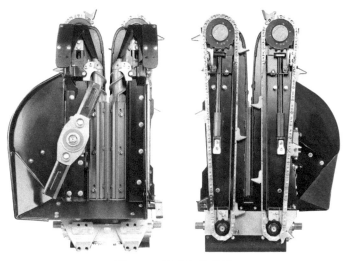

图 10-6　板式摘穗装置

为了实现模块化设计，便于玉米收获机的生产装配，玉米收获机上一般将摘穗辊（或板式摘穗机构）和拨禾链、输送链、传动系统及机架等一起组成摘穗单元体，如图 10-7 所示。摘穗时，随着机器的前进，分禾器将玉米导入拨禾链，拨禾链将玉米引入摘穗辊前段，并由其前端锥体上的螺旋凸棱引导茎秆进入摘辊中段的间隙，茎秆在旋转的摘穗辊间做轴向移动的同时被向下强拉；果穗被摘穗辊阻挡住时，茎秆继续被强拉。由于果穗与穗柄的连接力及穗柄与茎秆的连接力较小，约 500N（茎秆抗拉力较大，为 1000～1500N），这样果穗与穗柄在连接力较小的位置即被拉断，从而实现果穗与茎秆的分离。较细的茎秆末梢和被拉断仍连在果穗上的断秆由摘穗辊后段强制拉出。摘取并剥去部分苞叶的果穗由输送器向后输送。

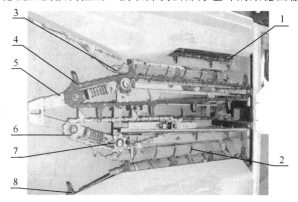

图 10-7　辊式摘穗单元体

1—拨禾输送链；2、3—摘穗辊；4、8—拨禾链；5—机架；6—拨禾链轮；7—导向链轮

纵卧辊式摘穗装置的主要特点是在摘穗时茎秆的压缩程度较小，因而功率耗用较小；对茎秆不同状态的适应性较强，工作较可靠；摘落的果穗含杂少，对果穗有一定的剥皮功能，但由于存在啃果问题，所以落粒损失较大。板式摘穗机构由于果穗与高速回转的拉茎辊由摘穗板分割，能够避免果穗大端啃伤现象，且作业效率较高，目前应用越来越广泛，但是由于拉茎辊对茎秆的压缩程度较大，同时果穗与摘穗板碰撞时瞬时冲击力较大，茎秆较易折断，存在收获含杂偏高的问题。

（2）果穗输送装置

自走式玉米联合收获机的果穗输送装置包括两部分，其中第一部分为横向输送装置，用于将摘下的果穗送向机器的一侧，该横向输送装置既可用刮板式输送器，也可用螺旋搅龙输送，但是当摘穗装置为板式摘穗装置时，由于果穗中含有较多的短穗、秸秆和苞叶，为了防止输送通道的堵塞，多采用螺旋输送器来输送；第二部分是果穗纵向输送装置，用于将横向输送装置送来的果穗向后输送到剥皮装置，由于该方向果穗输送的距离远，所以基本都采用刮板式输送装置。

（3）果穗剥皮装置

目前，大部分自走式玉米联合收获机都带剥皮装置，用于剥除果穗的苞叶。剥皮装置主要有剥皮辊、压送器及传动系统等结构（耿端阳，2011）。剥皮装置是利用一对相对转动剥皮辊的摩擦力抓取和剥除苞叶。为了提高剥皮效果，在剥皮辊的上方设有压送器，保证果穗在剥除苞叶的过程中不出现果穗跳动的现象。

剥皮辊是剥皮装置的主要工作部件，其轴线与水平方向呈10°～12°倾角，以利于果穗剥除苞叶过程能沿剥皮辊轴向自动下滑。每对剥皮辊的轴心高度不等，呈"V"形或槽形配置，如图10-8所示。其中"V"形配置结构较为简单，但容易出现果穗向一侧滑动的问题（因上层剥皮辊的回转方向相同），所以该结构多用于辊数较少的小型机上。槽形配置的剥皮装置果穗横向分布较均匀，性能较好，目前应用较为普遍。在剥皮辊的下端设有深槽形的强制段，可将滑到剥皮辊末端的散落苞叶、断茎和杂草等从该间隙中强行拉出以防堵塞。

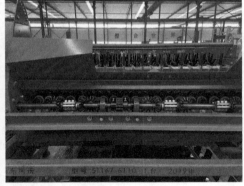

图 10-8　剥皮辊的配置形式

常用剥皮辊材料有铸铁、橡胶两种，其组合类型有铸铁辊-铸铁辊（图10-9a）、铸铁辊-橡胶辊（图10-9b）、铸铁辊-铸铁、橡胶组合辊（图10-9c）等。其中以铸铁辊-橡胶辊的组合方式剥净率最高，对籽粒的啃伤最少，效果最好。

铸铁辊表面铸有不连续的螺旋凸起，并在两螺旋凸起间加装可拆卸的凸钉，以进一步提高对苞叶的抓取能力，适合苞叶较紧、湿度较大的果穗，凸钉突出剥皮辊表面1～2mm。当果穗干燥，籽粒容易脱落和破碎时，则由下向上逐次减少凸钉，以减少果穗的落粒和破碎损失。铸铁辊的造价低、制造方便、耐磨性好、使用寿命长。

橡胶辊由钢制芯轴紧套若干个橡胶环组合而成。橡胶环用耐磨性好的橡胶材料制成，橡胶环的表面具有深为2～3mm的纵向凹槽。橡胶辊的抓取能力强、剥净率高、籽粒破碎少。对苞叶较松、湿度较小的玉米穗剥皮效果更好。

为了改善剥皮效果，剥皮辊的上方设有压送器。压送器可以保证作业过程中果穗有序、

a. 铸铁辊-铸铁辊

b. 铸铁辊-橡胶辊

c. 铸铁辊-铸铁、橡胶组合辊

图 10-9 剥皮辊的组合类型

平顺而无跳动的持续接触剥皮辊并下滑，提高剥皮效率。压送器的结构形式包括叶轮式和星轮式等，如图 10-10 所示。目前，胶板叶轮式压送器（图 10-10a）应用较多，即沿剥皮辊长度方向均匀设置 2 ～ 3 排，多至 4 排叶轮；每排上叶轮数与剥皮辊对数相同；每个叶轮有 4 ～ 6 个橡胶叶片，叶片最大回转半径为 240 ～ 350mm；叶轮转速为 40 ～ 60r/min。如果转速过高，则必然缩短果穗在剥皮辊上的停留时间，降低了剥皮效果。

a. 叶轮式

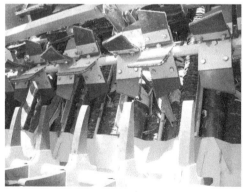

b. 星轮式

图 10-10 压送器的结构形式

（4）秸秆粉碎还田装置

玉米秸秆粉碎还田装置主要将茎秆切碎抛撒在田间，其结构主要包括立轴和卧式秸秆粉碎还田装置两种（陈汝利，2020）。

对于卧式秸秆还田装置，可以根据自走式玉米联合收获机的结构，将其配在机器的前部、中部和后部。当还田装置位于机器前方时，可以避免行走轮对茎秆的碾压，改善秸秆还田的效果；当位于中部时，结构比较紧凑，且对整机的载荷分布影响不大，传动方式较为简便；当位于后部时，由于安装、调试空间较大，便于安装和维护。卧式秸秆还田装置按照结构来分，主要分为滚筒式秸秆切碎装置、盘刀式茎秆切碎装置、甩刀式茎秆切碎装置等。

滚筒式秸秆切碎装置：主要由切碎滚筒、动刀、定刀、壳体组成，如图 10-11 所示。滚筒式切碎装置动刀随着滚筒的转动做圆周运动，在动刀、定刀片的配合下完成对茎秆的切碎；为了保证切碎效果，动刀、定刀片的间隙可调，一般控制在 0.25 ～ 1mm。该类切碎装置根据有无抛送功能又可分为直抛式和带专用抛送器两种型式。其中直抛式切碎装置的切碎滚筒除完成切碎茎秆外还有抛送茎秆的功能。常用的动刀其刃口有直刃圆弧曲面、直刃平面、螺旋线刃螺旋面等多种结构形式。带专用抛送器切碎装置的切碎滚筒只完成茎秆的切碎任务，抛送工作由专门的抛送器完成。抛送器有螺旋搅龙、刮板升运器和抛送风机等结构形式，这里由于其结构简单就不再介绍。

盘刀式茎秆切碎装置：主要由刀轴、动刀、定刀、抛送叶片和壳体组成，其结构如图 10-12 所示，其动刀刃口大多采用直刃口，动刀数量为 6 ～ 8 把；盘刀式切碎装置由于刚性较差，动、定刀间隙值应比滚筒式切碎装置稍大一些。在盘刀式切碎装置的刀盘上，在动刀之间径向安装抛送叶片或利用安装动刀的刀座部分同时兼做抛送叶片，这样当动刀高速运转时，该叶片就可以带动切碎的茎秆在离心力的作用下，将茎秆抛出，所以该型切碎装置具有很强的抛送能力，不需要专用抛送器。

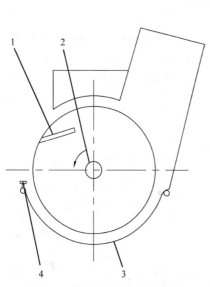

图 10-11　滚筒式秸秆切碎装置

1—动刀；2—滚筒轴；3—壳体；4—定刀

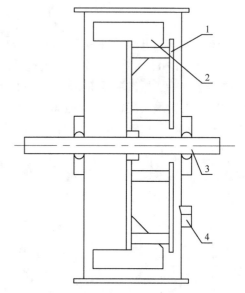

图 10-12　盘刀式茎秆切碎装置

1—动刀；2—抛送叶片；3—刀轴；4—定刀

甩刀式茎秆切碎装置：包括抛送管、甩刀、转子、底刀和挡禾板等组件，其结构如图 10-13 所示。甩刀是该切碎装置的核心部件，甩刀结构形式有 T 型和 L 型，且其结构已经形成系列化、模块化，所以玉米收获机直接选装即可。为了改善切碎效果，国内甩刀端部轨迹直径为 580 ～ 600mm，转速 1000 ～ 1600r/min。

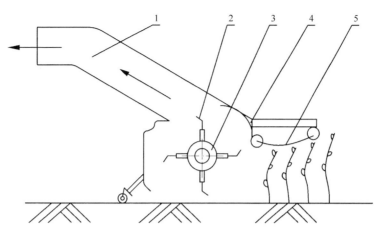

图 10-13　甩刀式茎秆切碎装置

1—抛送管；2—甩刀；3—转子；4—底刀；5—挡禾板

拉茎刀辊式切碎装置：将切碎刀安装于拉茎辊上，茎秆在被拉茎辊向下牵拉的过程中，直接对其切碎，并抛撒于地表。该装置主要由摘穗板、机架、拉茎辊刀等组成（图 10-14），由于它将玉米果穗的摘取和茎秆的切割功能完美结合起来，不再需要另外的茎秆切碎装置，所以结构简单、安装紧凑、质量小、动力消耗少。但该装置只能切碎还田，不能回收，且切碎长度不容易控制，另外刀具由于安装空间的限制，加工、安装比较困难。

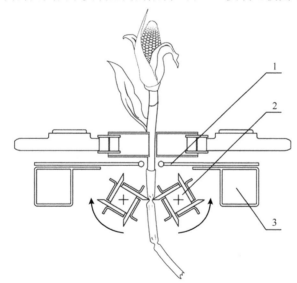

图 10-14　拉茎刀辊式切碎装置

1—摘穗板；2—拉茎辊刀；3—机架

立轴甩刀砍切式切碎装置（图 10-15）：安装在摘穗道下方，由刀片、刀架、紧定盘和固定盘等组成。由于没有定刀，切割方式属于无支撑切割，所需的切割速度要比有支撑切割的速度高，一般转速为 1350～2200r/min。为了满足不同地区的切碎长度要求，刀盘上设计了多个刀片固定孔。立轴甩刀砍切式切碎装置主要起两个作用：一是在玉米秸秆的喂入过程中起到切断的作用；二是在摘穗的过程中把被拉茎辊拽下的秸秆切碎，将玉米秸秆抛撒还田。

a. Fantini摘穗粉碎还田单体　　　　　　b. 立轴式甩刀结构图

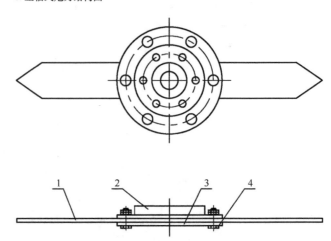

图 10-15　立轴甩刀砍切式切碎装置

1—刀片；2—刀架；3—紧定盘；4—固定盘

摘穗-秸秆切碎复合作业装置：在生产过程中，传统独立式秸秆切碎还田装置存在动力消耗大的问题，且立轴甩刀砍切式切碎装置还田作业属于单边支撑切割，对茎秆沿轴向的切碎作用较小，不利于茎秆后期的快速腐熟。针对以上问题，Cressoni 公司开发了一种拉茎辊，通过在拉茎辊轴向添加刀片组合，在对茎秆进行轴向切割的同时依靠下部的立轴甩刀进一步粉碎还田（图 10-16）；德国 Geringhoff 公司采用三辊组合形式实现对秸秆轴向和径向的粉碎还田作业（图 10-17）。

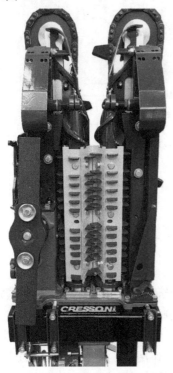

图 10-16　美国 Cressoni 摘穗-秸秆切碎复合作业装置

图 10-17　德国 Geringhoff Rota Disc 摘穗-秸秆切碎复合作业装置

二、悬挂式玉米联合收获机

悬挂式玉米联合收获机充分利用了拖拉机的动力和行走装置，提高了拖拉机的利用率。早期机型主要完成果穗收获。现有机型在原来的基础上集成果穗摘取、输送、剥皮、果穗收集等部分或全部功能，甚至包括秸秆还田功能。

1. 悬挂式玉米联合收获机的结构组成

悬挂式玉米联合收获机一般由摘穗割台、升运器、集穗箱、液压自动卸粮装置、秸秆切碎器、前后悬挂架等部分组成。摘穗割台悬挂在拖拉机的前方，升运器配置在拖拉机的右侧面，集穗箱则配置在拖拉机的后上方（切碎机的上部），成"I"形配置。

由于西南地区的地形结构及拖拉机动力限制，目前以两行悬挂式玉米联合收获机最受市场欢迎，故这里以 4YW-2 型悬挂式玉米联合收获机为例进行介绍，如图 10-18 所示。由图可以看出，该机主要包括分禾装置、喂入装置、摘穗装置、秸秆还田装置、悬挂架等。

图 10-18　4YW-2 型悬挂式玉米联合收获机

（1）割台

割台位于机组的最前方，主要由割台体焊合、扶禾器、摘穗箱及摘穗辊、拨禾箱及拨禾链等组成。割台通过两个支撑轴挂接在前悬挂架的"U"形挂钩上，其位置可以通过拖拉机的液压手柄进行调整。在割台中，割台体焊合是其基础件，所有割台的功能部件都安装在其上，该焊合体主要由方管、角钢和钢板焊接而成。

（2）悬挂架

悬挂架是悬挂式玉米联合收获机非常重要的一个部件，我国拖拉机的保有量比较大，机型又比较复杂，所以为了充分发挥拖拉机的牵引性能和行走性能，该装置已经开始系列化和标准化，主要包括前悬挂架、果穗输送器支架、后悬挂架和主机架，其中前悬挂架、果穗输送器支架和后悬挂架都焊接在主机架上。

前悬挂架用于挂接玉米收获机的摘穗台（即前面所述的割台，主要由于习惯问题，所以目前许多人还是把玉米收获机的摘穗台称作割台）；果穗输送器支架用于安装纵向输送果穗的刮板式输送器；后悬挂架解决秸秆还田机的挂接问题。所有这些与拖拉机的挂接都是通过主机架与拖拉机底盘的纵梁连接。

（3）传动装置

悬挂式玉米联合收获机的传动装置如图 10-19 所示。由图可以看出，该型玉米收获机的所有动力都来自拖拉机的动力输出轴，即拖拉机的动力输出轴首先通过万向节传动轴传出，并将动力分为两路，其中一路传给秸秆还田装置的传动箱，然后通过一对三角皮带轮驱动茎秆切碎装置的刀轴，由其带动动刀高速旋转，完成茎秆的切碎和抛撒还田；另一路经过一对链轮传给带有花键的传动轴，传给摘穗主传动箱，由其经过一对链轮传给中间轴。进而中间轴以左右两对链轮分别传至左、右摘穗辊的传动箱，两传动箱通过一对啮合齿轮驱动摘穗辊高速反向旋转。与此同时，传动箱的动力传给左、右、中间拨禾链的传动箱，带动拨禾链将玉米茎秆导入摘穗辊，完成果穗的摘取。

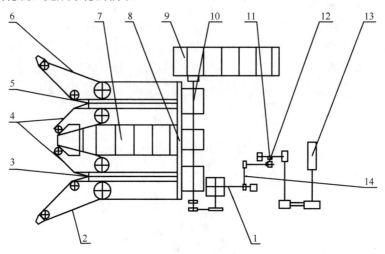

图 10-19　4YW-2 型玉米联合收获机传动装置

1—万向节传动轴；2、4、6—拨禾链；3、5—摘穗辊；7—第一升运器；8—溜槽；9—第二升运器；
10—中间轴；11—动力输出轴；12—传动轴；13—茎秆切碎装置；14—二级传动轴

中间轴通过一个链轮，将动力传给第一升运器的主动轴，又经过双排链轮带动第一升运器的被动轴，将摘穗辊摘下的果穗送往溜槽中；果穗经过溜槽滑入第二升运器，其中第二升运器的主动轴与中间轴同轴，所以主动轴通过双排链将动力传给从动轴，实现第二升运器的运转，果穗在第二升运器的输送下向后运往位于拖拉机后方的集果箱，完成果穗的收集装箱。

2. 悬挂式玉米联合收获机的工作过程

悬挂式玉米联合收获机的工作过程与自走式联合收获机基本一致，工作时，由分禾器首先把位于机器前方的玉米导向距离其最近的摘穗辊前部，进而在"八"字形分布拨禾链的作用下，玉米植株被送进两个相向旋转且表面带有螺旋凸筋的摘穗辊之间，玉米茎秆被摘穗辊抓取，并急速向后、向下方拽拉，当茎秆上的果穗接触到摘穗辊时，由于果柄与茎秆、果穗的连接强度小于茎秆的抗拉强度，果柄被拉断，完成果穗的摘取；摘下的果穗随即落入第一输送器，并由其向后输送至横向溜槽，果穗在重力作用下滑入位于机器右侧的第二升运器，由第二升运器完成果穗的纵向输送，并将其收集在果穗收集箱中。而玉米秸秆则被安装在拖拉机后部的秸秆粉碎还田装置进行粉碎，并抛撒于田间地表，从而一次性完成了玉米摘穗、输送、装箱、秸秆粉碎还田等多道工序。

3. 悬挂式玉米联合收获机的特点

悬挂式玉米联合收获机的特点如下：对玉米收获环节进行了模块化设计，并将这些模块通过悬挂架安装在拖拉机上，提高了拖拉机的利用率。可以一次完成摘穗、输送、装箱、秸秆还田等作业环节，达到了联合作业的目的。悬挂式玉米联合收获机充分利用了拖拉机的动力和行走装置，提高了机器的适应性和操作性，其结构简单，重量轻，操作方便，机动灵活，成本低，效益高，是我国独有的一种玉米联合收获机机型。当然，该机型也存在部分缺点，主要是与拖拉机的组装工作量大，技术要求高，且驾驶人员的舒适性有待提高。

三、籽粒直收型收获机

随着西南山区玉米机械化收获的发展及种植模式、品种等的改变，近年来，逐步出现了玉米机械化籽粒直收机械。但受限于地形条件和品种成熟度，西南地区籽粒收获比例较小。目前，在西南山区应用的籽粒直收机型多为履带式籽粒直收机型，部分规模化经营主体为了提高已有机具的利用效率，将水稻收获机通过更换割台、脱粒滚筒实现了玉米籽粒直收作业（图10-20）。

图10-20 水稻收获机更换割台实现玉米籽粒直收作业

籽粒直收机型应用的割台同果穗收获型机具一致，割台收获的果穗经输送系统送入脱粒分离滚筒，进入脱粒滚筒的果穗在纹杆、钉齿、板齿等脱离元件、滚筒盖导向板的共同作用下作圆周和轴向运动，从滚筒前端移向后端。作物在运动过程中多次受到脱粒元件的打击、梳刷，在底部凹板筛上进行揉搓而脱粒。脱下的籽粒穿过凹板筛落到振动筛上，经风扇和振动筛的清选后，清洁籽粒落入水平籽粒搅龙，再经水平籽粒搅龙和垂直籽粒搅龙运至粮箱；

清选筛清出的较粗茎秆和籽粒等混合物经二次搅龙送至滚筒再进行二次脱粒；芯轴沿脱粒滚筒移到脱粒机端部，被滚筒的离心力抛出；破碎苞叶、芯轴等轻杂被风扇气流吹出机外。

1. 行走装置

针对南方山区地形特点，此类收获机多采用履带式行走装置，能够在凸凹不平的地面上行走，也可以跨越障碍物、爬不太高的台阶等，并采用高齿高花履带，增强机具本身的附着力和爬升能力（图 10-21）。履带式行走装置，能够降低机具重心，避免轮式行走机构在丘陵地区作业安全性差等问题，同时又具有较强的爬坡能力。但是由于没有自位轮和转向机构，要转弯时只能靠左、右两个履带的速度差，履带式机型在行走时操控相对复杂，对机手要求较高。目前，高端机型多采用静液压行走系统，提升了机具操控性（图 10-22）。

a. 豪丰履带自走式玉米收获机　　　　　　　b. 山东国丰4YZP-3L履带自走式玉米收获机

图 10-21　履带式玉米籽粒收获机

图 10-22　履带式行走机构

2. 脱粒分离装置

脱粒分离装置是联合收获机的核心工作部件，根据物料来料方向和脱粒分离滚筒的安装，联合收获机又分为轴流型联合收获机和切流型联合收获机（图 10-23）（陈志，2014；贾毕清，2010）。切流型滚筒式脱粒装置在使用过程中穗秆都是沿滚筒圆周的切线方向流动，切向进入、切向排出；轴流型滚筒中作物进入轴流脱粒装置后，在沿滚筒圆周切线做回转运动的同时，沿滚筒轴向方向移动，谷物沿滚筒做螺旋运动。部分企业研发了切流型与纵轴流型组合式脱粒分离装置，兼顾了脱粒行程长、分离面积大和对潮湿、难脱作物适应性好的优点。

a. 纵轴流型脱粒分离装置　　　　　　　　　　b. 切流型脱粒分离装置

c. 切流型与纵轴流型组合式脱粒分离装置（CLAAS）

图 10-23　脱粒分离装置分类

目前，南方丘陵山区收获时玉米籽粒含水率较高（30% 以上），采用的履带型玉米籽粒收获机一般采用纵轴流型脱粒分离装置（图 10-24）。

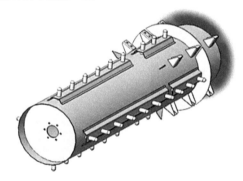

图 10-24　锥形复合钉齿式纵轴流型脱粒滚筒（国丰机型）

第四节　山地玉米收获后处理专用机械化设备

一、玉米脱粒机的类型与特点

玉米脱粒机是指对玉米果穗进行脱粒的机械装置，具有操作简便、能耗低等特点。玉米脱粒机是收获过程中最重要的机具之一，在分别收获中占主导地位，利用脱粒机械可使收获周期比人工收获缩短 5 ～ 7d，在联合收获机上作为核心部件，对整机的工作质量起决定性作用。

　　玉米脱粒机主要由喂料装置、脱粒装置、分离清选装置、出料口、机架及传动装置等组成。玉米脱粒机的生产率决定于配套动力的大小,其功率消耗可按 1kW·h 可脱粒 600 ～ 1000kg 已剥皮玉米穗估算。未剥皮玉米穗直接进行脱粒时,其生产率降低 30% ～ 50%。

　　玉米脱粒机的品种比较多,分类没有统一标准。从脱粒机械的结构来看,有简易式、半复式、复式 3 种。简易式的脱粒机结构简单,仅有脱粒装置,只能将玉米脱粒,不能进行分离和清选;半复式脱粒机结构较为复杂,除具有脱粒装置外,还有简单的分离装置和清选装置,可以进行初步的分离和清选;复式脱粒机具有完善的脱粒、分离、清选装置,除脱粒和分离外,还能进行多项清选,将谷粒进行分级。需要脱粒的玉米籽粒含水率一般≤20%,机收时玉米籽粒含水率 15% ～ 25% 适用于直接收获,能够满足籽粒破碎率≤5% 的要求。

　　按功能,脱粒机可分为单一脱粒式和组合式。功能组合方式:剥皮、脱粒组合,上料、剥皮、脱粒、清选组合。只有简单风选功能的归为无清选分离脱粒机。

　　按处理量,参照现行农机补贴目录分类档次,脱粒机可分为 0.4 ～ 3t/h（配套功率≤3kW）、3 ～ 5t/h、5 ～ 10t/h、10 ～ 30t/h、30t/h 以上。

　　按脱粒原理,脱粒机可分为击打式、挤搓式、碾压式、差速式、搓擦式（图 10-25）。

　　　　a. 击打式脱粒机　　　　　　　　　　　　b. 挤搓式脱粒机

　　　　c. 搓擦式脱粒机

图 10-25　玉米脱粒机

　　击打式脱粒机主要由料斗、脱粒、风选、筛选、机架、传动等装置组成,具有处理量高,脱粒质量较好,操作简便,工作可靠,结构紧凑,坚固耐用,使用维护方便等优点。脱粒时,利用回转滚筒上的脱粒部件击打果穗,果穗之间和滚筒与凹板筛之间的揉搓作用使籽粒脱落。并借助其他机构将籽粒、玉米芯、灰屑、轻杂分别排出机外。该类型脱粒机容易使玉米芯破碎、籽粒破碎率较高、洁净度差,且喂入量过大,滚筒易堵塞。

　　击打式脱粒机按滚筒上脱粒元件分为钉齿式或纹杆式（图10-26）。钉齿式玉米脱粒装置一般由钉齿滚筒和钉齿凹板或栅格凹板组成，有卧式结构与立式结构之分，钉齿滚筒外形又有圆柱钉齿滚筒和圆锥钉齿滚筒两种形式，钉齿也有多种形状，且钉齿排列具有规律性，一般按照螺旋线方式排列（图10-27），螺旋头数越多，脱粒能力越强。主要用于普通玉米脱粒；纹杆式玉米脱粒装置由纹杆滚筒和栅格凹板组成，一般采用卧式结构。与钉齿式脱粒机相比，纹杆式脱粒机虽然籽粒破碎率小、脱尽率高、清洁度高、生产效率高、分离籽粒能力强，但功率消耗较大，对水分高的玉米适应能力差。相对来说纹杆式较钉齿式对玉米籽粒损伤小，国内外大企业一般采用纹杆式脱粒机加工玉米种子。

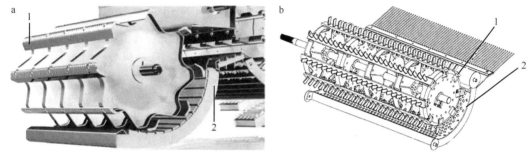

图 10-26　玉米脱粒滚筒装置

a. 纹杆式玉米脱粒装置：1—纹杆滚筒；2—栅格凹板；b. 钉齿式玉米脱粒装置：1—圆柱形钉齿滚筒；2—钉齿凹板

a. 螺旋排列

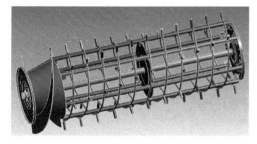

b. 直行排列

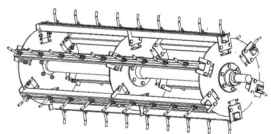

图 10-27　钉齿排列形式

　　挤搓式玉米脱粒机主要由料斗、脱粒、风选、筛选、机架、传动等装置组成（图10-28），挤搓式原理的脱粒装置，是模仿人工手搓玉米的动作，由于滚筒轴有一定夹角的板齿，连续拨动果穗，使果穗在受到推挤的情况下既向前运动又做周向运动，在运动过程中与两侧和底

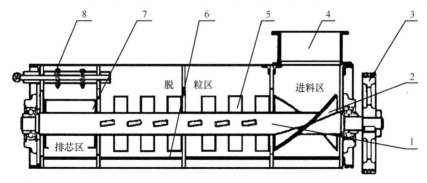

图 10-28　挤搓式玉米脱粒装置

1—滚筒；2—进料螺旋；3—皮带轮；4—进料箱；5—脱粒板齿；6—栅格凹板；7—排芯拨轮；8—排芯压板机构

部的栅格进行揉搓，果穗之间在一定的挤压状况下揉搓，果穗上的籽粒均能受到挤搓。与击打式脱粒机相比，脱粒性能好、对不同类型的玉米适应性强、脱粒效率高、脱尽率高、种子破碎率低，既可用于普通玉米脱粒，又可用于种子脱粒，在国内外应用广泛。我国还制订了相关技术标准。

此外，碾压式脱粒机脱粒效率低，容易造成籽粒擦伤；差速式脱粒机脱粒效率低，仅适合单穗玉米脱粒；搓擦式玉米脱粒机脱粒效率低，这些机械我国研究少，基本没有应用。

按应用范围和配套动力，脱粒机分为家用（手摇、单相电机、内燃机）、场用（内燃机、三相电机）。家用脱粒机主要分为简单式和半复式，其中手摇式脱粒机的效率低，劳动强度较大，但体积小，结构简单，重量轻，成本低，1min 可脱 15 ～ 20 个玉米棒，处理量 200kg/h，玉米芯比较完整，比用人工脱粒快 10 倍以上，妇女和老人都能操作使用；半复式脱粒机采用单相电机或内燃机驱动，单相电机驱动的脱粒机功率≤ 2.2kW，内燃机驱动的脱粒机功率≤ 3kW，处理量 500kg/(kW·h)，有简单的风选和分离装置；场用脱粒机一般为半复式和复式，处理量较大，配套功率 5.5kW 以上，处理量 600kg/(kW·h) 以上，配置了不同等级的剥皮、风选、分离、清选装置，没有工业用电条件的一般采用柴油机或拖拉机作动力。目前西南地区，四川购机补贴分类以滚筒长度 700mm 为界，分两类；云南购机补贴按处理量分为 5 ～ 10t/h，10t/h 及以上的玉米脱粒机。

按加工对象，玉米脱粒机分为普通玉米脱粒机、种用玉米脱粒机、鲜食玉米脱粒机（加工用，采用切粒技术）。普通玉米脱粒机的未脱尽率≤ 1%，飞溅损失率≤ 0.5%，总损失率≤ 2%，破碎率有清选装置的≤ 1%、无清选装置的≤ 1.5%，含杂率≤ 1%；种用玉米脱粒机脱尽率≥ 99.5%，破碎率≤ 1.5%，损失率≤ 1%，含杂率≤ 14%，处理量 1.2t/(kW·h)。

按移动方式，玉米脱粒机分为背负式（底盘自走有动力）、移动式（拖车式）、集成式、固定式。背负式脱粒机有拖拉机背负、农用车背负两类；移动式一般为拖车底盘，配置有内燃机或电动机，有的可用拖拉机轴输出作动力，处理量大、配置齐的机型体积较大；集成式是籽粒玉米收获机上集成了脱粒机；固定式是相对前几种机型不便于移动、无拖曳底盘的脱粒机，需要人工搬运。

目前，我国已颁布《玉米脱粒机》（JB/T 10749—2018）、《挤搓式玉米种子脱粒机　技术条件》（NY/T 1136—2006）及鉴定大纲《脱粒机械》（DG/T 033—2019）和《玉米收获机械》（GB/T 21962—2020）4 个相关标准。

二、玉米烘干系统组成与运行参数

谷物干燥是农业生产中的重要步骤，也是农业生产中的关键环节，是实现粮食生产全程机械化的重要组成部分。谷物烘干机械化技术是以机械为主要手段，采用相应的工艺和技术措施，人为地控制温度、湿度等因素，在不损害谷物品质的前提下，降低谷物中的含水量，使其达到国家安全贮存标准的干燥技术。

在我国西南地区，玉米收获时的籽粒含水量一般在 25% ～ 35%，甚至更高。现实情况是采取分段收获的方法。第一段是摘穗后直接收集带苞叶或剥皮的玉米果穗；第二段是将玉米果穗在地里或场上晾晒风干或烘干后脱粒。玉米烘干分果穗烘干和籽粒烘干，果穗烘干设备主要用于种子加工过程，设备投资高。随着规模化经营的发展，近年来也有少数用于普通玉米果穗初脱水，便于脱粒后再烘干的例子。籽粒烘干涵盖了商品玉米和种子烘干。品种单一，数量大，烘干期短，应选用大、中型连续式烘干机。品种多，数量少且分散存放，应选用中、小型分批（循环）式烘干机或平床式烘干机。玉米烘干系统由供热系统（热源）、烘干控制装置、热交换系统（烘干机本体）、进出粮辅助装置、通风除尘系统等组成。

1. 仓式烘干机

可以对刚收获的剥皮玉米果穗进行机械化烘干，可以一次性干燥到含水量14%左右。也可烘干至玉米脱粒机要求的水分（种用≤18%，其他用途20%左右），再对玉米果穗进行脱粒及初清选，然后进行玉米籽粒的烘干，直至籽粒达到安全储存水分。分段干燥加工可降低玉米脱粒时的破碎率，提高种子干燥的均匀度，提高加工效率，提升设备的利用率，节能降耗，节省烘干作业成本。仓式干燥设施设备投入大，目前主要用于种子干燥，其结构如图10-29所示。烘干仓采用固定床干燥模式，用斜板筛床承载果穗，自流卸料效率较高，较为方便，采用多仓并列，处理量容易放大。停留时间一般为70h以上，籽粒含水量降低幅度大。

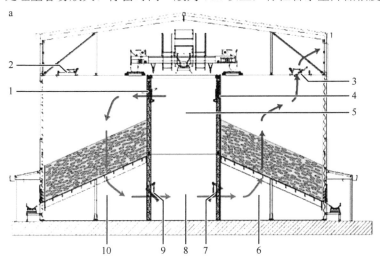

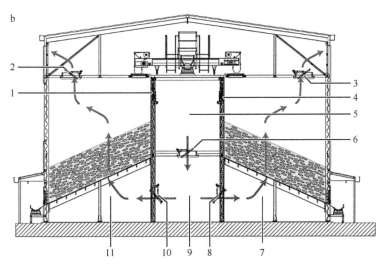

图 10-29 德国佩特库斯（PETKUS）仓式烘干机结构示意图

a. 交替、串联干燥方式：1、4—上部通风门，2—排气门，3—排气门，5—上部风道，6、10—干燥室下部，7、9—下部通风门，8—下部风道；b. 同时、并联干燥方式：1、4—上部通风门，2、3—上部排气门，5—上部风道，6—旁路通风门，7、11—干燥室下部，8、10—下部通风门，9—下部风道

仓式烘干机的操作流程：果穗进入剥皮机除去苞叶和絮毛，进入选穗台，没有剥净的果穗返回到剥皮机，不合格的果穗被剔除，符合要求的由布料输送机分送至各烘干仓进行干燥。烘干仓主体由两列对称排列的多个仓室构成，根据需要烘干的玉米果穗的数量和品种的多少及水分差异的大小来决定每次的装仓方案。方案 a 交替、串联干燥方式。一侧部分烘干仓先装果穗，热风（约 43℃）从上部风道进入烘干仓室上部，自上而下穿过料层，尾气从另一侧烘干仓室排气门排出，带走湿分，烘干一段时间后，热风尾气湿分呈现下降趋势，对应另一侧烘干仓室再装载果穗，利用过一次的热风（从约 43℃降至约 38℃）继续进入另一侧烘干仓室下部，自下而上穿过料层，从顶部排风口排出，带走湿分，直到一侧的果穗干燥到所需含水量后卸料。改变热风（约 43℃）的方向，从另一侧烘干仓室上部输入热风，自上而下穿过料层，从一侧烘干仓室的上部排风口排出。一侧的果穗卸料完毕后可以重新装载。该方案利用了尾气的余热，比较节能。方案 b 同时、并联干燥方式。两侧部分烘干仓同时装载果穗，热风（约 43℃）经上部风道、下部风道进入烘干仓室下部，自下而上穿过料层，废气分别从两侧烘干仓室上部通风门排出，带走湿分（果穗含水量低时甚至可直至烘干至所需水分），烘干一段时间后，尾气湿分呈现下降趋势，改变热风方向，热风（约 43℃）从上部风道进入两侧烘干仓室上部，自上而下穿过料层，从下部风道排出，带走湿分，直到果穗干燥到所需含水量后卸料。然后重新装料，进入新的干燥过程。总的来说，干燥介质（热风）是从干的果穗向湿的果穗吹，切忌从湿的果穗向干的果穗吹，那样会使已干的果穗因接触潮湿的空气而回潮。

2. 平床烘干机

平床烘干机（图 10-30）适应多种物料烘干，采用平板筛床承载物料。既可以干燥普通玉米（果穗、籽粒），又可以干燥种子玉米（果穗、籽粒），靠人工装卸物料，效率低，劳动强度大。热源采用燃煤、燃油或燃气热风炉等，控制装置简单，只有风量和热风温度可简单控制，烘干程度完全靠人掌握。

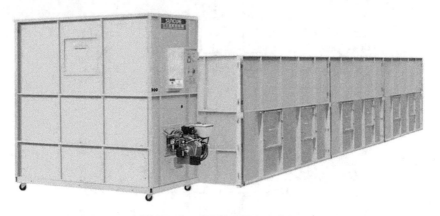

图 10-30　平床烘干机（三久）

平床烘干机结构简单，属于固定床干燥机，有单向通风和双向通风两种结构。单向通风指热风由下而上穿过物料层带走湿分；双向通风指热风可换向通过物料层带走湿分。平床烘干机采用低温、大风量干燥方式，经过一定的时间达到干燥的目的。双向通风可以改善物料的干燥均匀度。用于玉米干燥方面主要采用单向通风方式，处理量较小。常见的规格主要是按烘床的面积来计算的，有 5H-4、5H-7、5H-10、5H-17 等型号。

3. 塔式烘干机

塔式烘干机（顺逆流立式）是目前国内外使用最为广泛的烘干机型之一（图 10-31），属于连续型干燥机，顺逆流干燥技术采用"顺流-逆流"的组合干燥工艺，并根据粮食受热温度实行"分段变温干燥"，各干燥段之间设计有缓苏段，"干燥-缓苏"交替进行。烘干、缓苏、冷却可一机完成，高水分玉米能一次烘干降水，单机单次最大降水幅度可达 16%。最小处理量一般在 50～100t/d，最大处理量可达 1000t/d。烘干后籽粒爆腰率增量少，破碎率增值低。除可用于烘干玉米外，还可以烘干水稻、大豆、小麦、高粱、油菜籽等谷物和油料作物。

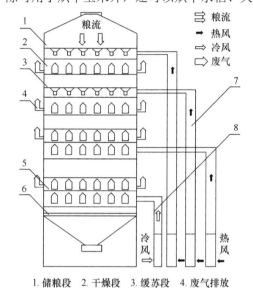

1. 储粮段　2. 干燥段　3. 缓苏段　4. 废气排放
5. 冷却段　6. 排粮段　7. 热风段　8. 冷风段

图 10-31　塔式烘干机

4. 循环式烘干机

循环式烘干机也称为批次式烘干机，通常一个烘干流程不能将物料烘干至要求水分，未达到干燥要求的物料从烘干机出料端排出后，再次进入烘干机进行二次烘干，甚至多次烘干，最后达到安全水分。针对玉米籽粒设计值是含水量 30% 烘至 12.5% 为止。批处理量一般不超过 30t（与容积密度有关），普遍在 4～10t/批及以上，20t/批以下。最大降水速率为每小时 1.8%～3.5%。热源多为柴油和天然气，也可以配用生物质燃料或玉米穗轴等。循环式烘干机也可以用于玉米种子籽粒烘干，热源最好使用柴油和天然气，便于精确控制。

5. 烘干机使用要求

A. 玉米水分过高（≥30%）时，不宜进入烘干机直接进行烘干，最好先行晾晒。

B. 烘干前应通过清理去除玉米中的杂质，如玉米芯、玉米皮等，这样既可增加烘干效率且可防止烘干时失火。

C. 湿粮应按水分含量不同分堆存放，对需要烘干的玉米应按其水分差异进行分组后分批进行烘干，同批进入烘干设备的玉米水分差异应≤3%。

D. 湿度较大可采取分段烘干的方法提高干燥效率，保证干燥质量。

E. 烘干过程中，按照烘干工艺参数、使用说明进行精确控制和及时调整，定时测量玉米温度、水分，并记录在生产报表上。

目前，我国已发布了《玉米干燥技术规范》（GB/T 21017—2021）和《玉米果穗种子干燥成套设备》（JB/T 13426—2018）两个标准。

三、玉米籽粒商品化处理装置与特点

西南地区所产玉米（籽粒）主要用于饲料（饲草）、发酵工业和鲜食，少量用于鲜食玉米（籽粒）加工和玉米制种。

我国玉米国家质量标准有 5 个，分别是玉米国标、饲料用玉米国标、食用玉米国标、淀粉和发酵工业用玉米国标、高油玉米国标。玉米国标是大宗玉米的通用标准，广泛用于商品玉米的收、贮、加工、销售。其他 4 个国标针对玉米的用途又相应调整了一些指标。另外，还有 1 个大连玉米期货行业标准。

玉米籽粒的质量标准主要参照现行标准《玉米》（GB 1353—2018）。该标准主要规定了容重、不完善粒含量、杂质含量、水分含量、色泽气味及卫生要求。根据我国玉米生产的特点，参照美国、加拿大标准分为五等和等外。玉米中的特殊品种如糯玉米等不适合该标准。

《食品安全国家标准　粮食》（GB 2715—2016）针对食用玉米原料制订了感官要求、有毒有害植物种子限量、污染物限量、真菌毒素限量和农药残留量限量，4 类限量指标。

《淀粉发酵工业用玉米》（GB/T 8613—1999）规定了淀粉工业用玉米以马齿型等淀粉含量高的玉米为宜；低于三等的玉米不宜做淀粉、发酵工业用；烘干或发热后的玉米不宜做淀粉，发酵工业用。

《饲料用玉米》（GB/T 17890—2008）规定了一级饲料用玉米，增加了脂肪酸值要求；三种等级的饲料用玉米粗蛋白均 ≥ 8%（干基）。其他指标按《饲料卫生标准》（GB 13078—2017）执行，该标准针对玉米原料规定了无机物污染、真菌毒素、天然植物毒素、有机氯污染物、微生物污染物 5 类限量指标。

《糯玉米》（GB/T 22326—2008）质量分等规定了干籽粒容重，《糯玉米》（NY/T 524—2002）质量分等则没有干籽粒容重限制指标，但规定了鲜糯玉米（穗）的质量分等标准。鲜食玉米（主要是甜糯玉米）加工品质我国目前还没有统一的标准，根据目前国内的市场需求和加工特性可分为外观品质、营养品质及食用品质。外观品质主要包括果穗的大小、形状、色泽等，加工粒状产品时对形状和品种的出籽率要求较高。

《粮食作物种子　第 1 部分：禾谷类》（GB 4404.1—2008）主要规定了种子类别、纯度、净度、发芽率、水分。加工过程中种子干燥、脱粒和清选效果对种子净度、发芽率和含水率有很大影响。需要专门的种子干燥设备和脱粒、清选设备。

根据西南玉米产业现状，提高玉米籽粒的商品化程度，满足行业需求，需要根据相关标准进行适当处理，主要是提高玉米籽粒的商品品质，方法为及时干燥、脱粒、降低籽粒的破损率，提高清选效果，妥善贮藏；通过适度规模化经营，配齐晾晒、脱粒、烘干、清选、贮藏的设施设备，尽量去除各种杂质及粉尘，有助于防止贮藏过程中霉变、污染等造成的损失，保障籽粒的商品价值。

玉米籽粒清选使用的复合式粮食清选机（图 10-32），主要利用玉米颗粒在气流中的临界速度和颗粒尺寸等物理特性进行分选。在干燥前应采取鼠笼筛、风筛组合机进行粗清，粗清作业除杂率 ≥ 70%，干燥后含杂率 ≤ 3%，用风筛组合机进行复清，清洁率可达 99%，生产率 2t/(kW·h) 以上。

玉米种子清选使用的风筛式种子清选机（图 10-33），主要利用玉米颗粒在气流中的临界速度和颗粒尺寸等物理特性进行分选。水分 13% 时，清选后净度提高 ≥ 2%，生产率 ≥ 0.75t/(kW·h)。

图 10-32　复合式粮食清选机

图 10-33　风筛式种子清选机

四、玉米秸秆处理类型与装备

玉米秸秆田间处理包括秸秆还田、根茬粉碎还田、秸秆收获。秸秆还田方式是人工摘穗后，用悬挂式秸秆还田机把秸秆粉碎撒在地里，再用旋耕机或犁把粉碎后的秸秆翻入土里；另一种方式是玉米收获机附带了秸秆粉碎装置，在收获过程中粉碎秸秆并均匀抛撒，秸秆切碎后应软、散、无圆柱段和硬节段，抛撒应均匀，不得有堆积和条状堆积。根茬粉碎还田指用灭茬旋耕机把根茬破碎后旋耕还田。秸秆收获主要是用于饲料：一是人工摘穗后，用饲料收获机粉碎秸秆后输送到收集装置；二是青饲玉米直接用饲料收获机粉碎收集；三是茎穗兼收，用茎穗兼收玉米收获机在收获玉米穗的过程中把秸秆粉碎后输送到收集装置。西南地区田块较小，需根据各地的具体情况和收获效率要求进行选型，优先选择悬挂式带收集料仓的机型。

1. 玉米秸秆切碎还田技术及设备

悬挂式玉米秸秆还田机（图 10-34）由拖拉机驱动，通常为卧式单轴，主要由齿轮传动箱、皮带传动、刀轴、罩壳、定刀和限深辊等组成，用于玉米摘穗后直立玉米秆的切碎还田。刀片通常有锤爪、弯刀和直刀三种，一般对称排列，罩壳上装有定刀。刀轴转速为 1800 ～ 2200r/min，秸秆经反复剪切、撕裂、揉搓后抛撒于地面。限深辊调节留茬高度和防止刀具入土，一般留茬高度 4 ～ 5cm，该机的缺点是不能解决根茬的粉碎还田问题。

图 10-34　悬挂式玉米秸秆还田机

2. 联合收割机玉米秸秆切碎技术及装置

在联合收割机前部割台下方或收割机后部增加了玉米秸秆切碎装置，将秸秆切碎后抛撒到地面。切碎装置由一组旋转的切刀组成，分为甩刀式和滚刀式，能把秸秆切成小段，长度不大于 10cm。受收割机功率和操作的影响，留茬高度一般在 15cm 以上。切碎效果一般，留茬较长，在秸秆量大的玉米地实用性差。

3. 玉米根茬单轴灭茬技术及设备

玉米根茬单轴灭茬机（图 10-35）由轮式拖拉机驱动，主要由齿轮传动箱、刀轴、罩壳等组成，利用刀轴上的刀片高速旋转和前进的复合运动对作物留茬进行粉碎作业，刀轴转速 430r/min，破茬能力强，耕深 12cm 左右，灭茬刀组工作部分的位置需要与玉米种植模式配套，以降低功率消耗。该机适用于旱田的灭茬、除草、翻压覆盖绿肥及浅层耕作，优点是结构简单，缺点是功能单一，灭茬后还需旋耕整地。

图 10-35　玉米根茬单轴灭茬机

4. 玉米根茬双轴灭茬旋耕技术及设备

玉米悬挂式双轴灭茬旋耕机（图 10-36）由轮式拖拉机驱动，主要由齿轮传动箱、前后刀轴、罩壳等组成，前刀轴为灭茬轴，每个刀盘上装有 4～6 把 L 型灭茬刀，成螺旋状排列，刀轴转速 400～600r/min，灭茬深度 5～8cm，后刀轴为旋耕轴，装有旋耕刀，也呈螺旋状排列，转速 220～270r/min，耕深 12～16cm。灭茬刀切碎根茬后，由旋耕刀翻埋入土。优点是复式作业，效率较高。缺点是设备较重，动力消耗大，耕幅 200cm 的机型需配套 88.2kW 以上拖拉机，处理站立秸秆高度低，一般为 30cm 以下。长期实行灭茬旋耕，容易形成犁底层，使耕层变浅，制约玉米生长，尤其是黏性土壤更需要结合深松和深耕打破犁底层。

图 10-36　双轴灭茬旋耕机

5. 秸秆还田机作业质量

秸秆还田机在玉米秸秆含水率为20%～30%条件下作业。根据《秸秆还田机作业质量》（NY/T 500—2002）要求，切碎长度≤100mm，切碎宽度≤10mm，切碎长度合格率≥90%，残茬高度≤80mm，抛撒不均匀度≤20%，漏切率≤1.5%，秸秆切碎后应软、散、无圆柱段和硬节段，抛撒应均匀，不得有堆积和条状堆积。

根据《秸秆还田机质量评价技术规范》（NY/T 1004—2006）要求，与收割机配套的秸秆还田机切碎长度合格率≥85%，纯生产率≥0.33hm²/(m·h)。

根据《根茬粉碎还田机》（JB/T 8401.3—2001）要求，与拖拉机配套的秸秆根茬粉碎还田机秸秆灭茬深度≥7cm，根茬粉碎率≥86%。

6. 秸秆粉碎还田机产品型号表示方法

秸秆粉碎还田机依据标准为《秸秆粉碎还田机》（JB/T 6678—2001），其型号表示方法如图10-37所示。

　　改进代号：原型不标注；改进型用字母A、B……标注，第一次改进标注A，第二次改进标注B，如此类推。
　　秸秆类型：通用型不标注；玉米、小麦、水稻、高粱等秸秆专用型粉碎还田机标注汉语拼音文字第一个字母，若出现重复可选取第二或其后面的字母。
　　标记示例：工作幅宽160cm，适合玉米秸秆粉碎还田的秸秆粉碎还田机表示为1JHY-160

图 10-37　秸秆粉碎还田机产品型号表示方法

7. 玉米秸秆饲料化技术与装备

西南地区玉米种植面积大，玉米秸秆资源丰富，同时也是牛羊养殖比较普遍的地区。玉米秸秆饲料化利用是通过秸秆过腹还田，提高秸秆的利用率，具有良好的生态效益和经济效益，对于增加农民收入、促进农业和畜牧业可持续发展具有重要意义。玉米秸秆饲料化利用主要是把收获的秸秆通过粉碎、揉搓等物理及化学和微生物发酵等方法把秸秆转化成饲料，以增加营养价值、改善适口性的技术和方法。涉及秸秆收获、粉碎、揉搓、包膜等机械装备，这里主要介绍青饲料收获机械。

青饲料收获机是能一次完成青饲料的收割、切碎、抛送碎段等工序的机械，又称青饲联合收割机、青贮联合收割机，主要有甩刀型和通用型两种。根据动力和连结方式，分为牵引式、悬挂式、半悬挂式和自走式。

（1）甩刀型青饲料收获机

甩刀型青饲料收获机主要用于收获牧草、燕麦、甜菜茎叶等青饲料，也可用于收获玉米青饲料，适于无果穗站立的玉米秸秆及其他类似秸秆。通常悬挂在拖拉机后端（拖拉机正向行驶），该机是在秸秆还田机的基础上增加铡切、揉搓、螺旋输送、风送、料仓等装置开发而成的。具有两次切碎功能的机型在生产中使用较多，收获幅宽为130～200cm，配套四驱拖拉机功率为 55 ～ 88kW，秸秆理论切碎长度 ≤ 60mm（图 10-38）。其工作过程是：用 S 型甩刀将青饲料割下、切碎，经螺旋推运器进入轮刀式切碎器进行第二次切碎，再由切碎器上的凹形刀片抛到挂车上，经两次切碎，青贮质量较好。

a. 双天4Q-172型青饲料收获机　　　　　　　b. 圣泰青饲料收获机

图 10-38　甩刀型青饲料收获机

（2）通用型青饲料收获机

通用型青饲料收获机又称多种割台青饲收获机，可通过更换割台收获包括玉米在内的多种青饲作物。悬挂式青贮收获机是在拖拉机后端悬挂安装割台，机头上方安装料斗，驾驶室内增加反向行驶装置，反向行走作业，采用立式圆筒齿缘喂入装置，能适应玉米、高粱等高秆作物的不对行收获。采用圆盘锯片式切断装置，物料切断准确、平稳、留割茬均匀、一致。收获幅宽 1.4 ～ 1.8m，配套功率 55 ～ 88kW（图 10-39，图 10-40），配置四驱拖拉机，动力输出轴转速 1000r/min，有爬行档或倒档等 8 个档位，有副离合。

图 10-39　森睿 4QX-1400 型青贮机　　　　图 10-40　犇牛 4QX-1400 型青贮机

（3）自走式青贮收割机

自走式大型青贮收割机采用轮式（图 10-41）或履带式（图 10-42）底盘换装青贮割台，割台配置双圆盘割刀或往复式割刀，有籽粒破碎装置；操作舒适，效率高，但体积、重量大，价格高，对道路要求高，使用灵活性受限，需要根据当地使用条件慎重选择。例如，轮式底盘的美迪 9QZ-2200A，外观尺寸（长×宽×高）为 6400mm×2490mm×4800mm，整机重量

7260kg。美迪 9QZ-2900B 外观尺寸（长×宽×高）为 8100mm×3320mm×3500mm，整机重量 8080kg。两者收获幅宽 2.2 ～ 3m，配套功率 118 ～ 228kW。

a. 美迪9QZ-2200A型青贮收割机　　　　　　　　b. 美迪9QZ-2900B型青贮收割机

图 10-41　轮式自走青贮收割机

a. 顶呱呱9QZ-2100L型青贮收割机　　　　　　　b. 五征4QZ-3型圆捆青贮收割机

图 10-42　履带式自走青贮收割机

茎穗兼收型玉米收获机可以同时收获果穗和玉米秸秆（图 10-43，图 10-44），由于两大主要功能叠加，导致体积、重量、配套功率大，价格高，对道路要求高，使用灵活性受限，要根据当地使用条件慎重选择。例如，冀新 4YBQS-2 型，外观尺寸（长×宽×高）为 8000mm×3100mm×3800mm，适应行距 50 ～ 65cm，摘穗高度 50cm，配套动力 88kW。勇猛

图 10-43　冀新 4YBQS-2 型穗茎兼收机　　　　　图 10-44　勇猛 4YZQS-4B 型穗茎兼收机

4YZQS-4B 型，外观尺寸（长×宽×高）为 8000mm×3100mm×3800mm，适应行距 59cm，割幅 2.28m，配套动力 198kW。

参 考 文 献

陈汝利. 2020. 玉米秸秆还田存在的问题及对策 [J]. 现代农业科技, (9): 190-192.

陈志. 2014. 玉米全价值收获关键技术与装备 [M]. 北京: 科学出版社.

房云江. 2014. 玉米收获机剥皮机构关键部件优化设计与试验 [D]. 北京: 中国农业大学硕士学位论文.

高公如, 英霄, 季向永. 2010. 手扶式单行玉米收获机传动机构研究 [J]. 农业装备与车辆工程, (9): 14-16.

耿端阳. 2011. 新编农业机械学 [M]. 北京: 国防工业出版社.

国家标准化管理委员会, 国家市场监督管理总局. 2005. 脱粒机　试验方法: GB/T 5982—2005[S]. 北京: 中国标准出版社.

国家标准化管理委员会, 国家市场监督管理总局. 2020. 玉米收获机械: GB/T 21962—2020[S]. 北京: 中国标准出版社.

郝付平, 陈志. 2007. 国内外玉米收获机械研究现状及思考 [J]. 农机化研究, (10): 206-208.

贾毕清. 2010. 纵轴流联合收割机切流脱粒分离装置的试验研究与分析 [D]. 镇江: 江苏大学硕士学位论文.

刘琳, 高占文, 赵大为. 2014. 悬挂式玉米收获机研究现状及必要性分析 [J]. 农业科技与装备, (11): 60-61, 64.

刘晓娟, 李姿漩. 2020. 4YZ-4 型自走式玉米联合收获机的研究与国外发展趋势分析 [J]. 农机使用与维修, (4): 26.

于明月. 2010. 两种不同摘穗机构对玉米果穗剥皮落粒的影响 [J]. 农业机械, (21): 92-93.

U. S. Grains Council. 2018. Corn Harvest Quality Report 2018/2019[R].

第十一章　青贮玉米机械化高产高效生产技术与装备

青贮玉米是指在最佳收获期将玉米地上部植株收获，经过整株切碎，存放到青贮窖（池、袋）进行青贮发酵，制成饲料或工业原料，并以一定比例配制成用以饲喂以牛、羊为主的草食家畜的饲料作物。广义上，青贮玉米是基于用途对青贮玉米原料及加工产品的统称。狭义上，青贮玉米是指用于青贮的玉米品种。一般生产习惯上所称的青贮玉米，是指用于生产青贮饲料的玉米品种。

青贮玉米作为重要的饲料作物，在国外研究较早，在欧美等畜牧业发达国家，特别是在奶牛、肉牛、奶羊和肉羊生产发达的地区，都大量种植青贮玉米，广泛使用青贮饲料。美国每年收获的青贮玉米在 230 万～ 460 万 hm²，约占玉米种植总面积的 20%，青贮玉米年产量在 1 亿 t 左右。在欧洲，每年大约种植 400 万 hm² 的青贮玉米，占玉米种植面积的 80% 左右。其中法国和德国种植面积最大，超过欧洲种植面积的一半；爱尔兰、英国、丹麦、比利时、荷兰等国几乎是 100% 的青贮玉米；德国籽粒玉米、青贮玉米、沼气玉米各占三分之一，而沼气玉米也是青贮玉米；法国青贮玉米占到 50%。以乳业著称的新西兰，青贮玉米占 100%。

2016 年，我国青贮玉米种植面积约 104 万 hm²，占玉米种植总面积的比例为 4.0%。近年随着玉米粮食价格下跌，国家调整了玉米产业政策，要求"镰刀湾"地区玉米调减 330 万 hm² 以上籽粒玉米生产转产青贮玉米，以解决不断增长的草食饲料缺口和促进玉米种植增收（农业部玉米专家指导组，2017）。西南地区青贮玉米饲料应用始于 2000 年前后，青贮玉米主要以兼用型玉米为主，重点利用玉米籽粒收获后的青绿秸秆作饲料，主要解决饲料缺口问题。近年，西南地区草食畜牧优势产业带区划和奶业快速发展，推进了玉米全株青贮产业化应用。目前，青贮玉米主要存在以下问题亟待解决：一是适宜西南生态的专用青贮玉米品种匮乏；二是由于缺乏配套收获机械，收获用工成本高；三是玉米青贮技术还不是很成熟，处于养殖企业自发初级简单青贮阶段。

第一节　山地宜机青贮玉米品种类型与特点

一、宜机青贮玉米品种与特点

（一）青贮玉米的分类

1. 根据原料利用部位及能量分类

（1）根据原料利用部位分类

根据玉米原料利用部位的不同，可将青贮玉米分为单玉米粒青贮（高水分玉米粒青贮）、单秸秆青贮（收获鲜食玉米或籽粒玉米后的秸秆，其中收获粮食玉米后的秸秆青贮一般称为黄贮）和全株玉米青贮（在最佳收获期收获包括籽粒和秸秆全部用作青贮）。此外，还有玉米穗青贮（包含玉米轴及玉米果穗苞叶）、只收获玉米穗及穗以上秸秆的带穗半株玉米青贮。

（2）根据能量分类

根据能量从低到高，青贮玉米可以分为黄贮（籽粒玉米秸秆青贮）、常规留茬全株青贮、高留茬全株青贮、半株玉米青贮、玉米果穗带苞叶青贮、玉米穗（不带苞叶）青贮、玉米粒青贮 7 个类型。

2. 根据种植收获分类

（1）粮食（饲料）玉米

以收获干玉米粒为主，其中 60% ～ 70% 的玉米粒主要用作动物饲料，因此粮食玉米生产应该称为饲料玉米生产。在美国还有一部分粮食玉米用作乙醇燃料。据报道，美国 2014 年用作燃料的粮食玉米约占总收获量的 30%。

（2）青贮玉米

收获籽粒和秸秆作为奶牛、肉牛、肉羊饲料的生产。欧洲（德国、意大利、西班牙等）还将青贮玉米用作沼气发电，虽然与青贮玉米的加工制作方式相似，但一般根据用途称为生物能源玉米或沼气玉米。

粮食（饲料）玉米、青贮玉米是种植玉米的两种主要用途。粮食（饲料）玉米的新用途是作为乙醇燃料，青贮玉米的新用途是用作沼气发电。美国和欧洲加强了对玉米的新用途开发，充分体现了玉米高能量的特点，这是基于绿色能源可持续发展要求开辟的玉米利用新途径。

3. 根据用途分类

（1）专用型青贮玉米

专用型青贮玉米是指将果穗、茎叶都用于饲料的玉米品种，其营养丰富，非结构性碳水化合物（主要是淀粉和可溶性碳水化合物）含量高，木质素含量低，收获时具有较多的干物质产量，与其他青贮饲料相比具有较高的能量和良好的消化率。专用型青贮玉米是指产量高、品质好，只适合做青贮的玉米品种，在乳熟期至蜡熟期收获包括玉米果穗在内的整株玉米。

（2）粮饲兼用型青贮玉米

粮饲兼用型青贮玉米是在成熟期获取较高的籽粒产量用于粮食或配合饲料，同时收获青绿的茎叶用作青贮，整株干物质产量是其最重要的指标。可根据当年的气候、玉米市场形势的变化及牧草饲料产量来考虑是做青贮还是收获籽实，在冷凉地区还可作为专用型青贮玉米使用；可减少玉米茎叶资源的浪费，减轻秸秆焚烧造成的空气污染，增加饲草总量，促进畜牧业发展和农牧业产业结构调整，加快玉米向优质、多元、高效、生态保护型发展，利于玉米生产持续稳定的增长。

（3）粮饲通用型青贮玉米

粮饲通用型青贮玉米是指该玉米品种既可作为普通玉米品种，在成熟期收获籽粒，用于食物或配合饲料，也可作为青贮玉米品种，在乳熟期至蜡熟期收获包括果穗和茎叶在内的全株，用于青贮玉米或青贮饲料。粮饲通用型青贮玉米品种利用灵活，弹性大，可根据当年玉米生产情况，及时调节收获形式和内容。在籽粒效益高时，收获籽粒，在青贮效益高时，收获青贮，可最大程度降低利用风险。

（4）特质型青贮玉米

特质型青贮玉米用于青贮生产，即某一营养成分含量较高包括高油玉米和高赖氨酸玉米（优质蛋白玉米）。高油玉米的典型特征是玉米胚较大，含油量 7% ～ 10%，比普通玉米高76% 以上，含有较高能量；玉米油的热值比淀粉高 1.25 倍，玉米胚的蛋白质含量（22%）比胚乳高 1 倍，赖氨酸和色氨酸含量比胚乳高 2 倍以上，且其维生素 A 含量也高于普通玉米，作为饲料利用可以不加脂肪，少加其他辅料，降低成本，提高饲料效率。高赖氨酸玉米粒中含有单胃动物（猪、鸡等）体内不能合成而生理必需的赖氨酸，且含量高于普通玉米 1 倍以上。

4. 根据植物形态特征分类

青贮玉米按植物形态特征又可分为单株单穗型、单株多穗型及多枝多穗型。

单株单穗型：如'龙福单 208''龙牧 6 号''龙单 24''中原单 32'等，多为粮饲兼用型青贮玉米。

单株多穗型：如'科多 4 号'，此类玉米品种较少。

多枝多穗型（即分蘖型）：分蘖玉米比普通玉米具有更高的总干物质含量，具有较高的青贮饲料利用价值，近年加拿大选育的分蘖型玉米杂交种含有大量的可消化蛋白质。我国有'华农 1 号''科多 8 号''京多 1 号''龙牧 3 号'等。

（二）青贮玉米的特点

青贮是玉米作物的一种利用方式，任何玉米品种都可以用来做青贮。但作为一种玉米的用途，青贮有其独特性，因此需要一些特殊的评价指标。

1. 青贮玉米的独特性

青贮玉米与其他青贮作物相比，不仅仅用秸秆提供营养。例如，苜蓿，除了提供纤维，还提供蛋白质，其蛋白质主要来自叶片，纤维主要来自茎秆。青贮小麦、燕麦的最佳收获期均在孕穗期，以抽穗期为好，因此也是以收获茎秆和叶片为主。

青贮玉米与这些作物不同，最主要的可消化能量来自玉米籽粒，最佳收获期的青贮玉米，其可消化能量的 65% 来自玉米籽粒，因此对青贮玉米来讲，籽粒最为重要。所以，一个好的青贮玉米品种，必须首先是一个好的粮食（籽粒）玉米品种。换言之，青贮玉米品种与普通玉米品种，相似性或相同点大于不同点，共性大于差异性。但不是所有的籽粒玉米品种都是最好的青贮玉米品种。而不是一个好的粮食玉米品种，就一定不是一个好的青贮玉米品种。换言之，青贮玉米是粮食玉米品种中的一部分，而不是独立于粮食玉米品种之外与普通玉米品种完全不同的品种类型。很多普通玉米品种，既适合用作籽粒玉米生产，也适合用作青贮玉米生产。只适合青贮玉米生产而不适合籽粒玉米生产的品种，是很少的。

2. 评价青贮玉米品种的三大基本要素

青贮玉米品种在满足籽粒产量高的前提下，还应从产量、熟期和农艺特性等方面进行评价。

（1）青贮玉米的产量

1）标准水分青贮产量

青贮玉米的产量，以含水量 65% 时的全株鲜重产量来衡量，称之为青贮玉米的标准水分青贮产量，这是因为在制作青贮玉米时最佳干物质含量为 35%（即水分 65%）。虽然也有用 100% 干物质产量来衡量的，假如水分很低，最后计算出的 100% 干物质产量很高，但未必是好的品种，因此评价产量，首先要对评价的青贮玉米限定一定的水分，青贮玉米的最佳干物质含量为 32% ～ 38%，即水分含量为 62% ～ 68%，有些专家建议，可放宽到 60% ～ 70%。

因此，在评价青贮玉米品种的标准水分产量时，首先是限定收获时的水分达标范围，超出此范围，表明收获期不正确或者所评价品种的熟期不适合所在区域。其次是评价青贮玉米品种需要用标准水分青贮产量来进行，不建议使用 100% 干物质产量，因为其不直观。更不建议使用"生物量"（biomass）的概念，一是因为"生物量"概念本身不适用于农业生产，是生物学概念，生物产量包含不收获的根和留茬部分；二是生活中经常被农民当作鲜重，而实际却是 100% 干物质产量。为避免混乱，也为了适应农业生产学科特点，应该采用 65% 水分的青贮鲜重作为标准水分青贮产量，因此可以使用 100% 干物质产量的概念，但应坚决摒弃"生物量"概念在青贮上的使用。

2）每亩干物质产量的计算公式

$$每亩干物质产量（kg）=每亩青贮鲜重产量（kg）×青贮干物质含量（%）\qquad（11-1）$$

每亩青贮鲜重产量，首先与青贮玉米种植密度有关，一般来说，每亩种植密度越高，每亩鲜重越高。达到最佳种植密度后，每亩鲜重产量下降。因为最大每亩干物质产量的种植密度比最大鲜重产量的种植密度要低，因此不能追求最大鲜重产量。

不建议追求最大每亩鲜重产量，也不必追求最大籽粒产量；可以追求最大每亩干物质产量，最好是最大每亩代谢能产量。因此，青贮玉米品种与普通粮食品种的独特性体现在：一是品种要耐密或选择可耐密种植的普通玉米品种，即要比一般籽粒品种更耐密；二是植株要高，但不要追求植株粗，因为尽管粗的植株干物质产量高，但一般其要求的总播种密度低，更重要的是其植株消化率低。只有具备耐密和植株高两个特性，才能带来高干物质产量，即高青贮产量（杨耿斌等，2006）。但也不能在追求高干物质产量时，忘记青贮玉米与饲料玉米相同性大于独特性。

（2）青贮玉米的熟期

青贮玉米最佳收获时期，籽粒淀粉线在 1/2 ~ 3/4（籽粒 1/2 ~ 3/4 变硬，乳线，即白色部分占比 1/4 ~ 1/2），此时距离玉米粒出现黑层，达到生理完熟，还需 7 ~ 10d。因此，如果想最大化利用作物可生长天数，充分利用光照和积温，可以采用比收获籽粒玉米生育期略长的品种，这对高纬度地区、山区高海拔温度低、积温有限地区有重要意义，如黑龙江省第三积温带，如果种植青贮玉米，可以选择第一积温带的玉米品种，第四积温带可以选择第二积温带的玉米品种，通过选择生育期长的品种，可实现青贮玉米高产。但对夏播地区，因为现有品种已充分利用了积温，生育期没有扩展空间，且现有主栽品种在中国采用传统收玉米穗的模式，而不是直接收玉米籽粒的收获模式，以及要及时播种后茬小麦，在这一区域，不可以选择生育期过长的品种，可以选择生育期比籽粒玉米长 3 ~ 5d 的品种，而不能选择热带血缘重的品种，否则青贮玉米收获时，水分太大，籽粒发育不完善，青贮干物质产量不高，能量损失巨大，压窖时养分损失大。

国内有人认为青贮玉米生育期可以比粮食玉米晚 10 ~ 15d，这不是绝对的，这样的品种在夏玉米区，青贮玉米收获时籽粒发育不足，淀粉线只达到 1/4，鲜重高，但能量密度很低。采用普通玉米品种，正常青贮玉米最佳收获期，在中国春播玉米区只可比籽粒玉米收获期早 7 ~ 10d，不能太早收获，如果采用熟期晚 7 ~ 10d 的品种，收获期应该在收获籽粒玉米时同时收获。

总之，在积温充足地区，春播玉米可以选择生育期略长的品种，但不要过早收获，如在我国新疆、宁夏、甘肃地区就宜选择生育期略长的品种，可以比粮食玉米晚 10 ~ 15d，适时早播，以充分利用光热水资源实现高产，在常规普通品种收获籽粒时，进行青贮玉米的收获。在积温不足地区，可跨积温带选择品种，用中熟玉米品种代替早熟玉米品种以实现高产；在不适宜种玉米的地区，可种早熟玉米品种，收获玉米果穗基本成熟的青贮玉米，因为 $1hm^2$ 青贮玉米相当于 $2hm^2$ 大麦/黑麦草/小麦青贮的代谢能，在我国青海、西藏、内蒙古海拉尔地区、河北坝上地区就可以采用极早熟玉米品种做青贮。

因此，在青贮玉米品种审定和普通玉米品种的跨区使用上，种子管理部门应该放松管制，鼓励群众多试验，选择出合适的品种，特别是黑龙江地区的积温分区基本概念不完全正确，分区不能真正体现玉米的生理生长需求，亟需按中国自然地理活动积温概念重新划分。

总而言之，青贮玉米品种熟期≥普通籽粒玉米品种熟期。

（3）青贮玉米的农艺特性

从玉米品种的选育和栽培上，青贮玉米品种应具有以下农艺特性。

1）抗倒伏性

抗倒伏性是籽粒玉米和青贮玉米共同的要求，因为青贮玉米播种密度略高，一般每亩玉米栽培密度越高，作物的根系发育因植株间对水、肥、光的竞争加大，植株越弱小一些，抗倒伏能力就越差一些。但青贮玉米为实现高产，需要加大播种密度，因此好的青贮玉米品种要求在较高的种植密度下，仍要抗倒伏，即相对耐密的普通玉米品种比只适应较小密度的青贮玉米品种更适合作为青贮玉米品种。

2）持嫩（绿）性

青贮玉米收获时，种植者和使用者往往希望品种后期植株持绿，以提高青贮饲料适口性，并保持含有更多的可消化纤维的叶片，茎叶健康。因此，青贮玉米品种要比籽粒玉米有更好的抗叶斑病能力，后期植株持绿。

3）耐旱性

玉米高产需要充足的雨水或灌溉用水，在干旱缺水的年份，玉米品种在干旱环境下的结实性与玉米品种的稳产有很大关系。因此，选择耐旱特性的玉米品种可以更保险。

4）生育期

生育期应该适应于拟种植区域的种植制度，并与当地青贮玉米的生长期相一致。春播早、中、晚熟品种的生长期分别为80～100d、100～120d、120～150d，对应的积温依次为2000～2300℃·d、2300～2500℃·d、2500～2800℃·d。夏播早、中、晚熟品种的生长期分别为70～85d、85～95d、96d以上，对应的积温依次为1800～2100℃·d、2100～2300℃·d、2300℃·d以上。

总之，从农艺性状上，青贮玉米与普通玉米品种没有太大的差异，核心是尽可能选择抗当地病虫害并适应当地气候的品种（如抗旱、抗叶斑病），但更强调耐密性和抗倒伏性。

二、青贮玉米评价方法与主导品种特性

（一）青贮玉米评价方法

青贮玉米产量有4种不同的计算方式：籽粒产量、全株干物质产量、标准青贮产量和鲜重产量，为了更准确科学地评价青贮玉米品种，就必须采用综合评价指标，而不能仅仅采用全株干物质产量。综合评价指标也是美国和欧洲通行的青贮玉米评价标准。

1. 美国青贮玉米评价方法

Milk 2006是美国威斯康星大学奶牛专家Randy Shaver和玉米栽培专家Joe Lauer共同开发的评价青贮玉米的软件，目前使用的是经过1991年、1995年、2000年三个版本发展更新而来的第四个版本。从1991年的第一版只重视中性洗涤纤维（neutral detergent fiber，NDF）和淀粉，1995年的第二版重视纤维的消化率，到2000年第三版，在强调纤维消化率的同时，也开始纳入淀粉消化率；2006年版更进一步优化和强调了淀粉含量和消化率。

Milk 2006基于美国科学院全国研究理事会的《奶牛营养需要（第七版）》关于饲料原料科学和奶牛营养科学当时的进展，根据青贮玉米各营养组分构成的总可消化养分计算的能量，

再依据奶牛饲料配方和营养需要（按奶牛体重613kg，饲料配方30% NDF）生成的牛奶的能量，计算得出：

$$每公顷青贮玉米的总可产牛奶量（kg/hm^2）= 每吨100\% 干物质青贮玉米的产奶量（kg/t）$$
$$× 每公顷产出的青贮玉米的干物质产量（kg/hm^2）$$

（11-2）

该公式计算得出的每吨100% 干物质青贮玉米的产奶量与实际青贮饲喂得出的奶牛产奶量基本一致。在美国的奶牛饲喂试验表明，公式计算得出的每吨100% 干物质青贮玉米的产奶量，一般比实际饲喂测得的奶牛采食每吨100% 干物质青贮玉米的实际产奶量数值略低45kg（按每天产奶量计算，奶牛采食9kg 100% 干物质青贮玉米，则每天实际产奶量与预测差值在0.45kg以内）。

Milk 2006 综合考虑了玉米籽粒及其消化率，秸秆及其消化率，测算了粗饲料质量与奶牛的采食量，采用了最新的试验分析方法和动物试验的最新成果，综合反映了如何从奶牛饲养角度来评价青贮玉米的质量，特别是在评价青贮玉米不同品种的质量差异方面具有显著作用。

根据1995 ～ 2008 年美国威斯康星大学青贮玉米品种试验（每年约有100 多个品种分4个生态区，各分早、晚熟期，共8个组进行的17 144 个小区的试验数据），发现最好的品种与最差的品种各主要性状指标的差异：100% 干物质产量差7095kg/hm²，每吨干物质产奶量差275kg，青贮产奶量差14 700kg/hm²。每吨干物质营养指标，淀粉产量差138kg，NDF 产量差88kg，中性洗涤纤维消化率（NDFD）差8.9%，体外全株消化率（IVD）差5.8%。

从威斯康星大学奶牛营养师 Randy Shaver 列举的例子（表11-1）可以看出，一个极端好的青贮玉米品种与一个极端差的青贮玉米品种各指标及总产奶量的差异。一个极端好的青贮玉米品种的典型特点是淀粉含量高，即便干物质含量只有30%，其淀粉含量也能达到34%，因此其每千吨干物质产奶量可以达到1642kg。而一个极端差的青贮玉米品种即使其干物质含量达到45%，其淀粉含量也只有20%，因此其每千吨干物质产奶量只有1018kg。

表 11-1　极端青贮玉米品种的质量指标差异（史枢卿，2017）

品种	指标								Milk 2006 计算值		
	干物质/%	籽粒破碎	蛋白质/%	中洗纤维/%	纤维消化率/%	淀粉/%	灰分/%	脂肪/%	总可消化养分/%	泌乳净能/（MJ/kg）	每吨100% 干物质青贮玉米的产奶量/（kg/t）
极端差青贮	45.00	无	8.80	54.00	46.00	20.00	4.30	3.20	56.20	5.06	1.018
极端好青贮	30.00	有	8.80	34.00	70.00	34.00	4.30	3.20	76.30	6.82	1.642

2. 欧洲青贮玉米评价方法

欧洲种植的玉米主要用于青贮，如英国爱尔兰几乎100% 玉米用于青贮，德国75% ～ 80% 玉米用于青贮（其中一半青贮和奶牛场粪污混合用作沼气发电），法国50% 玉米用于青贮，荷兰、比利时、瑞士等国的玉米绝大多数用作青贮。在青贮玉米的评价上，采用的是每公顷代谢能的评价方法，因为代谢能是奶牛可利用的最大能量。计算公式如下：

$$代谢能（MJ）= 作物养分总能（MJ）- 没有消化的排泄出去的粪能（MJ）$$
$$- 尿能（MJ）- 产生甲烷气体的能量（MJ）$$

（11-3）

欧盟青贮玉米评价采用6个品种作为对照品种，其中3个是市场上最流行、农户多年采用的、市场上种植面积较大的青贮玉米品种，一般保持 5 年；另外 3 个对照品种是最近 3 ~ 5 年审定通过，在市场上刚开始流行的品种，一般每 2 ~ 3 年更换一批品种。之所以使用这些品种作为对照，目的是鼓励育种企业推出优于前代的品种，如果新推出的品种不能比原有品种有进步，就说明这些新品种没有上市的意义。通过任何一个欧盟国家的区试（区试只进行两年），就可以在所有欧盟国家进行销售，这相当于中国的国审。但在具体国家中，如果某一品种没有在本国生态区有试验点，或者在某一欧盟国家通过审定，没有通过欧盟审定，也可以在本国进行测试，进入本国推荐目录，类似于中国的引种。

欧盟的测试结果横坐标为每公顷代谢能，纵坐标为每公顷干物质产量，这两个指标均可以用绝对值，如每公顷多少兆焦，也可以用相对于参试品种干物质产量的百分数。因为欧盟已经测试了每公顷代谢能，所以农户选择品种时，一般可以只关注干物质产量。对牧场主来讲，更关注每公顷代谢能，因为这个指标不仅考虑了干物质产量，也考虑了质量，是一个综合指标。

3. 国内青贮玉米评价方法

目前，国内通常采用洗涤剂法对纤维的营养价值进行评价，具体标准参照 2010 年发布的《青贮玉米品质分级》（GB/T 25882—2010）。

1）外观要求

植株较高，叶量较多，持绿性好，无明显倒伏，无明显大斑病、小斑病、黑粉病、丝黑穗病、锈病等病害症状。

2）水分含量

水分含量为 60% ~ 80%。

3）品质分级

青贮玉米品质分级及指标应符合表 11-2 的规定。

表 11-2　青贮玉米品质分级及指标

等级	中性洗涤纤维/%	酸性洗涤纤维/%	淀粉/%	粗蛋白/%
一级	≤ 45	≤ 23	≥ 25	≥ 7
二级	≤ 50	≤ 26	≥ 20	≥ 7
三级	≤ 55	≤ 29	≥ 15	≥ 7

注：粗蛋白、淀粉、中性洗涤纤维和酸性洗涤纤维为干物质（60℃下烘干）中的含量

4）测定方法

①取样方法，青贮玉米分析样品取样，按照《农作物品种试验技术规程　玉米》（NY/T 1209—2006）的规定执行。②水分含量，按照《农作物品种试验技术规程　玉米》（NY/T 1209—2006）的规定执行。③粗蛋白含量，按照《饲料中粗蛋白的测定　凯氏定氮法》（GB/T 6432—2018）的规定执行。④中性洗涤纤维含量，按照《饲料中性洗涤纤维（NDF）的测定》（GB/T 20806—2006）的规定执行。⑤酸性洗涤纤维含量，按照《饲料中酸性洗涤纤维的测定》（NY/T 1459—2007）的规定执行。⑥淀粉含量，按照《动物饲料中淀粉含量的测定　旋光法》（GB/T 20194—2018）的规定执行。

5）卫生指标

卫生指标按照国家相关规定的标准执行。

6）品质综合判定

中性洗涤纤维、酸性洗涤纤维、淀粉和粗蛋白四项指标中单项最低的等级判定为青贮玉米的品质等级。三级以下的青贮玉米等级判定为等外。

（二）青贮玉米主导品种特性

史枢卿（2017）研究指出，不同生产区域的自然条件和种植制度差异较大，需要不同特性的青贮玉米品种满足其独特的要求。西南山地玉米区的适宜品种有'雅玉青贮8号''渝青玉3号''晋单青贮42''辽单青贮178''雅玉青贮04889''华农1号青饲''中原单32号''中北青贮410''奥玉青贮5102''雅玉青贮27''耀青2号'等。截至2016年，国家农作物品种审定委员会审定登记的专用青贮玉米品种90个，主要代表性品种如下。

（1）'雅玉青贮8号'

'雅玉青贮8号'（图11-1）是国家2005年审定的青贮玉米品种，由四川雅玉科技股份有限公司选育，母本为'YA3237'，来源为'豫32'בS37'；父本为'交51'，来源于贵州省农业管理干部学院。该品种适于四川、北京、天津、山西北部、吉林、上海、福建中北部、广东中部春播区和山东泰安、安徽、陕西关中、江苏北部夏播区做专用青贮玉米种植。

图11-1　青贮玉米'雅玉青贮8号'

A.特征特性：在南方地区从出苗至青贮收获88d左右。幼苗叶鞘紫色，叶片绿色，花药浅紫色，颖壳浅紫色。株型平展，株高300cm，穗位高135cm，成株叶片数20～21片。花丝绿色，果穗筒形，穗轴白色，籽粒黄色，硬粒型。

B.品种抗性：经中国农业科学院品种资源研究所接种鉴定，高抗矮花叶病，抗大斑病、小斑病和丝黑穗病，中抗纹枯病。

C.品种品质：经北京农学院测定，全株中性洗涤纤维含量45.07%，酸性洗涤纤维含量22.54%，粗蛋白含量8.79%。

D.产量表现：2002～2003年参加青贮玉米品种区域试验，31点次增产，5点次减产，2002年生物产量（鲜重）69 288.15kg/hm²，比对照'农大108'增产18.47%；2003年生物产量（干重）20 198.25kg/hm²，比对照'农大108'增产8.96%。

E.栽培技术要点：适宜密度4000株/亩，注意适时收获。

（2）'渝青玉 3 号'

'渝青玉 3 号'（图 11-2）是重庆市 2010 年审定的第一个也是唯一一个专用型青贮玉米品种。由重庆市农业科学院玉米研究所选育，品种来源为'B31-3'×'P-64'。适宜在重庆市平丘区、中低山区及高山区和类似生态区推广种植。

图 11-2 青贮玉米'渝青玉 3 号'

A. 特征特性：该品种属中晚熟杂交青贮玉米，在 42 000 ～ 45 000 株/hm² 试验密度下，出苗至青贮收获期 118 ～ 123d，平均 119.6d；株型半紧凑，株高 285cm，穗位高 122cm，叶片绿色，成株叶片数 20 片，花药紫色，颖壳绿色，花丝浅紫色，籽粒黄色、半马齿型，果穗长 19.9cm，穗行数 16.9 行，行粒数 39.5 粒。

B. 品种抗性：经四川省农业科学院植物保护研究所接种鉴定，该品种中抗大斑病和纹枯病，感小斑病、丝黑穗病和玉米螟。

C. 品种品质：经北京农学院植物科学技术学院检测，粗蛋白含量 9.92%，中性洗涤纤维含量 48.84%，酸性洗涤纤维含量 22.92%。

D. 产量表现：两年区试籽粒平均单产 7638kg/hm²，比对照'渝单 8 号'增产 4.77%，青贮玉米生产试验，平均生物产量（干重）18 987kg/hm²，比对照'渝单 8 号'增产 35.22%，3 个试点全部增产。

E. 栽培技术要点：'渝青玉 3 号'长势旺盛、植株高大、叶片繁茂，春播一般适宜种植密度为 52 500 ～ 60 000 株/hm²，秋播密度可调控在 60 000 ～ 67 500 株/hm²。在乳熟末蜡熟初期，植株含水量 65% ～ 70%，即乳线下移到籽粒 2/3 ～ 3/4 时收获，生物产量高，饲料品质好。

（3）'晋单青贮 42'

'晋单青贮 42'（图 11-3）由山西强盛种业有限公司选育（国审玉 2005032），母本为'Q928'，来源为（'928'×'丹 340'）×（'联 87'×'丹 341'）；父本为'Q929'，来源为'929'×（'大 319-2'×'V187'）。该品种适宜在北京、天津、河北、辽宁东部、吉林中南部、内蒙古中西部、上海、福建中北部、四川中部、广东中部春播区和山东中南部、河南中部、陕西关中夏播区作为青贮玉米品种种植。

图 11-3　青贮玉米'晋单青贮 42'

A. 特征特性：出苗至青贮收获 106d，比对照'农大 108'晚 2d，需有效积温在 2800℃·d 以上。幼苗叶鞘紫色，叶片绿色，叶缘绿色，花药淡红色，颖壳淡绿色。株型半紧凑，株高 275cm，穗位高 130cm，成株叶片数 21 片。花丝淡绿色，穗轴红色，籽粒黄色，半马齿型。平均倒伏率 4.5%。

B. 品种抗性：经中国农业科学院品种资源研究所两年接种鉴定，高抗矮花叶病，抗大斑病、小斑病和丝黑穗病，中抗纹枯病。

C. 品种品质：经北京农学院两年测定，全株中性洗涤纤维含量 41.25% ～ 46.45%，酸性洗涤纤维含量 19.17% ～ 21.31%，粗蛋白含量 7.66% ～ 8.41%。

D. 产量表现：2003 ～ 2004 年参加青贮玉米品种区域试验，41 点次增产，5 点次减产，平均生物产量（干重）20 846.4kg/hm²，比对照'农大 108'增产 14.66%。

E. 栽培技术要点：在东北、华北和南方地区种植，适宜密度 52 500 株/hm² 左右。在黄淮海地区种植，适宜密度 67 500 株/hm² 左右。注意适时收获。

（4）'渝青 386'

'渝青 386'（图 11-4）由重庆市农业科学院选育的优良青贮玉米品种，母本为'B313'，父本为'渝 P54'。2019 年通过黄淮海区域审定，审定编号：国审玉 20190041；2020 年通过西南区审定，审定编号：国审玉 20200564。该品种适宜在河南、山东、河北、陕西、山西、江苏、安徽、湖北等黄淮海夏玉米类型区和云南、贵州、四川、重庆、广西、湖南、湖北等西南地区作青贮玉米种植。

图 11-4　青贮玉米'渝青 386'

A. 特征特性：黄淮海夏播青贮玉米出苗至收获期 101.5d，西南春播青贮玉米出苗至收获期 110d，北方春播青贮玉米出苗至收货期 130d。幼苗叶鞘紫色，叶片深绿色，株型半紧凑，株高 300～350cm（西南 310cm 左右），籽粒黄色。

B. 品种抗性：2015 年接种鉴定，抗大斑病、小斑病，中抗弯孢叶斑病、腐霉茎腐病，感纹枯病；2016 年接种鉴定，高抗茎腐病，中抗小斑病、弯孢叶斑病。

C. 品种品质：2015 年品质分析，全株粗蛋白含量 9.09%，中性洗涤纤维含量 42.06%，酸性洗涤纤维含量 19.72%；2016 年品质分析，全株粗蛋白含量 9.19%，淀粉含量 30.66%，中性洗涤纤维含量 40.47%，酸性洗涤纤维含量 20.65%。

D. 产量表现：2015～2016 年参加黄淮海夏播青贮玉米组区域试验，两年平均亩产（干重）1419kg，比对照'雅玉青贮 8 号'增产 14.35%。2017 年生产试验，平均亩产（干重）1254kg，比对照'雅玉青贮 8 号'增产 13.3%。2018 年西南区域试验干重 1240.4kg，比'雅玉青贮 8 号'增产 10.8%。

E. 栽培技术要点：在黄淮海夏播青贮种植，适宜密度 67 500 株/hm² 左右。在西南地区春播青贮种植，适宜密度 52 500 株/hm² 左右。注意适时收获。

第二节　山地青贮玉米生产关键技术与装备

一、青贮玉米生产关键技术

为充分发挥青贮玉米在种养结合方面的优势，助力玉米种植结构调整和农业供给侧结构性改革，《全国种植业结构调整规划（2016—2020 年）》提出，按照以养带种、以种促养的原则，因地制宜发展青贮玉米。

（一）品种选用技术

品种选用，可选青饲或青贮专用型，也可选用粮饲兼用型的玉米品种，要求具有不早衰、高产、稳产、优质、适应性广、抗逆性强的特点。选用适宜的优良杂交种是取得高产优质的重要条件。

如果青贮玉米生产企业或者养殖单位自身拥有土地，可以选择生物量高、籽粒所占全株比例适宜、持绿期长的专用青贮玉米品种，如'北农青贮 208''中北 410''豫青贮 23'及雅玉系列。没有土地的企业，在同农户签订种植合同时，指导性地建议农户种植兼用玉米品种。在大面积种植新引入的品种时，必须进行 2～3 年的小区试验，筛选出生物量高、茎秆粗壮、籽粒发育完全、抗病害和虫害能力强、不早衰、抗倒伏的品种。

以下是威斯康星大学青贮玉米联盟给奶业生产者推荐的选择青贮玉米品种时的优先筛选次序。

A. 籽粒产量。

B. 全株干物质产量。

C. 抗倒伏能力。

D. 生育期：青贮玉米最长生育期可以比当地使用的最晚的籽实品种晚 10d，青贮玉米单产可提高 2250～4500kg/hm²。播期调节：①种植面积大、收割设备不足的农场，建议早熟、中熟和晚熟品种搭配；②收割时间集中的农场最好选生育期一致的品种；③希望早收青贮的养牛场，适合选早熟品种。

E. 饲用品质：主要包括 NDF、NDFD、可消化的中性洗涤纤维和淀粉含量、奶产量。同时，参考《青贮玉米品质分级》（GB/T 25882—2010）标准，对 CP（粗蛋白）、NDF、ADF 和淀粉含量分析测定，确定是否符合青贮玉米的品质要求（刘强等，2005；白琪林等，2006）。

F. 株型：①紧凑型，适合密植，大多数国外品种属紧凑型；②半紧凑型，叶片与茎秆的叶夹角为 15° ～ 30°，多数国内青贮玉米品种属半紧凑型；③平展型，不适合密植，适宜密度小于 60 000 株/hm²。

G. 底叶保绿性好，抗旱，抗病虫害。

选择品种时还应考虑生育期。活动积温在 2800℃·d 以下的地区，应种植早熟品种；积温在 2800 ～ 3000℃·d 的地区，可种植中熟品种；积温在 3000℃·d 以上的地区，可种植中晚熟、晚熟品种。麦收后复播玉米时，积温在 1900℃·d 以上的地区，以种植生育期为 80 ～ 90d 的品种为宜，积温在 2200℃·d 以上的地区，可种植生育期在 100d 左右的品种。

（二）种子处理技术

生产中，玉米连作经常可见病虫草危害严重。商品型玉米种子一般已经进行了病虫害的包衣处理。引入裸种时必须用杀虫剂和杀菌剂处理种子，同时可以结合复合肥料、微量元素和植物生长调节剂等包衣处理，也可购买市售拌种剂处理的玉米种子。结合包衣处理，生产中应筛选粒大饱满、生活力强的种子。使用的药剂应符合相应的标准，对人畜无毒，不得使用国家禁用、限用的农药。

A. 晒种。在玉米播种前，选择晴天将种子薄薄地摊在晒场上（注意不能直接摊放在柏油路面或水泥晒场上，防止温度过高烫伤种子）连晒 2 ～ 3d，可以有效杀灭种子表面的病原菌，促进种子后熟，改善种皮透性，提高发芽势和发芽率，有利于壮苗、增产。据试验，播前晒种比不晒种的玉米出苗率提高 13% ～ 28%，出苗期提前 1 ～ 2d。

B. 清水浸种。用冷水浸种 12 ～ 24h，或用 50℃温水浸种 6 ～ 12h，可使种子发芽、出苗快而整齐。

C. 磷酸二氢钾浸种。用 500 倍磷酸二氢钾溶液浸种 8 ～ 12h，可比不浸种的玉米早出苗 1 ～ 2d，且增产效果明显。

D. 辛硫磷拌种。用 50% 辛硫磷乳油 50g，兑水 20 ～ 40kg，拌玉米种 250 ～ 500kg，可防治苗期地下害虫。

E. 粉锈宁拌种。用 25% 粉锈宁可湿性粉剂按种子重量的 0.4% 拌种，可防治玉米丝黑穗病；用 15% 粉锈宁按种子重量的 0.4% 拌种，可防治玉米黑粉病。

F. 立克秀拌种。用 2% 立克秀湿拌种剂 30g，拌玉米种 10kg，可防治玉米丝黑穗病。

G. 多菌灵拌（浸）种。用 50% 多菌灵可湿性粉剂按种子重量的 0.5% ～ 0.7% 拌种，可防治玉米丝黑穗病；用 50% 多菌灵 1000 倍液浸种 24h，可防治玉米茎腐病。

H. 福尔马林浸种。用福尔马林（40% 甲醛水溶液）200 倍液浸种 1h，可防治玉米茎腐病。

I. 萎锈灵闷种。用 20% 萎锈灵 500g，加水 2.5kg，拌种 25kg，拌匀后堆闷 4h，晾干播种，可防治玉米丝黑穗病。

种衣剂拌种可使用种子包衣机（图 11-5）。

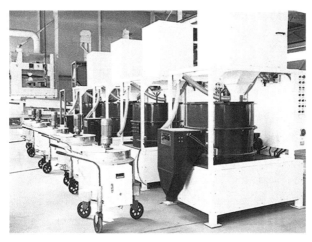

图 11-5　奥凯 5BY-10P 批次式种子包衣机

（三）栽培管理技术

青贮玉米栽培条件宜达到《土壤环境质量　农用地土壤污染风险管控标准（试行）》（GB 15618—2018）、《玉米产地环境技术条件》（NY/T 849—2004）和《无公害食品　大田作物产地环境条件》（NY 5332—2006）标准的要求。另外，大规模生产玉米青贮饲料时，还应该考虑机械作业的适应性。青贮玉米栽培地与青贮饲料贮藏点距离不宜太远，一般不超过 20km（吴胡明等，2014）。

1. 播前准备

（1）选择田块

选择地势较平坦，土层深厚、土壤质地较疏松，通透性好，肥力中等以上，保水、保肥力较好的旱地（田）或缓坡地。

（2）精细整地

播种之前，利用钉齿耙等机具清除杂草、石块、铁屑等杂物。耕翻深度为 15～25cm，耕后耙平，达到土块细碎、地面平整。耕、混、耙一体化的旋耕作业深度要达到 15cm 以上。在一些土壤水肥条件较好、土质较为松软的田地上，前茬收获后，及时对地面的残茬进行处理，可进行免耕播种。

西南山地多为黏性土。黏性土干后特别紧实，播种前施有机肥并深翻（松）可显著提高土壤的保墒性能，促进玉米深扎根。基本耕作标准：深耕（松）要求 30cm 耕层内土层全部松动且平整以适宜青贮收割机操作。在土壤比较松软的情况下可考虑免耕播种。

为了保证播种质量，土壤要有充足的底墒。耕层土壤所含水分适宜，在田间最简便的测定方法是：手捏土成团，以使其自然落地时散成碎块为合适。这时进行整地易于达到整地的"六字标准"。墒：播前土壤应有充足的底墒（土壤最大持水量的 60%～70%）。平：土地要平整。松：耕层疏松，上虚下实。碎：没有大的土块。净：田间洁净，无大的残茬、草根。齐：地头、地边、地角整齐无漏耕。

2. 播种

（1）播种时间

由于玉米是暖季型作物，其理想出苗温度是 25 ～ 30℃，低于此温度的环境都会对玉米构成冷胁迫。种子过长时间处于土壤温度低于 10℃ 的环境会加速种子劣变及苗期病害。冷吸胀会导致一些物理性损坏从而使种子更易受到病虫侵害。长时间的低温会推迟出苗，导致种子损伤严重，且存活下来的植株非常矮小。为了使出苗达到最好的效果，应避免在降温之前播种，播种在湿润、排水良好、作物残茬量小的地块，选择抗逆性好，使用了合适包衣剂的品种。其主攻目标为适时播种，抓全苗、壮苗。

春播青贮玉米的时间一般在 4 月中旬到 5 月中旬，夏播青贮玉米的播种时间一般在 6 月中旬。春播时，在地表温度稳定在 8 ～ 10℃ 后可以播种。夏播在前茬作物收获后力争早播。

（2）播种深度和株距

为了玉米根的良好生长。理想的播种深度是 3.8 ～ 5cm。通常情况下，5cm 是最佳的播种深度，如果提前将玉米播种于温度较低的土壤中，3.8cm 应该是比较理想的播种深度。节根区域（根冠和生长点）通常分布在土壤表面 2cm 以下，这与播种深浅无关，易受到除草剂的药害。测量中胚轴长度（种子和根冠或生长点之间的距离），然后再加上 2cm 即可评估实际的播种深度（图 11-6）。如果种得太浅，那么玉米就无法通过根系获得足够的水分和养分。同时，因为缺乏了节根在土壤中的支撑，还会引发导致玉米倒伏的玉米无根综合症。浅层播种还会导致玉米根暴露于残余除草剂中从而增加了被除草剂伤害的可能性。

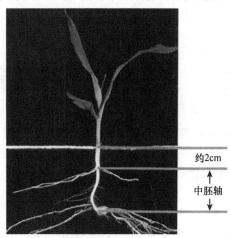

约2cm

中胚轴

图 11-6　播种深度评估示意图

播种深度不一致，会导致出苗不整齐、中胚轴长短不等及幼苗株高不一致。建议播种前在播种机上设定好预期播种深度，并且在田间现场检查实际的玉米播种深度，以保证在播种机全速工作的情况下土壤和种子良好的接触状态。降低播种机的行驶速度可以提高播种深度的均匀度。

（3）密度

种植密度过高会导致：通风透光不良，中下部叶层光照严重不足，根部生长较差，茎秆脆热，容易倒伏，玉米大小不均匀，玉米棒小或者不结籽（王霞等，2005）。密植品种播种密度在 90 000 株/hm² 以内，非密植品种为 52 500 ～ 67 500 株/hm²；旱地可适当降低播种密度。

西南山地玉米区一般青贮玉米品种播种密度为 60 000 ～ 75 000 株/hm²。

（4）播种行距

据国外研究，从田间种植行距来看，等距窄行种植可降低植株对水分、营养和光照的竞争。2009 年，美国农业部报道大约有 85% 的玉米种植行距等于或大于 76cm，只有大概 4% ～ 5% 的玉米种植行距为 38cm 或 50cm（图 11-7）。研究表明，在日照有限的山区玉米中，可能是土壤养分和水分充足，这时窄行种植的玉米田，不论做籽实收获，还是做青贮收获，在产量方面表现出显著的增产效果（3% ～ 10% 的增长）。

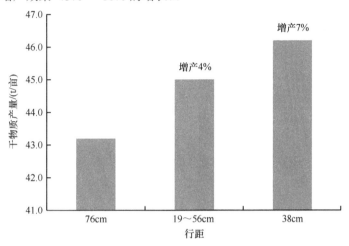

图 11-7　行距对玉米干物质产量的影响

（5）镇压

播后镇压可增加上层土壤的紧实程度，使下层水分上升，种子紧密接触土壤，有利于种子发芽出苗。适度镇压在干旱地区及多风地区是保证全苗的有效措施（图 11-8）。镇压时间视土壤墒情而定，在种子周围土壤含水量为田间持水量的 80% 左右（手握成团，掷地可散），表层土壤因风渐干的情况下进行镇压。

a. 镇压器（迪尔1354挂14m镇压器）　　　　　b. 农户播后镇压

图 11-8　玉米播后镇压

3. 田间管理技术

青贮玉米田间管理与普通玉米非常接近，主攻目标为促叶壮秆、补水、补肥、防治病虫害。具体要注意以下几方面。

（1）中耕松土除草

中耕可以松土和消灭杂草，并能增温保墒，改善土壤通气状况。中耕次数的多少，由土壤的板结状况决定，一般在灌头水前用机械中耕 2～3 次，人工株间松土锄草 1～2 次。第一次中耕要浅，深 7～8cm；以后逐渐加深，并进行开沟给玉米根部培土。中耕要注意质量，防止压苗、铲苗。

（2）间、定苗

间苗以早为好，晚定苗、留匀苗。如出苗整齐，以在 3～4 片叶时进行间苗为好，6～7 片叶时定苗，按规定的密度留足苗。在缺苗处可留双株，要去弱留强，去杂留真，并把地下茎节拔出，以免拔后又长出来。

（3）蹲苗

蹲苗是促进根系发育、增加根量、形成壮苗的措施之一。蹲苗时间应根据苗的长势、土壤类型、水分和肥力等条件综合考虑。时间不能晚于雌穗生长锥伸长期，在 8～9 片展开叶（含真叶）以前进行，否则影响果穗的发育。

（4）不去蘖（打杈）

水肥条件好的地块，玉米幼苗期易发生分蘖，有些青贮玉米品种本身也易于发生分蘖。青贮玉米一般不进行去蘖。

（5）人工辅助授粉

当玉米抽雄时遇到异常高温和大气干旱，田间花粉量不足，或发现雌雄穗发育不协调时，可采用人工辅助授粉，以防止秃顶缺粒。人工辅助授粉的简便方法：玉米散粉期，在上午，手持丁字形的棍棒在行间走动，棍棒的横梁轻轻晃动玉米雄穗，促使散粉。

（6）施肥

青贮玉米以收获绿体为主，植株群体较大，相应地需肥量也较大，播前施足底肥，进入拔节期后，玉米生长速度加快，同时雄穗、雌穗开始分化，所需水肥较多，尿素用量 225～300kg/hm²。制定施肥计划应该以采集土样测定土壤中氮、磷、钾含量为出发点，进而根据生产田的生产潜力施用需要的肥料。青贮玉米生产田的氮肥施用量需要比籽粒玉米生产田的氮肥施用量高 22.5kg/hm²。磷肥是以每生产 1t 青贮玉米消耗 1.6kg 的速度在土壤中流失的，维持土壤中植物可用磷达到 16mg/kg 即可获得青贮玉米最大产量。土壤钾含量应该保持在 100～150mg/kg。氮、磷、钾同时关注，如土壤低磷、中钾，整地时每公顷施有机肥 75 000kg，复合肥 375kg，肥料应符合《肥料合理使用准则　通则》（NY/T 496—2002）要求。病虫草危害严重时，可以结合整地施用杀菌、防虫和除草的药剂。结合栽培地块的土壤肥力，一般底肥施用量 P_2O_5：200～350kg/hm²，N：20～35kg/hm²，K_2O：270～360kg/hm²。在施足底肥的基础上，追施尿素 450～600kg/hm²。一般分两次进行：第一次在拔节期，肥量为总追肥量的 30%～40%；第二次在孕穗期，即大喇叭口期进行，肥量为总追肥量的 60%～70%，开沟、追肥、培土一次完成。施肥后无雨可浇水以提高肥效。

（7）灌溉

西南山地玉米一般不进行灌溉。但作为养殖场集中种植的青贮玉米，有条件是可以进行灌溉的。玉米四叶期前不宜浇水灌溉。拔节期、抽穗期等需水关键期可结合土壤墒情与降雨情况，适时灌溉。灌溉水质要达到《农田灌溉水质标准》（GB 5084—2021）的要求。由于青贮玉米生长旺盛，生长期间，应该保持水分充足，才能够旺盛生长。根据墒情按需灌水，全生育期灌水 3～4 次。玉米拔节后结合追肥浇拔节水；大喇叭口期浇孕穗水；花粒期若土壤田间持水量低于 70%，补灌 1～2 次，灌水量 750～900m³/hm²。拔节和灌浆期是水分的高需求阶段，做到浇透，不缺水。青贮玉米收割前 10d 漫灌一次可以有效提高青贮原料的产量和品质。

（8）培土

玉米经过 3 次除草，4～5 次及以上浇水后，部分根裸露于地面，并且长出气生根，应进行培土，保证植株吸收足够的养分、水分，并防止倒伏。

（9）防治虫害

做好虫害防治工作，主要是地老虎、玉米螟和红蜘蛛的防治，具体方法如下。①地老虎的防治：诱杀成虫，利用黑光灯或糖醋液诱杀；玉米地四周扎杨树枝把诱杀；药剂防治，用 50% 辛硫磷乳油 100g，加水 10kg，拌玉米种子 60～80kg，或者用氯氰菊酯喷雾；农业防治，春播玉米可适当早播，在地老虎大量发生时，玉米幼苗已较大，组织老化，可减轻地老虎危害；地老虎大量发生时，可采用灌水淹虫，也能消灭地老虎。②玉米螟的防治：农业防治，开春前处理完玉米秸秆，以压低虫源；农药防治，用 1.5% 辛硫磷颗粒剂 3750～7500g/hm²，加沙土 37.5～45kg/hm²，施入土壤；生物防治，利用赤眼蜂，在玉米螟产卵始期、盛期，每公顷放蜂 15 万～30 万头，以消灭玉米螟卵。③红蜘蛛的防治：农药防治，用 1.8% 阿维菌素喷洒；农业防治，消灭越冬成虫，利用早春或越冬灌水进行消灭；生物防治，少量发生时，不要着急使用药剂，而让天敌进行消灭。

二、青贮玉米生产装备

玉米对气候的适应性较强，我国从南到北都可以种植，在南方还可以两季种植，每个地区根据气候条件有不同的种植方式。因此，寻找适合不同地区青贮玉米的生产装备，是用户购买的难点之一。

1. 整地机械

整地机械较多，有旋耕灭茬机、灭茬深松机、灭茬深松联合整地机、旋耕深松联合整地机、起垄联合整地机。联合整地机械可以一次完成旋耕、灭茬、深松、起垄方面的复式作业。根据土壤条件和作业要求因地制宜选择整地机械。悬挂双向翻转犁有 1LF-535 型、1LF-435 型（图 11-9），配套动力 120～150 马力。

a. 1LF-535型悬挂双向翻转犁

b. 1LF-435型悬挂双向翻转犁

图 11-9　悬挂双向翻转犁

2. 播种机具

（1）播种机具的类型与特点

目前，生产中使用的播种机具类型多样，按照与拖拉机的挂接形式分类，可分为牵引式播种机、悬挂式播种机、半悬挂式（半牵引式）播种机；按照排种器的形式，可分为机械式排种器播种机、气力式排种器播种机；不同类型播种机具各具特点。

1）牵引式播种机

靠拖拉机的牵引带动行走及作业，带有牵引部件和行走轮。一般机具自重较大，配套拖拉机的后液压悬挂系统难以承受其较大的重量。其主要优点：较小的动力就能带动机具行走、作业，每组机具单组作业所需动力约 15 马力，图 11-10 所示的两行机重约 450kg，30 马力拖拉机就可牵引行走、作业；机具自重大，具有较强的破茬能力，适合留茬地块的免耕作业。主要缺点：机身长，转弯半径大，地头留地较多；行走、作业相对于悬挂式播种机灵活性差；机具较重，对于要求垄上播种的区域，用它播种后的垄形较差。

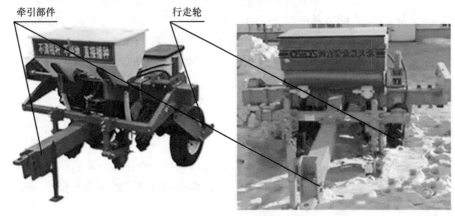

图 11-10　牵引式两行播种机

2）悬挂式播种机

悬挂式播种机（图 11-11）与拖拉机的后三点悬挂装置连接，行进、转弯时拖拉机悬挂装置抬起播种机，作业时放下。其主要优点：机具长度相对较小，机具行进、转弯较灵活；地头留地较少。主要缺点：对配套拖拉机的悬挂系统和车身长度要求较高，一些机型拖拉机需增加前配重才能正常行进。

图 11-11　悬挂式播种机

3）半悬挂式（半牵引式）播种机

这种挂接方式一般用在多行播种机（图 11-12）上，运输行走时采用牵引的方式，播种作业时采用悬挂的方式，兼有牵引、悬挂两种机型的优点。

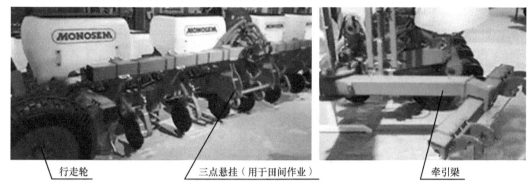

行走轮　　　三点悬挂（用于田间作业）　　　牵引梁

图 11-12　半悬挂式播种机

4）机械式排种器播种机

目前，使用的大多数机械式排种器播种机有窝眼式、勺轮式、指夹式等型式（图 11-13）。

毛刷窝眼式排种器

勺轮式排种器

指夹式排种器

图 11-13　机械式排种器

窝眼式排种器与勺轮式排种器。因排种部件型孔（勺）的容积改变需更换配件，对作物种子籽粒大小的适应性较差，播种时易产生空穴或双籽现象，它们需要的充种时间也较长，播种速度也不宜过快，一般在 5 ～ 7km/h。

指夹式排种器。因指夹的容种空间大小可变化，充种后指夹靠弹簧压力使种子在充种区经清种区进入导种区的过程中保持较高的可靠性，对玉米的播种要优于其他机械式排种器，播种速度也可达 7 ~ 8km/h。

机械式排种器的排种效果受各零件的加工、配合精度及其材料材质等影响较大，应优先选择规模大的、正规厂家的产品。使用后也要妥善保管，如避免指夹弹簧生锈失去弹性而影响播种效果。

5）气力式排种器播种机

进口播种机采用气力式排种器的较多，气力式排种器分为正压排种器和负压排种器（图 11-14）。使用机具多数为负压排种器，即气吸式排种器。气吸式排种器一般由种子室、负压室、播种盘、清种刀等几个主要零部件组成。气吸式排种器播种机主要由排种系统、排肥系统、传动系统、机架、风力系统等几部分组成（图 11-15）。

负压排种器（气吸式排种器）　　　　　　　正压排种器（气吹式排种器）

图 11-14　气力式排种器

风机　变速箱　传动部件　负压风管　排种单组　肥箱　施肥部件　主梁

图 11-15　气吸式排种器播种机结构

气吸式排种器播种机由拖拉机的动力输出轴通过传动轴带动风机叶轮转动产生负压，通过风管使排种器的负压室产生真空，在充种区将种子吸附到播种盘上，传动系统带动播种盘转动，通过清种区时清种刀清除播种盘上多余的种子（每个风孔上只保留1粒种子），当播种盘带动种子转出负压区到达投种区时，种子在重力或刮种器的作用下落到种沟内，完成播种。主要优点：株距不小于20cm，播种速度可高达10km/h；可更换不同类型的播种盘，可播种玉米、大豆、向日葵、谷子等多种作物。主要缺点：地中停车或油门过小时，播种盘上吸附的种子掉落，会造成断垄现象；风机转速较高，传动用皮带易损坏，对风机的质量要求较高。

气吹式排种器依靠风机产生的正压，在播种盘的风孔处形成气流，把种子"压"在孔上，通过气流清下多余的种子，这种排种器目前国内应用较少。

（2）先进的播种机具

在我国有很多不同的玉米播种和种植方式是其所在地理位置的不同气候条件所致，因此，不能一味强求一致，必须选择适应本地需求的机具。

1）爱尔兰SAMCO公司的玉米覆膜播种系统

SAMCO公司推出的全球"第二代"玉米覆膜播种系统（图11-16），播种、覆膜、喷药

图11-16　SAMCO公司的"第二代"玉米覆膜播种系统

可一次完成，特殊的拱形覆膜形成的温室效应可增加 300℃·d 积温，可使青贮玉米提前 2 ～ 3 周播种，而且玉米根系发达，干物质和淀粉产量明显增加；使用的可降解、作物能自行拱出的地膜，既环保，又减少了人工戳洞和地膜回收的用工。

Samco 系统是世界上效率最高的可降解地膜玉米精量播种系统。可降解、作物可自行拱出的地膜是 SAMCO 公司的专利技术。SAMCO 公司可以根据不同地区、不同气候、不同种子，为客户量身定做最适合的可降解地膜。优点：地膜可降解，无需回收，省工省力，杜绝白色污染。该地膜两年左右会在自然条件下降解，变成粉末，被微生物分解利用，而普通塑料薄膜降解需要 100 年。该系统适应冷寒气候下种植晚熟高产品种及非传统玉米种植地区种植中晚熟品种。在中国的内蒙古、宁夏和甘肃等地区也都在使用 Samco 系统播种玉米，经济效益明显，可增加效益 30%。

Samco 系统采用拱形覆膜，温室效应明显（图 11-17）。而幼苗时期是玉米生长最重要的时期，幼苗膜下生长，大大增加苗期积温，可有效避免倒春寒天气的影响，而且有极强的保墒性能，可以提前 2 ～ 3 周播种，增加有效积温。而国内传统覆膜是压洞平铺，无温室效应，遇下雨和高温易板结，玉米生长最重要的苗期不受地膜保护，苗期有效积温减少，难于避免倒春寒天气的影响，无法保证提前 2 ～ 3 周播种和减少积温天数。采用拱形铺膜，玉米苗可自行拱出，无需戳孔，提高效率。随着时间推移膜的强度会下降，玉米苗长到一定程度后，可以自行拱出地膜。一方面，不用人为在膜上戳孔，大幅度减少用工；另一方面，在自行拱出之前将薄膜顶高，形成更大的温室（10 ～ 20cm 高），温室内更加潮湿，更有利于除草剂发生作用。

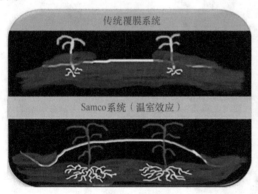 

图 11-17 Samco 系统拱形覆膜温室效应

Samco 系统播种、覆膜、喷药一次完成，大大提高了劳动效率，且提供有多种播种设备可选：单膜两行机，播种速度 5hm²/d；两膜四行机（重型四行机，40HD），播种速度 10hm²/d；三膜六行机（重型六行机，60HD），播种速度 20hm²/d；四膜八行机（重型八行机，80HD），播种速度 40hm²/d，设备的株距可调整，可适用于不同国家和地区。另外，SAMCO 公司还提供袋窖青贮机和青贮袋，不用建窖即可制作青贮，在灌溉区选择地势平坦、土层深厚、土壤肥力中等以上、井渠配套的地块，在旱作区选择坡度 15° 以下、肥力相对好、地力均匀、土壤理化性状良好、保水保肥能力强的地块，并符合产地环境条件要求。

2）玉米膜侧播种机

该播种机由山西省农业科学院玉米研究所成功研制（图 11-18）。该播种机有效解决了高温导致玉米早衰、放苗投工大等问题，显著提高了玉米产量与降水利用效率。膜侧播种不仅减少了地膜用量，而且后期地膜回收相较普通膜上种植更加高效。

图 11-18　玉米膜侧播种机

3）亚澳玉米免耕精量播种机

亚澳农机在多年研发生产耕播机具的基础上，科学利用了该公司的发明专利技术——甩刀，成功解决了少耕免耕播种机和圆盘式开沟器免耕播种机因地面秸秆湿厚、根茬高、杂草多等影响出苗生长问题，已经达到国际免耕精量播种机的要求。

亚澳 2BMYF-4 型免耕精量施肥播种机（图 11-19），适用于玉米秸秆全覆盖免耕播种和常规播种，作业行数为 4 行。能够在有全部秸秆覆盖的情况下作业，一次进地完成侧深施肥、清理种床秸秆、整理种床、单粒播种、覆土、镇压等工序。减少了清理秸秆和整地环节，降低了生产成本，便于全程机械化。防止风蚀、水蚀，并可以蓄水保墒，抗旱效果显著。作业时动土少，土壤水分蒸发较少，提高了土壤水分利用率。

图 11-19　亚澳 2BMYF-4 型免耕精量施肥播种机

配合使用的亚澳深松机（图 11-20），适用于旱作区土地打破犁底层，显著改善土壤的蓄水保墒能力，也适用于土层较厚壤土、黏土等多种类型土壤的深松整地及杂草秸秆多的田块和中低田改造。可加深作业层而不翻转土壤，有效调节土壤固、液、气三相比，改善耕层结构，减少地表径流，减少土壤水蚀，提高土壤蓄水抗旱能力，实现上虚下实、虚实并存的结构，打造作物生长发育的理想耕层。

图 11-20　亚澳深松机

4）大华宝来玉米深松全层施肥高效精密播种机

大华宝来玉米深松全层施肥高效精密播种机（图 11-21）主要适用于小麦、玉米等秸秆还田后进行播种。作业时一次完成深松、全层施肥、单粒播种、挤压覆土、重镇压等工序。该产品设计先进、制造精良、适用范围广、可靠性高。

图 11-21　大华宝来玉米深松全层施肥高效精密播种机

该机具主要特点：采用高强度深松铲配备可更替耐磨犁尖，深松作业深度 20～30cm，可完成全层施肥，玉米生长期不再追肥，节省人工作业。机架为异形管材，刚性好、强度大，结合四连杆单体独立同步浮动仿形机构，施肥与播种行距调节更加方便、快捷，结构紧凑适应大马力拖拉机悬挂配套使用。采用进口硼钢材质切盘，可以有效切碎秸秆、土块等，提高通过性，保证播种顺利。采用美国进口指夹式排种器，配备 7 级变速调节株距，可调范围达 13～37cm，满足各地播种农艺要求，作业速度可达 8～10km/h。每一个播种单体均有两个橡胶仿形轮，分别在圆盘开沟器两侧，实现了与开沟器同步上下运动，播种深度可微调，满足不同种子的播种要求。镇压机构采用"V"形倾斜式橡胶轮镇压器，调整方便，保证了土壤回流和有效压实种子。采用不锈钢施肥箱和特殊塑料材质种子箱，容积大、耐腐。

3. 植保无人机

种植青贮玉米面临的另一个难点就是打药。青贮玉米植株高大，大多在 2～3m，有的甚至高达 4m。当青贮玉米长到一定高度后，人和机械就很难进到玉米地里打药，就算勉强能进去打药，打药效果也不理想。随着植保无人机的出现，这个难题迎刃而解。和传统的人工、拖拉机打药方式不同，植保无人机能根据作物生长高度调节飞行高度。其飞行高度一般可达几米甚至几十米，能充分满足高大青贮玉米的喷药需求。且植保无人机作业效率高，可快速、有效地防治大规模病虫害，实现统防统治。例如，对极飞 P20 植保无人机来说（图 11-22），一架 P20 一天可作业 26.7hm²，其喷药效率是常规喷洒效率的十几倍。对作为饲料的青贮玉米来说，专业的植保无人机喷药方式不仅能减少农药用量，降低喷药成本，还能减少农药残留，提高青贮玉米的品质，从而增加收益。

图 11-22　极飞 P20 植保无人机

第三节　山地青贮玉米收割技术及装备

一、青贮玉米收割技术

（一）优质青贮玉米的质量标准

优质青贮玉米指标国内还未形成一致的认识，我们可参考发达国家的指标，表 11-3 列出了美国执行的指标。

表 11-3　优质青贮玉米的指标

指标	干物质/%	粗蛋白/%	粗灰分/%	淀粉/%	NDF/%	ADF/%	氨态氮/总氮/%	pH	乳酸/%	乙酸/%	丁酸/%
目标值	30～35	8～9	<4.5	>30	35～40	20～25	<6	3.8～4.2	6.0～8.0	1.5～2.0	<0.1

（二）收获期

不同收获期青贮玉米化学成分差异明显，直接影响青贮玉米的品质（表 11-4）。正确掌握玉米的收获期，是确保青贮玉米优质高产的一项重要措施（付忠军等，2014；朱慧森等，2015）。青贮玉米理想干物质含量为 33%～36%，30%～37% 为可接受范围（刘颖慧等，2018）。收获期往往因作业时间延长而调整为乳熟末期到蜡熟末期（约 20d，水分每天变化约0.5%）。

表 11-4　不同收获期青贮玉米化学成分含量（%）变化

项目	籽粒 1/3 乳线	籽粒 2/3 乳线	籽粒尖端形成黑层
水分	68.3	60.8	54.6
中性洗涤纤维（NDF）	46.3	43.8	44.5
酸性洗涤纤维（ADF）	27.8	25.3	25.5
总可消化养分（TDN）	66.2	68.4	68.2
中性洗涤纤维消化率（NDFD）	60.3	58.8	56.4

（1）乳熟期过早收获［干物质（DM）含量＜30%］

①籽粒发育不好，这时植株中的大量营养物质正向籽粒中输送积累，籽粒中尚含有45%～70%的水分，此时收获的青贮玉米干物质含量太低，且淀粉含量低；②糖分高，奶牛不愿采食，减少采食量；③营养物质流失，营养价值丢失。

（2）收获过晚［干物质（DM）含量＞38%］

①淀粉含量高但消化率低；②纤维消化率低；③青贮窖难于压实；④这时玉米茎秆的水分较少，不利于青贮的调制，且植株易倒折，倒伏后果穗接触地面引起霉变，对产量和质量造成不应有的损失且发酵质量差；⑤青贮饲料保存期短。

（3）最佳收获期［干物质（DM）含量为 33%～36%］

1/2 乳线期、DM 含量 35% 左右，是青贮玉米最佳收获期。但生产上一般将 1/3～2/3 乳线期、DM 含量 30%～40% 作为青贮玉米最佳收获期（图 11-23）。

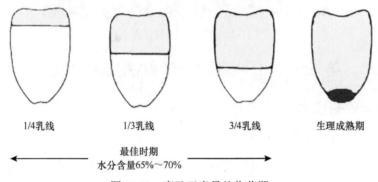

图 11-23　青贮玉米最佳收获期

（三）收获方法

收获时应选择晴好天气，避开雨天收获，以免因雨水过多而影响青贮饲料品质。青贮玉米一旦收割，应在尽量短的时间内完成青贮，不可拖延时间过长，避免因降雨或本身发酵而造成损失。在生育期较短（120d 以下）地区，也必须在霜降前收割完毕，防止霜冻后叶片枯黄，影响青贮质量。此外，还必须注意提高收割质量，才能确保调制成优质的青贮饲料，青贮玉米的收割部位应不低于茎基部距地面 10cm 处。因为靠近地面的茎基部坚硬，易损坏切碎机的刀具，同时即使青贮发酵后家畜也不食用。适当提高收割部位还可以防止植株带泥、水等杂质。对收割下的青贮玉米应及时运到加工地点，尽可能做到当天收割当天加工贮藏。如遇雨天应停止收割，以确保青贮质量（郭勇庆等，2012）。

二、青贮玉米收获机械

原料青贮前一般都要切碎，切碎可使汁液渗出，有利于乳酸菌发酵，而且原料切碎后容易压实和排除空气，养分损失少。原料的切碎程度因原料的种类而定，一般切成 2 ～ 5cm，操作的劳动量较大，仅靠手工作业不适应大规模生产要求，必须使用机械操作。与青贮饲料调制相关的机械设备包括青贮玉米收获机械和切割机械。

1. 青贮玉米收获机械

青贮玉米和青绿作物都是在茎叶繁茂、生物量最大、单位面积营养物质产量最高的时候收获。当前比较适用的机械是青贮联合收割机，在一次作业中可完成收割、捡拾、切碎、装载等多项工作（朱孔欣，2012；梁荣庆等，2016；包攀峰等，2018），由于机械化程度高、进度快、效率高，是理想的青贮玉米收获机械（图 11-24）。

图 11-24　青贮玉米收获机械

青贮玉米联合收获机按动力来源分为牵引式、悬挂式、自走式三种。牵引式靠地轮或拖拉机动力输出轴驱动，悬挂式一般由拖拉机动力输出轴驱动，自走式的动力靠发动机提供。

按机械构造不同，青贮玉米收获机可分为以下几种（张忠国，2009）。

滚筒式青贮玉米收获机。收获物被捡拾器拾起后，由横向绞龙输送到喂入口，喂入口与上下喂入辊接触，通过中间导辊进入挤压辊之间，被滚筒上的切刀切碎，经过抛送装置，将青贮玉米输送到运输车上。这类收获机与普通谷物联合收获机类似。

刀盘式青贮玉米收获机。这类收获机的割台、捡拾器、喂入、输送和挤压机构与滚筒式青贮玉米收获机相同，主要区别在于切碎部分，切刀数减少时，对抛送没有太大影响。

甩刀式青贮玉米收获机。此类机械又称连枷式青贮玉米收获机，当关闭抛送筒时，可使碎草撒在地面作为绿肥，也可铺放草条。

风机式青贮玉米收获机。其主要特点在于用装切刀的叶轮代替了装切刀的刀盘，叶轮上的切刀专用于切碎，风叶产生抛送气流。

中机美诺科技股份有限公司（以下简称"中机美诺"）发明的 9265/9800 型自走式青贮饲料收获机可以一次完成收割、压扁、切碎和抛送等功能，具有不对行收获、动力强劲（191.1kW/260 马力）、作业效率高、视野开阔、驾驶舒适、饲料适口性好、操作灵活方便等特点（邵合勇，2017）。

2. 青贮玉米铡草机

铡草机也称切碎机,主要用于切碎粗饲料,如谷草、稻草、麦秸、玉米秸等。按机型大小可分为小型、中型和大型。小型铡草机适用于广大农户和小规模饲养户,用于铡碎干草、秸秆或青贮玉米。中型铡草机也可以切碎干秸秆和青贮玉米,故又称秸秆青贮饲料切割机。大型铡草机常用于规模较大的饲养场,主要用于切碎青贮原料,故又称青贮饲料切碎机。铡草机是农牧场、农户饲养草食家畜必备的机具。秸秆、青贮料或青贮玉米的加工利用,切碎是第一道工序,也是提高粗饲料利用率的基本方法。

铡草机按切割部分构造可分为滚筒式和圆盘式两种(图 11-25)。

图 11-25　铡草机

A. 滚筒式铡草机。滚筒式铡草机型号很多,但基本是由喂入、切碎、抛送、传动、离合和机架等部分组成。喂入装置主要由链板式输送器,压草辊和上、下喂草辊等组成。上喂草辊的压紧机构采用弹簧式和结构紧凑的十字沟槽联轴节。切碎和抛送装置联成一体,由主轴、刀盘、动刀片、抛送叶片和定刀片组成。

B. 圆盘式铡草机。该机是由喂入链,上、下喂草辊,固定底刀板及由切刀、抛送叶板等构成的刀盘组成。

为了便于抛送青贮饲料,大中型铡草机一般多为圆盘式,而小型铡草机以滚筒式为多。为了便于移动和作业,大中型铡草机常装有行走轮,而小型铡草机多为固定式。

3. 代表性青贮玉米收获机

（1）洛阳四达 4QZ-10A 自走式青贮收获机

洛阳四达 4QZ-10A 型自走式青贮收获机(图 11-26)主要用于收获、铡切和揉搓青(干)玉米秸秆、甜高粱及其他高秆作物。4QZ-10A 型自走式青贮收获机采用的是原装进口割台,不对行收割。主机行走采用欧洲先进的液压行走无级变速系统,操作灵活方便。

（2）中机美诺 9265 自走式饲料收获机

中机美诺 9265 自走式饲料收获机(图 11-27)采用圆盘割刀,不对行喂入。喂入装置设计,集喂入、压扁于一体,使饲料适口性好。割台幅宽 2.88m,割茬高度 ≤ 15cm,喂入量 ≤ 36t/h,切段长度 15 ~ 40mm,配套动力 260 马力,作业效率高,行走速度 0 ~ 18km/h,同时视野开阔、驾驶舒适、操作灵活方便。

图 11-26　4QZ-10A 型自走式青贮收获机

图 11-27　中机美诺 9265 自走式饲料收获机

（3）新疆牧神 4QZ-3000 自走式青（黄）贮饲料收获机

新疆牧神 4QZ-3000 自走式青（黄）贮饲料收获机（图 11-28）主要用于青（黄）贮玉米、棉秆、高粱、甘蔗、燕麦等作物秸秆的不对行收获，一次性可连续完成收割、切碎、揉搓、抛送装车等多项作业。主要特点：不对行收获，多极调节物料切碎长度，圆盘立式割台，锯片式切割，独有揉搓装置，可进一步碎化物料。配套动力 240 马力，整机重量 8000kg，作业速度 ≤ 8km/h，收获幅宽 3000mm，物料切碎长度 7 ～ 35mm（多级可调），割茬高度 ≤ 150mm，收获损失率 ≤ 1%，生产率 60 ～ 100t/h，行走速度 ≤ 20km/h。

图 11-28　新疆牧神 4QZ-3000 自走式青（黄）贮饲料收获机

（4）五征 SMR1000H（4QZ-3）青饲料收获打捆机

五征 SMR1000H（4QZ-3）青饲料收获打捆机（图 11-29），是利用国外先进技术结合我国农艺实际设计生产的一种集青饲料收获和打捆功能为一体的自走式设备，实现了收获、切碎、输送、打捆一站式作业。外形尺寸（长×宽×高）6500mm×2130mm×3330mm，整机质量6670kg，配套动力 103kW，工作宽幅 2000mm，切碎长度 11mm/15mm/19mm/29mm，草捆尺寸 1000mm×850mm，草捆重量 500kg。

图 11-29　五征 SMR1000H（4QZ-3）青饲料收获打捆机

（5）CLAAS（克拉斯）JAGUAR800 系列自走式青贮饲料收获机

JAGUAR800 系列自走式青贮饲料收获机（图 11-30）可收割全株青贮玉米、鲜黑麦草、向日葵、高粱、柳枝稷、串叶松香草、芒草等作物。具有大型舒适驾驶室，拥有 CEBIS 信息显示系统；OPTI FILL（优化填充）/AUTO FILL（自动填充）出料喷射管可自动控制；配备机械全轮驱动的底盘设计，实现最佳转向性；独特的设计便于机器的快速简易维护；籽粒破碎器和加速器间隙调节装置保证了作物流的质量；通过快速连接器与割台自动啮合。

图 11-30　JAGUAR800 系列自走式青贮饲料收获机

（6）约翰迪尔 7050 系列自走式青贮收获机

约翰迪尔 7050 系列自走式青贮收获机（图 11-31）由美国约翰迪尔（John Deere）公司设计制造，主要适用于玉米、牧草青贮收获。该机切割长度无极可变，刀盘转速 1000r/min，出料喷筒旋转达 200°，配置有直列 6 缸、湿式缸套发动机，动力强劲、高效节能，同时装配有 HarvestLab™ 湿度传感器、DuraLine 表面硬化高耐磨零件等部件。

图 11-31　约翰迪尔 7050 系列自走式青贮收获机

（7）纽荷兰 FR9000 系列青贮收获机

纽荷兰 FR9000 系列青贮收获机（图 11-32）由荷兰凯斯纽荷兰（NH）公司制造。该青贮收获机采用顶级的依维柯 6 缸电控共轨柴油发动机。喂入系统包括 4 个不锈钢喂入辊，由 6mm 厚的不锈钢制成，坚固耐用，能够终身使用。喂入室宽度达 862mm，使整机具有较大的作物喂入量。喂入系统还带有金属探测装置，保护割刀及牲畜不受金属异物的伤害。配置智能监测器可监测包括发动机转速、动刀转速、燃油及冷却液温度、故障代码、金属异物位置等在内的众多重要信息。纽荷兰 FR9000 系列青贮收获机可配置静液压马达驱动的拾禾台和无行距玉米割台，以适应收获不同作物的需求，真正实现一机多用。

图 11-32　纽荷兰 FR9000 系列青贮收获机

第四节　山地青贮玉米秸秆青贮加工技术与装备

调制青贮饲料需要适当的场所，并有配套的收割、切碎、装填等机械。有了这一整套设备加上相关的青贮调制技术，才能适应大规模的生产要求和调制出品质优良的青贮饲料（王青山等，2012）。

一、青贮饲料的生产设施

1. 青贮建筑的要求

青贮建筑应选择在较高、向阳、干燥、土质坚实的地方，切忌在低洼处或树荫下挖窖，还要避开交通要道、粪场、垃圾堆等，同时要求距离畜舍近，并且四周要有一定空地，在任何天气下都能自由出入，便于运料（李敬虎，2018）。具体要求如下。

1）不透空气

这是调制优质青贮的首要条件。无论是何种材料建造的青贮建筑，都必须做到严密不透气。可用石灰、水泥等防水材料填充和抹实青贮窖（壕）壁的缝隙，如能在壁内裱衬一层塑料薄膜更好。

2）不透水

青贮建筑不要靠近水塘、粪池，以免水或污水渗入。地下或半地下式青贮建筑地面必须高出历年地下水位 0.5m，而且要在青贮建筑周围挖好排水沟，以免地面水流入。

3）墙壁要平直

青贮建筑的四壁要平滑陡直，这有利于青贮饲料的下沉和压实。

4）要有一定深度

青贮建筑的宽度或直径一般应小于深度，宽、深之比一般以 1 : 1.2 或 1 : 2 为宜，以利于青贮料借助本身重力而压得紧实。

5）要防冻

地上式的青贮塔，在冬天要采取塔身外防冻措施，以防塔内青贮饲料结冰。

6）青贮窖的大小

设计青贮窖的大小应该与饲喂动物的种类及数量、青贮饲喂时间的长短及青贮原料的多少一致。原则上用料少宜做成圆形窖，一般直径 2m、深 3m；用料多宜做成长方形壕，一般宽 1.5 ～ 2.0m（上口宽 2m、下底宽 1.7m），深 2.5 ～ 3.0m，长度则要看原料的多少而定。不论是哪种形状的青贮窖，都应考虑取用饲料的方便，并应有足够的深度，这不仅有利于青贮料下沉压紧，而且暴露面积小，可减少霉变。表 11-5 是常用的青贮原料的重量估计，可供计算青贮容积时参考。

表 11-5　青贮原料铡碎后的重量（刘建新等，2003）

青贮原料种类	重量/（kg/m³）
玉米秸秆	450 ～ 500
牧草	600
叶菜类及根茎类	700 ～ 800
甘薯藤	700 ～ 750
全株玉米、向日葵	500 ～ 550

2. 常用青贮存储方式

选择青贮存储方式，主要取决于费用和农牧场的特殊需要（图 11-33）。

图 11-33　常用青贮存储方式

1）青贮塔

这是一种在地面上修建的圆筒体，可以充分承受压力并适于填料。青贮塔是永久性的建筑物，其建造必须坚固，虽然最初成本比较昂贵，但持久耐用，青贮损失较少。在恶劣的天气里取料方便，并能轻松适应装卸自动化。

2）青贮窖

青贮窖呈圆形或方形，以圆形居多，可用混凝土建成。青贮窖可建成地下式，也可建成半地下式。青贮窖的主要优点是造价较低，作业也较方便，既可人工作业，也可以机械化操作。

青贮窖可大可小，能适应不同的生产规模，比较适合我国农村现有生产水平。青贮窖的缺点是贮存损失较大，尤其是土窖。

3）青贮壕

青贮壕是一个长条形的壕沟状建筑，沟的两端呈斜坡，沟底及两侧墙面一般用混凝土砌抹，底部和墙壁必须光滑，以防渗漏。青贮壕也可建成地下式或半地下式，也有建于地面的地上青贮壕。青贮壕的优点是造价低，并易于建造。缺点是密封面积大，贮存损失大，在恶劣的天气取用不方便。但青贮壕有利于大规模机械化作业，通常拖拉机牵引着青贮拖车从壕的一端驶入，边前进边卸料，从另一端驶出。拖拉机和青贮拖车驶过青贮壕，既卸了料又压实饲料，这是青贮壕的优点。装填结束后，物料表面用塑料布封顶，再用泥土、草料、沙包等重物压紧，以防空气进入。国内大多数牧场用青贮壕，而且已从地下发展成地上，两墙之间便是青贮壕，这样的青贮壕不但便于机械化作业，而且避免了积水的危险。

4）青贮袋

利用塑料袋形成密闭环境，进行饲料青贮。袋贮的优点是方法简单，贮存地点灵活，饲喂方便，青贮袋的大小可根据需要调节。小型青贮袋装袋依靠人工，压实也需要人工踩实，效率很低。这种方法适合于农村家庭小规模青贮调制。

20世纪70年代末，国外兴起了一种大塑料袋青贮法，每袋可贮存10t至上百吨青贮饲料。为此，设计制造了专用的大袋装袋机，可以高效地进行装料和压实作业，取料也使用机械，劳动强度大为降低。大袋青贮的优点：一是节省投资，二是贮存损失小。

5）草捆青贮

草捆青贮是一种新兴的青贮法，主要适用于牧草青贮。方法是将牧草收割、萎蔫后，压制成大圆草捆，外表用塑料布严实包裹即可。草捆青贮的优点除了投资省、损失少和贮存地点灵活，还可用机械将整个草捆搬入动物饲养的草架上，动物可自由食用。草捆青贮的原理与一般青贮相同，技术要点也与一般青贮相似。采用草捆青贮法，要注意防止塑料布破损，一旦发现破损应及时补救。

6）青贮堆

选一块干燥平坦的地面，铺上塑料布，然后将青贮料卸载到塑料布上剁成堆。青贮堆的四边呈斜坡，以便拖拉机能开上去。青贮堆压实后，用塑料布盖好，周围用沙土压严。塑料布顶上用沙袋压严，以防塑料布被掀开。青贮堆的优点是节省了建窖的投资，贮存地点灵活，缺点是不易压严实。

国内目前采用的青贮存储方式多为地上式青贮窖（bunker silo），而美国目前新建牧场采用比较多的青贮存储方式是青贮堆（stack silage），约占80%。

二、压窖机械选择

牧场进行压窖时，建议不要使用链轨式工程机械，因为链轨车与青贮接触面积大、压强小，不易压实、压平青贮，而且速度慢、压窖效率低，另外，容易破坏窖面，使青贮中混入石块，影响奶牛采食。著者推荐使用车况较好的50轮式铲车（图11-34），该类铲车市面上很常见，而且工作效率高，因此被各地牧场广泛使用。而国外较为多见的是双排轮胎拖拉机（图11-35），该拖拉机自重更重，压窖效率更高，更容易将青贮坡面压平，同时还能通过增加配重来提高压窖密度，但由于价格高，目前国内只有个别牧场配备。

图 11-34　50 轮式铲车

图 11-35　双排轮胎拖拉机

（1）楔形推料

牧场进行压窖时，建议从一端窖口开始堆放青贮，以楔形向另一端平移，每层铺设的青贮不超过 15cm，并保证青贮斜面与地面的夹角稳定在 30°（图 11-36a）。斜面坡度过大、过陡，影响铲车爬坡，不易压实；斜面坡度过小，青贮接触空气概率增大，有氧呼吸损失增加。同时，要让铲车司机知道铲车上下斜面都是压窖过程，都需要每次半个轮胎宽度从一侧到另一侧平移。为了保证压窖效果，铲车压窖车速不要过快，在 5km/h 以内匀速行驶。

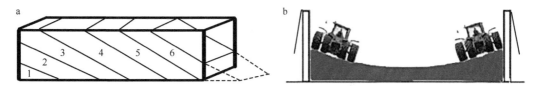

图 11-36　推料、压窖方式

（2）"U"形压窖

一般情况，窖墙处的青贮密度低于中间，这是由于司机担心车辆接触窖墙，擦破铺在窖墙上的塑料，不敢靠近窖墙压窖。因此，为了方便压窖车辆靠近窖墙压窖，应在推料时有意识地多推向两侧，将青贮窖横截面做成"U"形，这样压窖车辆便可很容易地靠近窖墙压窖（图 11-36b）。如果牧场在建窖初，能把窖墙修成上窄下宽的梯形，可使压窖车辆靠近窖墙，压窖更加方便。

三、进料速度

进料速度受收割、运输、过磅、卸料、推料、压窖、天气等因素影响。一般情况下，压窖速度是影响进料速度的那块最短"木板"，因此压窖速度决定进料快慢，而压窖速度取决于压窖车辆装配重量，二者之间有 2.5 倍关系，即压窖车辆每小时能压好的青贮料的重量是它自身重量的 2.5 倍。例如，如果牧场有两台装配重量各为 18t 的压窖机械（不包括推料机械），那么每小时能压好的青贮料=总装配重量×2.5=36t×2.5=90t。如果该牧场想每小时进料 100t，在不降低青贮密度标准的情况下，必须增加一台压窖设备。为了减少运输成本及运输过程中的发热损失，建议运输距离不要超过 50km。

四、密度控制

密度之于青贮，好比新鲜之于水果。一般密度越大，空气排出的越多，青贮干物质损失越少。但考虑到压窖成本、压窖速度等因素，建议青贮干物质密度为 240kg/m³。牧场每天要多次多点用密度仪测定青贮干物质密度，及时调整进料速度，确保青贮密度。但需要注意的是，设备压不到的地方就不要堆料，压好的青贮不要重复铲压。

五、快速封窖

快速封窖的目的是缩短青贮料暴露在空气中的时间，减少青贮有氧呼吸损失。国内很多牧场制作青贮有这样一个误区，当一窖青贮快要完成时才开始封窖。有的大牧场一窖青贮需要 7d 装满，而在炎热的天气下青贮发热是非常厉害的，早封窖早隔绝空气意味着保存更多的干物质。因此，必须边压窖边封窖，即当一侧青贮压至和窖墙平齐时开始封窖，每压好一段距离黑白膜同步往前推进。另外，最好将轮胎一劈为二倒扣压窖，其目的有二：一是节省轮胎、降低劳动强度；二是避免轮胎积水、滋生蚊蝇。

六、取料管理

青贮做好后，在封闭的窖里经过 3 个阶段发酵成为稳定的、易于被奶牛吸收的美味饲料，不过这不是工作的结束。因为开窖后，当青贮重新暴露于空气中，好氧菌（如霉菌、酵母菌）大量繁殖引起青贮温度上升，尤以深度在 15cm 左右的青贮温度最高。保持青贮取料面的平整可以减少氧气进入青贮，建议没有专业取料设备的牧场可使用铲车铲斗侧面刮出相对整齐的青贮面，刮下的青贮料要及时饲喂奶牛。另外，黑白膜和青贮之间存在缝隙，空气容易进入引起青贮腐败变质，因此每次掀开的覆盖物不能太多，并且要用重物压好。从好的青贮取料面和差的青贮取料面的对比可以看出，好的青贮取料面表面平整，剩料少，青贮损失少（图 11-37a）；差的青贮取料面表面松动不平，二次发酵损失大（图 11-37b）。

图 11-37 青贮取料面

七、青贮饲料的添加剂

针对青贮原料的成分特点，为了保证青贮饲料的质量，可以在调制过程中加入青贮饲料添加剂（Nadeau et al.，2000）。

根据目的和作用原理不同，青贮饲料添加剂可以分为以下 5 类：发酵促进剂、发酵抑制剂、好气性腐败菌抑制剂、营养型添加剂和吸附剂（表 11-6）。

表 11-6　青贮饲料添加剂（刘建新，2003）

发酵促进剂		发酵抑制剂		好气性腐败菌抑制剂	营养型添加剂	吸附剂
培养菌	碳水化合物 *	酸	其他			
乳酸菌	葡萄糖	无机酸	甲醛	乳酸菌	尿素	甜菜渣
	蔗糖	甲酸	多聚甲醛	丙酸	氨	秸秆
	糖蜜	乙酸	亚硝酸钠	己酸	双缩脲	大麦
	谷物类	乳酸	二氧化硫	山梨酸	矿物质	麸皮
	乳清	苯甲酸	偏硫酸钠	匹马菌素		
	甜菜渣	丙烯酸	硫代硫酸钠	氨		
	柑橘渣	甘氨酸	氯化钠			
	马铃薯	硫酸	抗生素			
	细胞壁分解酶	苹果酸	二氧化碳			
		山梨酸	氢氧化钠			

注：* 表示列在碳水化合物中的物质也可列在营养型物质中；发酵抑制剂是抑制好气性腐败菌，旨在青贮初期防止接触空气的青贮料发生腐败

前两类都与控制发酵速度有关，或通过促进乳酸菌发酵（发酵促进剂），或通过部分或全部抑制微生物生长（发酵抑制剂）而实现。

参 考 文 献

白琪林, 陈绍江, 严衍禄, 等. 2006. 近红外漫反射光谱法测定青贮玉米品质性状的研究 [J]. 中国农业科学, (7): 1346-1351.

包攀峰, 吕江南, 王加跃, 等. 2018. 青贮饲料收获机械的发展现状与对策 [J]. 粮食与饲料工业, (1): 42-45.

付忠军, 杨华, 姜参参, 等. 2014. 采收期对青贮玉米品质和产量的影响 [J]. 西南农业学报, 27(3): 1343-1345.

郭勇庆, 曹志军, 李胜利, 等. 2012. 全株玉米青贮生产与品质评定关键技术：高成本玉米时代牛场技术与管理策略之一 [J]. 中国畜牧杂志, 48(18): 39-44.

李敬虎. 2018. 青贮玉米品种及全株青贮饲料制作技术概述 [J]. 农民致富之友, (4): 41.

梁荣庆, 张翠英, 任冬梅, 等. 2016. 玉米青贮收获机械的应用及发展趋势 [J]. 农业装备与车辆工程, 54(2): 17-21.

刘强, 孟庆翔, 白琪林, 等. 2005. 利用近红外光谱法快速测定青贮玉米饲料中 NDF 与 ADF 含量 [J]. 中国畜牧杂志, (11): 42-44.

刘颖慧, 郭明, 贾树利, 等. 2018. 影响青贮玉米品质因素研究进展 [J]. 作物杂志, (2): 6-10.

刘建新. 2003. 干草、秸秆青贮饲料加工技术 [M]. 北京: 中国农业科学技术出版社.

农业部玉米专家指导组. 2017. 2017 年青贮玉米生产技术指导意见 [J]. 中国农业信息, (9): 20.

邵合勇. 2017. 青贮饲料收获机国内外发展现状 [J]. 农业工程, 7(4): 19-21.

史枢卿. 2017. 青贮玉米品种的选择（上）[J]. 中国乳业, (4): 48-54.

王青山, 藏振东, 王秀萍. 2012. 青贮玉米饲料机械化生产技术 [J]. 农业开发与装备, (3): 30-31.

王霞, 王振华, 金益, 等. 2005. 种植密度对青贮玉米生物产量及部分农艺性状的影响 [J]. 玉米科学, (2): 94-96.

吴胡明, 韩润英, 包明亮. 2014. 优质全株青贮玉米制作技术 [J]. 中国畜禽种业, 10(11): 83-84.

杨耿斌, 谭福忠, 王新江, 等. 2006. 不同密度对青贮玉米产量与品质的影响 [J]. 玉米科学, (5): 115-117.

张忠国. 2009. 玉米青贮收获机的选型和正确使用 [J]. 养殖技术顾问, (9): 121.

章建新, 蔡晓妍, 王爽, 等. 2006. 密度及收割高度对复播青贮玉米产量和品质的影响 [J]. 玉米科学, (4): 107-110.

朱慧森, 邹新平, 玉柱, 等. 2015. 青贮玉米生产性能对收获期的响应及收获指数的探讨 [J]. 畜牧兽医学报, 46(8): 1375-1382.

朱孔欣. 2012. 我国青贮饲料收获机的现状及发展趋势 [J]. 农业机械, (16): 82-84.

Nadeau E M, Russell J R, Buxton D R. 2000. Intake, digestibility, and composition of orchardgrass and alfalfa silages treated with cellulase, inoculant, and formic acid fed to lambs[J]. Journal of Animal Science, 78(11): 2980.

第十二章　鲜食甜糯玉米机械化高产高效生产技术与装备

第一节　宜机鲜食甜糯玉米品种类型与特点

一、宜机鲜食甜玉米品种类型与特点

甜玉米（*Zea mays* var. *saccharata* Sturt.）是普通玉米的一种胚乳突变体，根据甜玉米基因突变的类型，分为普甜玉米、加强甜玉米、超甜玉米 3 种。甜玉米胚乳突变体基因抑制籽粒糖分转化成淀粉，胚乳中糖分积累较多，但粒重减轻、充实性差、种子秕，自身养分不足，导致播种后出苗慢、抵御逆境的能力差，发芽势弱容易造成出苗不整齐、抗病性较差，早春播种如遇上长期低温阴雨天气，种子容易霉烂，引起大面积缺苗。

随着我国农村劳动力转移速度加快及劳动力成本的快速提升，农村劳动力短缺问题日益突出，传统农业中的纯人工种植已经不能满足生产需求，鲜食甜、糯玉米等农作物的生产机械化成未来发展趋势，机耕、机播、机收已经成为鲜食玉米田间作业的重点。生产上采用的玉米播种机主要以精密型和联合型为主，甜玉米多采用精密型播种机，精密型播种分为单粒穴播和精确控制每穴粒数的多粒穴播，一般在穴播机各类排种器的基础上改进而成。具有节省种子、免除出苗后的间苗作业、使每株作物的营养面积均匀等优点。

根据自主试验与前人研究结果，适宜机械化种植的鲜食甜玉米品种具有以下共同特点。

1）种子粒型大小适中、一致性好

该类型种子在排种器中的流动性好，播种的均匀性程度高，可有效减少重播率和漏播率。

2）种子活力强，发芽率高

为了降低种子成本及后期间苗等田间劳动量，机器直播往往多采用单穴单粒直播，高活力和抗逆性强的种子，在不同逆境条件下仍然保持有较好的出苗率，保证田间基本苗，对后期增产至关重要。

3）苗势好茎秆粗壮，根系发达，抗病、抗倒伏

玉米植株的生长是一个漫长的过程，但玉米苗势好，根系发达，不易倒伏、抗病性强的玉米品种更能保证有较高的成苗率。

4）耐密性强

一般机器直播的玉米并不能完全保证单穴留苗，耐密性好的品种在双株率较高的情况下也能较好地发育成熟，可有效减少后期间苗的劳动量，而且后期间苗对留存苗的生长影响较大。

5）耐除草剂品种更适宜机播

由于机播前无法采用地膜覆盖，播种后未出芽前对田间进行封草处理，一般播种后 3d 内要进行封草，因此机播情况下不宜采用对除草剂较为敏感的玉米品种。

南方为多雨天气，土壤黏度高，经常因下雨或土壤墒情差影响机械播种。有些地区具有早春种植的习惯，通过早育苗、地膜覆盖栽培的方式，将播种时间提早，产品早上市，利用产品价格高的优势，提高种植甜玉米的经济效益，因此，在南方的甜玉米生产中，育苗移栽需求很大。同时，由于甜玉米品种发芽率比较低，种子价格高，育苗移栽可以明显减少种子用量、保证苗齐、苗壮，增产效果也比较明显。为此，国家玉米产业技术体系东阳综合试验站根据甜玉米特点和甜玉米移栽对机械化移栽的需求，筛选出井关 2ZY-2A 垄上栽植机

（图 12-1），较适合南方甜玉米的移栽需求。

图 12-1　井关 2ZY-2A 垄上栽植机

2ZY-2A 垄上栽植机的配置参数：外形尺寸（长×宽×高）2050mm×1600mm×1500mm；配套动力 1.5kW；株距调节范围 300mm、320mm、350mm、400mm、430mm、480mm、500mm、540mm、600mm；行距调节 300 ～ 500mm；作业行数，2 行；栽插深度 0 ～ 60mm；作业人数，2 人。

垄上栽植机应用注意事项：①起垄种植，垄沟间距要和栽植机轮距相匹配，保证栽植机轮子在沟内行驶；②精细整地且土壤墒情好，垄面不平整、土壤结块大、土壤很黏、异物多（未腐烂的草根、水稻茬秆、硬石块）、湿度过大等，均会造成移栽质量差；③最好用穴盘育苗，且穴盘不能过大，以 128 孔为宜，露地育苗效果不佳，主要是苗根重量不够，容易下落不畅导致堵住下苗口；④苗不能过大，最佳移栽苗龄为 3 ～ 4 叶期。

二、宜机鲜食糯玉米品种类型与特点

糯玉米（*Zea mays* var. *sinensis* Kulesh），又称黏玉米或蜡质型玉米，是受隐性突变基因（*WXWX*）控制的普通玉米突变类型，该基因的功能是抑制淀粉的颗粒凝结性和淀粉合成酶的活性，胚乳中淀粉全部由淀粉分支酶转换为支链，所以表现为糯性。糯玉米种子比较饱满、抗性较强，苗期比较容易管理。

国家玉米产业技术体系东阳综合试验站为了筛选适合机械化种植要求的鲜食玉米品种，筛选了目前生产上主要应用的品种，开展了鲜食糯玉米宜机品种的筛选试验。播种采用 2BYJLS-2 型玉米播种机，主要以圆盘式排种器，即利用旋转圆盘上定距配置的型孔或窝眼排出定量的种子，该机型可以根据种子大小、播种量、穴距等要求选配具有不同孔数和孔径的排种盘和恰当的传动速比，并加装了施肥箱、排肥器和输肥管。这种播种机结构较简单，适合南方小田块使用，售价低廉，可有效减轻劳动力的需求。

试验品种包括'浙凤糯 3 号''苏玉糯 2 号''浙糯玉 5 号''美玉 8 号''苏玉糯 18''渝糯 7 号''浙糯玉 7 号''黑甜糯 168''京科糯 2000'等。试验为单因子设计，测定指标包括播种均匀性、重播与漏播指数、出苗整齐度与出苗率等，相关结果比较客观地反映了糯玉米品种适应机播的特征特性。

结果（表 12-1）显示，播种均匀性指标以'京科糯 2000'和'浙糯玉 7 号'较高，极显

表 12-1　宜机鲜食糯玉米品种筛选试验机播效果（浙江东阳，2016）

品种	播种均匀性指标	显著性水平 0.05	显著性水平 0.01	粒距合格指数	显著性水平 0.05	显著性水平 0.01	重播指数	显著性水平 0.05	显著性水平 0.01	漏播指数	显著性水平 0.05	显著性水平 0.01	出苗率/%	显著性水平 0.05	显著性水平 0.01	出苗整齐度	显著性水平 0.05	显著性水平 0.01	存苗数/（株/亩）	显著性水平 0.05	显著性水平 0.01
浙糯玉 5 号	2.70	b	B	93.90	a	A	3.90	a	A	2.23	ab	A	74.90	abc	A	4.72	bc	AB	4616	a	A
美玉 8 号	2.60	b	B	95.57	a	A	1.10	ab	A	3.33	ab	A	52.40	c	A	4.48	bc	AB	4786	a	A
渝糯 7 号	2.75	b	B	96.10	a	A	2.77	ab	A	1.10	ab	A	76.67	ab	A	5.72	ab	AB	4473	a	A
京科糯 2000	4.24	a	A	96.13	a	A	3.33	ab	A	0.57	b	A	57.57	abc	A	4.26	bc	AB	3562	a	A
浙凤糯 3 号	2.94	b	B	95.00	a	A	2.80	ab	A	2.20	ab	A	55.57	bc	A	3.91	c	B	3960	a	A
苏玉糯 18	2.67	b	B	95.00	a	A	1.67	ab	A	3.33	ab	A	68.93	abc	A	4.35	bc	AB	4160	a	A
浙糯玉 7 号	4.09	a	A	96.13	a	A	0.00	a	A	3.87	a	A	79.63	a	A	6.26	a	A	4217	a	A
黑甜糯 168	2.74	b	B	96.10	a	A	2.20	ab	A	1.67	ab	A	64.93	abc	A	5.13	abc	AB	3960	a	A
苏玉糯 2 号	2.82	b	B	92.80	a	A	4.43	a	A	2.80	ab	A	67.67	abc	A	5.20	bc	AB	3989	a	A

注："显著性水平 0.05"一列不含有相同小写字母的表示品种间在 0.05 水平差异显著，"显著性水平 0.01"一列不含有相同大写字母的表示品种间在 0.01 水平差异显著

著高于其他品种,其他品种间差异不显著(图 12-2)。各品种粒距合格指数均在 90 以上,重播指数与漏播指数均符合行业标准。各品种的田间出苗率存在显著差异,以'浙糯玉 7 号'最高,'渝糯 7 号''浙糯玉 5 号'分列第 2、第 3 位,在 70% 以上。出苗整齐度以'浙糯玉 7号'最高,其后依次为'渝糯 7 号''苏玉糯 2 号''黑甜糯 168''浙糯玉 5 号''美玉 8 号''苏玉糯 18''京科糯 2000''浙凤糯 3 号'等。

图 12-2　不同品种机播的出苗情况及后期长势差异

试验测产结果(表 12-2 至表 12-4)显示,'浙糯玉 7 号'产量最高,为 610.2kg/亩,其后依次为'渝糯 7 号''京科糯 2000''浙糯玉 5 号''美玉 8 号''黑甜糯 168''苏玉糯 2 号''苏玉糯 18''浙凤糯 3 号'。通过产量与有效穗数及果穗性状的相关性分析发现,产量与有效穗数、穗行数呈极显著正相关,与穗粗呈显著正相关。通过通径分析发现,有效穗数对产量的直接通径系数达到 0.9341,其次为穗粗(0.2913),说明在相同机播条件下,不同品种的产量主要由有效穗数决定,其次为穗粗,其他因子的作用相对较小。

表 12-2　宜机鲜食糯玉米品种筛选试验不同品种果穗性状及产量结果(浙江东阳,2016)

品种	产量/ (kg/亩)	有效穗数/ (穗/亩)	单穗重/g	穗长/cm	穗粗/cm	秃尖长/cm	穗行数	行粒数	千粒重/g
浙糯玉 5 号	469.5	2459.0	182.4	17.9	4.5	2.0	13.7	28.5	330.6
美玉 8 号	443.8	2603.7	158.1	15.5	4.3	0.9	13.2	31.4	275.1
渝糯 7 号	489.8	2623.4	174.0	15.2	4.7	1.9	15.3	27.2	320.6
京科糯 2000	481.3	2242.1	199.2	16.7	4.7	1.8	12.4	30.9	336.0
浙凤糯 3 号	332.0	2064.5	152.3	15.9	4.3	1.9	12.4	29.5	312.4
苏玉糯 18	382.7	2288.1	165.5	14.6	4.4	0.8	11.7	28.6	374.8
浙糯玉 7 号	610.2	3208.6	167.8	15.9	4.6	3.2	15.0	24.8	309.3
黑甜糯 168	418.8	2340.7	169.6	17.3	4.5	3.8	14.9	26.4	281.5
苏玉糯 2 号	386.6	2294.7	169.6	14.1	4.5	0.8	12.3	29.3	379.0

表 12-3　宜机鲜食糯玉米品种筛选试验不同品种果穗性状及产量间的相关性分析

性状	单穗重（X1）	穗长（X2）	穗粗（X3）	秃尖长（X4）	穗行数（X5）	行粒数（X6）	千粒重（X7）	有效穗数（X8）	产量（Y）
单穗重（X1）		0.43*	0.52**	0.05	0.11	0.17	0.07	-0.03	0.35
穗长（X2）	0.43*		0.03	0.58**	0.37*	-0.06	-0.50**	-0.02	0.23
穗粗（X3）	0.52**	0.03		0.22	0.44*	-0.34	0.14	0.16	0.43*
秃尖长（X4）	0.05	0.58**	0.22		0.68**	-0.68**	-0.45*	0.25	0.3
穗行数（X5）	0.11	0.37*	0.44*	0.68**		-0.64**	-0.57**	0.49**	0.54**
行粒数（X6）	0.17	-0.06	-0.34	-0.68**	-0.64**		0.1	-0.46*	-0.36
千粒重（X7）	0.07	-0.50**	0.14	-0.45*	-0.57**	0.1		-0.17	-0.22
有效穗数（X8）	-0.03	-0.02	0.16	0.25	0.49**	-0.46*	-0.17		0.89**
产量（X9）	0.35	0.23	0.43*	0.3	0.54**	-0.36	-0.22	0.89**	

注：* 表示在 0.05 水平显著相关；** 表示在 0.01 水平显著相关

表 12-4　宜机鲜食糯玉米品种筛选试验不同品种果穗性状与产量间的通径分析

性状	因子	直接通径系数	间接通径系数					
			→X1	→X2	→X3	→X5	→X7	→X8
单穗重	X1	0.2017		0.0624	0.1437	-0.021	-0.0109	-0.0278
穗长	X2	0.1449	0.0869		0.0084	-0.0704	0.073	-0.0161
穗粗	X3	0.2913	0.1043	0.0044		-0.0824	-0.0202	0.1497
穗行数	X5	-0.1881	0.0226	0.0543	0.1219		0.084	0.4483
千粒重	X7	-0.1467	0.015	-0.0721	0.0383	0.1077		-0.1579
有效穗数	X8	0.9341	-0.0061	-0.0025	0.0451	-0.0912	0.0251	

注：决定系数=0.97 954

与甜玉米相比，糯玉米更适宜机械化播种，适宜机械化播种的糯玉米特点与甜玉米基本相同：种子粒型大小适中、均匀性好、活力好、发芽率高，玉米苗势好，根系发达，不易倒伏，且抗病性好、耐密性好。

第二节　山地鲜食甜糯玉米生产环节关键技术与装备

一、机械化生产问题及背景

在鲜食玉米生产转变为规模化、集约化种植和产业化经营的发展过程中，全程机械化是必然选择。机械化除了可以降低耕作者的劳动强度、节约人工成本，还可以保证农时、促进标准化管理，进而提高商品率和经济效益。

我国鲜食玉米全程机械化发展水平较低且不平衡，耕整地、植保等机械相对较为成熟，但适合南方生产条件的播种、施肥和收获机具还十分落后，在小型化、安全性、精准性和土壤黏重的适应性等方面还有待大幅度提高。

二、关键技术与装备

（一）整地机械技术与装备

鲜食玉米，特别是甜玉米的种子破土能力差，整地质量要求地面平整、土壤松软且湿度合适，颗粒均匀细致等。南方多为丘陵山地，田块较小且道路交通不畅，耕作机具多选用小型机具。耕作中多采用犁和旋耕机整地或直接旋耕，然后起畦和畦面平整，使土块细碎均匀、上虚下实，实现深、松、细、匀、肥、湿的土壤环境（图 12-3）。部分地区在秋、冬季节选用中型机具进行起畦覆膜作业，在起畦前在畦中间位置增施有机肥和复合肥，每公顷可施腐熟有机肥 30 000 ～ 45 000kg、纯氮 37.5kg、氧化钾 150kg、五氧化二磷 90kg、硫酸锌 45 ～ 60kg。

图 12-3　旋耕起垄覆膜机（悦田 YTLM-140）

（二）播种技术与装备

1. 规格

根据不同的种植规格选用相应开沟、起畦机械作业。主要有等行距种植和宽窄行种植。等行距种植一般行距 60 ～ 75cm、株距 25 ～ 30cm；宽窄行种植一般宽行 70 ～ 80cm、窄行 40 ～ 50cm；起畦种植一般畦宽 160cm、沟宽 20 ～ 40cm、畦高 15 ～ 25cm，每畦种植 2 行，种植密度 45 000 ～ 54 000 株/hm²，根据种植品种、水肥条件、气候特点、种植方式等因素调整。

2. 直播

在精细整地后按种植密度和规格直接播种，分开沟条播或点播等。根据山地、平坝等不同的地形特点，可选用小型播种机或中小型四轮拖拉机配套的玉米高速精密免耕播种机作业（图 12-4）。

图 12-4　玉米高速精密免耕播种机（雷沃重工 2BMQE-2A ）

3. 育苗移栽

甜糯玉米种子发芽势相对较弱，顶土能力弱，育苗移栽能很好地解决用种量大的问题，缓解玉米与其他作物共生矛盾、解决茬口衔接问题。当前主要采用塑料软盘育苗（图 12-5），育苗可实现全苗、苗匀、苗壮。移苗期一般在 3 叶龄前后，可选择移栽机移栽（图 12-6），移栽时分级、定向、错窝移栽，栽深 3cm，移栽后浇透缓苗水，促进成活。

图 12-5　玉米拱棚塑料软盘育苗

图 12-6　甜玉米机械移栽

4. 地膜覆盖

根据种植习惯选择相应规格的无公害双降解打孔膜，地膜覆盖可改善温湿条件和土壤物理性状并抑制杂草生长，争取积温和农时，适宜于甜糯玉米生长发育，实现增产增收。地膜覆盖要求做到地平整、膜压紧、边压严、覆膜要直、松紧度适中（图 12-7）。

图 12-7　甜玉米地膜覆盖种植情况

三、田间管理技术与装备

（一）苗期管理

1. 适时间苗、定苗

玉米出苗或移栽成活后，要及时查苗补缺，4～5叶龄时间苗、定苗。间苗和定苗时要将根拔出，并拔除小苗、弱苗、病苗、虫苗，留壮苗，以确保苗齐、苗匀、苗壮。

2. 中耕除草

山地鲜食玉米适合选用轻型机动中耕机作业，以疏松土壤，清除杂草，减少水分、养分消耗，中耕一般不少于3次，第一次浅耕，第二、三次深耕，并结合施肥、培土同时进行。

3. 水肥管理

甜糯玉米苗期植株矮小、生长慢、需水量小，底墒不足或连续干旱时需要及时灌水，速灌速排。可采用水肥一体化管理技术进行水肥管理，借助压力系统（或地形自然落差），将可溶性固体或液体肥料，按土壤养分含量和作物种类的需肥规律与特点，将配兑成的肥液与灌溉水在灌溉水槽中混匀，使水肥相融后，通过管道和滴头均匀、定时、定量，浸润作物根系发育生长区域。雨水较多时要及时疏沟排水防涝。

4. 病虫草害综合防治

通过选择抗病品种、种子包衣等措施综合防治病害；苗期虫害有地老虎、蛴螬、蝼蛄等，可用杀虫剂与底肥兑匀后撒施或无人机喷施杀虫剂防治。

（二）孕穗期管理

1. 中耕培土

可在拔节前结合中耕除草、追肥小培土1次，大喇叭口期前结合追穗肥大培土1次。

2. 合理施肥

视幼苗长势及苗肥施用情况酌情巧施拔节肥，一般在可见叶与展开叶相差 3 ～ 4 片时，每公顷追施尿素 105 ～ 150kg、氯化钾 90 ～ 120kg，兑水施用，促进茎秆的生长。施肥时注意弱小苗多施，促进苗整齐。

大喇叭口期，结合中耕培土追施穗肥，以追施氮肥为主，占总施肥量的 35% ～ 45%。可采用水肥一体化技术，也可采用中小型中耕施肥机进行施肥作业。

3. 水肥管理

穗期，玉米植株生长旺盛，需水量较大，抽雄前 15d 植株进入需水临界期，要保证肥水充足，使土壤水分保持在田间持水量的 70% ～ 80%，如雨水较多，要注意及时排涝。

4. 病虫草害综合防控

病害以大斑病、小斑病和纹枯病防控为主，在抽雄前后或病害发生时及时防控，可采用 50% 多菌灵可湿性粉剂 500 ～ 600 倍液或 70% 甲基托布津可湿性粉剂 800 ～ 1000 倍液均匀喷雾，重病田快连续用药防治 2 ～ 3 次。虫害主要有玉米螟、斜纹夜蛾、甜菜夜蛾、棉铃虫、草地贪夜蛾、蚜虫等，可用 Bt 乳剂、甲维盐等高效、低毒、低残留的农药在发生初期及时防治。

（三）花粒期管理

1. 水肥管理

花粒期是玉米需水量最多的时期，为保证玉米受精结实正常，必须加强水肥管理，田间持水量为 70% ～ 80%，相对湿度 70% ～ 85%。收获前几天要及时控水。在植株授粉结束后看长势补施粒肥，每公顷追施氮肥 45 ～ 75kg，水肥一体化施用或侧施，也可喷施叶面肥 1 ～ 2 次。

2. 人工辅助授粉

在盛花期晴天上午 10 ～ 11 时对雌雄不协调的田块进行人工辅助授粉，以提高结实率，实现丰产。

3. 病虫害防治

该时期主要是加强对大斑病、小斑病、纹枯病、茎腐病的防治。虫害主要是玉米螟、蚜虫等的防治。防治时注意用药安全，尽量使用生物农药。

四、收获技术与装备

1. 收获时期

甜、糯玉米商品性受采收期影响较大，要根据品种类别、生育期、气候条件等因素确定适宜的采收期。在田间根据果穗外部形态，以花丝变为深褐色，剥去苞叶籽粒流出浓稠白浆等确定最佳收获期。一般夏、秋种植在授粉后 20 ～ 30d，冬种则在授粉后 30 ～ 40d。

2. 采收技术与装备

在满足机械收获条件的情况下，选用河北雷肯 4YZT-4 型等鲜食玉米收获机机收（图 12-8），与人工采摘比较，效率可提高 20 倍以上，可有效提高作业效率、减少劳力投入和劳动强度、抢抓农时等。适宜采收时间为晴天上午 9 时前或下午 4 时后。

图 12-8　鲜食玉米果穗收获机（河北雷肯 4YZT-4）

3. 分级包装

采收后的鲜食玉米根据外观、色泽、饱满度等性状及时分级，根据市场需求及时包装销售。

第三节　鲜食玉米保鲜与加工技术及装备

一、保鲜加工

（一）低温保湿处理

鲜食甜、糯玉米在玉米的乳熟期采摘，籽粒还处于旺盛的代谢状态，籽粒中的营养物质稳定性较差，及时降温和保湿处理，使其代谢酶活性降低，可以明显减缓品质的劣变。一般处理的温度在 10℃ 以下，相对湿度在 90% 以上，保鲜效果较好。降温的最快速方法是将鲜食玉米网袋包装，在冰水中浸泡 30min，捞出控干水分，存放在空气流动、湿度大于 90% 的冷库中，采用低温冷藏车运输。低温处理后的鲜食玉米保鲜时间为一周左右，品种间存在较大差异，'粤甜 28 号'等耐贮藏品种食用品质基本保持不变，'金中玉'等不耐贮藏品种只能保鲜 3d 左右。

（二）ClO_2 杀菌复合壳寡糖涂膜处理

龚魁杰等（2018）采用 ClO_2 杀菌处理、壳寡糖（chitosan oligosaccharide，COS）涂膜处理、ClO_2 杀菌复合 COS 涂膜（ClO_2-COS）处理鲜食糯玉米，发现：200mg/L 的 ClO_2 杀菌复合 15mg/mL COS 涂膜处理具有明显的抑菌能力，处理后贮藏 35d 霉菌和酵母菌总数显著低于 ClO_2 杀菌处理组和 COS 涂膜处理组。ClO_2-COS 复合剂处理能够降低木质素积累速率，降低多酚含量并使其基本保持较低水平；ClO_2-COS 复合剂处理可以抑制苯丙氨酸解氨酶活力过快上升，降低苯丙烷代谢水平，还能降低过氧化物酶活力，使其在贮藏期间一直保持较低水平，从而减少木质素积累。

（三）强脉冲光处理

用强脉冲光对鲜食糯玉米进行处理，以紫外辐照处理为对照，分析含水量、质量损失率、全质构分析指标、色差与感官品质的变化。结果表明，强脉冲光、紫外辐照处理可有效抑制水分散失，也有助于降低玉米的质量损失。强脉冲光处理的鲜食糯玉米，其内聚性、硬度、胶黏性和咀嚼性优于紫外辐照处理。综合而言，强脉冲光对鲜食玉米保鲜效果较好，能更好保持色、香、味等感官品质。

二、鲜食玉米加工

（一）甜玉米汁加工

甜玉米汁所含主要营养成分包括维生素类、黄酮类营养物质，优质膳食纤维，抗氧化功能的维生素 E 和硒，以及对眼睛保健非常重要的叶黄素等物质，是一种营养均衡、丰富，具有保健功能的饮品。

1. 甜玉米汁饮料加工

甜玉米汁饮料是以乳熟期的甜玉米为原料，经过一系列加工处理过程，辅料添加，形成的可稳定保存的液体加工产品。作为原料的甜玉米穗从田间采摘后常温运输在 6h 内到达加工场，或低温处理后在品质未裂变前到达加工场。第一步冷冻籽粒加工：包括果穗苞叶去除、果穗清洗、脱粒、霉变破碎粒和杂质清除、高温杀青、低温快速冷冻、冻籽粒低温保存等；第二步甜玉米汁加工：包括玉米粒研磨（超微粒研磨，颗粒为纳米级）、辅料添加、高温乳化、定容、均质、器皿消毒、果汁瞬间高温灭菌、冷却、装瓶、套标打码、产品抽样送检、成品包装（图 12-9）。

研磨　　　　辅料添加　　　　高温乳化　　　　定容　　　　均质

板式消毒　　　　装瓶　　　　套标和打码　　　　装箱　　　　检验

图 12-9　甜玉米汁饮料加工主要环节

2. 鲜榨玉米汁加工

以新鲜甜玉米为原料，具体做法如下。①新鲜甜玉米粒制作：甜玉米摘取苞叶、去掉玉米须、冲洗干净，用刀从一端切至另一端，将甜玉米粒全部切下放入容器内。②破壁豆浆机榨汁：将适量的新鲜甜玉米粒放入榨汁机内，加入适量的水，根据对玉米汁浓度的选择，加入 1 ～ 3 倍纯净水，进行榨汁处理。如果豆浆机有加热功能，经过 100℃ 高温加热 5min 即可，或者在不锈钢锅中煮 5min。玉米汁降温至适合饮用的温度即可饮用。

（二）鲜食玉米真空软包装加工

真空软包装鲜食玉米，包括甜玉米和糯玉米，是将整穗或切段的鲜玉米果穗经漂洗、蒸煮装袋、真空包装、密封和高温杀菌等过程制作成的加工产品，因其采用软质材料作为包装材料，故称之为软罐头。比传统的金属硬质包装轻便，开启方便；与速冻玉米相比，可以常温保存和直接食用，在目前市场上广受欢迎。

加工过程中，宜选择外观与食用品质优良的品种，同时按照玉米粒加工的要求进行保鲜处理，除去苞叶后，进行果穗精选、分级和漂洗等过程。根据口味的需要对其进行营养浸泡（含一定比例的柠檬酸钠、维生素 C）后直接真空包装杀菌，玉米不易发生明显的褐变，口感较好。不同品种的加工特性不同，需要针对选定的品种开发出最佳加工工艺和参数。

工艺流程：原料采收 → 验收 → 剥皮去花丝 → 切段 → 分级 → 清洗 → 水煮 → 冷却 → 晾干 → 装袋 → 真空密封 → 高温杀菌 → 冷却 → 成品 → 装箱 → 打包 → 入库。

感官质量标准：具有本品种应有的颜色，无杂粒；具有本品种应有的滋味和气味，无不良气味；每袋中的玉米长度误差不应超过 10%，直径误差不超过 5%；不能有花丝、苞叶及其他杂质。

参 考 文 献

陈山虎, 林建新, 纪荣昌, 等. 2009. 鲜食玉米栽培 [M]. 福州: 福建科学技术出版社.

龚魁杰, 陈利容, 祁国栋, 等. 2018. ClO$_2$ 杀菌复合壳寡糖涂膜对鲜食糯玉米的保鲜效果 [J]. 食品科学, 39(21): 279-284.

广东省农业科学院作物研究所. 2011. 广东甜糯玉米新品种新技术 [M]. 广州: 广东人民出版社.

康春杰. 2010. 地膜覆盖鲜食玉米无公害栽培技术 [J]. 作物栽培, 10: 35-36.

李少昆, 刘永红, 李晓, 等. 2011. 南方地区甜、糯玉米田间种植手册 [M]. 北京: 中国农业出版社.

石洁, 王振营. 2011. 玉米病虫害防治彩色图谱 [M]. 北京: 中国农业出版社.

王蓓, 洪晨, Khir R, 等. 2020. 脉冲强光对黄曲霉菌孢子的杀菌效果、微观结构及动力学的影响 [J]. 中国食品学报, 20(4): 10-17.

许春平, 郑凯. 2019. 紫外辐照技术及应用 [M]. 北京: 中国轻工业出版社.

第十三章 西南山地玉米全程机械化高产高效生产技术模式及实务

第一节 山地春玉米全程机械化高产高效生产技术模式

一、现有生产技术模式特征

春玉米是西南山地玉米的主体种植方式。受多熟种植模式、区域气候生态特点的影响，在长期生产实践中形成了以"避灾丰产、增密增产、高效用肥"为关键的生产技术模式，其技术要点如下。

（1）规范套作

秋季小春作物播种时，规范开厢，预留玉米种植带。为提高玉米种植密度，应改传统"双三〇"种植为"双二五"或"双二〇"；同时根据开厢宽度选择种植模式，"双二五"可选用小麦/玉米或马铃薯/玉米模式，并适当减少小春作物种植带宽；"双二〇"选用马铃薯/玉米模式，或蔬菜/玉米模式。

（2）育苗移栽

育苗移栽能培育"三苗"，降低株高、穗高，防倒，利于玉米尽早封行，形成冠层，充分利用生长前期光热资源，同时与地膜覆盖相结合，提早播种，对避夏、伏旱，实现高产具有重要的作用。在移栽时使用"定位打孔器"进行定位打孔，双行单株，定向错窝移栽，确保移栽质量。

（3）地膜覆盖

玉米育苗结束后，对预留行进行松土、开沟，沟宽20cm左右、沟深10cm左右。开好沟后，先将化学肥料均匀撒于沟的下层，上面再撒农家肥。垒土做厢，做成低度瓦背型，将厢面土块整细整平，下雨后盖膜。盖膜质量做到膜面光洁，采光面达70%左右。

（4）平衡施肥

在肥料管理过程中应注意：一要做到平衡施肥，氮：磷：钾为2：1：2，有机肥和化肥配合施用；二要做到分次施用，重施攻苞肥。深施底肥，磷、钾肥作底肥，氮肥用量占总施氮量的20%～30%，早追苗肥，巧施拔节肥、猛攻穗肥。

由于该生产技术模式精耕细作、管理水平较高，玉米能够获得较高的产量，但耗工耗时，机械化操作不配套，增产不增收。

二、小台地玉米机械化高产高效生产技术模式及实务

（一）机械化高产高效生产技术模式

1. 品种选择

根据多年生产实践和试验结果，宜选择耐苗期低温，抗干旱，抗倒伏（叶片窄、薄、短，正面外翻），耐密植（穗下节间短、穗上节间长、上紧凑下平展），抗性好（抗穗腐病、灰斑病、大斑病、纹枯病、锈病），穗位整齐（1.2m以下），生育期短，籽粒灌浆快、脱水快，成熟后苞叶松散，植株落黄好的中穗中熟偏晚品种。

2. 种子处理

精量播种地区，必须选用高质量的种子并进行精选处理，要求处理后的种子纯度达到96%以上、净度达99%以上、发芽率达95%以上。有条件的地区可进行等离子体或磁化处理。播种前，应针对当地各种病虫害实际发生的程度，选择相应防治药剂进行拌种或包衣处理。特别是玉米丝黑穗病、苗枯病等土传病害和地下害虫严重发生的地区，必须在播种前做好病虫害预防处理。

3. 播前整地

前茬收获后，应根据季节、土壤墒情，分类做好播前准备，如春玉米播种时，多雨地区宜在冬前做好开沟、排水等，播种前进行灭茬、旋耕、耙地、施基肥等作业，而播种时气候干旱区域，则在播种时进行整地等，以利于保墒。有条件的地区应采用多功能联合作业机具进行作业。播前应进行旋耕作业，丘陵山地可采用小型微耕机具作业。

4. 精量播种

适时播种是保证出苗整齐度的重要措施。海拔 2200m 以下地区建议适墒直播。应密切关注天气预报，透雨来临前 5d 及时抢播下地。海拔 2200m 以上冷凉地区，建议在 5 月上旬采用坐水种+覆膜栽培。合理的种植密度是提高单位面积产量的主要因素之一，采用机械播种，由于目前适宜丘陵山地的播种机质量还难以达到精量播种精量出苗的要求，一般应按照当地玉米品种特性合适的播种密度，增加 10% 的播种量，以保证生产上要求的密度。应尽量采用机械化精量播种技术，作业要求：单粒率≥85%，空穴率<5%，伤种率≤1.5%；播深或覆土深度一般为 4～5cm，误差不大于 1cm；株距合格率≥80%；种肥应施在种子下方或侧下方，与种子相隔 5cm 以上，且肥条均匀连续；苗带直线性好，种苗左右偏差不大于 4cm，以便于田间管理。可采用播种器直播，株行距 40cm×60cm，每穴播种 3 粒，双株留苗。

5. 中耕施肥

玉米拔节期或小喇叭口期，若心叶发黄每公顷追施尿素 300～450kg 作攻苞肥。采用轻小型田间管理机械，进行中耕追肥机械化作业，一次完成开沟、施肥、培土、镇压等工序。追肥机具各排肥口施肥量应调整一致。追肥机具应具有良好的行间通过性能，追肥作业应无明显伤根，无明显断条，施肥后覆土严密。

6. 病虫防控

根据当地玉米病虫害的发生规律，按植保要求采取综合防治措施，合理选用药剂及用量，按照机械化高效植保技术操作规程进行防治作业。苗前喷施除草剂应在土壤湿度较大时进行，均匀喷洒，在地表形成一层药膜；苗后喷施除草剂在玉米 3～5 叶期进行，要求在行间近地面喷施，以减少药剂漂移。灰斑病、穗腐病高发地区，种植感病品种的地块，大喇叭口期采用扬彩+福戈喷雾，以实现病虫一次清。喷药防治病虫害时，要积极推广农业航化作业技术，要提高喷施药剂的精准性和利用率，严防人畜中毒、作物药害和农产品农药残留超标。

7. 适时收获

鲜食玉米授粉后 18～23d（冷凉地区适当延长），花丝变为黑褐色，果穗开始向外倾斜，籽粒充分灌浆达到乳熟时及时采收。青贮玉米，在乳线在 1/2 至 3/4 时或乳熟末期至蜡熟期生物学产量最高时，采用玉米青贮收获机适时收获，并及时入窖青贮。收获干籽粒的，在籽粒乳线消失、黑层出现、籽粒变硬、苞叶松散时适时采收。根据地块大小和种植行距及作业要求选择合适的联合收获机、青贮饲料收获机型。玉米收获机行距应与玉米种植行距相适应，行距偏差不宜超过5cm。使用机械化收获的玉米，玉米穗位高度≥35cm，植株倒伏率应＜5%，否则会影响作业效率，加大收获损失。作业质量要求：玉米果穗收获，籽粒损失率≤2%，果穗损失率≤3%，籽粒破碎率≤1%，果穗含杂率≤5%，苞叶未剥净率＜15%；玉米脱粒联合收获，玉米籽粒含水率≤25%；玉米青贮收获，秸秆含水量≥65%，秸秆切碎长度≤3cm，切碎合格率≥85%，割茬高度≤15cm，收割损失率≤5%。玉米秸秆还田机械尽量选用弯刀式、直刀式、铡切式等秸秆粉碎性能高的产品，秸秆切碎长度≤10cm，宽度≤1cm，秸秆切碎合格率≥90%，抛撒不均匀率≤20%。

（二）应用实务

1. 四川西充春玉米机械化生产模式

南充市农业科学院在西充县建立了川东北春玉米机械化高产高效生产示范片。2014～2019年连续6年，示范片选用'仲玉3号''科茂918''成单30'等耐密宜机优良品种，应用新型安全高效种衣剂包衣，使用适宜小台地生态特征的玉米精量播种施肥一体机，雨前一次完成开沟、播种、施肥、覆土、镇压等工序，利用3WF-2.6型机动弥雾机或植保无人机喷施药剂防治玉米病虫害，籽粒成熟后选择履带自走式对行玉米籽粒收割机，一次完成玉米的摘穗、剥皮、脱粒、清选、秸秆粉碎还田等作业。多年现场验收示范片平均单产较传统技术增产6%，机收籽粒损失率较低，籽粒破损率平均为1.9%，含杂率平均为1.3%。示范片玉米种植关键环节实现机械化，每公顷节约劳力105～120人，节本增效4500元/hm²以上，同时秸秆粉碎还田，提升了农田可持续生产能力，生态效益显著。

2. 湖北恩施春玉米机械化生产模式

国家玉米产业技术体系恩施综合试验站在2017～2019年先后在湖北省建始县花坪镇、湖北省咸丰县忠堡镇开展玉米全程机械化生产示范，共86.7hm²，集成播前化学除草、机械整地、缓效肥施用、药剂拌种、机械播种施肥、喇叭口期防治病虫、机械收穗和秸秆还田等技术，以达到节本增效的目标。通过现场验收平均产量9739.5kg/hm²，扣除农资、农机等投入，每公顷比农民人工栽培增收1020～4650元。

3. 贵州大方青贮玉米机械化生产模式

贵州省农业科学院旱粮研究所在贵州省大方县建立了青贮玉米机械化生产技术千亩示范片。示范片选用'金玉818''金玉908''黔青446'等耐密宜机品种，应用新型安全高效种衣剂包衣、增密机播、缓控肥一次性施肥、机械化植保、适时机收等技术，示范片节本增产增效明显。2019年，经专家组现场测产验收千亩示范片青贮玉米鲜产平均59 640kg/hm²，较农户对照增产9.9%，且减施氮肥15.7%，每公顷节约劳动力投入75～105人，节本增效效果明显。

三、缓坡地玉米全程机械化高产高效生产技术模式及实务

（一）全程机械化高产高效生产技术模式

1. 品种选择

选择耐苗期低温，抗干旱，抗倒伏（叶片窄、薄、短，正面外翻），耐密植（穗下节间短、

穗上节间长、上紧凑下平展），抗性好（抗穗腐病、灰斑病、大斑病、纹枯病、锈病），穗位整齐（1.2m 以下），生育期短，籽粒灌浆快、脱水快，成熟后苞叶松散，植株落黄好的中穗中熟偏晚品种。

2. 种子处理

选用高质量的种子并进行精选处理，要求处理后的种子纯度达到96% 以上、净度达 98% 以上、发芽率达 95% 以上。可进行种子等离子体或磁化处理。播种前，应针对当地各种病虫害实际发生的程度，选择相应防治药剂进行拌种或包衣处理。特别是玉米丝黑穗病、苗枯病等土传病害和地下害虫严重发生的地区，必须在播种前做好病虫害预防处理。

3. 播前整地

前茬收获后做好播前准备，包括深松、灭茬、旋耕、耙地、施基肥等作业，采用多功能联合作业机具进行作业。深松作业的深度以打破犁底层为原则，一般为 30 ～ 40cm；提倡秋季深松，以便更多纳蓄自然降水；建议每隔 2 ～ 4 年进行一次。播前应进行旋耕作业。

4. 精量播种

在适宜的土壤温度和墒情下，应尽早播种。宜采用直播，浇水、覆膜、播种一次完成。按照当地的玉米品种特性，适当增加播量，保证每公顷株数在 75 000 株以上。采用机械化精量播种技术，作业要求：单粒率≥85%，空穴率＜5%，伤种率≤1.5%；播深或覆土深度一般为 4 ～ 5cm，误差不大于 1cm；株距合格率≥ 80%；种肥应施在种子侧下方，与种子相隔 5cm 以上，且肥条均匀连续；苗带直线性好，种子左右偏差不大于 4cm，以便于田间管理。推荐采用河北农哈哈机械集团有限公司生产的 2BPSF-2 铺膜穴播机播种，一般使用二档，行距 = 40cm+80cm，株距为 21cm，播种同时每公顷施用氮、磷、钾配比 27：9：9 的硝基双效肥 600kg。

5. 中耕施肥

玉米拔节或小喇叭口期，若心叶发黄每公顷追施尿素 300 ～ 450kg 作攻苞肥。采用高地隙中耕施肥机具或轻小型田间管理机械，进行中耕追肥机械化作业，一次完成开沟、施肥、培土、镇压等工序。追肥机各排肥口施肥量应调整一致。追肥机具应具有良好的行间通过性能，追肥作业应无明显伤根，无明显断条，施肥后覆土严密。

6. 病虫草害防控

根据当地玉米病虫草害的发生规律，按植保要求采取综合防治措施，合理选用药剂及用量，按照机械化高效植保技术操作规程进行防治作业。苗前喷施除草剂应在土壤湿度较大时进行，均匀喷洒，在地表形成一层药膜；苗后喷施除草剂在玉米 3 ～ 5 叶期进行，要求在行间近地面喷施，以减少药剂漂移。灰斑病、穗腐病高发地区，种植感病品种的地块，大喇叭口期采用扬彩（阿米西达或嘧菌酯）+福戈喷雾，以实现病虫一次清。喷药防治病虫害时，应采用高地隙喷药机械进行机械化植保作业，要积极推广农业航化作业技术，提高喷施药剂的精准性和利用率，严防人畜中毒、作物药害和农产品农药残留超标。

7. 适时收获

根据玉米成熟度和用途适时进行收获作业。在籽粒乳线消失、黑层出现、籽粒变硬、苞叶松散时适时采收。根据地块大小和种植行距及作业要求选择合适的联合收获机。玉米收获机行距应与玉米种植行距相适应，行距偏差不宜超过 5cm。使用机械化收获的玉米，玉米穗位高度≥35cm，植株倒伏率应＜5%，否则会影响作业效率，加大收获损失。作业质量要求：玉米果穗收获，籽粒损失率≤2%，果穗损失率≤3%，籽粒破碎率≤1%，果穗含杂率≤5%，苞叶未剥净率＜15%；玉米脱粒联合收获，玉米籽粒含水率≤25%；玉米青贮收获，秸秆含水量≥65%，秸秆切碎长度≤3cm，切碎合格率≥85%，割茬高度≤15cm，收割损失率≤5%。玉米秸秆还田机械尽量选用弯刀式、直刀式、铡切式等秸秆粉碎性能高的产品，秸秆切碎长度≤100cm，宽度≤10cm，秸秆切碎合格率≥90%，抛撒不均匀率≤20%。

（二）应用实务

1. 湖南安乡春玉米全程机械化模式

湖南省作物研究所在常德市安乡县建立了20hm² 春玉米全程机械化高产高效示范片。示范片选用'湘康玉7号''登海605''京科968'耐密宜机优良品种，应用新型安全高效种衣剂包衣，使用"六合一"播种机械同步完成灭茬、旋耕、起垄、清沟、施肥、播种等工序，利用高地隙喷杆式喷药机或植保无人机喷施药剂防治玉米病虫害，籽粒成熟后选择玉米籽粒收割机进行机收。2018年经专家验收示范片平均单产达到10 512kg/hm²，示范片增产增收效果明显。

2. 重庆市潼南区春玉米全程机械化模式

2017～2020年，重庆市农业科学院玉米研究所在重庆市丘陵缓坡区潼南区米心镇开展玉米全程机械化生产示范。示范片平均海拔329m，面积13.3hm²以上，典型丘陵地貌。示范片选用'渝单30'耐密抗倒品种，采用"适期播种、增密种植、全程机械化耕播收、施用缓控释肥（沃夫特）、一次性施肥、节肥节药20%"技术模式。近4年专家测产验收：全程机械化高产高效生产技术节本增产增效明显，机收质量达到国标，平均单产9111kg/hm²，比传统技术方式（密度48 000株/hm²、N：P_2O_5：K_2O=20：6.6：6.6）增产16.4%，每公顷增加产值3063元，节本增效9583.5元/hm²。

第二节 山地夏玉米全程机械化高产高效生产技术模式

一、现有生产技术模式特征

西南山地夏玉米多为接茬净作模式，生育期内温度高湿度大，多种自然灾害频发加之多种病害并发严重影响夏玉米产量，在长期生产实践中形成了以"抢墒早播、增密增产、综合防控、分次施肥"为核心的生产技术模式，其技术要点如下。

（1）抢墒早播

小春作物收获后及时进行灭茬旋耕整地，在土壤相对含水量60%～80%时及时抢墒播种，或小春作物收获后免耕人工挖窝点播。

（2）增密增产

一般生产上改传统平均行距100cm为66～80cm，种植密度增加7500～15 000株/hm²。通过调节行、株距来改善田间冠层结构，提高光能利用率，促进玉米增产。

（3）综合防控

在玉米整个生育期，根据田间实际情况，对主要病虫害防治2～3次。

（4）分次施肥

在肥料管理过程中深施底肥，磷、钾肥作底肥，氮肥用量占总施肥量的 20% ～ 30%，早追苗肥、巧施拔节肥、猛攻穗肥。

总体上，该技术模式劳动力投入大，机械化程度低、夏玉米产量低而不稳，整体种植效益差。

二、小台地玉米机械化高产高效生产技术模式及实务

（一）机械化高产高效生产技术模式

1. 播前整地

小春作物收获后及时用秸秆还田机将留茬粉碎还田。并采用以微耕机或手扶拖拉机为动力的旋耕机整地，作业质量要求：作业层深度 ≥ 12cm，作业层深度合格率 ≥ 85%，土层内直径大于 4cm 的土块 ≤ 5%，地表残秆残留量 ≤ 200g/m²，表土细碎、地面平整、无板结且上虚下实等。

2. 选用耐密抗逆品种

选用紧凑或半紧凑型、熟期适中、耐密、抗倒、丰产、优质、抗主要病虫害的品种。种子经过分级且均匀度较好，能较好地匹配相应的排种器，并按照相关规定进行种子包衣。种子质量符合《粮食作物种子 第一部分：禾谷类》（GB 4404.1—2008）的规定。

3. 增密机播

每公顷成苗密度 60 000 ～ 67 500 株，用种量参照种子发芽率上浮 5% ～ 10%。选用以微耕机或小四轮拖拉机为动力的两行精量播种机进行播种，播种作业质量要求：单粒率 ≥ 85%，空穴率 < 5%，粒距合格率 ≥ 80%，行距左右偏差 ≤ 4cm，碎种率 ≤ 1.5%，播深 3 ～ 5cm，遇旱适当深播，但不超过 6cm。

4. 配方施肥

使用玉米专用配方肥，玉米生长季共施纯氮 150 ～ 240kg/hm²、五氧化二磷 112 ～ 135kg/hm²、氧化钾 90 ～ 105kg/hm²。在 6 展叶至 7 展叶时，苗情较差的地块追施尿素 75 ～ 120kg/hm²。

5. 除草

按除草剂使用说明及时完成芽前除草和苗后除草。药剂选用符合《农药合理使用准则（九）》（GB/T 8321.9—2009）的规定。

6. 控旺防倒

生长过旺的地块采用矮壮素等玉米控旺剂进行控旺防倒。参照药剂使用说明施用。

7. 病虫防治

主要防治叶斑病、苗期地下害虫、玉米螟等。参照农药使用说明采用机动喷雾器或无人机等作业。药剂选用符合《农药合理使用准则（九）》（GB/T 8321.9—2009）的规定。采用性诱剂、诱虫灯、释放赤眼蜂等防治玉米螟。

8. 适时晚收

籽粒完熟、乳线消失后 7 ～ 10d，或籽粒含水率 ≤ 30%，采用小型玉米收穗机进行机收，

收穗型收获机作业质量要求：总损失率≤4%、籽粒破碎率≤1%、果穗含杂率≤1.5%、苞叶剥净率≥85%、残茬高度≤100mm。

（二）应用实务

湖南安乡夏玉米全程机械化模式

湖南省作物研究所在安乡县建立了夏玉米全程机械化示范片。示范片采用油菜-玉米两熟种植模式，选用'登海605''豫单9953''郑单958'等宜机收耐高温品种，使用"六合一"播种机械同步完成灭茬、旋耕、起垄、清沟、施肥、播种等工序，采用小型中耕施肥机施追肥，利用高地隙喷杆式喷药机或植保无人机喷施药剂防治玉米病虫害，籽粒成熟后选择玉米籽粒收获机进行机收。2018年9月30日，湖南省农业科学院科技处组织有关专家对项目组在安乡县实施的油菜-夏玉米种植模式进行现场测产验收，前作油菜品种'沣油823'产量2521.5kg/hm²；夏玉米'登海605'产量8515.5kg/hm²。

三、缓坡地玉米全程机械化高产高效生产技术模式及实务

（一）全程机械化高产高效生产技术模式

1. 整地

采用中型以上旋耕机整地，作业质量要求：作业层深度≥12cm，作业层深度合格率≥85%，土层内直径大于4cm的土块≤5%，地表残秆残留量≤200g/m²，表土细碎、地面平整、无板结且上虚下实等。对前作留茬高度超过25cm的地块，及时用秸秆还田机将留茬粉碎还田。作业质量符合《秸秆还田机作业质量》（NY/T 500—2002）的规定。

2. 品种选择

选用紧凑或半紧凑型、熟期适中、耐密、抗倒、丰产、优质、抗主要病虫害，籽粒脱水快，适宜机播的品种。种子经过分级且均匀度较好，能较好地匹配相应的排种器，并按照相关规定进行种子包衣。种子质量符合GB 4404.1—2008的规定。

3. 播种机选择

选用3～4行精量播种机，一次完成开沟施肥、播种、覆土、镇压等工序，株距1～31cm可调，行距50～75cm可调，播深3～6cm可调。播种作业质量要求：单粒率≥85%，空穴率＜5%，粒距合格率≥80%，行距左右偏差≤4cm，碎种率≤1.5%。肥料在种子下方，离种子5cm以上。

4. 种植密度

每公顷成苗密度52 500～67 500株，用种量参照种子发芽率上浮5%～10%。

5. 播种深度

播种深度4～5cm。遇旱适当深播，但不超过6cm。

6. 播种时间

6月上旬以前，5～10cm耕层温度稳定通过7～10℃，土壤相对含水量达到70%左右。

7. 机械施肥

使用玉米专用配方肥，玉米生长季共施纯氮150～240kg/hm²、五氧化二磷112～135kg/hm²、

氧化钾 90～105kg/hm²。播种时种肥同播。

在 6～7 叶期，苗情较差的地块追施尿素 75～120kg/hm²。采用具有良好行间通过性能的高地隙中耕施肥机具或轻小型田间管理机械，一次完成开沟、施肥、培土、镇压等。作业质量要求：无明显伤根，伤苗率＜3%，追肥深度 7～10cm，追肥部位在行侧 10～20cm，肥带宽度＞3cm，无明显断条，施肥后覆土严密。

8. 除草

按除草剂使用说明及时完成芽前除草和苗后除草。药剂选用符合 GB/T 8321.9—2009 的规定。

9. 控旺防倒

生长过旺的地块采用矮壮素等玉米控旺剂进行控旺防倒。参照药剂使用说明施用。

10. 病虫防治

主要防治叶斑病、苗期地下害虫、玉米螟等。参照农药使用说明采用机动喷雾器、高地隙喷药机具或无人机等作业。药剂选用符合 GB/T 8321.9—2009 的规定。采用性诱剂、诱虫灯、释放赤眼蜂等防治玉米螟。

11. 收获时期及机械收获

籽粒完熟、乳线消失，籽粒含水率≤30% 或≤25% 时分别进行机收穗或机收粒。收获机选用中型收粒型玉米收获机或收穗型玉米收获机，符合《玉米收获机械　技术条件》（GB/T 21962—2008）的规定。收获机械应在田间植株倒伏率≤5%、最低结穗高度≥35cm 的条件下机械化作业，收穗型收获机作业质量要求：总损失率≤4%、籽粒破碎率≤1%、果穗含杂率≤1.5%、苞叶剥净率≥85%、残茬高度≤100mm。收粒型收获机作业质量要求：总损失率≤5%、籽粒破碎率≤5%、含杂率≤3%、残茬高度≤100mm。

（二）应用实务

1. 四川三台夏玉米全程机械化生产模式

四川省农业科学院作物研究所和绵阳市农业科学院在四川省三台县建设镇建立百亩示范方，全面应用夏玉米全程机械化高产高效生产技术模式。2014～2016 年连续 3 年，验收产量较当地平均产量（6000kg/hm²）增产 30% 以上，基地示范户实现每公顷节本增收 3000 元以上，增效 10% 以上。2017 年 9 月 15 日经专家现场测产验收，示范方平均产量 9888kg/hm²，较当地农民习惯种植高产田（7711.5kg/hm²）增产 28%，较当地大面积种植田（6750kg/hm²）增产 46%。示范方最高单产 11 610kg/hm²，创两熟净作玉米机械化生产的新高。

示范方以改革间套三熟为新型接茬净作两熟模式为核心，选用'蠡玉 16''中单 901'等耐密适宜品种，配套"适雨晚播、高密度机播、一次性机械化施肥、机械晚收"等关键的机械化双晚生产技术，实现了夏玉米全程机械化生产，显著提高了玉米种植效益，促进了丘陵区玉米增产增收。通过应用玉米全程机械化生产的关键技术和产品，各个机械作业环节都能起到增产和降耗的作用，所以每个作业环节对提高经济效益都有一定的贡献。据试验示范测算，以两行精量播种机为例，其播种作业效率（0.22hm²/h）较传统人工种植提高了 54 倍，在播种、施肥、病虫草害防治、收获等环节减少了劳力、农资等投入，每公顷节本增收 3000 元以上，增效 10% 以上。

2. 云南师宗夏玉米全程机械化生产模式

云南省曲靖市农业科学研究所在云南省师宗县建立十万亩示范基地，全面应用夏玉米全程机械化高产高效生产技术模式。2014～2019 年连续 6 年，验收产量较当地平均产量（6540kg/hm²）增产 21.5% 以上，基地示范户实现每公顷节本增收 4500 元以上，增效 15% 以上。目前，夏玉米全程机械化高产高效生产技术模式已覆盖师宗全县，达到 20 万亩以上。

示范片以小麦、油菜收后接茬净作两熟模式为核心，选用'兴玉 3 号''华兴单 7 号''靖玉 1 号''靖单 15 号'等耐密宜机早熟抗病品种，配套"透雨来临前 5d 内适时播种、单粒精密机播、一次性机械化施肥、无人机统防草地贪夜蛾"等关键的全程机械化生产技术，显著提高了玉米种植效益，促进了山区玉米增产增收。据试验示范测算，以 4 行精量播种机为例，其播种作业效率（0.5hm²/h）较传统人工种植提高了 60 倍，在播种、施肥、病虫草害防治、收获等环节减少了劳力、农资等投入，每公顷节本增收 4500 元以上，增效 15% 以上。

第三节　山地秋冬作玉米全程机械化高产高效生产技术模式

一、现有生产技术模式特征

1. 精耕细作模式

该模式是传统的栽培管理模式，表现出以下 3 个特征：一是现阶段应用面较小，适用于人均耕地面积少、劳动力不足的地区；二是高产不高效；三是机械化程度偏低。其主要技术措施：以人力和畜力或机械进行精细整地以备种；人工精细播种，种植密度在 49 500～52 500 株/hm²；玉米 5～6 叶期轻施攻苗肥结合小培土进行间苗、定苗和除草，以促进茎节和根系生长；玉米 13～15 叶期（即大喇叭口时期）重施攻穗肥结合大培土和除草，以促进雌穗发育；授粉后 20d 左右巧施攻粒肥，以促进籽粒饱满；在玉米整个生育期，根据田间实际情况，合理灌溉及病虫害防治 2～3 次。由于该生产技术模式精耕细作、管理水平较高，玉米能够获得较高的产量，但耗工耗时，机械化操作不配套，增产不增收。

2. 免耕栽培模式

该模式是现阶段"懒人"栽培管理模式，表现出以下 3 个特征：一是现阶段应用面较大，适用于人均耕地面积较多、劳动力较缺乏的地区；二是高效不高产；三是机械化程度低。其主要技术措施：一般采用宽窄行模式种植，一穴两株；不进行耕耙整地，而在上季玉米的行、株间直接开穴播种，每穴 3～5 粒，待玉米生长到 6～8 叶时，一次性施肥并用少许土壤覆盖结合间苗，不再进行中耕和培土。由于该生产技术模式耕作水平粗放和管理水平低下，玉米产量较低，但用工不多、耗能少，高效不增收。

3. 深松简栽模式

该模式是近几年来结合生产实际情况，优化集成适合喀斯特地区的玉米轻简高效栽培耕作技术模式。有以下 3 个明显特征：一是适用性广，适合不同地区、地块和土壤类型；二是高产高效；三是机械化程度高。其主要技术措施：因地制宜选择机械类型，应用深松整地技术完成备耕备种工作；应用精量播种技术、一次性施肥技术和除草剂，配套机械完成播种、施肥及除草等工作，以提高种植密度，简化追肥、培土、定苗、间苗、除草等管理环节；成熟期，应用机械收获的同时粉碎秸秆，完成秸秆还田。由于该生产技术模式，因地制宜选择机械类型，从整地、种植、管理、收获等生产环节基本实现全程机械化，应用精量播种技术，合理提高种植密度，应用一次性施肥技术和除草剂，科学简化管理环节，在玉米获得较高产量的同时降低了劳动强度和用工成本，提高了生产效益。

二、小台地玉米机械化高产高效生产技术模式及实务

（一）机械化高产高效生产技术模式

近年来，在国家玉米产业技术体系的推动下，特别是在广西秋作玉米区，开展了玉米机械整地技术、秸秆还田技术、田间杂草化学防控技术、轻简种植技术等单项技术研究，在此基础上，集成了秋玉米机械化轻简栽培技术模式。并多年应用在丘陵山地等小台地进行试验与示范，技术应用区比常规区增产 9.2% ～ 14.7%，平均每公顷节本增收 1744.35 元，取得了良好的效果，深得农户及推广人员的认同。

1. 机械深松整地

（1）机具的选择

以旋耕整地最为高效，应选用机械马力小、结构紧凑、体积小、性能稳定、使用灵活、维护保养简单等的小型旋耕机械。

（2）作业要求

当土壤含水量为 15% ～ 20% 时可进行旋耕作业，旋耕深度为 20cm 左右，旋耕后地表耕层土壤细碎疏松，地表平整。

2. 机械精量播种与施肥

（1）机具的选择

以中小型、轻便型为主，因地制宜地选择适宜的玉米播种机机型。

（2）种子处理

种子纯度要达到 96% 以上、净度达到 98% 以上、发芽率达 95% 以上。鉴于秋植玉米各种病虫害发生严重，种子应选择相应的防治药剂拌种或包衣处理。

（3）适时播种

秋播玉米应在立秋前后 10d 播种为宜。

（4）精量播种与合理密植

调整好播种机，精量播种每穴 1 ～ 2 粒，遵循农机农艺相融合的原则，推广玉米等行距播种，推荐行距 65cm，株距 30cm，合理密度 49 500 ～ 51 000 株/hm^2。

（5）播种深度

调整好播种机，播种深度控制在 4 ～ 6cm，种植穴左右偏差不大于 4cm，苗带呈直线。

（6）肥料用量和种类

选择施用氮磷钾颗粒配方的缓控释复合肥效果最好，在播种时随机一次性施用，每公顷用量 825 ～ 900kg。

（7）覆土镇压

调整好机械，覆土均匀、严密，镇压强度适中。

3. 除草剂的施用

秋播玉米，时值高温多湿季节，杂草生长快，播种后 2 ～ 3d 喷施金都尔除草剂进行土壤

封闭以防杂草危害，采用电动喷雾器或小型汽（柴）油喷淋机喷施即可。

4. 收获

各地应根据玉米成熟度，适时进行收获作业，根据地块大小和种植行距及作业要求，选择合适的收获机。可选用摘穗型玉米联合收获机（如山地勇士 4YZP-2E 型自走式玉米收获机），一次性完成摘穗、集穗、自卸、秸秆还田作业。作业质量要求：玉米果穗收获机，籽粒损失率≤2%，果穗损失率≤3%，籽粒破碎率≤1%，果穗含杂率≤5%，苞叶未剥净率<15%。

（二）应用实务

以广西百色秋玉米机械化生产模式为例。广西壮族自治区农业科学院玉米研究所在广西壮族自治区百色市德保县、靖西市、平果市等地建立百亩示范基地，全面应用秋玉米机械化高产高效生产技术模式。2015～2018 年连续 4 年，示范片平均产量 7294.5kg/hm²，较当地农户种植增产 9.7% 以上。示范片选用'桂单 0810''桂单 162''正大 808'等耐密抗逆品种，配套"秸秆还田、机械深松整地、机械精量播种、配方施肥、化学防控、机械收穗"等关键的机械化生产技术，显著提高了秋玉米种植效益。据试验示范测算，每公顷节省用工 22.5 人·天，增收节支 1575 元以上。

三、缓坡地玉米全程机械化高产高效生产技术模式及实务

（一）全程机械化高产高效生产技术模式

西南山区玉米全程机械化生产起步较晚，为了适应机械化生产水平的不断发展，本研究团队在小台地玉米机械化轻简栽培技术模式的基础上，通过机械的选型和农艺技术的配套，经多年试验和实践，总结出该地区缓坡地秋冬玉米全程机械化深松轻简栽培技术模式，该模式适应玉米规模化、集约化、产业化生产发展的需要。经济效益、社会效益和生态效益明显提升。

1. 机械深松整地

（1）机具的选择

可选择使用与 30～75kW 拖拉机配套的机引犁和旋耕机。采用平翻耕地+旋耕粉碎整地技术。

（2）作业要求

适宜耕翻作业的土壤含水量为 15%～20%。耕翻深度要根据不同耕层深度、土壤质地及当地农艺要求确定，一般以 18～22cm 为宜，同一地块不同年份不宜采用同一翻耕深度，避免形成犁底层。耕翻深浅一致，无漏耕，不拖堆，相邻作业幅重耕量<15cm，耕后地表平整，耕层土壤细碎疏松。

2. 机械精量播种与施肥

（1）机具的选择

根据地块的大小，可选择不同型号的气吸式播种机，该机优点：一是播种适应性强，对长、圆、扁、大、中、小等各种形状的种子都能满足播种要求；二是对种子几乎不造成伤害；三是可实现高速作业。

（2）品种的选择

秋冬播玉米生育期在 100～110d，选用丰产性好，抗逆性强，适宜密植的品种。

（3）种子处理

种子纯度要达到 96% 以上，净度达到 98% 以上，发芽率达 95% 以上。鉴于秋冬玉米各种病虫害发生严重，种子应选择相应的防治药剂拌种或包衣处理。

（4）适时播种

秋玉米应在立秋前后 10d 播种为宜。冬玉米应在立冬前后播种。

（5）精量播种与合理密植

调整好播种机，精量播种每穴 1 ～ 2 粒，遵循农机农艺相融合的原则，推广玉米等行距播种，推荐行距 65cm，株距 28 ～ 30cm，合理密度 52 500 ～ 57 000 株/hm²。鲜食玉米可采用育苗移栽技术。

（6）播种深度

调整好播种机，播种深度控制在 4 ～ 6cm，种植穴左右偏差不大于 4cm，苗带呈直线。

（7）肥料用量和种类

选择施用氮磷钾颗粒配方的缓控（释）复合肥效果最好，在播种时随机一次性施用，每公顷用量 900 ～ 975kg 为宜。

（8）覆土镇压

调整好机械，覆土均匀、严密，镇压强度适中。

3. 除草剂的施用

秋播玉米，时值高温多湿季节，杂草生长快，播种后 2 ～ 3d 内喷施金都尔除草剂进行土壤封闭以防杂草危害，采用机械喷施。

4. 收获及秸秆还田

（1）机具的选择

一次进地作业可以同时完成摘穗、集箱、秸秆直接粉碎还田等工作环节。推荐使用山地勇士 4YZP-2E 型自走式玉米收获机、4YZB-4A 型鲜食玉米收获机。

（2）适时收获

鲜食玉米授粉后 18 ～ 23d（冷凉地区适当延长），花丝变为黑褐色，果穗开始向外倾斜，籽粒充分灌浆达到乳熟时及时采收。收获干籽粒的，在籽粒乳线消失、黑层出现、籽粒变硬、苞叶松散，水分含量下降到 23% ～ 28% 时进行收获。

（二）应用实务

以云南德宏冬季鲜食玉米生产模式为例。云南德宏傣族景颇族自治州农业科学研究所玉米室在芒市建立百亩冬季鲜食玉米机械化示范基地，全面应用冬季鲜食玉米机械化高产高效生产技术模式。示范片采用"水稻+鲜食玉米+鲜食玉米"三熟种植模式，集成配套"工厂化育苗移栽、机械化宽厢覆膜栽培、水肥一体化高效管理、病虫草害综合防控、适时采收冷藏保鲜、秸秆综合利用"等技术，显著提高了冬季鲜食玉米种植效益。2018 年，7.73hm² 示范片平均鲜穗产量 21 724.5kg/hm²，每公顷产值达 115 135.5 元。冬季鲜食玉米收获后，平均每公顷产秸秆 18 000kg，每公顷增加收入 2250 元，作为优质青贮饲料，弥补了冬季饲草的不足，促进了种养结合，增加了农户收入。

第十四章　西南山地玉米科技发展战略

西南山地玉米常年播种面积 1 亿亩左右。立体气候生态、多民族消费习惯，决定着玉米生产多样化特征将长期存在。随着国家对节粮型畜牧业及种养循环模式的推动，农村特别是山区劳动力锐减及投入减少，必然需要"调结构、转方式"，通过优势区域的重新布局，生产方式的变革和提升，科技创新应用，逐步向优质化、机械化、集约化、绿色化方向发展。借鉴美国、欧洲山地玉米产业发展经验（柯炳生，2002；秦臻，2003；程国强，2004），结合西南山地农业农村现代化的发展态势，研判确定科技发展战略。

第一节　新一代主推技术面临的新问题

10 余年来，在广大科技工作者、农业工作者及农民群众的共同努力下，西南山地玉米在推进机械化高产高效的理论与基础研究、技术与装备、区划与技术模式等方面都有了长足进步，实现了零的突破。但是与国内外发达地区，特别是乡村振兴战略要求比较，西南山地玉米的生产理论与技术仍有较大差距。从机械化向全程机械化、从高产向绿色高质高产、从高效益向高效益和高效率融合发展等转变过程中都面临不少技术瓶颈，亟待攻克（李登海等，2004；赵明等，2006；卢妍，2009）。

一、机械化技术

据有关部门统计，西南山地玉米的综合机械化水平，省份之间机耕水平 6.5% ～ 70.3%，机播水平最高 6.9%，分别较全国平均水平低 45%、47%。耕、种、收综合机械化水平小麦、水稻、玉米、油菜分别为 45.7%、51%、17.5%、27.8%，玉米最低。主要面临西南山地玉米农机的单一性与农艺多样性、农机功能的固定性与农艺规范的多变性、农机效率的有限性与农事作业的季节性、农机的时代性与农艺的传统性之间的协调发展，如何将农业机械作为劳动生产工具的效率作用与农艺挖掘农作物和区域资源潜力的增产增收作用融为一体，尚需要研发适合西南山地不同立地条件下少免耕机播技术及变量播种装备、机械化高效精准收获及测产设备、轻便智能化管理技术及无人作业机械等。

二、高产技术

对生产潜力大小有多种估算方法，最常用的是根据对太阳辐射的光能利用率进行估算（龚绍先，1989；陈淑全等，1997；薛生梁等，2003；刘明春等，2005）。通过估算，把光能利用率提高到 2.7% ～ 3.8%，我国各地单季水稻的理论产量均在 15 000kg/hm^2 以上。松嫩平原黑土区小麦光能利用率可达 3.827%，理论产量为 11 565kg/hm^2；玉米光能利用率可达 3.545%，理论产量为 15 765kg/hm^2；大豆光能利用率可达 4.427%，理论产量为 11 880kg/hm^2。均比目前产量水平高 1 倍左右（姚晓红和李侠，2006；段金省和牛国强，2007；陆魁东等，2007；杨志跃，2007）。按照光温潜力计算，四川粮食作物的平均光温生产潜力约为 22 500kg/hm^2，全省农作物复种指数极限可达到 240% ～ 250%，每公顷耕地的粮食生产理论潜力尚有 13 320kg 左右（冯达权，1982；谢洪波和冯达权，1994；侯美亭等，2010；王明田等，2012）。西南山地的玉米平均产量总体偏低，增密、增肥、地膜覆盖都有较大增产潜力，但是在"一控两减"及生态环境建设政策推动下，化学肥料、化学农药、农膜等化学投入品必须强制减少。如何在减少或不增加化肥和农药使用量条件下，进一步挖掘光温潜力，持续提高玉米产量和品质，必须进一步在玉米多抗高产品种、突破性耕作栽培技术、更加合理的耕作制度等方面全面突破。

三、高效技术

国家玉米产业技术体系组织的调研（表 14-1）表明：西南地区 2013～2015 年普通玉米的平均生产成本在 10 321～11 114 元/hm²，其中劳动力成本占到 50% 左右。生产成本均低于竞争性作物水稻、马铃薯、甘薯、蔬菜，但是净利润除鲜食玉米、青贮玉米以外，低于这些竞争性作物。因此，进一步提高产量、降低生产成本特别是劳动力成本是保障玉米生产高效益的基本途径，此外还需要优势产区合理布局，更需要机械化生产及农田基础设施不断改善。

表 14-1　2013～2015 年西南及南方区玉米与主要竞争性作物的生产成本和净利润比较表

（单位：元/亩）

区域	玉米		竞争作物 1		竞争作物 2	
	生产成本/劳动力成本	净利润	生产成本	净利润	生产成本	净利润
四川	798/300	0	马铃薯 1280	280	大豆 1080	295
云南	580/240	150	水稻 950	320	马铃薯 1250	280
广西	656/340	169	甘蔗 1015	248	蔬菜 3158	628
重庆	739.5/360	−23.5	马铃薯 1180	215	蔬菜 1600	1100
湖北	603～973/380～740	−85 至 435	水稻 1260	300	烟叶 1650	760
湖南	736/360	23	水稻 980	120	甘薯 900	186
广东	1246/417.7	909.9	水稻 987.7	541.9	花生 1165.7	669.3
江苏	普通玉米 704/337	264	水稻 1033	746.5	鲜豆 1900	1100
	鲜食玉米 1070/450	550				
浙江	鲜食玉米 1411/663	2458	水稻 1421	225	甘薯 1841	489
	青贮玉米 1580/640	730				

第二节　可持续发展战略

西南山地玉米发展的基本思路是优化品种结构，丰富品种类型，加强区域布局，集成推广机械化生产技术模式，提高种植效率和效益。首先，应以发展优质饲料（草）玉米为主，包括高蛋白玉米、粮饲通用型玉米、青贮玉米等，优化品种结构，丰富品种类型；其次，应大力发展淀粉工业和食品加工业用的高淀粉玉米（高淀粉玉米是淀粉糖、变性淀粉和乙醇的重要原料）、高油玉米及甜、糯玉米（甜、糯玉米可加工方便食品，还可作为休闲观光农业的重要内容，延伸玉米生产功能），重点规划建立专用玉米核心生产基地；第三，应培植壮大玉米加工业，包括饲料工业、淀粉加工业、酒精制造业、食品加工业，加快玉米终端食品发展速度，延长玉米产业链；最后，应加强玉米全株利用。根据玉米秸秆特点，部分秸秆通过还田作为改良土壤的基本物料，部分秸秆可生产生物颗粒饲料，或直接青贮、黄贮养殖草食动物，"过腹"转化还田（刘永红，2004a）。

　　笔者将 2016 年和 2008 年调研结果进行比较分析（表 14-2）发现：各省（区、市）对玉米技术的需求及技术发展优先序 7 年来基本稳定，但是对机械化生产技术（品种、栽培、植保等）及农机的需求更加旺盛。说明西南山地玉米科研尚未取得实质性突破，形成的科研成果也未转化为新一代生产技术体系。

表 14-2　生产技术的重要性排序调研结果

区域	年份	重要性排序
四川	2008	栽培土肥 100% ＞品种 72.7% ＞设施设备 54.5% ＞产业经济与政策 45.5% ＞植保应用 21.2%
	2016	轻简高效技术＞高产稳产品种＞特色玉米（青贮玉米）＞改土培肥技术＞有机物料还田技术
云南	2008	品种 87.0% ＞植保 34.8% ＞栽培土肥 13.0% ＞设施设备 0.4% ＞产业经济与政策 0.0%
	2016	高产稳产品种＞轻简高效技术＞植保应用＞改土培肥技术＞有机物料还田技术
贵州	2008	品种 100% ＞栽培土肥 90% ＞设施设备 80% ＞植保 10% ＞产业经济与政策 0.0%
	2016	设施设备（农机）＞轻简高效技术＞抗逆抗病品种
广西	2008	品种 100% ＞栽培土肥 96.3% ＞植保 51.9% ＞设施设备 40.7% ＞产业经济与政策 0.4%
	2016	高产、耐旱、耐瘠、多抗和适宜全程机械化的品种＞机械化生产技术＞粮食烘干贮存技术
重庆	2008	品种 93.3% ＞栽培土肥 46.7% ＞设施设备 20% ＞植保 13.3% ＞产业经济与政策 0.0%
	2016	品种 98.30% ＞政策 85.80% ＞农技推广 80.68% ＞质量安全 77.84% ＞加工 76.74% ＞栽培 67.22% ＞基础设施 67.05% ＞植保 63.37% ＞农机 46.02%
湖北	2008	品种＞栽培技术＞配方施肥＞植保
	2016	品种＞机械化栽培、收获＞轻简栽培技术（除草）＞土壤培肥技术＞设施设备
湖南	2008	栽培土肥 88.2% ＞品种 52.9% ＞植保 47.1% ＞设施设备 35.3% ＞产业经济与政策 0.0%
	2016	机械化轻简高效技术＞高产稳产品种＞改土培肥技术＞鲜食玉米贮藏保鲜技术
江浙沪	2008	栽培土肥 40% ＞品种 20% ＞设施设备 20% ＞植保 20% ＞产业经济与政策 0.0%
	2016	品种＞轻简化栽培与植保技术＞配套农机
广东	2008	品种 60% ＞植保 50% ＞栽培土肥 46% ＞市场因素 45%
	2016	高产稳产品种 51.9% ＞抗逆稳产技术（非生物逆境）18.5% ＞机械化生产技术 14.8% ＞高产技术 7.4% ＞轻简高效技术 3.7% ＞改土培肥技术 3.7%

　　注："%"是指调研对象提出的需求次数占总调研次数的百分数；"＞"表示调研对象提出需求的优先顺序

一、品种调整

　　从西南山地产业发展需求、避灾高产和适应未来机收来看，需要整合科研单位力量，选育和筛选广适、抗病、早熟、适合机械化的玉米新品种。"广适"能够满足西南山地立体气候差异。如'会单 4 号'成为云贵高原区推广面积最大、使用时间最长的玉米品种（1993 年审定至今），原因在于该品种早熟、广适稳产，能适应高原不同海拔地区和不同播期种植。"早熟"可适当推迟播种，避开春季干旱等雨播种，还可充分利用 9 月秋高气爽的季节形成高产，据四川省农业科学院在盐源设置的播种试验，5 月 5 日播种的平均产量高于 4 月 25 日。"适合机械化"和秸秆产量高以满足农牧交错区现代农业和产业发展需求。品种还要抗灰斑病、大斑病、穗腐病等主要病害，同时耐寒、耐旱（刘永红，2004b）。

二、单产调增

区域粒用玉米平均单产从 2007 年的 4530kg/hm^2 提高到 2016 年 5430kg/hm^2，9 年年均增长 2.0%，按此增速计算，2025 年单产将达到 6509kg/hm^2，加上调减低产田"削峰填补"的总产量，加权平均每公顷可再增加 300kg。依靠良种良法、农机农艺科技进步，玉米籽粒单产再增产 750kg/hm^2 是完全可能的。譬如，2016 年四川玉米新品种区域试验平均产量，5 个平丘春玉米组平均 9058.5kg/hm^2、2 个山区春玉米组平均 8973kg/hm^2、1 个夏播玉米组平均 8058kg/hm^2，品种产量潜力超过了 7500kg/hm^2；各类科技要素组装集成应用，2015 年在丹巴单块田玉米高产纪录达到 19 230kg/hm^2；2008 年以来在各生态区建立的 680 个万亩高产创建示范片，平均单产达到 9132kg/hm^2，而且为依靠科技提高四川省玉米单产储备了一批技术模式和推广机制（刘永红，2007；刘永红，2008；刘永红和杨勤，2008）。

三、品质调优

据四川农业大学玉米研究所对 76 个参试品种的籽粒容重和均匀性指标测定结果，达一级标准的占 26.4%、二级占 29.2%、三级及等外占到 44.4%。据四川省农业科学院植物保护研究所对目前生产上使用的 23 个玉米品种抗穗粒腐病鉴定结果，抗病品种仅占 8.7%、中抗品种占 56.5%、感病品种仍有 34.8%。针对粒用玉米普遍存在容重低、籽粒均匀性差、霉变粒导致黄曲霉素超标等影响品质的瓶颈问题，通过玉米育种攻关十余年的努力，目前育成了'荃玉 9 号''川单 189'等粗蛋白含量 10% 以上（达优质蛋白玉米标准），籽粒容重达二级以上，抗病性好的优质高产玉米新品种，'雅玉青贮 26 号''玉草 2 号''玉草 3 号'等青贮青饲专用玉米品种，'天香糯 8 号''泸玉糯 9 号''泸玉糯 626''泸玉甜 6 号'等超甜、糯加甜、鲜食和加工通用玉米新品种，为玉米调优高产奠定了品种基础（刘永红，2004c）。

四、效益调高

据国家玉米产业技术体系多点试验结果，将传统的氮、磷、钾化肥改为玉米控释专用肥，化肥用量调减 20% ～ 30% 的同时，添加微生物菌剂和木霉菌剂等高新产品，改 3 次施肥为一次性施用，生长期不再防治病害，玉米籽粒单产平均增产 2.7% ～ 4.0%，"一减一增"，省工、减肥、减药平均增收 2502 ～ 2560.5 元/hm^2。针对机械化是玉米的最大"短板"，近年由四川省农业科学院牵头，与四川省农业机械研究设计院、四川农业大学等联合研发建立了适合山地的机械化生产技术模式，在简阳、三台、中江、西充、盐亭等地示范，省工节本 3000 元/hm^2 以上。若再加上机械化秸秆利用增收 1500 ～ 3000 元/hm^2，完全可以实现每公顷增加综合效益 7500 元的目标。据实践调查，调整粒用玉米为青贮玉米和鲜食甜糯玉米，一般净收益增加 30% ～ 50%，高的可达 2 倍以上。

五、条件调好

西南山地玉米种植多是"靠天吃饭"，坐水播种等抗逆技术应用面积较小，难以适应未来现代农业，特别是尚未按照机械化管理要求设计基本农田建设标准。必须高标准、高起点地开展西南山地农田基础设施建设，提高灌溉农业面积和玉米机械化程度。

第三节　科技发展途径

着眼于西南山地玉米现代化发展，调整玉米科研方向，适应玉米"粮改饲""粮改专"，以及机械化、优质化、绿色化、高效化发展的需要。重点加强优质蛋白玉米、青贮玉米、高档鲜食甜糯玉米专用品种选育，玉米机械化、标准化、模式化生产技术攻关与集成示范，适合穗茎兼收整株综合利用农机装备研发，以黄曲霉素防控为重点的减损技术研究，以甜糯玉米、青贮玉米为重点的加工工艺研发，以及适合山地适度规模生产经营方式及价值链研究等。

一、改革耕作制度

生物多样性为西南山地构建绿色耕作制度提供了有利条件。优化建立水旱轮作的玉米耕作制度及配套的控害减施（化学投入品）增效技术。改革山地多、乱、杂的间套作种植模式，研究建立适宜机械化作业规范高产、绿色高效的耕作制度。积极探索在乡村振兴战略背景下，推动一三产融合、一二产相配套的新型耕作制度，为玉米生产转型发展提供种植制度保障。

二、改换品种

目前，我国玉米育种体系主要依赖 5 个骨干种质，玉米种质的遗传基础比较薄弱，应通过分子标记辅助育种、单倍体育种等技术加强绿色种质资源的创新。在品种选育上应重视综合性状优良的种质资源和品种选育，如耐密、耐瘠薄、抗旱、抗病、抗寒、抗倒等抗逆性及适合不同用途的高蛋白、高淀粉、高油及功能性等优异专用型种质和品种选育，要培育中早熟、结穗高度一致、成熟度一致、适宜机播机收的新品种，大幅度提高品种的遗传增益。

三、改进栽培技术

栽培技术是调控基因型与环境互作最大化的科技措施。应针对不同生态区、不同种植制度，重点开展机械化秸秆还田及少免耕、抗逆简化播栽、简化高效施肥与专用长效缓控肥、种子包衣及简化植保技术等关键技术研究，集成建立不同生态区玉米简化高效技术体系。针对西南玉米生长季自然灾害，特别是季节性干旱频繁的特点，重视生物、农艺、工程等措施集成与示范推广的同时，大力研发抗旱抗逆的关键技术及其物化产品，发挥栽培技术的抗逆增产作用。

四、改变生产经营方式

科学合理的生产经营方式是推动生产及产业发展最直接、最有效的措施。充分应用农村土地制度改革成果，培育规模适宜、条件齐备、能力较强的玉米生产经营者。同时，在充分调动农技推广应用积极性基础上，需要进一步探索适应新时期的科技成果转化推广模式，建立区域中试熟化基地，通过"试验 → 中试 → 示范 → 推广"的成果转化模式，促进先进技术在大面积生产中迅速应用。

第四节　促进玉米产业发展的政策措施

一、加大政策支持

进一步建立健全玉米产业发展的政策支撑体系，加强和完善现有的支农惠农政策，激励农民种植玉米的积极性。扩大玉米生产者补贴范围和力度，适度提高补贴标准，使更多的农民享受到良种补贴的惠农政策。增加地膜覆盖、测土配方施肥、机械化作业等重大增产措施补贴，立项支持玉米高产、优质、高抗品种研发和增加技术推广补贴经费，突出科技创新、节本增效。注意引导企业与玉米生产基地建设挂钩，把养殖和加工企业的需求与良种推广、规模种植有机衔接起来，切实落实国家政策。

二、加大资金投入

各级财政要加大对机械化高产高效玉米生产发展扶持力度，建立政府、企业、农民多元化投入机制。多层次、多渠道、多形式筹集资金，进一步加大投入。特别是应积极争取农业农村部"粮食绿色增产模式攻关""绿色高产高效创建"的补贴政策，为发展西南山地玉米生产提供政策、科技资金保障。通过制订相应的政策性补贴、利用调整信贷、税收等手段，引导玉米加工企业积极参与玉米基地的各种建设，吸引更多的资金加入玉米产业发展。通过政府、企业、农民的多级投入，切实保证玉米生产及产业的发展。

三、加强科研投入

随着近年来西南玉米科研能力的不断加强，玉米生产的科技水平得以不断提高。但与中国北方和国外相比还有较大差距，同时生产中还有许多实际问题亟待解决。因此，应通过加强科研投入不断提高科技水平。同时在玉米科研上应重视以下几个方面：一是重视生物、农艺、工程等措施集成，大力研发抗旱抗逆的关键技术及其物化产品，支撑安全生产；二是加强种质资源创新，培育综合性状优良的突破性玉米新品种，支撑种业发展；三是加强轻简种植技术的研究，支撑效益提升；四是加强适宜农机研制，支撑农机装备竞争力提升。

四、提高农田基础设施建设投入和标准

整合项目资金，高标准、高起点地开展农田基础设施建设，大力提高灌溉农业面积和机械化程度。一方面，大力推进"五小"水利建设，通过就地蓄集降水，既保障玉米坐水播种、水肥耦合技术的推广应用，又兼顾小麦、马铃薯、大豆等其他粮经作物的用水，解决旱季缺水和季节性干旱问题；另一方面，田间机耕道建设应着眼于未来现代农业发展需求，制定农田和机耕道建设的标准，因地制宜地开展玉米产区梯田化和类似于欧洲大规模缓坡旱地的建设，以满足大、中、小、微型农业机械进入田间的要求。

五、大力扶持龙头企业

以玉米加工企业和养殖企业（大户）为龙头，以农户为基础，以利益为纽带，实行订单生产，加强产销衔接，推进产业化经营。加大对大中型玉米加工企业技术改造的投入力度，设立玉米加工企业技术改造资金，鼓励和支持玉米产品的精深加工，增加玉米产品的附加值。

六、加强部门合作

建立上下联动、部门互动的工作机制，推动农科教、政产学研用联合协作，政府、企业、专家、农民紧密配合，形成玉米产业发展的合力。

参 考 文 献

陈淑全, 罗富顺, 熊志强, 等. 1997. 四川气候 [M]. 成都: 四川科学技术出版社: 139-142.

程国强. 2004. 构建风险转移防范机制: 重视国际玉米市场风险防范与管理 [J]. 国际贸易, 12: 18-19.

段金省, 牛国强. 2007. 气候变化对陇东塬区玉米播种期的影响 [J]. 干旱地区农业研究, 25(2): 235-238.

冯达权. 1982. 四川盆地玉米种植的农业气象问题及合理布局的分析 [J]. 四川农业科技, 1: 6-8.

龚绍先. 1989. 粮食作物与气象 [M]. 北京: 北京农业大学出版社.

侯美亭, 张顺谦, 熊志强, 等. 2010. 气候干旱影响下的四川盆地玉米熟制布局与适播期探讨 [C] //第 27 届中国气象学会年会现代农业气象防灾减灾与粮食安全分会场论文集: 10.

柯炳生. 2002. 提高农产品竞争力: 理论、现状与政策建议 [C] //中国农业经济学会. 论提高农产品国际竞争力学术研讨会论文集: 16.

李登海, 张永慧, 杨今胜, 等. 2004. 育种与栽培相结合, 紧凑型玉米创高产 [J]. 玉米科学, (1): 69-71.

刘明春, 邓振镛, 李巧珍, 等. 2005. 甘肃省玉米气候生态适应性研究 [J]. 干旱地区农业研究, 23(3): 112-117.

刘永红. 2004a. 提高我省现代玉米生产能力的科技对策（上）: 消费趋势与区域发展方向 [J]. 农业科技动态: 7.

刘永红. 2004b. 提高我省现代玉米生产能力的科技对策（中）: 以抗旱节水技术为突破口 [J]. 农业科技动态: 10.

刘永红. 2004c. 提高我省现代玉米生产能力的科技对策（下）: 专用玉米优质增效关键技术 [J]. 农业科技动态: 12.

刘永红. 2007. 新形势下发展我省玉米产业的对策建议 [J]. 农业科技动态: 6.

刘永红. 2008. 学习美国和陕西榆林高产经验大力提高四川玉米单产 [J]. 农业科技动态: 5.

刘永红, 杨勤, 何文铸, 等. 2008. 依靠科技 大力提升我省玉米生产能力: 宣汉县峰城镇玉米创造 1182kg 超高产纪录的技术途径分析 [J]. 四川农业科技, (10): 33.

卢妍. 2009. 我国玉米生产现状与发展对策研究: 以吉林省为例 [J]. 安徽农业科学, 23: 1119-1128.

陆魁东, 黄晚华, 方丽, 等. 2007. 气象灾害指标在湖南春玉米种植区划中的应用 [J]. 应用气象学报, 18(4): 548-554.

秦臻. 2003. 世界玉米贸易与中国玉米出口 [J]. 国际贸易问题, 12: 32-37.

山东省农业科学研究院. 1986. 中国玉米栽培学 [M]. 上海: 上海科学技术出版社.

四川省气象局农业气象中心. 1995. 四川丘区玉米熟制布局和气候适播期 [J]. 四川气象, 15(2): 44-51.

王明田, 张玉芳, 马均, 等. 2012. 四川省盆地区玉米干旱灾害风险评估及区划 [J]. 应用生态学报, 23(10): 2803-2811.

谢洪波, 冯达权. 1994. 四川盆中玉米低产气象原因及其统计模型 [J]. 四川气象, 14(2): 39-42.

薛生梁, 刘明春, 张惠玲. 2003. 河西走廊玉米生态气候分析与适生种植气候区划 [J]. 中国农业气象, 24(2): 12-15.

杨志跃. 2007. 山西玉米种植区划研究 [J]. 山西农业大学学报, 25(3): 223-227.

姚晓红, 李侠. 2006. 气候变暖对天水市川灌地玉米生长发育的影响及对策研究 [J]. 干旱气象, 24(3): 57-61.

赵明, 李建国, 张宾, 等. 2006. 论作物高产挖潜的补偿机制 [J]. 作物学报, 10: 1566-1573.

附录 1949～2018 年西南山地及南方主产省份玉米生产情况

地区	年份	播种面积/万 hm²	总产/万 t	单产/（kg/hm²）
四川省	1949	136.07	128.00	940.70
四川省	1950	138.20	134.50	973.20
四川省	1951	141.73	145.00	1023.00
四川省	1952	135.95	150.00	1103.40
四川省	1953	146.06	172.40	1180.30
四川省	1954	148.59	172.00	1157.20
四川省	1955	158.85	196.70	1237.90
四川省	1956	160.35	193.50	1206.40
四川省	1957	164.51	213.50	1297.80
四川省	1958	171.13	198.00	1157.00
四川省	1959	101.59	139.50	1373.20
四川省	1960	126.67	110.00	868.40
四川省	1961	109.83	87.70	798.10
四川省	1962	98.07	100.10	1020.70
四川省	1963	129.04	176.70	1369.00
四川省	1964	130.23	196.50	1508.80
四川省	1965	134.47	195.00	1450.20
四川省	1966	126.67	238.50	1882.90
四川省	1967	122.67	202.00	1646.70
四川省	1968	121.53	193.50	1592.20
四川省	1969	119.33	214.00	1793.30
四川省	1970	124.93	233.50	1869.00
四川省	1971	127.73	260.00	2035.50
四川省	1972	130.40	243.00	1863.50
四川省	1973	132.47	292.50	2208.10
四川省	1974	133.67	289.00	2162.10
四川省	1975	135.87	283.00	2082.90
四川省	1976	143.67	296.00	2060.20
四川省	1977	143.42	354.00	2468.30
四川省	1978	156.67	438.50	2798.80
四川省	1979	164.61	487.50	2961.50

续表

地区	年份	播种面积/万 hm²	总产/万 t	单产/（kg/hm²）
四川省	1980	160.07	612.00	3823.40
四川省	1981	178.97	594.00	3318.90
四川省	1982	180.08	639.00	3548.40
四川省	1983	171.60	589.00	3432.40
四川省	1984	166.67	625.00	3750.00
四川省	1985	158.33	578.00	3650.50
四川省	1986	161.81	578.50	3575.10
四川省	1987	164.95	521.10	3159.10
四川省	1988	165.39	582.50	3522.00
四川省	1989	166.27	632.00	3801.00
四川省	1990	171.15	715.00	4177.50
四川省	1991	174.93	734.10	4196.60
四川省	1992	172.26	632.00	3668.90
四川省	1993	170.56	621.90	3646.20
四川省	1994	171.06	572.60	3347.40
四川省	1995	171.58	629.60	3669.40
四川省	1996	176.21	716.90	4068.40
四川省	1997	129.04	580.70	4500.15
四川省	1998	136.48	623.10	4565.50
四川省	1999	135.92	640.00	4708.76
四川省	2000	123.55	547.40	4430.74
四川省	2001	120.08	452.30	3766.66
四川省	2002	120.79	525.10	4347.21
四川省	2003	116.13	517.30	4454.36
四川省	2004	117.26	557.40	4753.54
四川省	2005	119.66	580.80	4853.75
四川省	2006	129.17	553.10	4281.84
四川省	2007	136.93	651.23	4755.74
四川省	2008	140.23	674.77	4811.91
四川省	2009	145.48	701.03	4818.65
四川省	2010	152.09	750.70	4935.81
四川省	2011	157.42	810.28	5147.09
四川省	2012	162.98	833.60	5114.87
四川省	2013	168.58	920.07	5457.66
四川省	2014	173.91	946.75	5443.82

地区	年份	播种面积/万 hm²	总产/万 t	单产/（kg/hm²）
四川省	2015	181.69	992.30	5461.48
四川省	2016	186.60	1058.02	5670.00
四川省	2017	186.39	1068.00	5730.00
四川省	2018	185.60	1066.30	5745.15
云南省	1949	83.83	101.60	1211.90
云南省	1950	83.83	101.60	1211.90
云南省	1951	83.83	101.60	1211.90
云南省	1952	87.00	101.50	1166.70
云南省	1953	87.33	109.00	1247.60
云南省	1954	88.80	116.00	1305.80
云南省	1955	90.33	125.80	1392.60
云南省	1956	90.14	135.10	1498.80
云南省	1957	92.55	133.50	1442.40
云南省	1958	76.98	113.40	1473.50
云南省	1959	74.70	112.70	1509.20
云南省	1960	99.45	115.40	1159.90
云南省	1961	92.93	80.10	862.00
云南省	1962	80.94	110.50	1365.20
云南省	1963	94.35	129.90	1376.80
云南省	1964	93.33	145.20	1555.80
云南省	1965	93.93	142.00	1511.70
云南省	1966	92.30	149.10	1615.00
云南省	1967	91.37	150.70	1648.90
云南省	1968	91.26	122.30	1340.30
云南省	1969	92.46	164.60	1780.60
云南省	1970	95.70	171.00	1786.80
云南省	1971	91.79	156.00	1699.50
云南省	1972	91.61	177.00	1932.20
云南省	1973	93.33	210.50	2255.50
云南省	1974	95.15	184.00	1933.70
云南省	1975	95.33	207.00	2171.50
云南省	1976	96.25	188.50	1958.50
云南省	1977	99.06	189.00	1907.90
云南省	1978	102.40	233.00	2275.40

地区	年份	播种面积/万 hm²	总产/万 t	单产/（kg/hm²）
云南省	1979	105.97	225.00	2123.30
云南省	1980	111.08	263.00	2367.70
云南省	1981	108.66	269.50	2480.20
云南省	1982	104.83	278.00	2652.00
云南省	1983	101.89	269.00	2640.00
云南省	1984	97.46	274.00	2811.40
云南省	1985	92.03	248.70	2702.50
云南省	1986	93.73	257.80	2750.60
云南省	1987	95.29	249.80	2621.40
云南省	1988	94.51	250.10	2646.40
云南省	1989	97.91	293.30	2995.70
云南省	1990	98.99	277.80	2806.40
云南省	1991	97.81	293.50	3000.60
云南省	1992	94.98	271.00	2853.20
云南省	1993	93.40	287.40	3076.80
云南省	1994	99.93	327.90	3281.20
云南省	1995	98.80	339.30	3433.70
云南省	1996	99.38	369.20	3714.88
云南省	1997	97.95	363.20	3708.17
云南省	1998	109.57	418.13	3816.17
云南省	1999	115.96	459.54	3962.78
云南省	2000	112.97	473.30	4189.61
云南省	2001	113.81	477.30	4193.79
云南省	2002	112.88	461.50	4088.23
云南省	2003	106.69	399.93	3748.63
云南省	2004	111.11	425.66	3830.87
云南省	2005	118.26	449.31	3799.34
云南省	2006	125.12	478.00	3820.33
云南省	2007	130.96	509.33	3889.15
云南省	2008	138.47	517.81	3739.60
云南省	2009	144.48	541.86	3750.30
云南省	2010	152.75	622.01	4072.06
云南省	2011	155.93	620.42	3978.75
云南省	2012	162.31	736.10	4535.24

续表

地区	年份	播种面积/万 hm²	总产/万 t	单产/（kg/hm²）
云南省	2013	170.35	788.15	4626.67
云南省	2014	174.58	850.54	4871.86
云南省	2015	176.26	868.11	4925.20
云南省	2016	178.48	892.29	4999.34
云南省	2017	176.38	912.93	5175.87
云南省	2018	178.52	926.00	5187.09
贵州省	1949	65.87	60.10	912.40
贵州省	1950	66.53	61.10	918.30
贵州省	1951	68.53	66.50	970.30
贵州省	1952	59.09	58.50	990.10
贵州省	1953	70.53	75.60	1071.90
贵州省	1954	72.72	78.20	1074.70
贵州省	1955	74.11	88.60	1195.60
贵州省	1956	76.88	100.80	1311.10
贵州省	1957	75.40	111.50	1478.80
贵州省	1958	61.01	113.30	1857.20
贵州省	1959	55.13	81.40	1476.40
贵州省	1960	58.57	58.60	1000.60
贵州省	1961	61.99	122.60	1977.60
贵州省	1962	56.47	73.30	1297.20
贵州省	1963	73.57	112.50	1529.20
贵州省	1964	71.69	117.80	1642.60
贵州省	1965	72.07	121.50	1685.90
贵州省	1966	71.67	129.50	1807.00
贵州省	1967	69.60	128.00	1839.10
贵州省	1968	66.87	121.90	1823.00
贵州省	1969	77.67	127.70	1644.20
贵州省	1970	70.53	146.50	2077.00
贵州省	1971	69.32	153.00	2207.20
贵州省	1972	68.23	125.00	1831.90
贵州省	1973	69.64	162.00	2326.20
贵州省	1974	68.84	146.00	2120.90
贵州省	1975	67.76	145.00	2139.90
贵州省	1976	66.81	133.00	1990.60

续表

地区	年份	播种面积/万 hm²	总产/万 t	单产/（kg/hm²）
贵州省	1977	68.06	165.50	2431.70
贵州省	1978	67.79	174.00	2566.90
贵州省	1979	69.15	177.50	2567.00
贵州省	1980	71.77	211.50	2946.80
贵州省	1981	68.28	182.50	2672.80
贵州省	1982	66.75	193.50	2899.00
贵州省	1983	67.17	209.50	3119.10
贵州省	1984	64.95	217.50	3348.60
贵州省	1985	59.24	157.70	2662.10
贵州省	1986	61.80	195.00	3155.30
贵州省	1987	61.13	197.00	3222.80
贵州省	1988	59.47	154.00	2589.70
贵州省	1989	59.87	192.10	3208.80
贵州省	1990	60.01	177.30	2954.70
贵州省	1991	62.03	228.60	3685.50
贵州省	1992	60.25	182.70	3032.40
贵州省	1993	60.57	217.80	3595.80
贵州省	1994	64.40	254.60	3953.40
贵州省	1995	64.67	238.50	3688.00
贵州省	1996	63.60	262.40	4125.79
贵州省	1997	62.95	263.60	4187.45
贵州省	1998	72.88	309.00	4239.85
贵州省	1999	72.56	334.80	4614.05
贵州省	2000	72.73	342.20	4705.07
贵州省	2001	72.18	319.40	4425.05
贵州省	2002	70.38	343.20	4876.32
贵州省	2003	68.63	319.90	4661.23
贵州省	2004	70.64	333.90	4726.45
贵州省	2005	71.95	344.29	4785.00
贵州省	2006	73.49	336.71	4581.90
贵州省	2007	75.66	343.38	4538.46
贵州省	2008	78.66	355.12	4514.86
贵州省	2009	83.25	355.75	4273.01
贵州省	2010	89.55	366.59	4093.89
贵州省	2011	93.44	258.40	2765.27

地区	年份	播种面积/万 hm²	总产/万 t	单产/（kg/hm²）
贵州省	2012	95.14	362.88	3814.19
贵州省	2013	98.85	316.00	3196.69
贵州省	2014	103.48	332.73	3215.28
贵州省	2015	103.78	343.62	3311.00
贵州省	2016	104.16	456.40	4381.62
贵州省	2017	100.64	441.18	4383.80
贵州省	2018	60.21	258.96	4300.80
湖北省	1949	42.12	36.10	855.90
湖北省	1950	43.59	38.30	878.60
湖北省	1951	44.67	41.70	932.50
湖北省	1952	47.52	50.00	1052.20
湖北省	1953	54.24	59.30	1093.40
湖北省	1954	46.20	46.50	1005.40
湖北省	1955	49.62	59.70	1202.20
湖北省	1956	49.38	65.30	1322.40
湖北省	1957	46.10	59.50	1290.70
湖北省	1958	37.13	45.80	1233.40
湖北省	1959	35.20	37.60	1068.20
湖北省	1960	50.20	36.90	735.10
湖北省	1961	58.21	55.40	950.90
湖北省	1962	53.08	54.00	1016.40
湖北省	1963	53.68	65.40	1218.30
湖北省	1964	53.55	65.00	1212.80
湖北省	1965	52.00	73.00	1403.80
湖北省	1966	48.43	63.90	1319.40
湖北省	1967	45.25	52.00	1148.20
湖北省	1968	45.26	58.00	1281.50
湖北省	1969	44.66	56.80	1270.70
湖北省	1970	42.60	60.00	1408.50
湖北省	1971	40.48	51.00	1259.90
湖北省	1972	37.77	54.00	1429.60
湖北省	1973	35.83	60.00	1674.40
湖北省	1974	36.14	73.50	2033.80
湖北省	1975	36.55	59.00	1614.10
湖北省	1976	37.98	70.50	1856.20

续表

地区	年份	播种面积/万 hm²	总产/万 t	单产/（kg/hm²）
湖北省	1977	39.81	85.50	2147.50
湖北省	1978	40.31	103.00	2555.00
湖北省	1979	41.21	110.00	2669.00
湖北省	1980	40.69	86.00	2113.40
湖北省	1981	41.57	102.50	2465.50
湖北省	1982	42.81	108.50	2534.70
湖北省	1983	41.77	110.50	2645.70
湖北省	1984	41.10	128.50	3126.50
湖北省	1985	37.42	115.30	3081.20
湖北省	1986	38.23	115.60	3024.10
湖北省	1987	39.37	117.90	2994.90
湖北省	1988	38.43	93.30	2428.00
湖北省	1989	38.91	109.30	2809.30
湖北省	1990	38.61	122.20	3164.70
湖北省	1991	39.52	120.30	3044.00
湖北省	1992	37.62	130.10	3458.30
湖北省	1993	36.60	116.40	3180.70
湖北省	1994	37.43	133.70	3572.00
湖北省	1995	39.38	150.10	3811.60
湖北省	1996	40.51	165.81	4093.37
湖北省	1997	39.98	161.00	4026.71
湖北省	1998	44.09	186.73	4235.20
湖北省	1999	46.08	204.05	4427.98
湖北省	2000	42.41	216.71	5109.88
湖北省	2001	40.09	194.89	4861.31
湖北省	2002	39.08	187.41	4795.55
湖北省	2003	34.11	167.50	4910.44
湖北省	2004	35.75	179.13	5010.77
湖北省	2005	38.96	194.91	5002.70
湖北省	2006	43.19	203.80	4718.36
湖北省	2007	44.45	208.94	4700.00
湖北省	2008	48.82	235.02	4813.66
湖北省	2009	53.65	258.16	4812.33
湖北省	2010	57.25	281.23	4912.12
湖北省	2011	60.34	303.19	5024.92

地区	年份	播种面积/万 hm²	总产/万 t	单产/（kg/hm²）
湖北省	2012	66.36	316.01	4762.19
湖北省	2013	65.34	308.50	4721.26
湖北省	2014	74.57	340.89	4571.28
湖北省	2015	81.35	393.71	4839.60
湖北省	2016	79.73	357.41	4482.57
湖北省	2017	79.48	356.75	4488.61
湖北省	2018	78.12	323.38	4139.53
广西壮族自治区	1949	39.14	37.70	964.20
广西壮族自治区	1950	39.14	37.70	964.20
广西壮族自治区	1951	40.18	43.80	1089.80
广西壮族自治区	1952	37.85	43.00	1136.20
广西壮族自治区	1953	39.42	47.60	1207.40
广西壮族自治区	1954	47.21	56.40	1193.60
广西壮族自治区	1955	60.17	63.20	1049.50
广西壮族自治区	1956	65.02	58.00	892.10
广西壮族自治区	1957	55.53	55.00	990.50
广西壮族自治区	1958	57.47	55.90	972.70
广西壮族自治区	1959	55.67	49.30	885.40
广西壮族自治区	1960	36.67	48.30	1318.10
广西壮族自治区	1961	56.80	48.70	856.50
广西壮族自治区	1962	45.03	44.90	997.20
广西壮族自治区	1963	67.11	47.90	713.00
广西壮族自治区	1964	62.72	55.00	876.90
广西壮族自治区	1965	53.33	60.00	1125.00
广西壮族自治区	1966	50.58	57.80	1143.60
广西壮族自治区	1967	48.06	61.10	1271.10
广西壮族自治区	1968	45.26	56.80	1255.90
广西壮族自治区	1969	45.74	61.50	1345.30
广西壮族自治区	1970	49.69	72.00	1448.90
广西壮族自治区	1971	50.91	81.50	1601.00
广西壮族自治区	1972	54.81	83.50	1523.40
广西壮族自治区	1973	57.87	92.00	1589.70
广西壮族自治区	1974	60.66	98.50	1623.80
广西壮族自治区	1975	65.79	96.50	1466.90

续表

地区	年份	播种面积/万 hm²	总产/万 t	单产/（kg/hm²）
广西壮族自治区	1976	69.03	102.00	1477.70
广西壮族自治区	1977	67.66	88.00	1300.60
广西壮族自治区	1978	63.26	103.00	1628.20
广西壮族自治区	1979	56.59	98.50	1740.50
广西壮族自治区	1980	53.52	111.00	2074.00
广西壮族自治区	1981	56.91	120.00	2108.50
广西壮族自治区	1982	54.65	122.00	2232.50
广西壮族自治区	1983	52.07	107.00	2054.80
广西壮族自治区	1984	50.03	104.00	2078.90
广西壮族自治区	1985	47.61	91.70	1926.20
广西壮族自治区	1986	47.80	89.50	1872.40
广西壮族自治区	1987	50.47	98.10	1943.60
广西壮族自治区	1988	53.09	68.10	1282.80
广西壮族自治区	1989	53.33	119.30	2236.90
广西壮族自治区	1990	53.69	120.00	2235.20
广西壮族自治区	1991	53.43	107.30	2008.40
广西壮族自治区	1992	51.55	121.90	2364.70
广西壮族自治区	1993	52.66	154.40	2932.00
广西壮族自治区	1994	55.34	130.80	2363.60
广西壮族自治区	1995	55.01	155.20	2821.30
广西壮族自治区	1996	55.85	151.00	2703.70
广西壮族自治区	1997	56.11	165.50	2949.56
广西壮族自治区	1998	57.87	156.20	2699.15
广西壮族自治区	1999	59.40	171.60	2888.99
广西壮族自治区	2000	61.07	184.20	3016.21
广西壮族自治区	2001	55.69	168.50	3025.68
广西壮族自治区	2002	52.03	161.00	3094.37
广西壮族自治区	2003	53.11	159.70	3007.00
广西壮族自治区	2004	58.66	176.10	3002.05
广西壮族自治区	2005	57.57	212.00	3682.47
广西壮族自治区	2006	51.63	198.50	3844.85
广西壮族自治区	2007	48.99	203.94	4162.43
广西壮族自治区	2008	48.87	206.67	4228.79
广西壮族自治区	2009	53.30	224.33	4208.96

续表

地区	年份	播种面积/万 hm²	总产/万 t	单产/（kg/hm²）
广西壮族自治区	2010	53.64	207.63	3870.45
广西壮族自治区	2011	56.30	243.15	4318.54
广西壮族自治区	2012	57.70	248.68	4309.72
广西壮族自治区	2013	58.35	263.52	4516.32
广西壮族自治区	2014	57.93	263.68	4551.43
广西壮族自治区	2015	61.70	277.45	4496.84
广西壮族自治区	2016	60.32	275.78	4571.60
广西壮族自治区	2017	59.12	271.64	4594.54
广西壮族自治区	2018	58.44	273.40	4678.06
重庆市	1997	51.32	208.90	4070.54
重庆市	1998	52.61	190.80	3626.69
重庆市	1999	51.99	191.20	3677.63
重庆市	2000	50.06	197.50	3945.27
重庆市	2001	48.99	180.60	3686.47
重庆市	2002	47.69	197.40	4139.23
重庆市	2003	45.55	207.00	4544.46
重庆市	2004	46.04	227.80	4947.87
重庆市	2005	46.03	233.13	5064.30
重庆市	2006	44.05	200.50	4551.65
重庆市	2007	45.13	232.38	5148.54
重庆市	2008	45.10	243.00	5387.97
重庆市	2009	45.23	240.32	5313.51
重庆市	2010	45.29	246.07	5433.46
重庆市	2011	45.58	250.36	5492.77
重庆市	2012	45.75	249.61	5455.36
重庆市	2013	45.17	249.32	5520.01
重庆市	2014	45.08	246.02	5457.35
重庆市	2015	45.19	248.86	5507.33
重庆市	2016	45.39	252.78	5569.37
重庆市	2017	44.73	252.62	5647.23
重庆市	2018	44.23	251.33	5681.88
湖南省	1949	9.75	8.10	825.70
湖南省	1950	12.96	11.30	872.00
湖南省	1951	7.89	7.70	969.40

地区	年份	播种面积/万 hm²	总产/万 t	单产/（kg/hm²）
湖南省	1952	8.07	8.00	991.70
湖南省	1953	9.32	9.20	982.20
湖南省	1954	11.03	8.40	761.60
湖南省	1955	12.04	9.60	792.90
湖南省	1956	14.48	9.50	652.60
湖南省	1957	16.60	14.00	843.40
湖南省	1958	16.32	16.10	983.40
湖南省	1959	17.07	13.70	802.70
湖南省	1960	24.51	7.30	297.90
湖南省	1961	18.93	18.50	974.50
湖南省	1962	16.01	14.90	927.70
湖南省	1963	22.04	20.10	909.70
湖南省	1964	20.81	20.40	978.10
湖南省	1965	21.33	21.50	1007.80
湖南省	1966	21.33	21.50	1007.80
湖南省	1967	21.33	21.50	1007.80
湖南省	1968	12.81	19.00	1483.60
湖南省	1969	12.81	19.00	1483.60
湖南省	1970	12.81	19.00	1483.60
湖南省	1971	12.81	19.00	1483.60
湖南省	1972	12.40	13.50	1088.70
湖南省	1973	12.26	15.50	1264.30
湖南省	1974	10.39	16.50	1588.60
湖南省	1975	12.78	17.50	1369.30
湖南省	1976	12.05	18.00	1493.40
湖南省	1977	12.55	19.50	1553.40
湖南省	1978	14.57	22.00	1510.30
湖南省	1979	15.65	27.00	1725.60
湖南省	1980	14.79	21.50	1454.00
湖南省	1981	13.22	21.00	1588.50
湖南省	1982	11.97	19.00	1587.70
湖南省	1983	11.55	20.00	1731.10
湖南省	1984	11.65	24.00	2060.70
湖南省	1985	10.18	20.20	1984.30

地区	年份	播种面积/万 hm²	总产/万 t	单产/（kg/hm²）
湖南省	1986	10.37	20.90	2014.80
湖南省	1987	11.27	22.10	1961.50
湖南省	1988	11.16	19.20	1720.40
湖南省	1989	11.55	23.60	2043.90
湖南省	1990	12.18	24.50	2011.50
湖南省	1991	13.87	27.40	1976.00
湖南省	1992	14.05	32.30	2298.90
湖南省	1993	12.68	31.50	2483.60
湖南省	1994	13.24	37.20	2809.70
湖南省	1995	13.79	38.90	2820.90
湖南省	1996	16.33	47.70	2921.54
湖南省	1997	17.18	76.45	4450.46
湖南省	1998	22.18	82.08	3700.96
湖南省	1999	28.01	126.80	4526.47
湖南省	2000	27.85	125.10	4491.92
湖南省	2001	26.98	115.10	4266.28
湖南省	2002	27.29	119.17	4366.64
湖南省	2003	28.98	128.55	4436.28
湖南省	2004	27.64	126.63	4580.58
湖南省	2005	27.73	134.00	4832.31
湖南省	2006	19.61	100.20	5109.64
湖南省	2007	22.15	116.94	5280.25
湖南省	2008	24.41	129.61	5310.00
湖南省	2009	28.69	162.67	5669.92
湖南省	2010	29.98	172.69	5759.92
湖南省	2011	33.66	193.90	5759.98
湖南省	2012	35.40	204.43	5774.97
湖南省	2013	35.83	192.59	5374.40
湖南省	2014	36.19	197.49	5456.93
湖南省	2015	36.68	198.87	5421.07
湖南省	2016	37.05	200.02	5399.09
湖南省	2017	36.58	199.17	5444.68
湖南省	2018	35.92	202.82	5646.44
广东省	1949	3.02	—	—

续表

地区	年份	播种面积/万 hm²	总产/万 t	单产/（kg/hm²）
广东省	1950	3.02	—	—
广东省	1951	3.02	—	—
广东省	1952	3.02	3.50	1158.90
广东省	1953	3.93	4.50	1133.50
广东省	1954	4.42	5.00	1130.40
广东省	1955	5.83	5.20	882.90
广东省	1956	7.39	6.40	866.10
广东省	1957	6.03	6.00	994.50
广东省	1958	5.20	—	—
广东省	1959	7.49	—	—
广东省	1960	9.29	—	—
广东省	1961	6.27	4.50	718.10
广东省	1962	3.48	3.30	933.90
广东省	1963	5.61	5.70	1015.40
广东省	1964	4.72	5.20	1091.10
广东省	1965	3.87	4.50	1163.80
广东省	1970	7.82	9.50	1214.80
广东省	1971	5.47	9.00	1644.30
广东省	1972	5.23	7.00	1337.60
广东省	1973	4.83	5.00	1035.90
广东省	1974	5.33	7.00	1314.10
广东省	1975	4.57	5.00	1093.30
广东省	1976	5.35	6.00	1122.20
广东省	1977	4.92	6.50	1321.10
广东省	1978	4.87	6.00	1231.20
广东省	1979	4.46	6.50	1457.40
广东省	1980	4.59	6.50	1417.20
广东省	1981	4.30	6.50	1511.60
广东省	1982	4.17	7.00	1680.00
广东省	1983	3.88	6.50	1675.30
广东省	1984	4.01	7.00	1744.20
广东省	1985	3.90	7.00	1794.90
广东省	1986	4.18	7.40	1770.30
广东省	1987	4.48	7.90	1763.40

地区	年份	播种面积/万 hm²	总产/万 t	单产/（kg/hm²）
广东省	1988	3.77	6.50	1722.60
广东省	1989	5.09	10.40	2044.60
广东省	1990	5.71	13.50	2362.90
广东省	1991	5.77	15.10	2618.50
广东省	1992	5.77	15.90	2755.60
广东省	1993	5.21	15.80	3032.60
广东省	1994	5.80	17.70	3051.70
广东省	1995	6.55	21.90	3343.50
广东省	1996	10.37	37.10	3577.63
广东省	1997	13.36	51.10	3824.85
广东省	1998	15.61	59.80	3830.88
广东省	1999	17.77	72.50	4079.91
广东省	2000	18.93	76.10	4020.07
广东省	2001	16.45	65.20	3962.32
广东省	2002	14.19	53.45	3767.53
广东省	2003	13.57	53.13	3915.00
广东省	2004	13.79	56.06	4065.00
广东省	2005	13.67	61.52	4500.00
广东省	2006	11.88	53.67	4517.42
广东省	2007	12.79	56.96	4454.82
广东省	2008	13.29	58.82	4424.66
广东省	2009	14.88	66.66	4481.10
广东省	2010	13.94	61.94	4442.80
广东省	2011	14.32	65.30	4559.67
广东省	2012	13.74	63.47	4620.29
广东省	2013	13.54	62.58	4620.52
广东省	2014	13.07	56.74	4337.80
广东省	2015	12.72	55.33	4350.13
广东省	2016	12.38	55.40	4474.66
广东省	2017	12.09	54.64	4517.74
广东省	2018	12.01	54.54	4541.97
浙江省	1949	10.88	11.00	1006.40
浙江省	1950	17.05	14.50	847.70
浙江省	1951	12.84	13.30	1031.90

续表

地区	年份	播种面积/万 hm²	总产/万 t	单产/（kg/hm²）
浙江省	1952	14.64	24.00	1639.30
浙江省	1953	15.70	23.10	1471.50
浙江省	1954	18.48	25.90	1401.20
浙江省	1955	19.80	30.60	1545.60
浙江省	1956	19.58	25.90	1320.30
浙江省	1957	15.93	25.50	1601.10
浙江省	1958	24.34	31.90	1310.60
浙江省	1959	17.50	29.40	1677.10
浙江省	1960	10.00	16.90	1690.00
浙江省	1961	12.57	24.60	1957.60
浙江省	1962	12.89	24.20	1874.00
浙江省	1963	14.85	32.40	2182.30
浙江省	1964	11.72	22.40	1911.30
浙江省	1965	8.13	14.00	1721.30
浙江省	1966	9.68	19.00	1957.60
浙江省	1967	8.75	12.00	1365.20
浙江省	1968	9.59	17.80	1856.70
浙江省	1969	9.39	24.30	2588.80
浙江省	1970	9.88	22.50	2277.30
浙江省	1971	10.97	23.50	2142.90
浙江省	1972	11.26	28.00	2486.70
浙江省	1973	10.95	25.00	2282.40
浙江省	1974	9.98	20.00	2004.00
浙江省	1975	9.61	20.00	2081.90
浙江省	1976	10.59	24.50	2312.80
浙江省	1977	12.07	30.50	2526.20
浙江省	1978	12.08	28.00	2317.90
浙江省	1979	9.83	26.50	2696.70
浙江省	1980	6.55	15.50	2365.20
浙江省	1981	6.50	16.00	2461.50
浙江省	1982	6.30	18.50	2936.50
浙江省	1983	5.21	13.50	2592.80
浙江省	1984	4.71	14.50	3080.70
浙江省	1985	4.49	13.20	2937.70

地区	年份	播种面积/万 hm²	总产/万 t	单产/（kg/hm²）
浙江省	1986	4.25	11.10	2613.80
浙江省	1987	4.13	11.80	2859.50
浙江省	1988	4.30	11.20	2604.70
浙江省	1989	4.62	13.80	2987.00
浙江省	1990	4.80	9.90	2062.50
浙江省	1991	4.75	11.50	2419.40
浙江省	1992	4.69	13.80	2942.40
浙江省	1993	4.00	12.70	3173.40
浙江省	1994	3.63	12.60	3471.10
浙江省	1995	3.93	14.20	3614.20
浙江省	1996	3.88	13.70	3530.93
浙江省	1997	4.21	14.10	3349.17
浙江省	1998	4.38	14.90	3401.83
浙江省	1999	4.68	16.80	3589.74
浙江省	2000	5.22	20.30	3888.89
浙江省	2001	5.18	21.10	4076.51
浙江省	2002	5.22	22.32	4275.86
浙江省	2003	5.19	21.50	4140.19
浙江省	2004	5.45	22.48	4124.77
浙江省	2005	6.29	25.93	4124.43
浙江省	2006	2.20	9.39	4262.37
浙江省	2007	2.28	9.67	4229.47
浙江省	2008	2.43	10.41	4290.12
浙江省	2009	2.45	10.55	4310.03
浙江省	2010	2.39	10.65	4455.45
浙江省	2011	2.62	12.37	4715.58
浙江省	2012	5.08	23.89	4700.66
浙江省	2013	5.03	21.23	4220.82
浙江省	2014	5.11	23.10	4523.45
浙江省	2015	5.16	23.10	4473.96
浙江省	2016	4.99	21.88	4381.93
浙江省	2017	5.19	23.04	4440.44
浙江省	2018	4.93	20.64	4183.20

注：以上统计数据均来源于国家统计局网站 http://stats.gov.cn/，播种面积数据做了修约（保留两位小数）；1949～1996 年四川省统计数据中包括重庆市统计数据；1966～1969 年广东省在国家统计局网站上无相关统计数据；"—"表示无公布数据